并行化河流数学模型研发及应用

李 健 霍军军 等 著

科 学 出 版 社

北 京

内 容 简 介

本书系统介绍并行计算硬件和软件的发展、并行计算加速平面二维洪水淹没模拟、平面二维和三维水质模拟、粒子轨迹跟踪模拟和高阶近壁湍流涡分辨率模拟的应用。以哈尔滨市城市洪水淹没和三峡水库水动力-水质演变为研究对象，展示并行化河流数学模型的应用成果及并行计算加速效率评价。本书部分插图配彩图二维码，见封底。

本书可作为水利工程、海洋工程专业研究生的教材使用，也可作为环境工程、市政工程和计算机专业等相关领域的科研人员和工程技术人员的参考书。

图书在版编目（CIP）数据

并行化河流数学模型研发及应用/李健等著. —北京：科学出版社，2019.11

ISBN 978-7-03-062519-9

Ⅰ. ①并… Ⅱ. ①李… Ⅲ. ①河流－流体动力学－数学模型－研究 Ⅳ. ①TV143

中国版本图书馆 CIP 数据核字（2019）第 221838 号

责任编辑：杨光华 郑佩佩 / 责任校对：刘 畅

责任印制：彭 超 / 封面设计：苏 波

科学出版社出版

北京东黄城根北街 16 号

邮政编码：100717

http：//www.sciencep.com

北京虎彩文化传播有限公司印刷

科学出版社发行 各地新华书店经销

*

2019 年 11 月第 一 版 开本：787×1092 1/16

2019 年 11 月第一次印刷 印张：18 3/4

字数：449 000

定价：139.00 元

（如有印装质量问题，我社负责调换）

前　言

近年来，计算机硬件和并行计算算法的发展极大地促进了河流和海洋动力学数学模型的发展，实现了大规模的跨物理尺度的河流、湖泊、河口和海洋等天然流体及数值输移的数值模拟研究。然而，高性能计算涉及复杂的算法、编程和软硬件的结合实施，给一般的工程技术人员，甚至是专业科研人员造成了一定的困难。本书系统总结作者近十年来，在河流动力学并行化数学模型开发和工程应用等方面的研究成果，包括基于共享式内存并行、分布式内存并行和CPU-GPU异构并行化洪水淹没模型、基于多核电脑和集群并行的平面二维和三维水动力-水质耦合数学模型、基于欧拉-拉格朗日粒子轨迹跟踪算法的并行化数学模型和高阶壁面湍流封闭模型（分离涡模型）等。本书内容涵盖了当前主流的并行算法在河流和海洋动力学数值模拟研究领域的应用，极大地提高了复杂数值算法，包括低阶和高阶数值通量算法和欧拉-拉格朗日算法，结合三维非结构网格模型在多介质物质输移研究领域的应用性，可帮助科研人员和工程技术人员快速地搭建具有针对性的并行计算硬件和软件安装平台，实现河流和海洋数值模拟的大规模并行计算并提高其模拟效率，使用人员在具备了一定的河流或海洋数值模拟及并行计算的基础知识后，可快速建立能解决实际工程问题的并行化模型。

在国家自然科学基金青年基金项目（编号：51309021，41704011）和国家自然科学基金国家重大科研仪器研制项目（编号：51527809）的支持下，作者取得了一系列相关研究成果，本书应运而生。使用者根据自己可获取的计算资源（包括从个人桌面电脑到大型计算集群），结合需要解决的实际工程问题，选择恰当的并行算法和并行原理，建立并行化的河流或海洋动力学数学模型，为工程设计或可行性研究快速提供科学数据信息。另外，使用者可按照本书中并行化方案快速实施水动力和物质输移模型的并行化，将主要精力放在物理过程和数值算法的研究。

本书的第1～3章由霍军军负责完成，主要内容包括并行计算硬件和软件的发展、并行化河流数学模型在山区型急流、河口型缓流、洪水波传播和洪水淹没过程及基于浅水方程和Godunov数值格式的平面二维河流数学模型的原理及其在哈尔滨市城市洪水淹没过程研究方面的应用；第4～6章由李健负责完成，主要内容包括并行化的平面二维水动力和水质耦合模型、并行化的拉格朗日粒子轨迹跟踪模型和并行化的非结构网格三维水动力和水质耦合模型的原理及在三峡水库及支流水华动力过程研究方面的应用；第7章由周彦辰和超能芳负责完成，主要内容包括并行化的高阶近壁湍流模型、静水压力模型和非静水压力模型的算法及其在长江黄陵庙弯道湍流结构研究方面的应用。本书由李健系统整理各章节的编排工作。作者在写作过程中，得到了许多老师和同事的帮助，他们提出了宝贵的研究建议和写作指导，一些同事提供了具有重要价值的实际工程项目的数值计算案例，将前沿科学研究成果应用于解决实际工程问题，成为本书的一大特色，在此一并表示感谢！

由于作者水平有限，书中难免存在疏漏之处，欢迎读者与有关专家对书中存在的不足进行批评指正。

作　者

2019 年 7 月

目　录

第 1 章　并行计算概况

自进入 21 世纪后，计算机性能得到不断提升，从单核到多核，从中央处理器（central processing unit，CPU）并行到图形处理单元（graphic processing unit，GPU）或其他硬件的异构并行。同时，相应的计算机软件也飞速发展，从指令集并行［包括 SSE、AVX 和 POSIX（简称 P 线程）等］到 NVIDIA（英伟达）公司的异构并行编程。这些硬件和软件的发展对计算流体力学学科产生深远的影响，计算河流动力学学科也同样如此。本章将对并行计算的方法和并行硬件进行简要介绍。

1.1　并行计算机的发展

并行计算是指同时使用多个计算资源来解决计算问题的过程，执行并行命令，需要的计算资源应包括一台或多台具有多处理器的计算机、与网络相连接的地址编号，或两者的结合使用。并行计算的主要目的是解决大型且复杂的科学研究问题，或利用非本地计算资源，节约硬件成本，使用多个“廉价”的计算资源取代大型的计算设备，同时克服单个计算机的存储限制问题。

并行计算可分为时间上和空间上的并行方式，时间上的并行计算即为流水线技术，而空间上的并行计算则为多个处理器的并发执行计算。网格模式的并行计算为空间并行，空间并行又可分为数据并行和任务并行，一般来说由于数据并行是将一个任务分解为若干相同的子任务，要比任务并行容易处理。

随着数学模型研究、计算机技术的发展及研究问题的复杂化，数学模型的规模及结构也变得越来越庞大，模型代码由早期一维模型的几千行发展到三维模型的几十万行，而模型的计算时间步长由一维模型的几分钟（或更长）下降到三维模型的几秒钟。因此，模型的计算量较以往增加了很多倍，需要更长的运行耗时。研究近年来的计算机技术发展趋势发现，由于加工工艺的限制，处理器计算主频的提高已进入瓶颈期，主频维持在 3.0 GHz 左右不变，计算机的发展转向多核处理器的方向，2006 年双核处理器的计算机诞生，到 2010 年四核处理器的计算机已成为市场主流，工作站计算机的处理器将有更多的核。但串行算法的数学模型计算过程中不能分解计算任务，无法实现处理器间的数据通信，因此，不能很好地利用计算资源，例如一台四核处理器的计算机执行一个串行计算程序，CPU 的占用率只能达到 25%。因此，有必要开展数学模型并行化的研究工作。但是，并行化的模型涉及复杂的并行算法和并行编程，其开发效率受到较大限制。同时，并行网格计算主要是为了满足特定的科学领域的专业需要，并行计算需要的高性能集群采用昂贵的服务器，世界 TOP500 高性能计算机的排名不断刷新，一台大型集群如果在三年内不能得到有效利用就会远远落后，巨额投资无法收回。并行模型的开发需要各专业领域的研究人员的合作，而后者可采用局域网内多台小型计算机的集群配置来解决。

我国高性能计算机建设进程见图 1-1，在最近 20 年内，并行计算机飞速发展。截至2010 年，我国的高性能计算机已达 40 台，而处理器也达到 60 多万个；我国高性能计算机在世界上和亚洲的份额分别达到了 8%和 50%，见图 1-2。综上所述，开发具有并行算法的软件是利用这些硬件资源的基础，发展数学模型的高性能计算是趋势，应该引起充分重视。

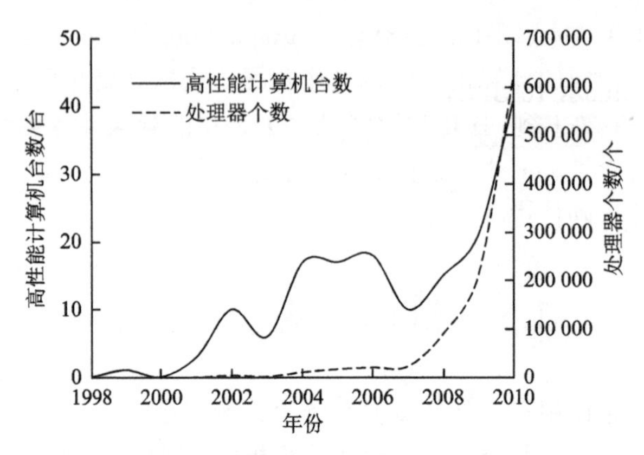

图 1-1　我国高性能计算机建设进程

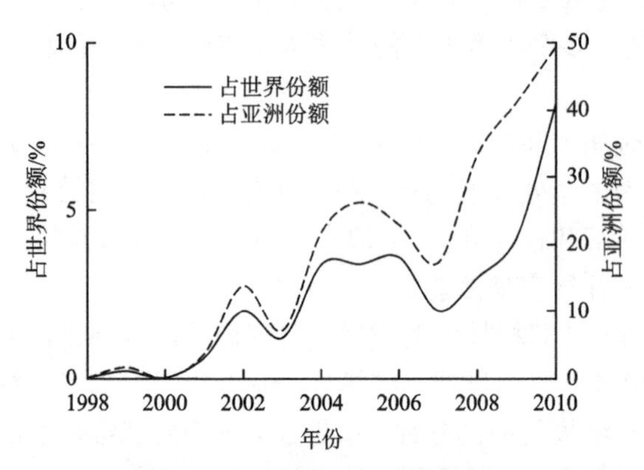

图 1-2　我国高性能计算机的地位

并行计算机的组成主要有以下 5 种方式。

（1）对称式多处理机（symmetric multiprocessor，SMP）：将多个 CPU 集成在一个主板上，采用总线数据通信，规模不能太大。

（2）大规模并行处理（massively parallel processing，MPP）：采用专业网络连接各主机节点，性能高，价格也高。

（3）计算集群（cluster computer）：采用普通的商业网络连接，各节点可以是独立的PC 终端或 SMP。

（4）星群系统（constellation system）：每个节点是一个并行计算系统，可认为是多级集群。

（5）GPU 和 CPU 的异构并行（heterogeneous parallelization）：依靠硬件设备图形加速器 GPU 和 CPU 并行计算（2007 年开始广泛应用）。

从历年世界 TOP500 超级计算机的并行架构组成看（图 1-3），早期的单指令数据流（single-instruction stream multiple-data，SIMD）、单处理器的小型计算机及 SMP 受到规模限制已退出超级计算机的竞争。MPP 由于高成本和计算集群的兴起一直处于衰退之中。计算集群早期由于受到网络传输速度的限制发展很慢，但近年来网络技术的飞速发展，计算集群开始兴起成为主流，截至 2010 年 11 月，计算集群占到并行计算机总数的 82.8%（图 1-4）。星群系统由于价格昂贵一直不占主流。GPU 计算摆脱了早期因为图形计算与内存读写操作的限制，在 2006 年 NVIDIA 公司公布了业界的第一个 DirectX 10 GPU，使得 GPU 计算开始逐渐在各个研究领域兴起（Sanders et al.，2011），但仍存在诸多限制。

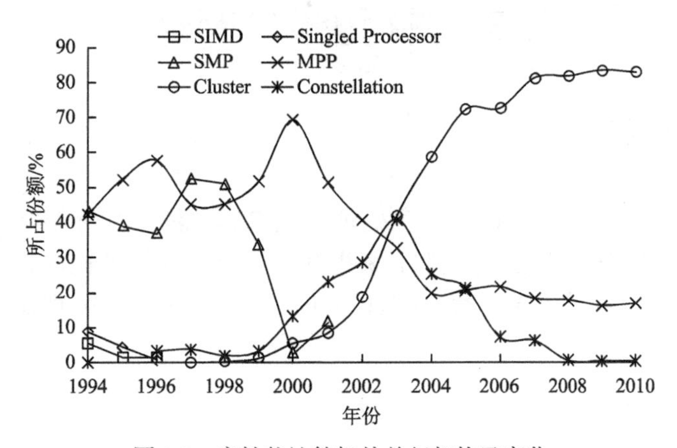

图 1-3　高性能计算机的并行架构及变化

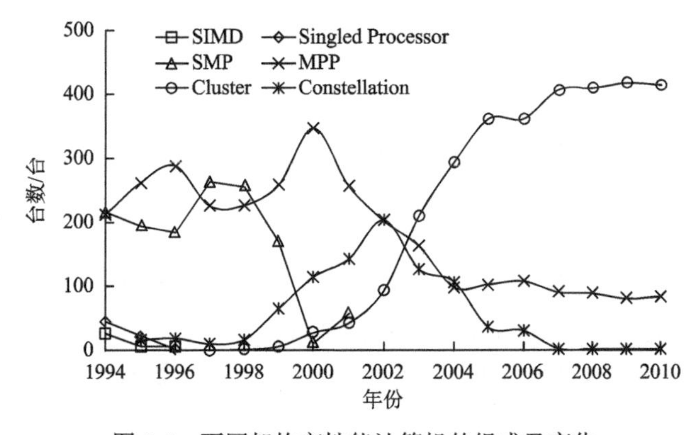

图 1-4　不同架构高性能计算机的组成及变化

1.2　并行算法的应用

进入 21 世纪后，计算机微处理器的发展主要着重于并行架构的研究，而不仅仅是计算频率的提高，这种变化促使了高性能并行硬件的发展，诸如 NVIDIA 公司的 GPU 和索尼公司的Cell处理器。这些技术潜藏着巨大的计算性能，广泛应用于计算量巨大的科学研究和工程领域，而这些硬件已经商业化，在市场上很容易获得，这又促使研究者开发相应的软件利用这些并行设备，可称之为异构并行构架。

目前并行计算的主要应用领域有：空间模拟、气象预报、分子结构学、医学制药、飞行器制造、爆炸模拟等。在水利工程领域，主要是应用于溃坝洪水和蓄滞洪区淹没面积的模拟研究。这些研究领域的特点是对时效性要求很高，研究成果要为相关部门决策及时地提供科学依据。本书将采用共享式内存并行和分布式内存并行的CPU并行与GPU异构并行的方式，结合高分辨率数值格式的有限体积法并行求解双曲型浅水方程和纳维-斯托克斯(Navier-Stokes)方程，在现有的低端多核个人电脑（安装有NVIDIA显卡）上实现高性能计算。

1.3　并行硬件的构架

1.3.1　单核处理器

随着计算机硬件的发展，计算机微处理器越来越关注于并行架构的研发，而不是计算频率的提高（受制造工艺的限制），采用数据并行计算设备提高计算效率的高性能计算得到广泛的应用。对于单核处理器，以下三个壁垒限制了处理器时钟频率的进一步提高。

1. 功率壁垒

设备元件越小，泄漏功率耗散越显著，现在已经接近了晶体管的极限功率。

2. 指令层次并行的壁垒

所有的较为容易实现的指令级并行（instruction level parallelism，ILP）已经挖掘殆尽，不能指望在硬件上更好地挖掘ILP计算能力。

3. 内存壁垒

内存访问效率滞后于计算效率，内存的访问时间延迟相对浮点运算耗时要大好几个量级。芯片制造商针对以上的挑战开发了芯片多处理器和其他一些有创意的处理器设计。本小节简要讨论当前主要的处理器构架设计，以及芯片制造商如何针对以上问题开发有效率的并行微处理器构架。

1.3.2　多核处理器

多核处理器是单核处理器向多核的有效拓展。多核处理器以SIMD的形式实现计算加速，在X86芯片中，采用SSE（数据流SIMD扩展指令集）访问各设备单元。内存的访问延迟是一个主要问题，原因是内存必须要在多核之间共享。尽管如此，目前市场上双核和四核 CPU 的桌面电脑、服务器和笔记本电脑已经相当普遍。不管多核 CPU 能否有效加速计算，在未来很长一段时间内多核 CPU 仍然是可靠的计算资源。

1.3.3 异构并行设备

异构并行逐渐引起研究者的关注，异构并行是指数据处理的硬件架构不同，主流的异构并行计算是在CPU与GPU上完成的。很多公司正在寻求硬件上的并行计算方法，如IBM公司的 Cell 处理器、NVIDIA 公司的 GPU 和美国 AMD 公司的 GPU。NVIDIA 公司在异构计算硬件和软件方面的研发具有前瞻性，该公司在科学计算领域的优异表现及提供的配套商业硬件设备，使研究者得以广泛地采用该公司的硬件设备和软件来提高研究效率，构建异构并行构架，例如 NVIDIA 公司的 Tesla 型号的 GPU 具有上百个相同处理单元的数据流多处理器，这些处理单元分成若干组块共同执行单指令多线程的数据流处理，目前可以通过计算统一设备体系结构（compute unified device architecture，CUDA）的编程框架较为容易地实现。对主内存访问延迟的问题通过比 CPU 更多的线程和快速的线程间切换的方式解决。GPU 通过外设部件互连标准（peripheral component interconnect，PCI）高速数据总线与 CPU 连接，数据传输带宽较低并且访问延迟较长，为了减少通过 PCI 高速数据总线的流通量，GPU 有自己的动态随机存储器（dynamic random access memory，DRAM）。GPU 拥有多个数据处理单元的硬件结构，使结构化网格数学模型很容易实现并行化，尽管非结构化网格数学模型的数据结构较结构化网格数学模型要复杂，但非结构化网格数学模型对复杂地形及边界具有很好的适应性，且通过网格单元编号的重排列以适应 GPU 的计算特点，也具有很好的加速效果。因此，异构并行化的非结构化网格的洪水淹没模型研发是近年来的研究热点。

第 2 章　并行化河流动力学数学模型

为应对复杂的河流及近海岸的复杂边界及干湿地形的快速变化，河流动力学数学模型具有特殊的数值算法，当考虑使用不同的数据结构研发并行化河流动力学数学模型时，包括结构化网格和非结构化网格两种数据结构，需要深入了解河流动力学数学模型的数值算法和数据结构，才能有效加速数学模型的计算效率。本章将总结目前用于急流（山区型河流）、缓流（河口型河流）及洪水淹没模型的数值方法，以指导河流动力学数学模型并行化研发。

2.1　山区型急流数学模型

自然河流，特别是山区型河流，地形及河道边界复杂，水流条件等变化迅速，对数学模型的算法等计算性能要求较高。近年来，大量不同类型的数学模型得到研发和应用，如一维数学模型、二维数学模型和三维数学模型及一维、二维和三维相互耦合的数学模型，针对不同的研究对象，这些数学模型发挥了各自的优势。但是山区型河流空间变化剧烈，一维和二维数学模型不能很好地提供三维空间演变信息，三维数学模型的计算量较大，一维和二维数学模型计算效率较高。因此，工程领域一维和二维数学模型得到了更普遍的应用。解决山区型河流的水流模拟问题，数学模型采用的网格模式和数值格式尤为重要，结合非结构网格开发的数学模型，可以很好地解决边界及地形变化较大的河流模拟问题，而不需要进行一维、二维和三维的模型耦合，提高了计算精度和降低了模型的处理难度。目前，非结构网格较多地应用于堤坝溃决水流数值模拟（Liao et al.，2007；王志力　等，2005；Brufau et al.，2003），也开始用于山区型河流和游荡型河流的模拟计算（钟德钰　等，2009；李艳红　等，2003）。此外，网格自适应的污染物输移模型可以根据污染物扩散后的浓度梯度自动调整浓度梯度较大的局部网格的密度，可以较好地模拟污染物浓度局部变化较快的现象（Benkhaldoun，2009，2007）。大量空气动力学的数值算法被引入河流动力学的模拟研究中（谭维炎，1988），对捕捉水流激波和污染物浓度突变等问题效果较好，本节将简要介绍一些高性能数值格式的研究进展。

为解决复杂水流条件的模拟困难，研究者提出了大量高性能的数值算法。Zhou 等（2001）选择自由水面水位作为相邻单元界面计算通量重构的变量，通量可以由黎曼（Riemann）解精确地计算得出并保证计算变量的守恒。Brufau 等（2003）采用多维迎风格式求解欧拉方程的稳定态近似解，可解决复杂地形和底坡变化剧烈造成的数值误差问题，该格式适用于任何双曲守恒方程。Guo 等（2009）使用了一种基于特征线方程的有限体积数值格式，结合中心加权基本无震荡重构法和特征线法的特点，在模拟水深变化明显的溃坝问题时，具有较好的能力。Bai 等（2009）对河床坡度源项采用迎风格式离散，摩阻源项采取半隐格式处理，污染物浓度扩散项采取隐式中心差分离散，这些数值方法能够在河床坡度变化剧烈及非恒定流情况下保证整体变量守恒和水位及污染物浓度计算值为正值。Liang 等（2009）将摩阻源项使用分裂隐式格式离散，推导了为保持计算稳定的阻力限制值，基于戈杜诺夫（Godunov）型的数值计算框架和压力平衡的浅水方程，推荐了一种可做 Riemann 状态非负重构的数值格式。Adamy 等（2010）采用基于迎风格式的有限体积格式“多层”方法模拟求解二维浅水方程，可保证计算格式的数值守恒。可见，为解决复杂的水流现象，需要研究适应各种复杂条件下的数值计算格式，目前洪水淹没模型多采用空气动力学数值格式，这些数值格式对 CFL（courant-friedrichs-lewy）条件的限制要求较为严格。因此，计算时间步长不能太大，否则会引起计算失败，这将影响计算效率，多用于像溃坝这样的发生较迅速的水流现象，而用于模拟明渠缓流流动时，计算耗时将显著增加。

由于人类活动面积的扩大，山区型河流的水质问题也日益凸显，Wohl（2006）指出人类对山区型河流的影响包括渠化、建坝、开矿等，这些活动将改变河道水流、泥沙及进入河道的污染物输移过程。因此，需要对山区型河流的水流和水质进行研究，特别是山区型河流数学模型的研究。山区型河流地形变化较大，水流中的污染物输移具有特殊性。Hunt（1999）将三种水质模型的计算结果与观测数据对比，发现山区型河流中污染物的扩散系数沿下游方向增大，原因是在污染物团的首部和尾部边界处的流速剪切力造成较大的扩散。山区型河流弯道水流现象明显，数学模型需要考虑弯道水流对污染物输移的影响，Meier 等（2005）指出目前广泛使用的一维水质模型应用于山区型河流模拟将有较大误差，这是由小尺度的床面粗糙度影响、床面形态的不规则性和急流深潭等引起的，为解决这些问题，引入了一个考虑深潭的河段摩阻评估因子，可以取得较好的模拟效果。Lorenzo 等（2010）的研究表明弯道水流中的浓度扩散系数与弯道的曲率有关，浓度断面纵向扩散在顺直段被高估，而在弯曲段则被低估，Lorenzo 等建立了横向扩散系数与弯曲度的关系式，改善了模型的计算精度。国外的山区型河流的水质模拟研究较少。

我国针对山区型河流数学模型的研究也普遍开展。程根伟（2001）开发了垂向分层的准三维水沙数学模型，该模型对于河流比降、水面曲线、断面流速分布、弯道水流速度矢量等具有较强的跟踪能力。李艳红等（2003）采用跟踪河道中心线走向的正交曲线坐标系，直接从控制方程中分离出水位变量来求解水位值的平面二维数学模型，模拟了嘉陵江重庆金刚碑—朝阳桥河段，水位及流速验证结果较好。王志力等（2005）采用 Roe 格式的近似 Riemann 解的界面通量计算格式，对地形变化源项采用特征分解，对摩擦源项采用隐式或半隐式求解以增加格式的稳定性，模型应用于具有险滩和深潭河段的模拟，计算结果与试验结果符合良好。张永祥等（2007）采用时空守恒元和解元方法开发了无结构网格的水流数学模型，模拟了嘉陵江草街至嘉陵江河口段的水流，取得了较好的结果。

总体来说，我国的山区型河流数值模拟的研究相对较少，国内的数学模型多采用数值传热学中的 SIMPLE 系列算法，难以适应水流及水质变量变化剧烈的山区型河流，因此，该方面的研究亟须加强。本书将采用具有空气动力学高性能格式的二维模型和海洋动力学研究中常用的 ELM 的数学模型，对三峡库区支流香溪河进行模拟研究，以探讨山区型河流数值模拟的有效方法。

2.2 河口型缓流数学模型

物质输移对流扩散方程属于非线性的微分方程，数学特性复杂，对其精确的数值求解造成一定的困难。当对流和扩散作用均较明显的情况下，物质输移方程求解将面临诸多困难，因为对于对流问题，物质浓度沿着水流方向的特征线传播（仅与过去时刻数值相关），而对于扩散问题具有两束特征线（与过去和现在的数值均相关），这就意味着要同时处理双曲型问题（与对流相关）和抛物型问题（与扩散相关），目前并没有一种数值方法可以完全解决此问题。

Baptista（1987）在他的博士论文中对这一问题进行了较早和详细的研究。他将求解物质浓度输移方程的方法分为三种：欧拉法（Euler method，EM）、拉格朗日法（Lagrangian method，LM）和欧拉-拉格朗日法（Euler-Lagrange method，ELM）。欧拉法是最先开始研究且一直是解决物质输移问题的主流方法，特别是对流作用、相对扩散作用占优的自然流动现象，以上文献中的数学模型均为基于固定网格离散的欧拉法，但欧拉法模拟有大浓度梯度扩散现象时存在缺陷，例如靠近污染源附近的区域。目前的数值方法主要有有限差分法、有限体积法、有限单元法等，有限差分法和有限体积法离散时，常常采用中心格式近似求解对流和扩散项，会产生比较强的模拟值空间振荡（特别是在较大的 Courant 数下），当 Peclet 数（即对流项/扩散项，衡量对流扩散相对强弱程度的参数）超过 2.0 时，这会影响整个计算域，研究者往往会在数学模型中加上人工黏性项来抑制这种不利影响。为弥补这个缺陷，研究者也有分别采用中心差分离散扩散项和迎风差分格式离散对流项的数值方法，但又会引入数值扩散的问题，数值扩散往往会超过真实的物理扩散，关于此方面研究的文献较多，在此不再赘述。而无网格的拉格朗日法对解决纯对流输移问题表现很好，但需要大量的粒子群计算，计算量巨大且边界条件难以处理，拉格朗日向欧拉浓度场的转换也需要大量的计算。因此，目前还难以应用于实际问题的研究。实际问题中扩散作用明显，造成拉格朗日法有质量不守恒的缺陷。

ELM 综合了 EM 和 LM 两者的优点，可以较为精确地求解对流-扩散输移问题，目前大量地应用于海洋动力学的模拟（White et al.，2008；Zhang et al.，2008，2004）。高性能的空气动力学格式的计算时间步长受到 CFL 条件的限制，导致了模型的计算量较大，难以应用到河流的长时间序列的模拟研究，而 ELM 可以克服这个缺点。但 ELM 应用于河流、溃坝洪水及河流湖泊水系的模拟研究并不多（Zhang et al.，2010；Nick et al.，2005），因此，有必要将 ELM 的模型引入河流湖泊的模拟研究中。本书将采用 ELM 离散对流项的海洋动力学模型模拟三峡库区支流香溪河的水质问题。

Oliveira 等（1998）分析了 ELM 求解物质输移方程中的浓度在特征线根部的插值对求解精度和稳定性的影响，数值试验表明这种影响较大，中等程度的跟踪误差会影响浓度方程求解的物质守恒性，导致 ELM 的不稳定。Giraldo 等（2010）分析了 ELM 求解二维对流-扩散方程的稳定性，时间项离散采用 θ 算法。对所有 θ 值，拉格朗日法无条件稳定，欧拉法仅当 $0.5 \leqslant \theta \leqslant 1$ 时是稳定的，研究表明半隐格式（$\theta = 0.5$）是最佳算法。Vincenzo 等（2005）通过合适的通量限制获得较高分辨率的数值通量计算格式，求解对流扩散方程可在整体和局部上保证物质守恒。Rosatti 等（2005）开发了一种拓展的半隐格式模型求解浅水方程来处理计算区域边界处悬挂单元的问题，采用线性重构算法和径向基函数插值计算特征线，通过数值试验讨论了 ELM 中径向基函数插值的计算精度和特征线插值计算中的时间步长控制技术。David 等（2006）指出 ELM 要进行频繁的数值积分而很难满足一些物理准则，如流线封闭，David 提出的流线跟踪算法是基于离散流场的解析积分，可以避免以上缺点。Younes 等（2006）采用该欧拉拉格朗日局部联合法求解污染物对流扩散方程，该算法只需要较少的积分计算量即可得到精确结果。欧拉拉格朗日局部联合法在较长的计算时间步长和较密的非结构网格上比其他方法计算耗时要少，但由于算法复杂而较难实现。Roy 等（2007）指出 ELM 的计算精度和计算效率主要依赖于特征线根部的插值计算，还比较分析了三种特征线计算方法：龙格库塔法、分析积分法和幂级数展开法，以及三种非结构网格上的插值法：局部线性、全局线性和全局二次方插值法，可对 ELM 中的特征线插值算法的选取提供参考。胡德超（2009a，2009b）指出 ELM 中的特征线插值和水平流速的非线性垂向分布之间的不适应，将导致 ELM 离散对流项时计算水位随时间步长减小而增大的异常现象。

由以上的文献综述可见，ELM 的研究发展迅速，但其算法中存在一些并不成熟的地方，比如流速和浓度在非恒定计算条件下需要做沿特征线的插值运算，插值运算是 ELM 模型中最耗时的部分，且由于采用的插值公式不同，会引起计算误差，导致计算失稳。因此，ELM 中插值算法仍将是未来的研究重点。ELM 可避免和缓解 CFL 条件对计算时间步长的限制，大大提高了模型的计算效率，ELM 也是一种比较实用的算法。

按是否考虑动水压强的影响可将数学模型分为静水压力模型（Casulli et al.，2000，1998）和非静水压力模型（胡德超等，2009a，2009b；Casulli et al.，2002）。在纵向地形变化较大的情况，如坝前泄流、河口大陆架等，动水压力作用明显。当考虑水体三维流动的动水压强作用时，模型稳定性受到内部重力波速度和垂向对流的影响。Fringer 等（2006）对自由表面和垂向浓度扩散进行半隐格式离散，可避免表面重力波和垂向扩散项造成的失稳问题，但需要采用较小的计算时间步长。Ai 等（2010，2008）比较分析了静水压力和动水压力模型的计算精度。当地形变化较大时引起水深的剧烈变化，不仅会引起动水压强的作用，也对模型采用的坐标系统提出了挑战。如果在水深较大的地方划分较密的垂向网格，在水深较浅的地方将会造成较大的计算量的浪费，但是水深较深的地方划分的网格过稀，又会影响模拟计算的精度。针对不同的地形情况，三维模型在垂向上的网格可采用 z 坐标、σ 坐标或 z-σ 混合坐标系。z 坐标网格划分灵活而 σ 坐标适合地形坡降很大的河流，但坐标转换计算会影响计算精度，因此，坐标系统的选择要根据当地河流地形特点来考虑。Zhang 等（2008，2004a，2004b）开发的海洋动力学模型和 SELFE 模型则采用不同的坐标系统，海洋动力学模型采用 z 坐标进行垂向网格划分，仅计算静水压强，计算效率较高；SEFLE 模型采用 z-σ 混合坐标系，具有较好的垂向地形适应性，可以进行动水压强计算，计算量较海洋动力学模型的要大很多。

国内部分研究者已经将基于 ELM 的数学模型应用于我国的河流数值模拟。Liu 等（2008，2007）采用 UnTrim 模型研究了台湾淡水河的淡水流量对河口盐水入侵的影响，淡水河口系统中风剪切应力和入海淡水流量对盐水羽流结构的影响。UnTrim 模型是（Casulli et al.，1994，1992）开发的用于模拟海洋流场的数学模型，在非结构网格上采取有限差分法及 ELM 求解浅水方程，基本思想与 ELCIRC 模型相同。Liu 等（2011）使用 SELFE 模型研究了台湾淡水河口盐水滞留时间与淡水流入流量的关系，计算值与观测数据比较表明了模型计算结果的合理性。Liu 等（2010）指出河口盐水滞留时间与淡水入流流量有关系，密度变化引起的环流对滞留时间有影响。Qi 等（2010）采用 ELM 离散水流泥沙方程，建立了二维的水流泥沙及河床演变的数学模型，并应用于长江口的潮流和泥沙的模拟，计算结果与实测数据符合良好。Zhang 等（2010）采用基于 ELM 的非结构网格模型进行了荆江和洞庭湖的河流、湖泊和河网系统的水流模拟，避免了传统的采取一维和二维模型耦合计算对结果精度的影响及处理方法的复杂性，体现了非结构网格适应复杂边界和 ELM 的优越性。Lv 等（2010）在平面非结构网格和垂向 z 坐标下，求解三维非静水压力方程，采取从底层到表层积分的方法模拟自由表面水流流动，渤海湾潮流的实际模拟结果表明：在垂向分层较少的情况下（2～3 层）可得到与实测值和解析解符合良好的计算结果。

2.3 洪水淹没数学模型

2.3.1 洪水淹没模型的并行化需求

区域洪水淹没过程发生速度快，危害大，研究者广泛应用洪水数学模型模拟洪水过程及其影响。已开发有大量的洪水预报模型用于辅助防洪规划和洪水风险评估及决策，这些模型在复杂度和预报能力等方面存在一定差异。目前大部分的洪水预报模型为一维模型，基本原理是基于求解 Saint Venant（圣维南）方程（包括连续方程和动量方程）或者动力波传播模拟，可提供洪水非恒定过程的部分信息，如美国陆军工程兵团的 HEC-RAS 模型和美国国家环境保护局的暴雨洪水淹没模型（storm water management model，SWMM）。一维模型是在若干个地形断面上求解，可给出每个计算迭代步骤（或按一定频率输出）各断面上的流速和水深，而洪水平面淹没信息需要进行特殊的后处理，如基于数字高程模型（digital elevation model，DEM）地形简单地覆盖自由水位高程或在每个断面上线性插值得到水位分布（Bates et al.，2000）。由于一维模型编程简单、计算速度快，使其在洪水预报中的应用最为广泛。

相对一维洪水预报模型，平面二维洪水预报模型的应用较少，但近年来开展了大量的研究。二维模型是基于浅水方程求解，静水压力分布假设简化 Navier-Stokes 方程即可得到二维浅水方程。二维洪水模拟可直接得到关于洪水在平面上的淹没过程的细节信息。另外，使用高精度的地形高程数据（目前可方便地获取），二维求解可更精确地模拟洪水的动力学过程。二维洪水模拟可精确地预测洪水到达的位置、时间和流动方向等，可作为洪水预警和人员撤离决策的有效工具，因此，美国国家研究协会（National Research Council，NRC）建议在做洪水预报研究或决策时，尽可能采用平面二维模型，而不采用一维模型。

限制平面二维模型使用的主要因素是计算耗时长和使用复杂数值格式需要专业知识，目前为了达到一定的计算精度而多数二维模型采用预测校正数值格式，使得模型计算代价很高（Liao et al.，2007；Bradford et al.，2000）。另外，当采用高分辨率的地形数据或进行大范围内的区域洪水模拟研究时，使得模型计算量进一步增大（Neal et al.，2009）。Yu 等（2006a）建议城市洪水淹没模型需要采用分辨率（1～5 m）的地形数据方能反映出细部建筑物的特征，这意味着城市洪水二维模拟的计算量将是巨大的，特别是较大时空尺度的情况下。在模拟城市洪水时，一般采用重采样方法将精细的地形数据转化为较粗网格的地形数据，研究表明基于栅格数据格式的二维洪水淹没模型的计算精度对网格分辨率非常敏感（Yu et al.，2006a，2006b）。当采用较高分辨率的计算网格时，为了使模型计算稳定，还需要采用较小的计算时间步长（显格式模型的时间步长受 CFL 条件限制），这将进一步增大二维模型的计算耗时（Hunter et al.，2007）。Hunter 等（2007）开发了一种自适应时间步长求解算法，可更精确地计算洪水动力波的传播到达的位置，但该算法更加增大了计算量，时间步长分别与网格单元尺寸和摩阻系数近似呈平方和线性关系。上述因素都极大地限制了二维模型在洪水快速预报分析研究中的应用。

Hunter 等（2007）综述了洪水淹没模型的发展历程、洪水淹没模型中采用的数值格式、模型的时间和空间离散方法及参数评估问题，指出在进行简化假设时（相对完成的浅水方程求解）需要思考这个问题：在可合理表征物理过程的前提下，模型简化到什么程度？模型的最大简化程度（为了提高模拟效率）与模型模拟精度之间的矛盾，使得关于洪水模拟方案选择的争议将长期持续下去。洪水淹没的快速预报与模拟精度受到众多因素的影响，需要合理评价不同模型的适用范围和计算精度，需要统一模型代码的结构，针对不同现象的洪水（随时间变化缓慢、存在超临界流、有建筑物阻水等），可采用不同简化程度的浅水方程或数值格式。Neal 等（2012）在洪水淹没模型的对比方面做了有益的探讨，详细论证了洪水淹没模型控制方程的不同形式对计算结果和精度的影响，指出：扩散波形式的方程求解耗时最长，而忽略扩散项后的简化方程求解最有效率，但对存在超临界流现象的计算误差较大。由此可见，洪水淹没的快速预报研究需要综合考虑浅水方程的简化、数值算法和计算效率等对预报结果精度的影响，方能给出可靠的预测结果。

目前已有几种不同的方法用于缩短二维模型的计算耗时（提高模拟效率），如优化模型代码（并行化计算）、更进一步简化浅水方程（Bates et al.，2010）或采用低阶的数值格式等。很多二维洪水淹没模型已在并行计算机上实施（Hervouet，2000），关于二维洪水淹没的并行化模型研究进展将在下节中详细介绍。但是，将串行版的程序代码转化为可并行计算的代码仍然需要专业知识，同时并行加速效率受到硬件配置的影响（如局域网网速）。另外，大型的计算集群或并行机计算资源仅能在一些研究机构或高校获取，一些洪水并行版模型的执行仍受到很大的限制，阻碍了洪水快速模拟的工程实际应用。

另外一个降低二维模型计算量的方法是采用较低分辨率的地形数据。一些研究者已经研究了低分辨率 DEM 数据对二维洪水模拟结果的影响（Bates et al.，2010；Yu et al.，2006a，2006b），研究表明：低分辨率的地形数据对洪水波影响的范围及到达的时间均有影响，而对地形数据精度的要求与很多因素有关，如对洪水过程的研究目的或者模拟范围尺度等。目前关于网格分辨率对洪水模拟结果的影响均着重于对洪水淹没范围、淹没水深和流速等的影响，没有给出对洪水次生灾害的影响后果，如社会经济因子或关于洪水预警管理和规划的重要决策。

综上所述，平面二维洪水淹没模型可以获取关于洪水淹没过程中的淹没范围、淹没水深、流速和流向等信息，则需要深入研究。引入并行计算技术提高二维洪水模拟预报的效率，同时又能充分利用普通计算机的计算资源并与工程实践相结合。不仅要研究相关因素（如网格分辨率、糙率取值等）对模拟结果精度的影响，还要研究网格分辨率（涉及计算规模大小）对社会经济因素和洪水风险评估与决策的影响。

2.3.2 洪水淹没模型的并行化方式

并行计算分类示意图见图 2-1，按实施并行硬件分类，可分为 CPU 并行、CPU- GPU 异构并行、其他硬件并行（如 Clearspeed 加速卡、Cell 处理器等）。按并行方式（数据通信机制）分类，可分为多核计算机的共享内存式并行（OpenMP）和多计算节点的计算集群的分布内存式并行 [信息传递接口（message passing interface，MPI）]。共享内存式并行更适于多核电脑上的并行计算(不需要高速数据传输路由器)，而分布内存式并行更适于计算机群的并行(计算节点间的连接需要高速数据传输路由器)。按并行原理分类可分为数据并行（data decomposition）和任务并行（functional decomposition），任务并行是将同一个程序代码的不同部分分配至若干进程执行，而数据并行是将同一个求解问题（计算域）的不同数据子集分配至若干进程执行。目前洪水淹没模型的并行化执行大多采用数据并行的方式。上述的并行化模型分类之间的界限并不是绝对的，如数据并行包含有共享内存式并行和分布内存式并行，CPU 硬件并行包含任务并行和数据并行，而异构并行中 GPU 适合于密集的浮点数据并行，而不能进行任务并行。

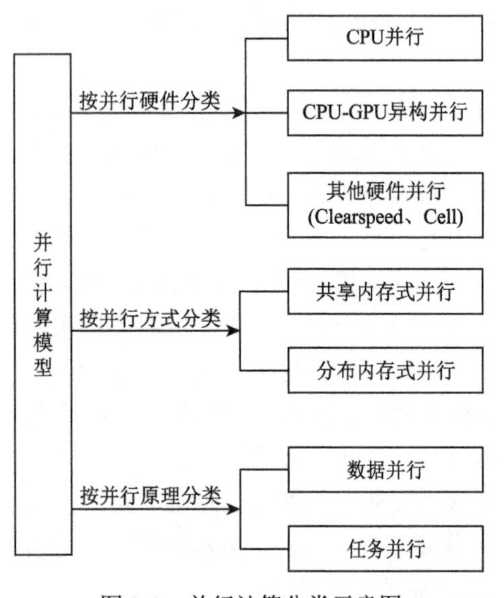

图 2-1　并行计算分类示意图

本书将开发 CPU-GPU 异构并行的二维洪水淹没模型，同时将兼顾不同层次的数据并行，即最大限度地挖掘计算机的计算潜能。因此，下面按照并行执行硬件的分类方法对近年来二维洪水淹没并行化模型的研究进行综述。

2.3.3 同构并行化洪水淹没模型

早期的流体并行计算模拟技术多基于 SIMD 和多指令多数据流（multiple instruction multiple data，MIMD），如 Killough（1995）并行模拟了多孔介质地下水流动现象，Kalro 等（1997）实施了大涡模拟的并行计算，研究了环柱绕流情况下雷诺数对卡门涡街稳定性的影响。Kuma 等（2001）采用 MIMD 和矢量并行处理系统开发了模拟不可压缩流体的三维运动的模型，使用 16 个进程时，加速比达 14.8。以上的并行计算实际上仍为单机计算，只是提高了单个 CPU 的计算能力，不需要像多核或计算机群并行那样需要消息传递和数据传输。不少并行洪水淹没模型并行化研究转向单机多核并行、计算集群并行和异构并行。二维有限元水动力学 Telemac2D 模型（FORTRAN 语言编程）的并行化采用分布式内存并行的 MPI 并行机制，模拟了法国马尔巴塞拱坝（Malpasset Arch Dam）溃决洪水的传播过程，Telemac2D 模型采用计算域分区法将网格分区分配到各计算节点，并可以在不同的操作系统上实施并行计算，使用 8 个进程时可获得最大加速比 6.2（Hervouet，2000）。Rao（2005）在串行版二维水动力 RMA 模型基础上，采用计算域分区法、MPI 通信方式和求解偏微分方程的函数库 PETSc 开发了并行版 RMA 模型（FORTRAN 语言编程），采用这种方法的并行化不需要较大地改变串行模型的结构，也不需要改变输入数据文件的格式，开发效率高，并行化的 RMA 模型以较小的计算规模（200 个网格单元）在具有 1、2、4 和 8 个计算核心的计算机上进行了并行效率测试，可达到理想的加速效果（加速比等于处理器数）。Pau 等（2006）采用显格式离散浅水方程开发的 CalTWIMS 模型，对于受到 CFL 稳定性条件限制而导致必须采用较小的计算时间步长的问题，实施了两个层次的并行加速，包括：①显式同步消除机制；②将块状数据结构转换为非块状数据结构（分区并行时计算节点间的数据传递格式）。研究表明：层次①的并行相对串行程序的加速效果明显，在连接节点带宽较大（＞100 Mb/s）时；层次②的并行效率相对层次①的并行效率可提高，但程序的可读性将降低，建议在进行程序优化前，需要选择合适的并行机制，使程序优化与硬件结构达到最佳匹配状态（Pau et al.，2006）。Neal 等（2010，2009）在串行的洪水淹没模型 LISFLOOD 模型（C 语言编程）的基础上基于三种并行原理（OpenMP、MPI 和 ClearSpeed 加速卡）开发了并行模型，并比较了各种并行模式下的计算效率，指出：OpenMP 并行算法编程最容易，对串行程序的改动最小，而 OpenMP 加速比与使用 4 个 CPU 的 MPI 并行计算加速比相当，加速比达 3.9，加速卡并行模型加速最明显，但代码开发难度较大，异构并行模型开发至少两个月，其他并行模式开发的时间一般少于两周，同时可以看出由于存储单元型的洪水淹没模型简化的最多，因此，加速效果也最明显。Yu（2010）开发了基于二维扩散波的洪水淹没模型的并行化 FloodMap 模型（Java 语言编程），该模型的并行通信方式为 MPI，应用于英国三处洪水淹没过程进行了模拟，并与串行模拟计算结果比较，均符合良好。Yu（2010）应用 FloodMap 模型研究了网格分辨率对模拟精度的影响，由于计算规模和计算量均较大，对 MPI 方式的并行效率影响很明显，可见数据量较大时对计算节点间的通信速度要求较高，需要指出的是 FloodMap 模型的求解扩散波方程，其计算精度高，但计算量也增加，且影响了最终的加速效果。Sanders 等（2010）开发的并行化洪水淹没 ParBreZo 模型（FORTRAN 语言编程）的特点是：采用非结构网格模式和 Godunov 型的数值格式离散浅水方程，因此，增加了模型对复杂模拟区域边界的适应性。同时采用加权网格分区方法（使用 METIS 软件进行网格分区），解决洪水模拟中干湿边界剧烈变化造成的计算负荷平衡问题，研究表明，采用该方法可显著地减少模拟耗时。以上各种基于 CPU 硬件的并行洪水淹没模型的细节介绍，可参考表 2-1。表 2-1 中 SC、DW、FD、FE、FV 代表模型的类别分别为存储单元（storage cell）、扩散波（diffusive wave）、有限差分（finite difference）、有限单元（finite element）和有限体积（finite volume）。

表 2-1 多 CPU 并行洪水淹没模型参数列表

模型名称	TELEMAC2D	RMA	CalTWiMS	LISFLOOD	FloodMap	ParBreZo
编程语言	FORTRAN	FORTRAN	—	C	Java	FORTRAN
计算集群	CRAY T3E	Roadrunner USA	AMD cluster	BlueCrystal, UK	Itanium，UK	—
处理器型号主频	—	Intel 250 MHz	AMD 1.4 GHz	AMD 2.59 GHz	Itanium 1.6 GHz	AMD 2.4 GHz
CPU 个数	1	2	2	8	16	8
模型类型	2D FE	2D FE	2D FV	2D SC	2D DW	2D FE
网格类型	非结构	非结构	非结构	结构	结构	非结构
并行机制	PVM	MPI	MPI	OpenMP	MPI	MPI
计算单元数/个	104×10^3	200	$(1.6\sim4.8)\times10^3$	$3\times10^3\sim3\times10^6$	232×10^3	374×10^3
加速比	6.2×/8 进程	3.8×/4 进程	5.3×/7 进程	5.8×/8 进程	2.71×/8 进程	32×/48 进程
参考文献	Hervouet，2000	Rao et al.，2005	Pau et al.，2006	Neal et al.，2009	Yu，2010	Sanders et al.，2010

注：最大加速比仅是对程序加速效果的大致评估，不考虑程序结构的复杂性

综上可得：①以上的并行洪水淹没模型采用的编程语言、网格模式、并行机制、节点间数据传输路由器硬件、数值离散方法等均不相同，因此，难以准确对比各模型之间的并行加速效率，并且多种因素对模型的并行加速效果的影响机制还不明确；②尽管很多洪水淹没模型均采用了不同的并行机制进行加速，但不同并行层次（单机多核和多计算节点的集群）联合使用并行加速的模型还很少见，如果需要进一步挖掘计算机群的计算潜能，需要进行诸如联合 OpenMP、MPI 和其他硬件平台的并行计算；③目前的并行计算多采用 Linux 系统和高端配置的计算机群，不利于洪水快速预报的普及应用和工程实践，今后需要加强 Windows 系统下采用简单配置的个人多核电脑的并行研究，例如 Judi（2009）和 Judi 等（2011）采用 Java 语言的多线程编程计算开发了二维洪水淹没模型，充分利用多核电脑的计算资源，并结合干湿地形跟踪算法（建立干湿地形信息存储的哈希数据集，实时判断干湿地形变化，干地形不参与计算），可显著提高洪水模拟效率，由 Judi（2009）可知：采用 16 核的桌面电脑可达加速比 14，采用干湿地形跟踪算法后，程序的计算量减小 310 倍，该洪水淹没模型不需采用复杂的并行通信机制和硬件设备配置即可实现快速洪水模拟，可利用常用的个人桌面电脑实现洪水淹没风险评估等快速预报，本模型是首次利用 Java 多线程技术和多核个人电脑（personal computer，PC），进行洪水淹没过程的并行化计算。以上文献总结对测试分析并行化洪水淹没模型各模块的加速效果、对比不同并行机制加速效果、数值格式对加速效果的影响等方面的研究具有重要的借鉴意义。

2.3.4 异构并行化洪水淹没模型

采用 CPU-GPU 异构并行加速洪水模拟是近年来发展的新技术，Papadrakakis 等（2011）指出 GPU 加速开启了高性能计算的新纪元，采用 CPU 和 GPU 加速相结合的混合并行方式，例如 MPI-CUDA，OpenMP-CUDA 等，更能挖掘计算集群的并行计算潜力。异构并行的主旨是利用低价的计算机配置获取相当好的加速效率，达到性价比较好的并行加速效

果。因此，普通计算机用户也可能进行并行化洪水淹没过程的模拟和实际工程应用。部分国际上比较著名的异构并行洪水淹没模型，列于表 2-2。

表 2-2　异构并行洪水淹没模型列表

模型名称	JFlow	SWsolver	Flood2D		
编程语言	C++，CUDA	C，CUDA	C，CUDA	C++，CUDA	C++，OpenGL
计算集群	Workstation	SharcNet	Workstation	GPU cluster	—
GPU 型号	GeForce GTX 8800	Fermi C2050	Tesla C1060	GeForce GTX 480	GeForce GTX 480
GPU 核数	112	448	240	480	480
GPU 主频	575 MHz	1.15 GHz	1.3 GHz	700 MHz	700 MHz
数据交换	—	Infiniband	—	Infiniband	—
模型类型	2D DW	2D FV	2D FD	2 层 2D FV	2D FE
网格类型	结构	结构	结构	结构	结构
并行方式	GPU	POSIX-MPI-GPU	GPU	MPI-GPU	GPU
计算单元数/个	96×10^3	16×10^6	708×10^3	3001×10^3	400×10^3
加速比	116	56.3	84	178	—
操作系统	Linux	Linux	Linux	Linux	Linux
参考文献	Crossley et al.，2010	Rostrup et al.，2010	Alfred et al.，2011	Marc et al.，2012	Brodtkorb et al.，2012

JFlow 模型是英国 JBA 咨询公司为满足需要进行洪水预报的客户需求而开发的二维洪水淹没预报模型，该模型是基于二维扩散波方程，由用户界面并与 ArcGIS 软件结合，可模拟多种尺度下的洪水淹没过程（Bradbrook，2006）。JFlow 模型已有 GPU 异构并行版本，在 GeForce GTX 8800 显卡上运行，相比 AMD Phenom Ⅱ 2.8 GHz CPU 上的串行程序运行耗时，加速比达 116 倍（Crossleyet al.，2010）。Rostrup 等（2010）采用 IBM 的 Cell 处理器和 NVIDIA 公司的 GPU 并行加速处理求解浅水方程的二维模型，并行化分为粗粒度和细粒度两层并行，即 MPI 通信方式的粗粒度并行和采用 OpenMP 并行、GPU 加速和 P 线程优化的细粒度并行。通过比较若干种高性能计算平台下的加速效果，发现采用单机硬件加速可获得与很多计算节点的计算集群相当的加速比，这在一定程度上减少了集群搭建耗时和计算设备的高费用。但是 SWsolver 模型的研究重点是探讨不同粒度的并行计算效率，该模型目前仅开展了理想算例的测试，难以用于实际问题的解决，例如没有开边界条件的施加、复杂地形处理等，但该模型的并行化编程对洪水淹没模型的并行化研发具有借鉴意义。Alfred 等（2011）应用开发了基于 GPU 加速的二维洪水预报模型，实际计算证明 70 多万个网格单元的二维模拟计算，加速比可达 80～88。以上的并行模型采用的为笛卡儿坐标系下的规则矩形网格（结构网格）模式，其有利于使用当前可获取的一些 DEM 栅格数据，由于 GPU 设备的硬件结果，使得该类并行模型一直以来只能采用结构网格，对复杂边界计算区域的跟随性不好，且模型不能模拟存在密度分层或异重流的现象。针对以上问题，国外的研究者应用 GPU 异构并行求解浅水方程取得了很多开拓性的研究成果，如 Castro 等（2011）、Marc 等（2013，2012，2011）开发了一系列的异构并行洪水

淹没模型，与以往研究的不同之处有：①求解垂向两层浅水方程，能更精确地模拟分层流体运动，如洋流或大气运动等现象；②采用 MPI-GPU 通信方式实现异构并行，同时实施重叠式 CPU-GPU 数据通信方式，可加速 GPU 设备间的数据通信效率（多 GPU 并行加速效率）；③GPU 异构并行可在三角形非结构网格上实现；④采用 Godunov 格式或 Roe 格式计算数值通量。Brodtkorb 等（2012）在 GPU 设备上实现了高分辨率显式格式（Kurganov-Petrova 格式）求解浅水方程的并行求解模型，该算法具有很好的质量守恒特性，可较好地计算干湿变化剧烈的洪水淹没过程。该并行模型可实时显示模拟结果，并应用于溃坝洪水的模拟，模拟 4000 s 的物理过程仅需 27 s，计算规模为 48 万个网格单元，网格单元边长为 15 m，指出计算过程中应用 OpenGL 的实时显示结果对总体计算耗时影响很小。Espen（2013）实施了 GPU 异构并行下的多种高分辨率数值格式（包括 5 阶 WENO 重构法、4 阶高斯界面通量插值法、2 阶 Kurganov-Petrova 格式）求解浅水方程的测试，测试结果表明：高阶数值格式增大串行程序运行耗时，而 GPU 对高阶数值格式的模型求解加速效率更明显，例如在 $n\times n$ 的网格上并行求解高阶数值格式模型的速度是在 $2n\times 2n$ 网格上求解二阶格式模型速度的 1.3～1.7 倍。

GPU 异构并行对显格式求解浅水方程的加速效果显著，除此之外，无网格的光滑粒子法（smoothed particle hydrodynamics，SPH）和格子玻尔兹曼法（lattice Boltzmann method，LBM）求解溃坝波传播时，具备并行化加速潜力，可对其进行 GPU 异构并行加速。如 Christian 等（2011）采用 VOF（volume of fluid）算法求解自由水面和 LBM 求解对流项，并结合大涡模拟（large eddy simulation，LES）技术模拟溃坝洪水面的小尺度翻滚破碎现象，获得了相对 CPU 串行运行耗时 55 倍的加速比。Tubbs 等（2011）使用 MATLAB 语言和 Jacket 插件（MATLAB 语言下的 GPU 异构并行库），并行化 LBM 模型，加速比达 17.69，该模型可模拟溃坝洪水和物质输移现象。GPU 并行加速光滑粒子法模拟溃坝水流的研究较多（Lee et al.，2010；Wang et al.，2010），基于拉格朗日的粒子模型很适合于 GPU 并行，但目前还很难应用于实际工程问题的求解，在此不再赘述。

由以上文献总结可以看出：国际上大量采用 GPU 异构并行技术并结合传统的分布式内存并行，充分利用了安装有 NVIDIA 显卡的计算集群的计算资源，甚至简单配置 GPU 的单台计算机也能达到一个小型计算集群的加速效果，因此，具有十分广阔的应用前景。这些文献充分研究了相对 CPU 硬件的加速效果、不同并行机制的联合应用（多 GPU 并行）、简化浅水方程及不同的数值算法加速等，具有重要的借鉴意义。但 GPU 异构并行涉及更多硬件部分的数据通信（相比 CPU 的同构并行，增加了 CPU 与 GPU 及多 GPU 间的数据通信），因此有必要评估各部分计算耗时对整体加速效果的影响。由于 GPU 设备的架构特点，目前 GPU 异构并行的模型多采用矩形结构网格模式，对不规则形状的计算区域的适应性很差，对干湿地形的识别能力较差，增加了计算量。高分辨率数值通量格式的 GPU 加速模型研究处于起步阶段，需要研究离散格式的阶数对加速效果的影响。

非结构化网格相比较结构化网格，特别是栅格单元，对灵活处理复杂边界和局部特征建筑物方面，具有明显优势。因此，开发高度并行化的非结构化网格的平面二维洪水淹没模型，是近年的发展趋势。常见的基于 OpenMP 和 MPI 的非结构网格模型，如 ANUGA、TUFLOW、MIKE21、BreZo、Telemac2D 等洪水淹没模型，方便用户根据自己的需要进行开发和应用。但基于 GPU 异构并行的非结构化网格洪水淹没模型很少见，是该领域的前沿研究课题。由于非结构化网格的数据结构较结构网格数据要复杂，非结构化网格数据在 GPU 内存中的数据排列及高速数据传输的实现难度较大。因此，GPU 异构并行化的非结构化网格洪水淹没模型并不多见，大多是商业软件，价格很高，仅有少数单位购买使用，例如 MIKE21（DHI，2014）和 RiverFlow2D（Hydronia，2019）。另外，由上述文献综述可见：基于不同硬件或并行机制的海啸或洪水淹没模型开发难度不同，且没有一个统一的框架，导致很多模型代码的重复开发。为解决这一问题，研究者开发了可用于生成不同并行机制下的结构化网格模型和非结构化网格模型的 OPS 和 OP2 函数库（Mudalige et al.，2012；Giles et al.，2011），将串行的数学模型编写为 OP2 程序可识别的固定格式，就可以使用 Python 程序快速生成基于 OpenMP、MPI、OpenACC 和 CUDA 的并行化模型。Reguly 等(2018)基于 OP2 函数库开发的模拟海啸波的生成、传播和上岸淹没整体过程的 VOLNA 模型，VOLNA 模型是 CUDA C 编程的非结构网格的数学模型，可以用于实际发生海啸或洪水淹没的模拟，具有很好的模型研发借鉴意义。瑞士苏黎世联邦理工学院（Eidgenössische Technische Hochschule，ETH）开发的 BASEMENT 软件也基于 OP2 库开发了 CUDA 加速版本，可免费使用，但代码不公开，Basement 软件可用于模拟河道水流和泥沙输移过程的平面二维数值模拟[①]。另外，目前 CUDA 加速的海啸模型大多是基于结构网格开发，且不开源（Reguly et al.，2018）。因此，开发 CUDA 加速的能用于实际洪水淹没和海啸传播模拟的高效计算模型，具有重要的研究价值和实际意义。

绝大部分的 GPU 异构并行模型均在 Linux 系统下执行（如 Basement，VOLNA 模型），而 OP2 库目前也只能在 Linux 系统下编译。Windows 系统的 GPU 异构并行开发，更有利于用户和生产单位使用。例如 MIKE21 的 CUDA 加速版本是基于 Windows7 系统开发，具有 GUI 界面，易于并行环境设置和软件配置，值得借鉴。因此，今后开发具有界面的不同并行机制的非结构网格洪水淹没模型和海啸模型，同时与地理信息系统（geographic information system，GIS）平台集成，是一个重要的研究方向。

2.3.5　其他并行机制的洪水淹没模型

除基于 CPU 硬件的并行和 GPU 硬件的异构并行外，很多处理器制造商也生产了不同硬件构架的并行计算设备，针对这些硬件设备需要专门的程序编译器或开发语言编制相应的并行优化程序。从某种意义上说，GPU 异构并行也属于这一类，如 GPU 并行程序开发需要采用 CUDA 的 C/C++、Fortran 语言开发，但鉴于 GPU 异构并行开发研究及应用普及，本节将单独介绍其他并行机制的洪水淹没模型，列于表 2-3。

表 2-3　其他并行机制的洪水淹没模型

模型名称	无	SWsolver	LISMIN-CS
编程语言	C++	C	C
计算集群	未知	JSC Cell cluster	BlueCrystal
处理器	Intel Pentium IV	PowerX Cell 8i	ClearSpeed CSX600

① Basement 软件模拟来源 http://www.basement.ethz.ch/

续表

模型名称	无	SWsolver	LISMIN-CS
数据交换	未知	Infiniband	Infiniband
模型类型	2D FV	2D FV	2D SC
网格类型	非结构	结构	结构
并行机制	SSE SIMD	Cell SDK	ClearSpeed SDK
计算网格单元数/个	244×10^3	1×10^6	76.8×10^3
加速比	7.16×/8 进程	15.99×/16 计算卡	1.3×/2 计算卡
操作系统	Linux	Linux	Linux
参考文献	Castro et al., 2008	Rostrup et al., 2010	Neal et al., 2010

SSE（streaming SIMD extensions）指令集优化技术广泛应用于多种领域，如图像压缩、信号处理及三维计算机辅助设计（computer-aided design，CAD）和游戏等。很多种处理器（包括 Intel Pentium 和 Xeon 处理器、AMD 处理器和 PowerPC 处理器等）均使用了 SIMD 并行机制。Castro 等（2008）采用 CPU 中的 SIMD 并行机制，并利用 SSE 指令集优化洪水模拟程序，模型的粗粒度并行是基于 MPI 通信和网格分区，在此基础上 SSE 优化后的模型的并行效率进一步得到提升，SSE 优化后的模型计算耗时仅是优化前模型计算耗时的 1/3。目前很多程序编译器自带有 SSE 优化功能，只要编制好程序，即可方便地优化编译程序并运行，不需要调用第三方程序库。SSE 优化程序对存在大量矩阵计算（如矩阵相乘、矩阵转置、LU 分解等），具有显著的加速效果。SSE 优化的缺点是：程序变得复杂，难以进行调试，且难以应用于复杂数值方法的计算，另外，模型代码也难以重复利用和修改。Cell 处理器由 IBM 公司、SONY 公司和 TOSHIBA 公司共同研发，其设计结构能有效增大计算效率和内存带宽及减小能耗。Cell 处理器包括 8 个协同处理器（synergistic processing element，SPE）和一个处理单元（power processor element，PPE），PPE 是为了协调 SPE 中的计算任务，SPE 是 Cell 处理器的主要计算部件，芯片中部件（SPE、PPE 和内存）之间的数据通过 4 通道的连接总线传输，最高带宽可达 204.8 GB/s。Rostrup 等（2010）基于 Cell 处理器开发了浅水方程的求解程序，可达到理想的加速比值。Neal 等（2010）通过 ClearSpeed 加速卡的编程语言重新编写了 LISMIN 洪水淹没模型，ClearSpeed 加速的 LISMIN 模型对淹没区域内的水深变化模拟加速有效，但对具有点源流量入汇的洪水淹没过程模拟起不到加速作用。ClearSpeed 加速计算的能耗是最低的，但需要对串行程序进行重写编写，开发周期较 OpenMP 和 MPI 并行版本的程序开发要长。可见，Cell 处理器、SSE 指令优化及其他加速卡硬件设备的并行需要专门的开发语言和工具，而加速效果受到诸多因素限制，使得这些并行技术在洪水淹没模型开发领域应用较少。Neal 等（2010）采用了 OpenMP、MPI 和 ClearSpeed 加速卡三种方法开发了洪水淹没模型 LISMIN，指出三种并行方法开发程序的难度、周期及软硬件需求，详细情况见表 2-4。而综合了不同并行机制的洪水淹没模型，可最大程度地挖掘计算机的硬件计算潜能，但开发的难度也将会增大，如基于 P 线程或 OpenMP 线程优化、分布式内存并行和 GPU 异构并行的洪水淹没模型的开发至少需要两个月，想要获取较好的优化程序效果，不仅需要理解求解浅水方程的数值算法，还需

要掌握并行技术的相关基础知识。另外，近期 Intel 处理器的 AVX 指令集优化技术也值得关注，其原理与 SSE 指令集优化相似，使并行计算效率得到进一步提升，但需要使用 Intel 型号的 CPU。OPS 和 OP2 程序库是快速生成不同并行机制数学模型的有利工具，为缩短数学模型开发周期和避免不必要的代码重复开发问题指明了方向（Mudalige et al.，2012；Giles et al.，2011）。

表 2-4　不同并行机制开发数学模型的难度评价

项目	开发周期	硬件需求	软件需求	难度
OpenMP	1～2 天	多核 CPU	具有 OpenMP 功能的编译器	容易
MPI	1～2 周	高速数据交换设备	需要 MPI 库	中等难度
Clearspeed/Cell	1～2 月	加速卡	加速卡 SDK	中等难度
MPI-GPU	>2 月	NVIDIA 显卡	CUDA 编译器	较难

2.4　并行化河流数学模型的发展

2.4.1　同构并行化河流数学模型

计算流体力学并行化研究较早，最初的并行化技术主要应用于湍流的精细模拟领域，如何子干等（2000）采用并行技术加速大涡模拟槽道湍流的研究过程。黄荣国等（2001）采用非重叠计算区域分区法进行复杂流动的三维数值模拟并行计算。江春波等（2002a，2002b）首次应用并行计算技术模拟河道水流流动，并对网格区域分区和求解线性方程组的并行迭代方法进行了深入探讨，并行计算实现过程中引进了一种基于图论的区域分解算法，同时提出了一种针对并行计算的网格重新编号算法，启用 8 个进程时的加速比达 6.7。在水流并行模拟的基础上，增加了污染物浓度场的并行计算，并行水质数学模型可以模拟污染物浓度场的变化，并应用于三峡库区涪陵江段主要排污口附近的污染混合区在建库前后的浓度场变化的模拟和预测。以上并行采用网络并行集群系统和 Linux 操作系统，计算节点之间的通信采用 MPI 标准函数。江春波等（2004）建立了二维非恒定渗流的有限元并行计算模型，在 Windows 操作系统下实现了基于 MPI 消息传递的二维渗流的有限元并行计算，模型采用广义极小残余算法对方程组进行并行迭代求解，通过分析数据执行时的相关性和检验算法结构的固有串行性，对原有串行算法并行化，并对溪洛渡大坝上游围堰的渗流进行了并行模拟。崔占峰等（2005）采用 MPI 通信方式，建立了分蓄滞洪区洪水演进模拟的并行化数学模型，网络并行计算系统集群的加速效果与计算规模、进程数等因素有关，当开启 4 个进程时加速比达 2.54，操作系统使用 Linux。水利部黄河水利委员会黄河超级计算中心采用 MPI 通信方式开发的并行化水流泥沙平面二维模型，已广泛应用于黄河河床演变的模拟（王敏　等，2012；杨明　等，2007；余欣　等，2005），该模型采取网格分区和主从模式实现了并行计算，在全局网格和局部区域之间建立了映射关系，采用

METIS 软件进行网格区域划分，启用 8 个进程时的加速比达 5.2。本章已经叙述了当前并行技术面临的一些问题，国内的研究者也提出了一些解决办法。如王船海等（2008）指出目前大部分的小规模科学计算是在 Windows 系统下执行，而并行计算平台通常是在 Linux 系统下搭建的（牛志伟 等，2007）。另外，MPI 并行对网速要求较高，而 OpenMP 并行编程量较大，因此，采用 Visual C++6.0 和多任务操作系统 Windows 线程机制的多线程计算实现了多 CPU 环境下共享内存的河网水流并行计算，启用 4 个进程时的加速比达 1.97。而李褆来等（2010）采用 OpenMP 方式开发了并行水动力学模型，加速比达 1.76，可节约模拟耗时约 36%。于守兵（2012）基于三角形和四边形混合网格的平面二维非均匀泥沙有限体积模型，采用 OpenMP 指令对串行程序进行修改，方便地实现了并行化计算，OpenMP 指令并行化非常适合多核计算机的并行计算，当线程数目等于计算机固有线程数目时，并行加速比达到最大值 1.55，使用操作系统 Windows XP，编译器采用 Intel Visula Fortran 11。另外，传统的并行计算（基于 MPI 或 OpenMP 等）不具备实现进程迁移的功能，当并行计算时，网络中某客户端由于突发情况（如断电、死机等）的异常退出，将导致不正确数据的产生。针对该情况，可采用 C/S 控制方式，在服务器端对网络环境进行监控和控制，可实现进程迁移，当网络计算发生意外时，实时将未完成计算的网格转移到其他客户端继续计算，保证数据的完整性和正确性。左一鸣等（2008）和欧剑等（2009）采用 Delphi 语言编程、SQL Server 2000 数据库、TCP/IP 自定义通信协议，在 Windows XP 集群上进行了并行水动力模型研究，并应用于上海浦东区河网的模拟计算，2 个进程的并行计算加速比达 1.75。林绍忠等（2013）采用超松弛迭代法求解线性方程组，应用多色排序技术提高了算法的并行度，并以 MPI 通信方式实现了并行计算，开启 10 个进程的情况下加速比可达 8.0。

由上述的文献总结可以看出：①我国河流动力学领域的并行计算研究大约从 2002 年开始到 2005 年以后广泛开展；②多采用分布式内存并行，而较少采用共享式内存并行；③采用 Windows 和 Linux 操作系统，对 Windows 系统下的并行研究较多，因为大部分计算机用户使用 Windows 系统；④采用的并行机制较多（包括 OpenMP、MPI、多线程、Delphi 语言的网络并行机制），解决了很多并行计算中的问题（高昂代价的计算平台搭建、计算异常产生坏数据等）；⑤应用的工程领域较广，包括水质模拟、泥沙输移及河床演变、蓄滞洪区洪水演进、河网水动力等。同时也可以看出一些问题：①对并行计算过程中，程序各部分的并行效率评价不足，包括数据输入输出耗时、网络数据传输耗时或并行分区质量评价等，只是给出一个最终的并行加速比或并行效率值；②不能将多种并行机制整合（如结合 OpenMP、MPI 和 CUDA 的混合并行技术），难以充分挖掘计算机群的计算资源。因此，今后并行化河流动力学模拟研究应注意以上问题。

2.4.2 异构并行化河流数学模型

GPU 异构并行是最近几年新发展的并行技术，在国内的研究处于引入阶段，在流体力学的并行计算中已有相关的研究成果，但河流动力学领域，特别是洪水淹没模拟的 GPU 异构并行的研究尚未开始。

2010 年之前可看作 GPU 加速计算引入国内的起始阶段，GPU 加速仅用于流场可视化或求解一些简单的方程等（杨冰 等，2007），并未能应用于实际工程的应用和复杂问题的数值求解。如杨昆仑等（2008）实现了在 GPU 上求解二维导热的混合边界条件问题，采用 GPU 并行化的 Jacobi 迭代法求解线性方程组。董廷星等（2009）采用全局存储和纹理存储两种方法加速二维扩散方程的求解，研究结果显示：当网格达到百万量级时，可获得 34 倍的加速比。从 2010 年开始，GPU 异构并行模拟流体动力过程的研究广泛开展，如王健等（2010）基于结构化交错网格和 SIMPLE 算法，实施了 GPU 并行加速的直接数值模拟（direct numerical simulation，DNS），以高雷诺数方腔流为例，在单个和 4 个 GPU（NVIDIA GTX 295 显卡）上运行，相比 Intel Xeon 5430 型号的单核 CPU 的执行时间，加速比分别可达 50 倍和 150 倍。半隐格式的光滑粒子法可较好地模拟自由液面强烈波动的物理现象而达到广泛应用，但计算耗时较大。张兵等（2010）从图形处理器架构特点出发，提出了基于数据并行的隐式计算流体力学求解方法，空间离散格式采用 Roe 格式，计算网格适用于结构网格和非结构网格，分别在 Intel 3.0 GHz CPU 和 NVIDIA GTX 280 GPU 上实施了计算，测试结果表明：隐式格式计算速度是显式格式 6 倍以上，采用显式格式的计算加速比达 28 倍，采用隐格式，计算加速比达 28.7 倍，同时计算加速比随计算规模的增加而增大。Zhu 等（2011）采用通用 GPU 异构并行加速 SPH 模型运行效率，基于 GPU 并行的 SPH 模型的计算效率相对 CPU 的串行程序提高了 26 倍(NVIDIA GTX 280 显卡)。除在流体力学 GPU 异构并行模拟的研究外，在国内 GPU 加速技术也被广泛应用于其他各领域，如地震波传播的模拟（Li et al.，2010）、大规模矩阵求逆（刘丽 等，2010）、地球空间数据处理（Xia et al.，2011）等。另外，单个 GPU 的内存十分有限，数据量较大时，需要采用多 GPU 并行，但多 GPU 并行程序设计很复杂并涉及 GPU 间的通信问题，多 GPU 间的数据传递速度是制约多 GPU 并行效率的瓶颈，多 GPU 并行模式分为 3 类：一个计算节点有多个 GPU、多个计算节点但每个计算节点仅有一个 GPU 及多个计算节点且每个计算节点有多个 GPU。目前多 GPU 间的通信通常采用消息传递方式，将计算密集部分传递到 GPU 中进行运算，以此实现了多 GPU 间的通信，但该种方法的编程难度和编程量较大，涉及两部分编程：MPI 并行化编程和 CUDA 并行化编程。因此，在进行多计算节点上每个计算节点有多个 GPU 的情况时，还涉及合理分配计算负荷及优化程序的问题。针对以上问题，Chen 等（2012）开发了 CUDA_Zero 程序可自动分配计算任务到多 GPU 集群的计算节点中去，可执行高效的多 GPU 并行任务。目前，在我国还未有基于其他硬件并行化洪水淹没模型的研发，例如关于 SSE 指令优化程序的研究，主要是对 SSE 指令的介绍（丁勇 等，2004；范建军，2004）或曲线网格下的三维流场模拟（张文 等，2001），在此不再详细介绍，但近年来基于指令集优化与共享式内存并行相结合的新技术，例如 OpenMP4.0，值得关注。

由以上文献综述可以看出：无论是在国际上还是在国内，GPU 异构并行都是一项新的并行技术，针对密集型的数据并行加速具有显著的效果。我国的洪水灾害非常严重，快速的洪水预报和风险评估研究具有十分重要的研究及实际意义，而目前国内将 GPU 异构并行技术引入洪水淹没模拟的研究才刚刚开始，亟须加强该方面的研究。

2.5 各种河流数学模型的适用性

数学模型按照网格类型可分为结构网格和非结构网格，结构网格的数据格式为简单的行列关系，计算效率较高，但是对复杂边界的适应性较差，对此研究者发展了贴体坐标转换（Thompson，1982）、块结构网格（Ahusborde et al.，2011）、自适应网格（Tam et al.，2000）等方法来弥补这一不足。在模拟水域中存在多条支流、河流湖泊系统或者横向摆动较大的河流情况时，结构网格模型处理此类问题面临诸多困难，研究者往往采取一维、二维或三维模型耦合的办法来解决（Han et al.，2011；Mohammad et al.，2010），耦合模型之间的衔接方法会影响模型计算结果的精度。而非结构网格通过网格单元之间的拓扑关系搜索确定计算节点的几何关系，因此，对模拟区域变形的适应性较强，在空气动力学等领域应用广泛。水动力及水质求解算法方面，主要采用传热学中的 SIMPLE 系列算法（Ferziger et al.，2002；金忠青，1987）和空气动力学的高性能格式（谭维炎，2001），前者适用于明渠缓流等无突变问题，后者对捕捉水流激波和浓度突变的适应能力较好。因此，空气动力学格式与非结构网格模式结合的方法被广泛应用于溃坝等水流问题的研究中，但计算时间步长受到 CFL 条件的限制，导致了模型的计算量较大，难以应用到山区型河流的研究。基于特征线插值的 ELM 离散对流项的方法大量应用于海洋、河流、溃坝洪水及河流-湖泊水系的模拟研究（Zhang et al.，2010；Zhang et al.，2008；Nick et al.，2005），该方法可缓解 CFL 条件限制，提高计算效率，并且可以有效模拟大比降地形和剧烈水位波动的河流及海洋问题。本书将 ELM 引入河流动力学数值模拟的研究中。

从模型算法、计算效率和对计算机硬件的要求的角度考虑，不同的数学模型对不同类型河流的模型适用性不同。以长江河道模拟为例，在地形较为复杂、大比降及边界变形较大的长江上游河段或支流，或者需要进行河流湖泊复杂水系模拟的情况下，建议采用非结构网格的 ELM 模型；对于此类空间变化较大的问题，需要采用三维模型进行研究；对于溃坝等水流条件变化剧烈的问题，建议可采用空气动力学或 ELM 模型；对于长江中下游冲积平原河流及湖泊等地形和变化不是十分复杂的河流，可采用基于结构网格的数值传热学算法的数学模型，此时一维和沿水深平均的平面二维模型，既可满足要求且具有较高的计算效率。总之，在进行数值模拟的研究过程中，需要考虑计算资源、模型算法、计算参数取值等因素，在进行若干次的尝试后，方可找到最优化的计算策略。

2.6 并行化河流数学模型的发展

任何数学模型的开发都要从控制方程的离散出发，洪水淹没模型的研究也不例外，洪水淹没模拟需要根据不同的研究区域特点和问题，对浅水方程进行简化，达到提高计算效率的同时也能达到一定的模拟精度。从近十几年国内外针对洪水淹没模型的文献综述来看：二维洪水淹没模型的研究要考虑诸多因素，包括方程的简化、时间和空间的离散数值格式、边界条件施加、地形数据、糙率取值、水流条件等。通过以上文献调查，可以得到几点结论：①浅水方程的简化程度越高，模型的加速效果越显著，如存储单元型（storage cell，SC）模型；②显格式时间离散有利于程序的并行化，但时间步长受限，而隐格式可保证求解的无条件稳定，但所需的计算机内存很大且不利于程序并行化；③空间上采用笛卡儿坐标系下的结构网格离散，可利用栅格化的 DEM 数据（如 SRTM、ASTER 和 LiDAR 等）；非结构网格（三角形或四边形网格）有利于跟踪复杂计算区域边界，并行计算前需要进行网格分区，同时采用非结构网格的异构并行化 CUDA 编程的难度较大；④进口流量过程（开边界条件）直接影响到洪水淹没过程的模拟准确性；⑤需要讨论网格分辨率和地形数据分辨率对模拟精度的影响；⑥需要率定糙率取值，并与遥感图像或实测洪水淹没记录对比并分析参数取值的合理性。总之，洪水淹没模拟中存在很大的不确定性，需要对可能影响到计算结果正确性的各种因素进行不确定性分析。

综上所述，洪水淹没动力学模型的研究仍然存在不足，特别是当水体在较长时间内，通过较长河道或较大面积的流域时，不同区域间和不同介质间的水体交换将对计算结果产生明显影响（Stewart et al.，1999）。目前的动力学模型中进入或进出计算区域的通量只有进出口边界条件，该类模型应用于河段长度小于 1～2 km 的情况时，可满足工程设计的需要；当河段较长时，则需要考虑相关水文过程，如洪水淹没区的降雨径流、蒸发损失、河岸渗流等；当模拟特殊区域的洪水淹没过程时，需要对局部特征建筑物进行建模，但同时参数率定也会变得更加困难，计算量也随之增大，此时并行加速显得格外重要。

第 3 章　并行化洪水淹没模型原理及应用

洪水淹没模型涉及剧烈的干湿地形变化和严格的质量守恒问题，需要用到守恒性较好的数值格式。洪水淹没模型一般都采用显格式的空间离散方法，适合于细粒度和粗粒度的并行化处理。尤其是近年来，NVIDIA 公司的 CUDA 编程技术，推动了洪水淹没模型并行化研究的快速发展。

3.1　一维浅水方程

给定一个求解域$[a,b]\in R$，状态矢量函数$\boldsymbol{q}(x,t):R\times R\to R^m$和通量函数$f(\boldsymbol{q}):R^m\to R^m$，$m\in N$。一维双曲型守恒齐次形式的控制方程如下：

$$\frac{\partial \boldsymbol{q}}{\partial t}+\frac{\partial}{\partial x}f(\boldsymbol{q})=0 \tag{3-1}$$

式中：$\boldsymbol{q}$为数值通量；$f(\boldsymbol{q})$为通量函数。

方程的雅克比（Jacobi）矩阵$\boldsymbol{A}=f'(\boldsymbol{q})$如果有实数特征值且为对角正定矩阵，那么方程即是双曲型方程。方程的右边添加了摩阻源项后，即成为非守恒的非齐次方程。

双曲型方程在一维求解域离散，在空间步长$[x_1,x_2]$上进行积分计算，公式如下：

$$\frac{\mathrm{d}}{\mathrm{d}t}\int_{x_1}^{x_2}\boldsymbol{q}(x,t)\mathrm{d}x=f(\boldsymbol{q}(x_1,t))-f(\boldsymbol{q}(x_2,t)) \tag{3-2}$$

式中：守恒的数值通量$\int_{x_1}^{x_2}\boldsymbol{q}(x,t)\mathrm{d}x$仅由单元边界处的通量差分计算而发生改变。

3.1.1　有限体积法离散

计算域离散为相同尺寸的网格单元，单元长度$L=x_{i+1/2}-x_{i-1/2}$，其中x_i位于网格单元i的中点处，$x_{i\pm1/2}=x_i\pm\frac{L}{2}$表示单元的左边界和右边界。离散单元内的平均值$\boldsymbol{Q}_i(t)$为

$$\boldsymbol{Q}_i(t)=\frac{1}{L}\int_{x_{i-1/2}}^{x_{i+1/2}}\boldsymbol{q}(x,t)\mathrm{d}x \tag{3-3}$$

因此，式（3-3）在一个控制单元体上可写为如下形式：

$$L\frac{\mathrm{d}}{\mathrm{d}t}\boldsymbol{Q}_i(t)=f[\boldsymbol{q}(x_{i-1/2},t)]-f[\boldsymbol{q}(x_{i+1/2},t)] \tag{3-4}$$

式（3-4）表示通过单元边界的数值通量和单元平均值随时间变化之间的关系。

3.1.2　时间项离散

式（3-4）以一定的时间步长 $k=t^{n+1}-t^{n}$（n 表示时间层）进行积分求解，计算式如下：

$$L[\boldsymbol{Q}_i(t^{n+1})-\boldsymbol{Q}_i(t^{n})]=-\int_{t^n}^{t^{n+1}} f[\boldsymbol{q}(x_{i+1/2},t)]\mathrm{d}t+\int_{t^n}^{t^{n+1}} f[\boldsymbol{q}(x_{i-1/2},t)]\mathrm{d}t \tag{3-5}$$

在第 n 计算时间步长，通过单元边界的平均通量可采用下式计算：

$$\boldsymbol{F}_{i\pm1/2}^{n}=\frac{1}{k}\int_{t^n}^{t^{n+1}} f(\boldsymbol{q}(x_{i\pm1/2},t))\mathrm{d}t \tag{3-6}$$

采用式（3-6）可以将式（3-4）沿时间轴向前演进的积分公式转化为以下离散形式：

$$\boldsymbol{Q}_i^{n+1}=\boldsymbol{Q}_i^{n}-\frac{k}{L}(\boldsymbol{F}_{i+1/2}^{n}-\boldsymbol{F}_{i-1/2}^{n}) \tag{3-7}$$

整个计算时间步长内需要求解单元边界处的通量 $\boldsymbol{q}$ 值，Godunov 假设 $\boldsymbol{q}(x,t_n)$ 近似值为分段常数：

$$\tilde{q}(x,t^{n})=\boldsymbol{Q}_i^{n},\quad x\in[x_{i-1/2},x_{i+1/2}] \tag{3-8}$$

在每段时间步长 $[x_{i-1/2},x_{i+1/2}]$ 内，由相邻状态通量 $\boldsymbol{q}_l=\boldsymbol{Q}_{i-1}$ 和 $\boldsymbol{q}_r=\boldsymbol{Q}_i$，求解 Riemann 问题的近似解 $\tilde{q}(x_{i-1/2},t)$。Riemann 问题解析解的计算耗时较长，一般采用 Riemann 近似解。本小节模型采用 Roe 格式的 Riemann 线性解。

3.1.3　Roe 格式

采用 Roe 格式计算精确 Riemann 问题解的激波近似解 $\tilde{q}(x,t)$。非线性方程式（3-8）可转换为一个近似线性的方程：

$$\frac{\partial\tilde{q}}{\partial t}+\overline{\boldsymbol{A}}(q_l,q_r)\frac{\partial\tilde{q}}{\partial x}=0 \tag{3-9}$$

式中：$\overline{\boldsymbol{A}}$ 为通量函数 f 在一定状态下的雅克比矩阵，这一计算称为 Roe 平均。Roe 平均采用线性系统精确近似通量 $\boldsymbol{q}_l$ 和 $\boldsymbol{q}_r$ 交界面处的非线性问题。因为 Roe 平均数值通量均在同一计算迭代步内进行，所以下列公式中不写上标 n。

得到线性方程组的雅克比矩阵 $\overline{\boldsymbol{A}}$ 后，在单元界面处的 Riemann 可以通过求解 $\overline{\boldsymbol{A}}$ 的特征向量 $\boldsymbol{r}^{p}$ 和特征值 λ^{p} 求解，上标 p 表示第 p 个特征向量或特征值。通过单元界面处的守恒变量的单元平均值的变化，可以采用下式的变化矢量求得

$$\Delta\boldsymbol{Q}_{i-1/2}=\boldsymbol{Q}_i-\boldsymbol{Q}_{i-1} \tag{3-10}$$

式（3-10）以特征向量和系数 α^{p} 的形式写为

$$\Delta\boldsymbol{Q}_{i-1/2}=\boldsymbol{Q}_i-\boldsymbol{Q}_{i-1}=\sum_{p=1}^{m}\alpha_{i-1/2}^{p}\boldsymbol{r}_{i-1/2}^{p} \tag{3-11}$$

式中：m 为特征值的总个数。

每一个 $\alpha_{i-1/2}^{p}\boldsymbol{r}_{i-1/2}^{p}$ 可以理解为一个波动作用，一般可写成单元界面处的波动矢量形式：

$$\boldsymbol{W}_{i-1/2}^{p}=\alpha_{i-1/2}^{p}\boldsymbol{r}_{i-1/2}^{p} \tag{3-12}$$

为获得单元界面处的通量，基于特征量采用迎风格式计算每一步通量的变化。通量变化可以由下式中的一个方程求解：

$$F_{i-1/2}=\begin{cases} f(\boldsymbol{Q}_i)-\sum_{p=1}^{m}(\lambda^p)^+\boldsymbol{W}_{i-1/2}^p \\ f(\boldsymbol{Q}_{i-1})+\sum_{p=1}^{m}(\lambda^p)^-\boldsymbol{W}_{i-1/2}^p \end{cases} \tag{3-13}$$

在单元界面处 $(\lambda^p)^+=\max(\lambda^p,0)$ 和 $(\lambda^p)^-=\min(\lambda^p,0)$。将式（3-13）代入式（3-7），即得到了一阶精度 Roe 格式：

$$\begin{aligned}\boldsymbol{Q}_i^{n+1}&=\boldsymbol{Q}_i^n-\frac{k}{L}\left(\sum_{p=1}^{m}(\lambda_{i+1/2}^p)^-\boldsymbol{W}_{i+1/2}^p+\sum_{p=1}^{m}(\lambda_{i-1/2}^p)^+\boldsymbol{W}_{i-1/2}^p\right)\\&=\boldsymbol{Q}_i^n-\frac{k}{L}(A^-\Delta\boldsymbol{Q}_{i+1/2}+A^+\Delta\boldsymbol{Q}_{i-1/2})\end{aligned} \tag{3-14}$$

式中：$A^{\pm}\Delta\boldsymbol{Q}=\sum_{p=1}^{m}(\lambda^p)^{\pm}\alpha^p\boldsymbol{r}^p$，上标的 ± 符号表示左右极限值。

3.1.4　二阶重构

为了减少通量求解中的数值扩散，需要寻找更好的 Riemann 问题的近似解方法。不采用分段常数的近似方法，而是采用分段线性的近似方法：

$$\tilde{q}(x,t_n)=\boldsymbol{Q}_i^n+\sigma_i^n(x-x_i),\quad x\in[x_{i-1/2},x_{i+1/2}] \tag{3-15}$$

式中：$\sigma_i^n\in R^d$ 包含在时刻 t_n 在单元 i 中的坡度近似。这种对 $\boldsymbol{q}_l$ 和 $\boldsymbol{q}_r$ 近似的改良方法可更精确地定义单元界面处的 Riemann 问题，将空间精度提高到二阶。另外一种方法是保持一阶精度解不变，在此基础上另外添加通量修正 $\bar{\boldsymbol{F}}$：

$$\boldsymbol{Q}_i^{n+1}=\boldsymbol{Q}_i^n-\frac{k}{L}(A^-\Delta\boldsymbol{Q}_{i+1/2}+A^+\Delta\boldsymbol{Q}_{i-1/2})-\frac{k}{L}(\bar{\boldsymbol{F}}_{i+1/2}^n-\bar{\boldsymbol{F}}_{i-1/2}^n) \tag{3-16}$$

式中：L 为单元长度。

添加二阶修正是为了更好地模拟不连续现象，但二阶修正会引入近似求解中的数值振荡现象，通常采用通量限制器的方法限制或修正在不连续水流附近的数值振荡影响。为构建高分辨率格式，采用二阶精度的通量修正 $\bar{\boldsymbol{F}}$ 的定义如下：

$$\bar{\boldsymbol{F}}_{i-1/2}=\sum_{p=1}^{m}\frac{|\lambda^p|}{2}\left(1-|\lambda^p|\frac{k}{L}\right)\bar{\boldsymbol{W}}_{i-1/2}^p \tag{3-17}$$

式中：$\bar{\boldsymbol{W}}_{i-1/2}^p$ 是对波动矢量 $\boldsymbol{W}_{i-1/2}^p$ 的限制量。这是线性系统的 Lax-Wendroff 通量函数的一般形式（LeVeque，1990）。限制后的波动矢量采用限制器 ϕ 和衡量解的局部光滑度的参数 $\theta_{i-1/2}^p$ 来计算，计算公式如下：

$$\bar{\boldsymbol{W}}_{i-1/2}^p=\phi(\theta_{i-1/2}^p)\boldsymbol{W}_{i-1/2}^p \tag{3-18}$$

式中：光滑度衡量参数 θ 的定义如下：

$$\theta_{i-1/2}^{p}=\frac{\boldsymbol{W}_{i-1/2}^{p}\cdot\boldsymbol{W}_{I-1/2}^{p}}{\boldsymbol{W}_{i-1/2}^{p}\cdot\boldsymbol{W}_{i-1/2}^{p}} \tag{3-19}$$

式中：$I=\begin{cases}i-1, & \lambda^{p}>0\\ i+1, & \lambda^{p}<0\end{cases}$。

实际应用中限制器的形式有 15 种，可参考 LeVeque（1990），在此不再赘述。本节的数学模型采用的限制器为 spuerbee 型限制器：

$$\phi(\theta)=\max[0,\min(1,2\theta),\min(2,\theta)] \tag{3-20}$$

以上简要总结了 Godunov 类型的有限体积法的波动限制的高分辨率格式的数值方法。

3.2　二维浅水方程

本节数学模型采用笛卡儿（Catesian）坐标系下的结构网格，可以方便使用栅格形式的 DEM 数据，并可较为容易地拓展为其他网格形式（如贴体网格）。模拟洪水演进的浅水方程主要包括时间非恒定项、对流项、黏性项和摩阻源项。双曲型守恒形式的控制方程可写为

$$\frac{\partial}{\partial t}\begin{bmatrix}h\\ hu\\ hv\end{bmatrix}+\frac{\partial}{\partial x}\begin{bmatrix}hu\\ hu^{2}+\dfrac{gh^{2}}{2}\\ huv\end{bmatrix}+\frac{\partial}{\partial y}\begin{bmatrix}hv\\ huv\\ hv^{2}+\dfrac{gh^{2}}{2}\end{bmatrix}=\begin{bmatrix}0\\ -gSf_{x}\\ -gSf_{y}\end{bmatrix} \tag{3-21}$$

式中：h 为水深（m）；g 为重力加速度（$\mathrm{m/s^2}$）；u 和 v 分别是 x 和 y 方向的流速（m/s）；S 为坡度；f 为摩阻系数。

浅水方程为非线性的双曲型微分方程，在二维区域内给定初始条件和边界条件，可以计算随时间变化的 $h(x,y,t)$、$u(x,y,t)$ 和 $v(x,y,t)$。模拟溃坝洪水波传播过程，浅水方程中的黏性项可忽略，但其存在有利于模型计算的稳定性。

在笛卡儿坐标的二维结构网格上离散浅水方程式（3-21），网格间距设置为 $\Delta x\times\Delta y$。有限体积法形式的离散式为

$$\boldsymbol{Q}_{i,j}^{n}=\frac{1}{\Delta x\Delta y}\iint_{\Omega_{i,j}}\boldsymbol{q}(x,y,t^{n})\mathrm{d}x\mathrm{d}y \tag{3-22}$$

式中：i,j 为网格单元中心节点标记；$\boldsymbol{Q}_{i,j}^{n}$ 为时刻 n 在网络节点 i,j 上的数值通量；$\Omega_{i,j}$ 为网格单元区域。

在笛卡儿结构网格上采用有限体积法离散方程，采用显格式的时间积分数值方法，具体离散算法可参考文献 LeVeque（1990）。下文中，数值通量写作 $\boldsymbol{U}=[h,hu,hv]^{\mathrm{T}}$，在每个计算单元 (i,j) 中采用显格式的中心差分格式。

（1）对于二维问题采用非分裂方法求解，离散公式如下：

$$\boldsymbol{U}_{i,j}^{n+1}=\boldsymbol{U}_{i,j}^{n}-\frac{\Delta t}{\Delta x}(\boldsymbol{F}_{i+1/2,j}^{n}-\boldsymbol{F}_{i-1/2,j}^{n})-\frac{\Delta t}{\Delta y}(\boldsymbol{G}_{i,j+1/2}^{n}-\boldsymbol{G}_{i,j-1/2}^{n}) \tag{3-23}$$

式中：i, j 为网格节点标号；n 为时间步长标号；$\boldsymbol{F}, \boldsymbol{G}$ 分别为 x 和 y 方向的近似数值通量；矢量 $\boldsymbol{U}_{i,j}^{n}$ 包含在时间步长 n 网络节点 i, j 处的三个未知变量 $[h, hu, hv]$。

（2）还可以采用分裂方法计算数值通量，即将二维问题分裂为两步一维计算。

第一步
$$\boldsymbol{U}_{i,j}^{*} = \boldsymbol{U}_{i,j}^{n} - \frac{\Delta t}{\Delta x}(\boldsymbol{F}_{i+1/2,j}^{n} - \boldsymbol{F}_{i-1/2,j}^{n}) \tag{3-24}$$

第二步
$$\boldsymbol{U}_{i,j}^{n+1} = \boldsymbol{U}_{i,j}^{*} - \frac{\Delta t}{\Delta y}(\boldsymbol{G}_{i,j+1/2}^{*} - \boldsymbol{G}_{i,j-1/2}^{*}) \tag{3-25}$$

式中：$\boldsymbol{U}_{i,j}^{*}$、$\boldsymbol{G}_{i,j+1/2}^{*}$、$\boldsymbol{G}_{i,j-1/2}^{*}$ 均为中间计算通量值。

分裂模式计算方法会引入分裂计算误差，但是分裂误差一般不会超过每一分裂步的数值计算误差，因此，空间维度分裂方法是一个较为有效的方法，它可以采用简单和较低计算量将一维高分辨率方法引入二维或三维计算问题。以上的分裂方法称为 Godunov 分裂，具有一阶时间精度，在此基础上进行 Strang 修正（Rostrup et al.，2010），使其格式具有二阶时间精度，称为 Strang 分裂（Rostrup，2010），计算公式如下：

$$\boldsymbol{U}_{i,j}^{*} = \boldsymbol{U}_{i,j}^{n} - \frac{\Delta t}{2\Delta x}(\boldsymbol{F}_{i+1/2,j}^{n} - \boldsymbol{F}_{i-1/2,j}^{n}) \tag{3-26}$$

$$\boldsymbol{U}_{i,j}^{**} = \boldsymbol{U}_{i,j}^{*} - \frac{\Delta t}{\Delta y}(\boldsymbol{G}_{i,j+1/2}^{*} - \boldsymbol{G}_{i,j-1/2}^{*}) \tag{3-27}$$

$$\boldsymbol{U}_{i,j}^{n+1} = \boldsymbol{U}_{i,j}^{n} - \frac{\Delta t}{2\Delta x}(\boldsymbol{F}_{i+1/2,j}^{**} - \boldsymbol{F}_{i-1/2,j}^{**}) \tag{3-28}$$

式中：上标带*的均为中间计算通量值。

尽管 Strang 分裂具有二阶时间精度，但在分裂计算中采用 $\frac{\Delta t}{2}$ 的计算时间步长，因此 Courant 数小于 0.5，将会引入数值拖尾效应，并且难以实施动计算时间步长算法。建议采用 Godunov 分裂方法，Godunov 分裂后的一维数值求解格式介绍如下。

可使用分维方法使二维问题变为两个一维问题，使用高分辨率的一维方法分别进行交替求解。例如一个二维双曲型方程：

$$\frac{\partial}{\partial t}\boldsymbol{q} + \frac{\partial}{\partial x}f(\boldsymbol{q}) + \frac{\partial}{\partial y}g(\boldsymbol{q}) = 0 \tag{3-29}$$

式中：$f(q)$和 $g(q)$分别为 x 和 y 方向的数值通量函数。

不直接求解式（3-39）方程，而是离散两个一维方程来近似计算式（3-29）：

$$\frac{\partial}{\partial t}\boldsymbol{q} + \frac{\partial}{\partial x}f(\boldsymbol{q}) = 0 \tag{3-30}$$

$$\frac{\partial}{\partial t}\boldsymbol{q} + \frac{\partial}{\partial y}g(\boldsymbol{q}) = 0 \tag{3-31}$$

可使用下式交替求解上面的两个一维方程，即可得到在时间方向上推进的近似解：

$$\boldsymbol{Q}_{i,j}^{*} = \boldsymbol{Q}_{i,j}^{n} - \frac{k}{\Delta x}(\boldsymbol{F}_{i+1/2,j}^{n} - \boldsymbol{F}_{i-1/2,j}^{n}) \tag{3-32}$$

$$Q_{i,j}^{n+1} = Q_{i,j}^{n} - \frac{k}{\Delta y}(G_{i,j+1/2}^{*} - G_{i,j-1/2}^{*}) \tag{3-33}$$

该方法的优点：算法实施简单，可以使用一维二阶格式，取得二维二阶精度结果，并且不存在交叉导数项。因此，显式求解时，无须重新排列网格离散后形成的系数矩阵，也不需要进行两个时间层的积分计算。该方法的缺点：伴随有分维计算误差。

3.3　CPU 并行化实施

本节将具体实施有限体积法求解非线性的双曲型偏微分方程的计算，模拟洪水淹没过程，采用 MPI 方式的分布式内存并行和 GPU 异构并行加速的方法实施并行计算。异构并行计算在 NAVIDA 公司的 Geforce 系列 GPU 上进行。求解浅水方程采用高分辨率的显式数值格式，数值求解在二维结构网格上进行，CPU 间的通信采用 MPI，GPU 与 CPU 间的数据通信采用 CUDA C 语言编程实现。

目前已经有很多关于 Cell 处理器和 GPU 异构并行应用于洪水淹没模拟的研究，但多数只是独立地采用计算集群、多核并行或 GPU 异构并行，而本节模型将尝试采用 OpenMP、MPI 和 CUDA 的混合并行技术应用于平面二维洪水淹没过程的模拟，探讨各种并行机制下的并行计算效率及改善方法。另外，本节模型的并行计算是在 Windows 操作系统下实施的，目标是基于个人电脑的高性能计算，充分利用低价的计算资源，并获得较高的计算效率。

本节涉及的并行算法实施均在一个统一的代码框架下实现，采用 C 语言的预处理模式，可以方便地启用不同机制的并行计算。并行模式采用三种并行粒度，见图 3-1：粗粒度并行首先将计算区域进行区域分解，然后采用 MPI 数据通信方法进行各相邻分区间的数据通信（适于计算集群并行）；细粒度并行采用 SIMD 的扩展指令集 SSE（CPU）和单指令多线程（single instruction multiple threads，SIMT，类似于 SIMD）线程并行（GPU）；中间粒度并行采用 GPU 的线程块实现，线程层次的并行和共享内存架构通过 P 线程实现。通过以上方式的并行计算，可以充分利用单机或计算集群的硬件资源，可同时实现单机的 chip-to-chip 方式的并行和集群的 node-to-node 方式的并行。

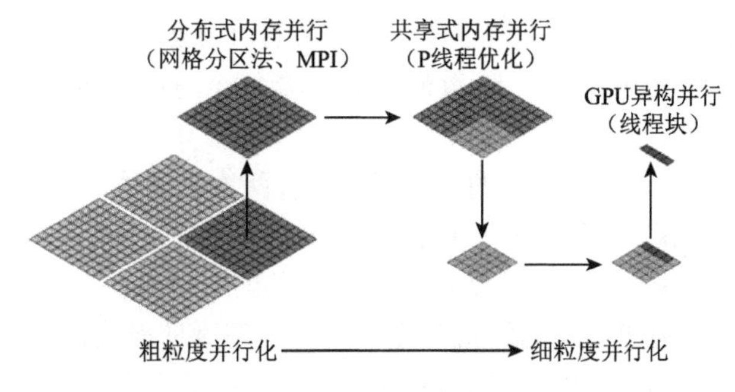

图 3-1　不同粒度并行化示意图

应用有限体积法离散的高分辨率数值通量格式，在多核 CPU 上实施并行计算。CPU 自身的硬件结构就具有并行潜力，包括：SIMD 矢量化计算、多线程优化计算和 SSE 优化等。本节将介绍两种粒度的并行方法：基于 MPI 数据通信的分布式内存并行和基于 P 线程优化的共享式内存并行。

3.3.1 多核 CPU 的基本架构

一个线程或执行命令的系列线程是一组顺序执行的计算任务。一个计算机可以并行地执行好几个任务的多个不同线程。在科学计算领域，利用线程可以将多个计算任务分配给一个共享内存机器上不同的核。双核微处理器的基本架构见图 3-2，一个 CPU 可包含两个或更多的核，它们之间具有一定的通信机制，图中 CPU 包括两层高速缓存和浮点计算单元。

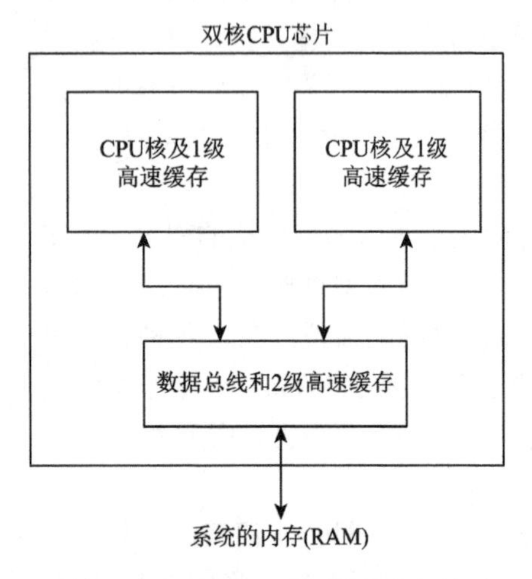

图 3-2 双核微处理器的基本架构

CPU 可以通过 SIMD 矢量处理单元加速计算。一个 CPU 一般有一个 128 bit 的 SIMD 矢量单元，可以同时进行 4 个单精度浮点运算或两个双精度浮点计算。这些运算单元可以使用 SSE（数据流 SIMD 扩展指令集）进行数据访问。随着芯片上并行化计算量增加，内存带宽和内存访问延迟的问题越来越成为一个限制因素。CPU 中采用高速缓存器、自动预提取数据算法和惩罚机制来解决这个问题。

3.3.2 结构网格离散

计算区域离散为二维结构网格，见图 3-3（a）。在模拟时间向前推进过程中，每个网格单元的变量值在每一计算迭代步内，需要根据相邻单元的值进行更新，在节点 (i, j) 处求解方程组涉及相邻两个网格节点上在上下左右 4 个方向上的变量计算。因此，有 9 个网格节点上的变量值需要计算。为了便于实施并行计算处理，在每一迭代步内，需要进行两层虚拟单元的数据通信。二阶数值格式需要每个方向上的两个相邻单元的变量值，见图 3-3（b）。

采用分维方法计算时，网格单元的更新需要进行两次数据传输，首先进行 x 方向上的单元界面通量的更新计算，然后是 y 方向上的更新计算。这样所有网格单元计算需要两次内循环计算，并行优化计算中单元更新可以采用任意顺序进行。

结构网格的数据结构和较高的网格单元上的算术密度使得浅水方程的求解更为方便地实现并行化。算术密度是更新所有网格单元变量进行的最小浮点运算数。本小节模型计算中，有较高的浮点计算密度的原因有两个。

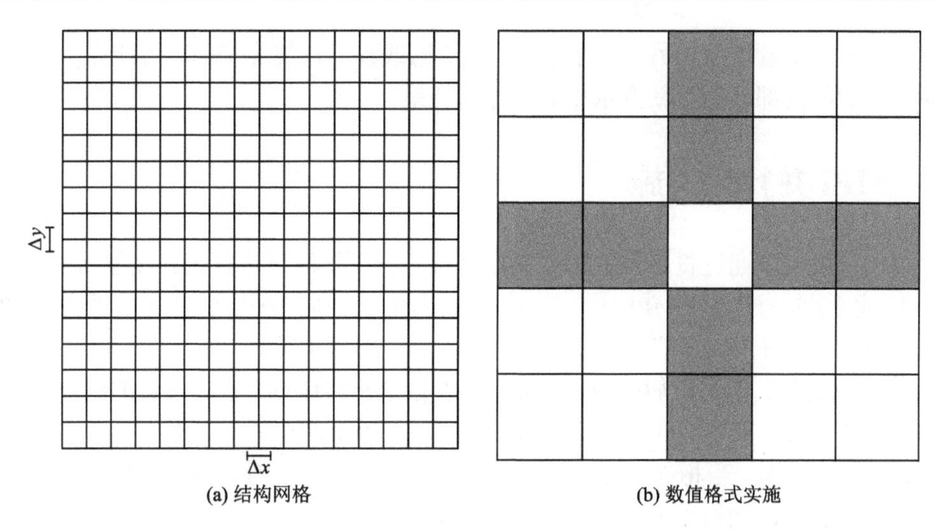

(a) 结构网格　(b) 数值格式实施

图 3.3　二维矩形结构网格及二阶数值格式实施示意图

（1）偏微分方程组为耦合系统，在更新每个网格单元变量值的过程中同时进行 27 个变量值的计算，而不像非耦合系统，每次只进行 9 个变量的计算。

（2）浅水方程为非线性方程组，需要做基于 Riemann 解的复杂数值通量公式计算，数值通量计算涉及开方和除法运算。因此，本小节模型中每个计算迭代步长内，内存操作次数包括每个网格单元读取两次和存储两次。

3.3.3　线程并行化实施

共享内存方式的并行化：①可实施 P 线程优化，P 线程是 IBM 公司推出的 Linux 系统的线程优化的函数库，目前已有 Windows 版本。将计算区域分成若干分区，每个区的计算负荷平均分配给若干线程；②可使用 OpenMP 指令集。GPU 实施中需要使用 P 线程控制各个独立进程，考虑兼容性问题，本节模型的线程优化使用 P 线程优化技术。

多核计算中对高速缓存的读写数据会引起存储问题，导致计算效率降低。为减小高速缓存的冲突，计算中使用的所有常数复制到多线程中，线程按计算区域分成若干分组处理，见图 3-4。图中为避免高速缓存冲突，线程按网格单元条带分区模式进行分组，4 个线程即将矩阵分为 4 个条带。这种分区方法是在进行 y 方向的更新，而不是在 x 方向的更新计算时，创建一个附属线程，这是因为相邻的 x 方向的变量值不会被不同线程重写，但 y 方向的变量值则会被重写。这种方法的思路就是：在做 x 方向的更新后，更新的变量值将直接存入矩阵，

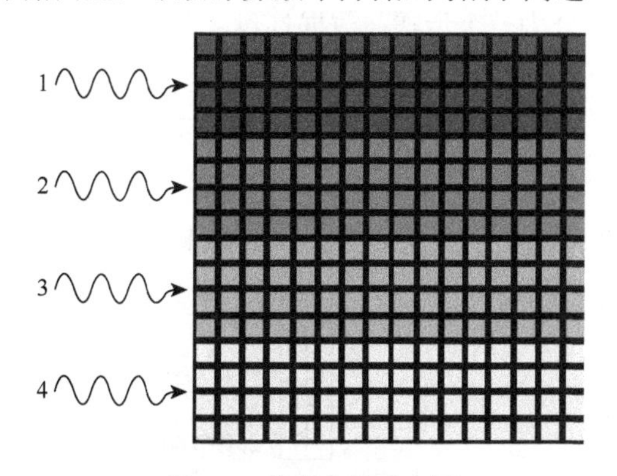

图 3-4　线程分组示意图

而 y 方向的剩余变量将存入另外一个矩阵，在所有线程的计算完成后，再计算 y 方向的剩余变量，然后将两部分的更新变量相加并存入结果。

3.3.4 MPI 并行化实施

串行的代码可以通过将二维的网格数据分解为若干子区域进行粗粒度层次的并行化，见图 3-5。数据将分配到各 MPI 计算节点，每个计算节点将分得一个矩形子区域的数据。子区域大小相等，每个计算节点要和相邻的 4 个节点进行通信。在每一计算迭代步完成后进行 MPI 数据通信，将更新后的网格单元数据发送给相邻计算节点。发送的数据量依赖于所使用的数值格式。使用空间二阶精度格式时，对于每个网格单元，需要每个方向上两个相邻单元的数据信息。当相邻单元位于相邻计算节点的边界上时，两个计算节点必须交换两行或两列更新后的网格单元变量值，见图 3-6。

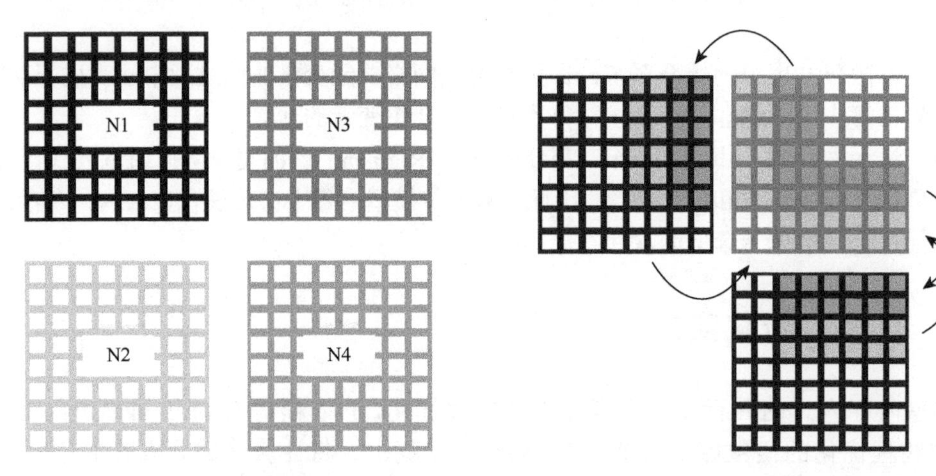

图 3-5　计算区域分区　　　　图 3-6　计算节点间的数据交换

为了使 MPI 并行可以移植到不同类型的硬件构架中实施，MPI 数据交换完全在独立的交换缓冲器中进行，而 MPI 交换数据封装在各自的数据结构体。每步 MPI 数据交换可分为三个步骤：数据打包、发送/接收、数据解包，见图 3-7。在数据打包阶段，相邻数据

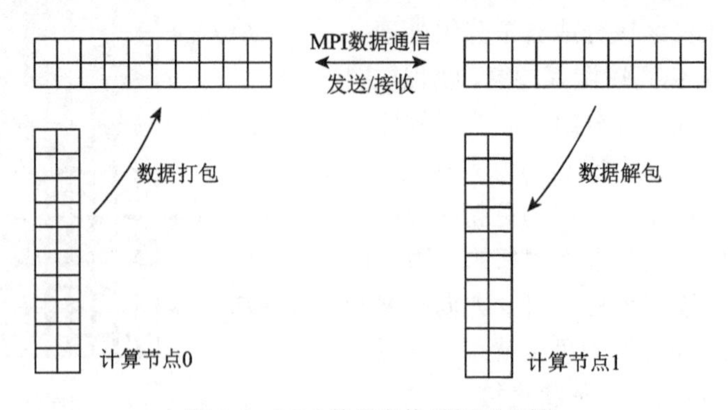

图 3-7　MPI 数据交换过程示意图

从计算网格拷贝到 MPI 发送缓冲器中。当调用 MPI 数据传输子函数时，将启动发送/接收阶段，计算节点之间通过网络连接发送/接收数据。在最后阶段，数据从缓冲器再拷贝回计算网格中，数据是通过缓冲器拷贝，而不是对计算网格数据直接进行收发操作，网格数据结构与并行化实施无关。因此，改变数据结构不会影响并行通信。

3.4　GPU 异构并行化实施

GPU 是一种特殊的微处理器，具有高浮点吞吐量和高内存带宽的特点。GPU 最初是用于图形应用领域，而自 GPU 开发之初，研究者就开始尝试将这种高计算能力应用于科学计算领域。但是由于硬件的兼容性、较低的浮点精度和专门的图形学应用程序接口（application program interface，API），使得 GPU 高性能计算存在很大限制。NVIDIA 公司的 CUDA C 编程语言可以解决这些问题，将 GPU 异构并行化计算拓展到更广阔的应用领域。本节将应用基于 NVIDIA 公司的 CUDA 并行技术，求解有限体积法的双曲型浅水方程，GPU 异构并行和 MPI 通信结合，既可实现多 CPU 和 GPU 的混合并行，也可应用于多计算节点的多 GPU 并行计算。

3.4.1　GPU 硬件架构

以 NVIDIA 公司的 GPU 为例，GPU 的基本架构是一种数据流的多处理器结构，拥有数百个核，可以同时进行上千个线程计算。CPU 与 GPU 硬件结构对比见图 3-8，GPU 的架构与 CPU 的架构存在很大不同，CPU 拥有的算术逻辑计算单元（algorithm logical unit，ALU），可以处理不同类型的计算，但 CPU 的浮点运算单元数有限，GPU 在此方面具有明显优势，GPU 擅长于计算重复性较大的浮点运算。

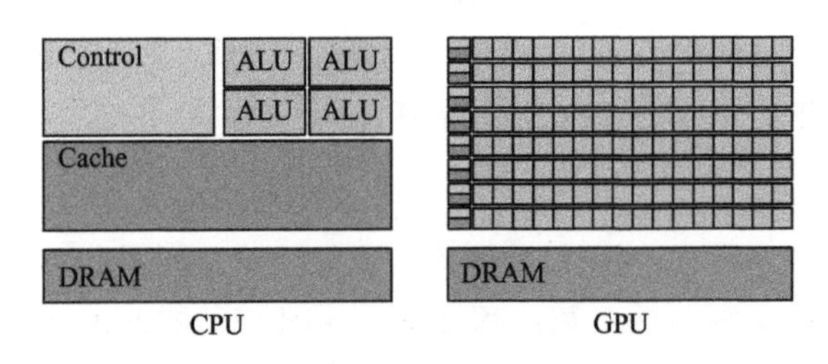

图 3-8　CPU 与 GPU 硬件架构对比

GPU 的不同组件结构见图 3-9。GPU 作为一个插件组件通过 PCI 高速通信总线与 CPU 系统连接。数百个相同的标量处理器（scalar processor，SP）以 SIMT 方式产生巨大的并行计算潜力。由于 SP 以分层结构组织使其具有较高的计算效率。SP 分成 8 个模块，称为对称多处理器（symmetric multi-processors，SMP）。SMP 成对出现，以 32 个线程为组批次分配和布置，32 个线程称为一个线程束。实际上 GPU 比一般的 SP 可以分配更多的线程。

因此，会产生一些等待中的线程池。当有一个线程束等待访问内存或指令延迟，将从等待线程池中选择出一个新的线程束，GPU 硬件中可以有效率地进行这种组织切换，是解决内存访问延迟的有效机制。

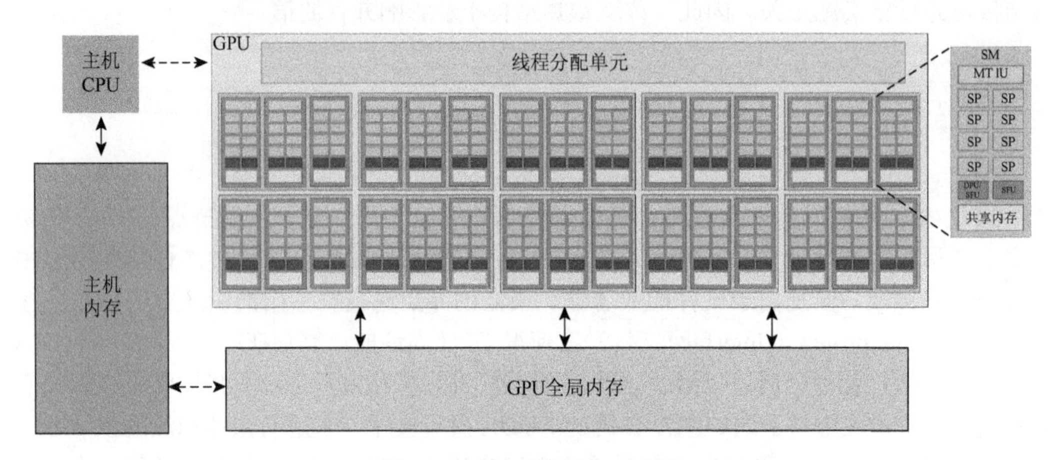

图 3-9　GPU 硬件构架示意图

GPU 的另一个科学计算优势是每个 SMP 有两个特殊功能单元，用于处理一些数学函数（如 cos，sin，exp，sqrt，rsqrt 等）。主机（CPU）与设备（GPU）之间通过外设部件互连接口（peripheral component interconnect，PCI）传递数据。

3.4.2　CUDA 编程

CUDA 提供 C 语言的扩展集，开发人员可以在 NVIDIA 公司生产的 GPU 设备上进行数据并行计算。采用分层结构的线程层次的并行化系统实现数据并行计算。研究者可以编写独立的串行计算的核函数，在 GPU 上以数百和数千个线程的并行方式执行计算。CUDA 编程的模型中，变量在主机和设备之间分配和传递。主机 CPU 上运行主要的应用程序和通过调用核函数将某些计算任务加载到设备中去。

1. 核函数

CUDA 编程的核心是编写核函数，核函数的定义与一般的 C 语言函数类似，差别在于执行核函数的运行时间：不像在主机 CPU 上一次只能运行一个线程，而是在设备 GPU 上同时并行执行多个 CUDA 线程。核函数都是用__global____修饰符的声明来定义，核函数执行的 CUDA 线程的数目使用新的＜＜＜，＞＞＞语句来实现。

2. 线程块

所有的线程将分成若干线程块，每个线程块的线程数目有限制，因为一个线程块中的所有线程都将驻留在相同的处理器的核中，所以必须共享核的有限的内存资源。目前的

GPU 设备一个线程块最大可包含 1 024 个线程，但本小节模型计算中每个线程块设置包含 512 个线程，可根据 GPU 的型号查阅 NVIDIA 公司的使用手册进行设置。执行核函数时每个线程块将分配给一对 SMP。一个线程块中的每个线程将获得一个唯一的三维 ID，由核函数中的 threadIdx.x、threadIdx.y 和 threadIdx.z 进行访问。这些变量将自动地传递给每个核函数，在定义的核函数中直接访问。

3. 线程分组

多个相同形状大小的线程块执行一个核函数，总的线程数目等于每个线程块的线程数目乘以线程块数目。一个计算网格的线程块，可组织成一维或二维网格的线程块。一个网格中的线程块数目一般由处理的数据量的大小或系统处理器的个数来控制，且线程块数目可以远超过处理器的个数。

线程块中的线程数目和每个线程网格的线程块数目使用＜＜＜，＞＞＞来定义，数目的类型为 int 或 dim3。二维数组算法就可以定义为二维线程块和线程网格。

通过采用线程 ID（threadIdx.x、threadIdx.y 和 threadIdx.z）和它的线程块 ID（blockIdx.x 和 blockIdx.y）就可以唯一地标示每个线程。因此，线程块组织成线程网格的形式。这种方式很适合将一维和二维结构网格形式的数据转换为一般的 GPU 工作荷载。

4. GPU 内存

CUDA 模型包含若干种不同类型的内存空间。两种最常用的内存是 CPU 上的主机内存——随机存储器（random access memory，RAM）和 GPU 上的设备内存——全局内存（global memory，GM）。GPU 内存有自己单独的动态随机存储（dynamic randon access memory，DRAM）单元，GPU 有自己的内存是为了降低在设备和主机之间传输的数据量。

设备上执行的线程可以访问设备（GPU）内存，但不能访问主机（CPU）内存。数据必须在执行核函数之前由主机内存传送到 GPU 内存中去，数据传输通过调用主机应用程序中的内存拷贝指令来实现。

1）内存层次

除设备上的全局内存空间外，还有其他几个存储空间更小，但内存访问延迟更低的内存单元，对提高计算效率也很重要。

纹理内存：只读存储空间，为所有线程的显存，可进行纹理拾取优化，即位图纹理的内存操作优化。它使用与一般内存访问不同的应用程序接口，如果能有效使用纹理内存，将能明显提高计算效率，该方法一般用于图像处理的计算。

常数内存：只读存储空间，为所有线程的显存。

共享内存：读/写存储空间，为一个线程块中的所有线程的显存。允许一个线程块中的线程共享数据和同步。

局部内存：在没有足够的寄存器空间时使用的存储空间，是对超出全局内存部分数据的空间分配，具有很高的访问延迟。

除使用以上的存储空间来减少延迟外，开发人员还应该保证对设备内存的访问都是联合内存访问（coalescenced memory access）。

2）联合内存访问

基于半个线程束（包含 16 个线程）将 GPU 的内存操作联合。当访问全局内存时，如果所有的 16 个线程分成 32、64 或 128 字节的顺序地址访问内存，初始地址要排列成一个 32、64 或 128 字节的列，对所有的数据仅进行一个或两个内存操作。内存联合操作中，每个线程访问一个相邻的 32 位数值，第一个线程访问排列成 128 字节边界的地址。如果内存操作不联合，将进行 16 个单独的内存操作。内存操作联合很重要，进行内操作联合的计算将比没有进行联合的计算快 2～10 倍。GPU 硬件版本越新，联合操作越灵活，但一般而言，在排列数据后，就近的线程应就近访问。

5. 线程同步

在一个线程块内通过使用壁垒可以有效地实现并行同步。可以通过使用原子内存操作或多核函数调用实现线程块的同步。_synthreads()实现了线程块内的数据同步，它保证线程块中所有线程都执行到相同位置。这样能保证之前语句的执行结果对块内所有线程均可见。如果不做同步，一个线程块中的一些线程访问全局或者共享内存的同一地址时，可能会发生读后写、写后读、写后写的错误，通过同步可以避免这些错误的发生。

本小节介绍了 CUDA 编程模型和如何进行数据并行编程框架映射到硬件上去。内存空间的层次，特别是共享内存、常数内存和设备内存，将在后面章节中用来编写有并行计算效率的 CUDA C 代码。如果编写了高度并行算法的 CUDA 模型就可以大幅度提高模型计算效率，而高效的 CUDA 代码依赖于很多硬件因子的优化程度。

3.4.3 浅水方程求解的 CUDA 并行

本小节介绍 CUDA 并行化三个方面的内容：内存布置、核函数编写和多 GPU 并行。

1. 内存布置

核函数仅针对设备内存中的数据进行操作，构建能使主机和设备之间通信耗时最小的数据结构很重要。本小节模型采用第二种内存布置：第一种是通用类，适合于所有的 GPU 设备，而第二种仅适合设备内存的访问。

1）以主机（CPU）为中心的并行化

根据设备内存的大小，计算网格分成若干条带分区。计算过程为：首先发送一个条带的数据到 GPU，执行核函数，然后将条带数据返回给主机内存。这个核函数适合于所有的 GPU 设备，但因为存在主机与设备间的通信耗时，计算效率较差。这是对 GPU 设备干预最低的方法，此时的数据结构没有改变。

2）以设备（GPU）为中心的并行化

GPU 一般拥有大量的设备内存，设备内存中的数据集没有必要在每个计算迭代步内全部返回主机内存。仅当数据保存到磁盘时或多 GPU 和 MPI 并行中进行虚拟单元通信时，才将数据传输返回主机内存。这种实施方法减少了以主机为中心的并行计算中的所有通信时间。实际上 GPU 内存对数据集的存储空间限制不是主要问题，一般情况下主机内存与 GPU 内存空间大致相等。

2. 核函数编写

为获得好的计算效率，核函数编写一定要考虑硬件资源的限制。GPU 中计算量是 CPU 中的计算量的两倍，每个网格单元要计算 4 条边的数值通量，这意味着内部通量要计算两次（x 方向和 y 方向），因此，要尽可能消除或减少额外的计算量。

为了对比分析 GPU 异构并行加速的效果，将采用以下几种计算方案。

1）简单的核函数

简单的核函数就是基本没有改动的 CPU 核函数的复制版。所有网格单元的循环计算通过调用每个网格单元只启动一个线程的核函数进行。核函数功能是更新 x 方向的变量、更新 y 方向的变量和将更新的单元计算值输出保存结果。这就意味着要在每个网格单元界面处要重复进行通量计算。

2）减少局部内存使用

第一种优化就是要尽量减少局部内存的使用。在最简单的核函数计算方案中，超出 GPU 寄存器容量的变量数据，将溢出存储到访问很慢的局部内存当中。为减少不必要的变量存储，要尽可能减少 GPU 内存空间的分配，核函数的变量都尽可能存储到寄存器当中。

3）常数内存

计算模块中的常数值将被频繁使用，存储在访问速度较快的常数内存中，而不是存储在设备内存中，这将加快数据的访问速度。

4）分裂的核函数

更新计算整个网格单元的核函数分成相互独立的两个部分：一部分用于 x 方向更新计算，一部分用于 y 方向更新计算。这种方法减少了每个线程需要的寄存器数目，每个 SMP 都有一个固定数目的寄存器，这就允许每个 SMP 可以调度更多的线程。每个 SMP 拥有更多的线程意味着会形成一个更大的等待中的线程池，就可以通过线程切换减少内存访问延迟时间。

5）联合内存负荷加载和存储

所有的设备内存负荷和存储都要排列成合适的字节边界，如果需要不排列的数据，就需要使用共享内存空间来移动数据。

6）增加数据重利用率

一个线程进行两个网格单元的更新计算，而不是一个线程只进行一个网格单元的更新计算，这样减少了启用的线程数，减少了参与交互访问的存储器数目。另外，更新计算前要进行数据转置，以便所有网格单元一直都能排列为正确的字节边界。

GPU 并行计算需要执行两倍的 CPU 计算量。通过修改参考单元界面的线程 ID 而不是网格单元的线程 ID，这样可以消除所有复制通量的计算量。因为需要保存界面通量，该方法将增加内存访问次数，同时也会增加核函数的调用次数，但也将大幅提高计算效率。

3. 多 GPU 并行

通过启用独立线程，就可以使用连接处于相同主机 CPU 上的多个 GPU 及 GPU 相关的计算资源。一个 GPU 可以分配一个线程或者被若干个线程共享。在以主机为中心的内存布置方式中，采用多 GPU 并行不需要对代码做修改。在以 GPU 为中心的内存布置中，必须要进行多 GPU 设备内存中的单元信息通信。早期的多 GPU 并行，不支持设备 GPU 间直接的数据传输，主机 CPU 要作为中介，更新的虚拟单元数据传输到主机内存的缓冲器，再传输至相邻的 GPU 设备，近年来发展的 GPU Direct 技术，支持 GPU 设备间的直接数据传输，大大提高了多 GPU 并行计算效率。

4. MPI 与 CUDA 的混合并行

本小节将介绍将 CUDA 编程的代码与 MPI 数据通信框架的 CPU 并行相结合的方式。采用以 CPU 为中心的并行方式时，不用修改代码，内存布置仍然没有改变。但以 GPU 为中心的并行方式，必须在设备内存与主机内存的缓冲器之间来回传输数据，数据传输在 MPI 通信完成之前和完成之后进行。

MPI 的数据打包（以 GPU 为中心的并行方式），根据边界数据是一列还是一行，将采用两种不同的数据打包格式。这是因为 C 语言的所有数据是以行的格式存储，因此可以直接将 CPU 中一行的数据放入 MPI 数据发送缓冲器中。但对于列格式的数据，因为 CUDA 不支持跨距的数据传输，数据列必须先从网格中提取，在传输至位于主机内存缓冲器中的数据发送之前，将这些提取的数据放入设备内存中连续的线程块内。当接收到数据后，再进行相反的操作步骤，将接收缓冲器中的数据解包，然后再放入设备内存中对应的位置。以 GPU 为中心的并行的数据布置中，整个数据矩阵沿行分成相等大小的线程块。线程块存储在独立的 GPU 中，在每一计算迭代步内，仅边界虚拟单元的数据传输回主机和其他 GPU 设备中去。

3.4.4 并行化洪水淹没模型结构

本书的并行化洪水淹没模型（命名为 SWsolver 模型）的计算流程见图 3-10，图中灰色部分可表示 GPU 并行化的部分，该部分为浮点数计算密集的模块，非常适合 GPU 的细粒度并行化。

SWsolver 模型的并行化部分，主要在动量方程（求解流速）和连续方程（求解水深）求解部分实现。程序中的各部分计算，如初始化时刻、CPU 间数据传输耗时、CPU-GPU 间传输耗时、计算结果输出耗时等，均有相应的计时程序记录到输出文件中保存，用于程序并行化效率评估。SWsolver 模型的并行化计算流程见图 3-11。图 3-11 中灰色部分表示 3-10 图中的 GPU 细粒度并行化的模块。

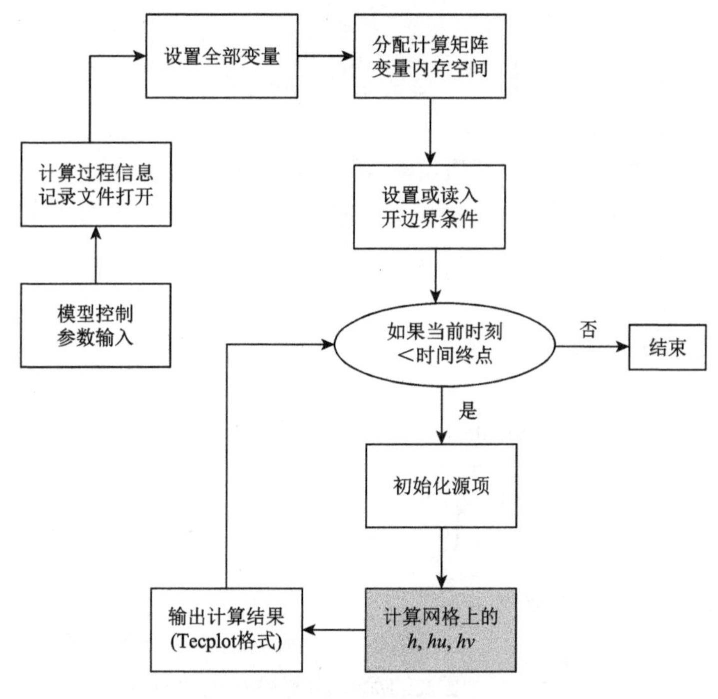

图 3-10　SWsolver 模型计算流程图

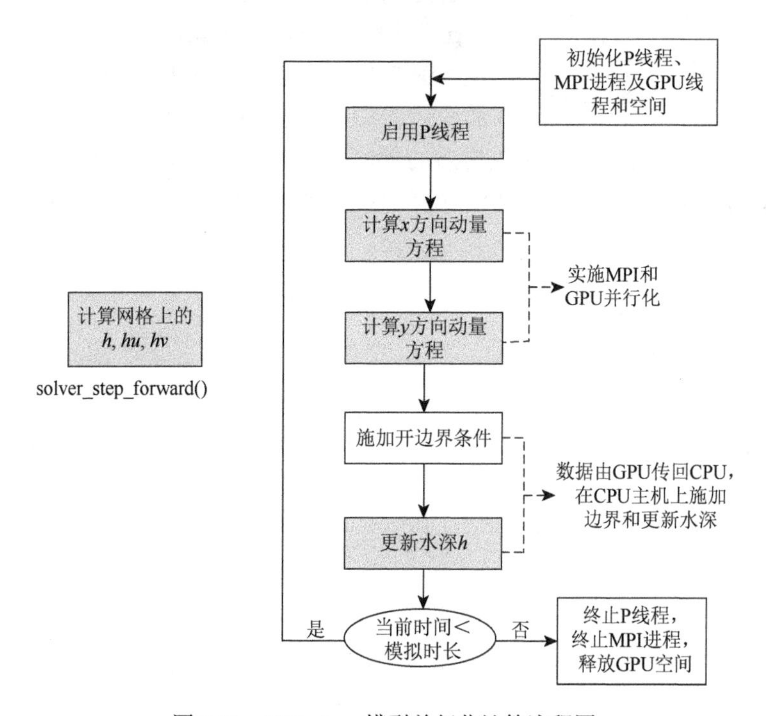

图 3-11　SWsolver 模型并行化计算流程图

3.5 模型验证

采用高分辨率的数值格式的并行溃坝模型的计算结果，验证该模型的计算精度。溃坝水流运动问题涉及水流不连续运行，采用两种溃坝过程来验证本节模型的计算精度：①一维溃坝问题；②二维对称溃坝激波。

3.5.1 一维溃坝激波

验证算例是一个一维的 Riemann 问题，初始条件如下：

$$h(x,0)=\begin{cases}1.0, & x<0\\ 0.5, & x>0\end{cases},\quad u(x,0)=0 \tag{3-34}$$

式中：h 为水深（m）；u 为流速（m/s）。

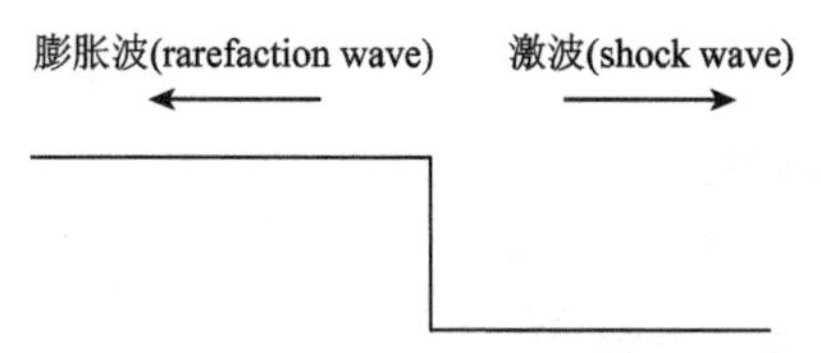

图 3-12　一维 Riemann 问题示意图

该问题的水流运动是一个水流激波向右运动（密度大的流体向密度小的流体运动），以及一个膨胀波向左运动（密度小的流体向密度大的流体运动），式(3-34)存在解析解（Markus et al.，2007），见图 3-12。

图 3-13 显示的是在网格密度 100×100 下，一维水波运动的数值解与解析解在 0.25 s 时刻的分布情况。可见：本小节模型在使用二阶重构后的数值通量格式，可以精确地捕捉水流激波的传播过程，数值解与解析解符合，数值解仅在不连续断面附近存在一定的数值扩散。

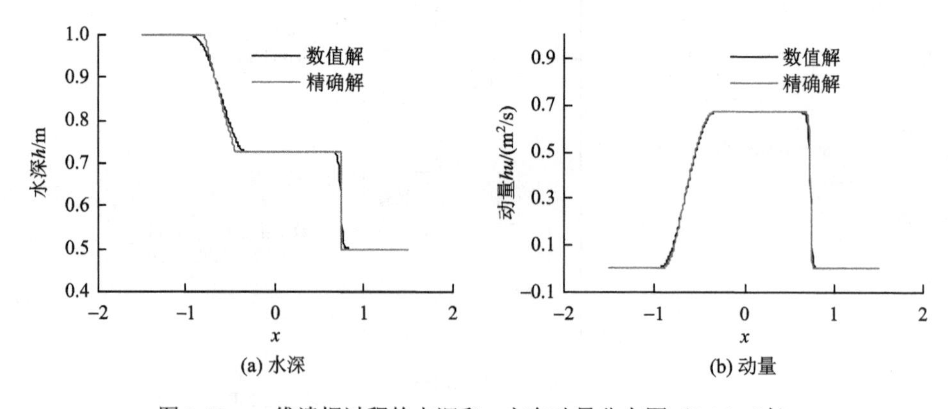

图 3-13　一维溃坝过程的水深和 x 方向动量分布图（0.25 s 时）

设置了三种密度的网格，包括：50×50、100×100 和 500×500，分析网格密度对激波传播的数值计算结果的影响。由图 3-14 显示可以发现：网格密度越大，数值解越接近解析解，在网格密度较低时，数值扩散越明显，网格密度与高阶的数值通量格式相匹配，方能精确捕捉激波的发展过程。

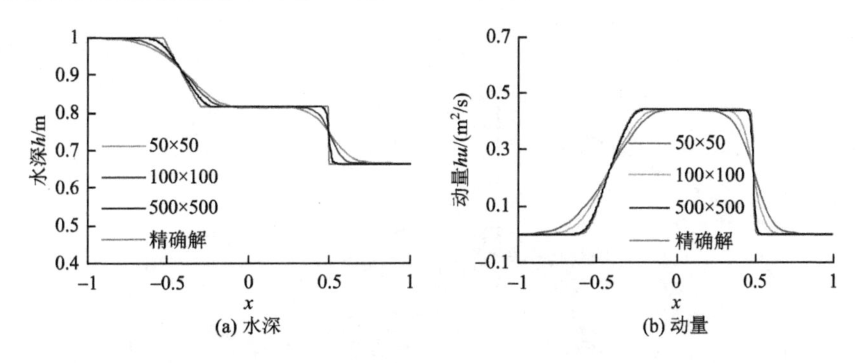

图 3-14　网格密度对激波捕捉的影响

3.5.2　二维溃坝激波

一个中间有圆柱形水柱的二维溃坝水流运动问题，计算初始条件如下：

$$
\begin{gathered}
h(x,y,0)=\begin{cases}2.0, & x^2+y^2<0.25\\ 1.0, & x^2+y^2>0.25\end{cases}\\
u(x,y,0)=v(x,y,0)=0
\end{gathered}
\tag{3-35}
$$

式中：h 为水深（m）；u 为流速（m/s）。

图 3-15 显示的是在 100×100 网格密度的计算区域上，使用二阶精度的数值格式，计算的水深和 x 方向动量的时间变化过程。图中的计算值是沿计算区域对角线的分布值。本节的二维算例没有解析解，对比参照的变化值是高密度网格求解的一维辐射对称解。由图 3-15 可见：本小节模型在二维空间上的模拟精度与一维解析解也非常符合，从水柱的高度变化来看，模拟的水深变化可以反映出激波在二维空间上的传播过程，仅在不连续界面附近存在一定的数值扩散，从一维模拟结果来看，可以通过加密网格和提高数值通量格式等方法提高模拟精度。

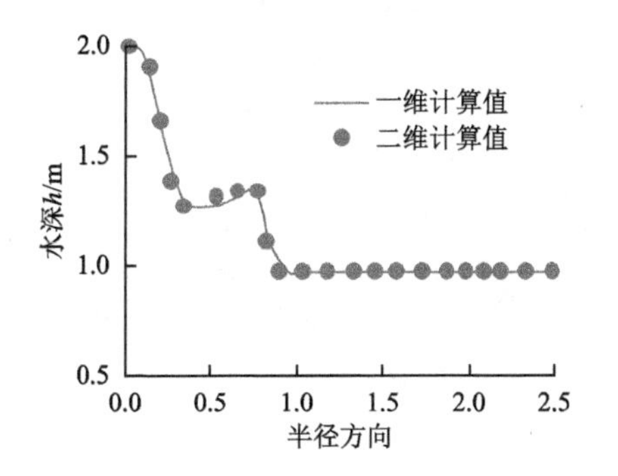

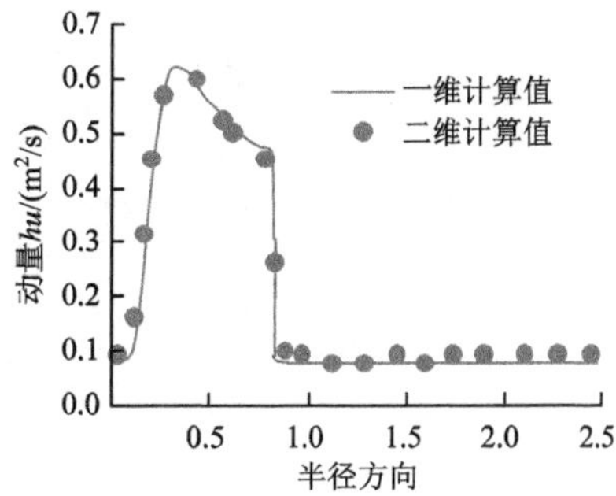

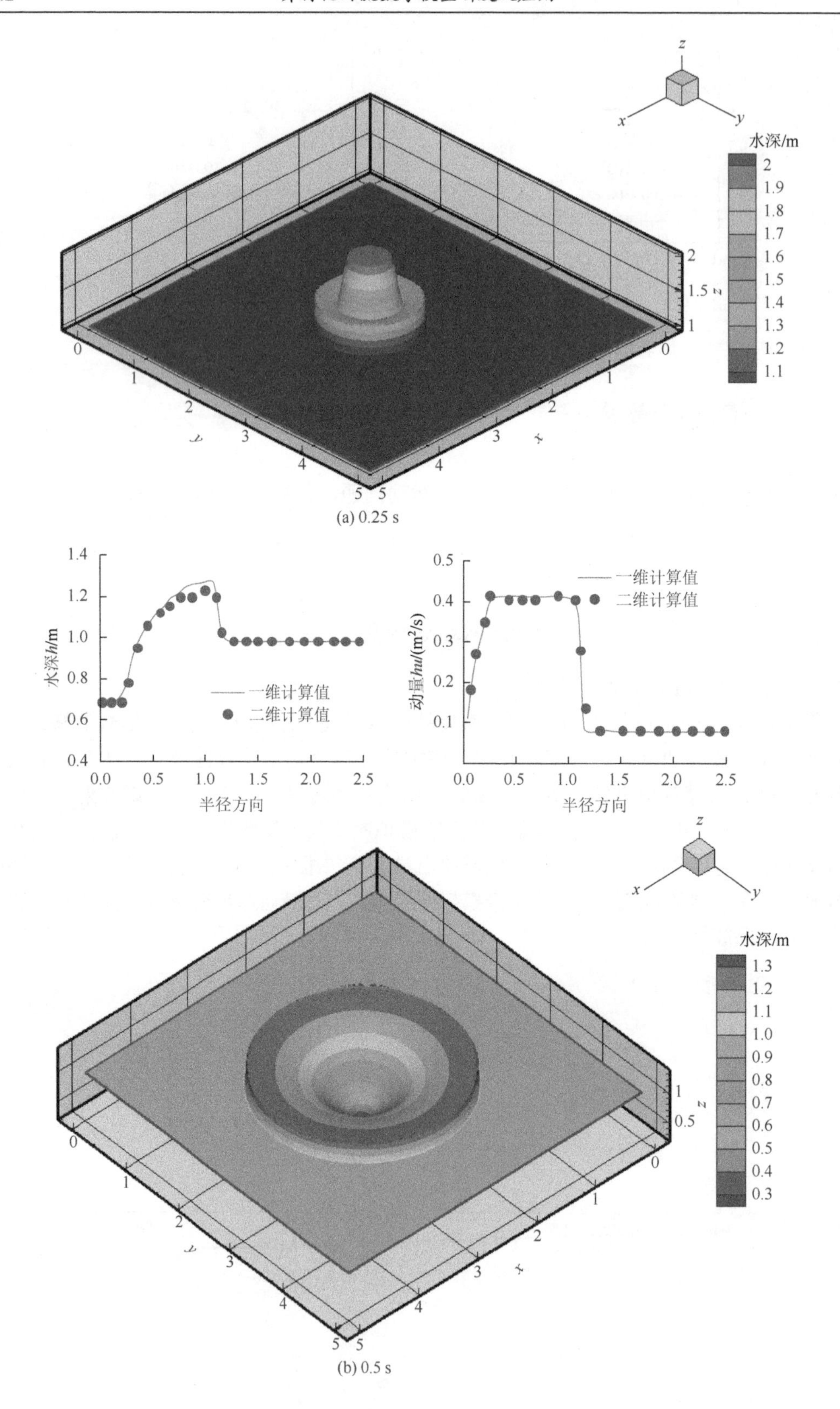

z
x
y
水深/m
2
1.9
1.8
1.7
1.6
1.5
1.4
1.3
1.2
1.1

(a) 0.25 s

水深h/m
一维计算值
二维计算值
半径方向
动量hu/(m²/s)
一维计算值
二维计算值
半径方向

水深/m
1.3
1.2
1.1
1.0
0.9
0.8
0.7
0.6
0.5
0.4
0.3

(b) 0.5 s

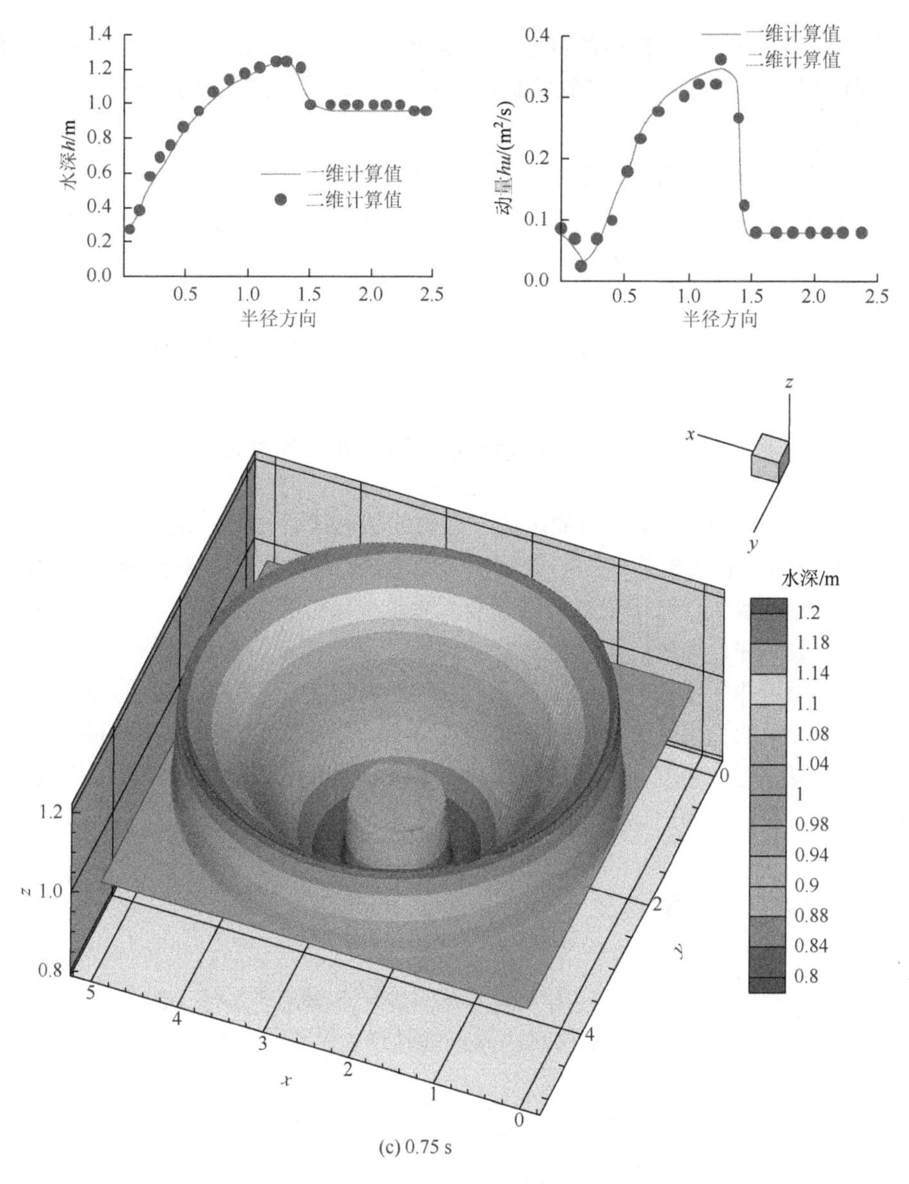

(c) 0.75 s

图 3-15　二维溃坝激波发展过程的数值模拟

3.6　并行计算效率评价

3.6.1　并行计算效率评价指标

并行计算性能的基本评价指标有：执行时间、工作负荷、存储性能。加速比评测理论包括：阿姆达尔（Amdahl）定律、Gastofson 定律、Sun-Ni 定律。根据 Amdahl 定律，由于程序中总存在一些不可并行计算的部分，它将限制并行化的执行效率。为了描述并行计算效率或“计算瓶颈”，Amdahl 定律定义了加速比，即加速比 = 采用改进措施后性能/未采用改进措施前的性能＝未采用改进措施前执行某任务时间/采用改进措施后执行某任务的时间。可扩放性标准包括：等效率标准、等速度标准、平均延迟标准。

具体的并行效率评估因子如下。

（1）并行加速因子 $S=\dfrac{n}{1+(n-1)f}$，其中，f 为非并行部分的百分比，n 不管多大，S 也不能超过 $1/f$。

（2）加速比 $S(N_p)=\dfrac{T_{C_1}}{T_{C_{Np}}}$，其中，$T_{C_{Np}}$ 为使用 N_p 个处理器时的总计算耗时。

（3）并行效率 $E(N_p)=\dfrac{S(N_p)}{N_p}$，在理想情况下，并行效率为单位 1。

随着处理器个数增加，实际的加速比与理想的加速线有偏离，是因为总存在没有并行化的代码，这部分的代码执行时间与处理器个数无关。且随着处理器个数增加，处理器间的通信时间也随之增加，但在较多的网格单元数情况下，抵消了一部分通信耗时，因此，较多网格单元数的并行加速比更接近理想加速线。

并行粒度表示并行任务的实际工作量，是衡量计算与通信大小的度量。如果粒度太细，则并行因通信开销增加而受到影响，如果粒度太粗，则并行性因负载不均衡而受到影响。具体可分为计算应用的粒度和机器的粒度，一般提高的粒度都是针对计算应用而言。粒度可用计算时间与通信时间的比值来表示。

3.6.2　计算条件设置

为评价并行程序计算效率，使用下面的算例进行不同设置条件下的模拟计算，本小节算例的初始条件为在整个二维计算区域内水面线性增大的水波传播问题，初始流速为 0，即

$$\begin{cases} h(x,y,0)=\dfrac{1}{2}\left(\dfrac{x-x_w}{L_x}+\dfrac{y-y_s}{L_y}\right)+1 \\ u(x,y,0)=v(x,y,0)=0 \end{cases} \tag{3-36}$$

式中：h 为水深（m）；u 为流速（m/s）；x_w、y_s 分别为计算矩阵区域的左下角 x、y 坐标（m）；L_x、L_y 分别为 x、y 方向的计算区域边的长度（m）。

模拟区域尺寸为[−10, 10]×[−10, 10]，计算时间步长 $\Delta t=1.0\times10^{-4}$ s。计算结果每 1 000 步长输出一次，保存为 ASCII 码文件。各算例均为单精度计算。模拟物理过程时间长度分两种：0.1 s 和 3.0 s，即程序分别运行 1 000 步和 30 000 步。计算网格数（计算规模）分为 6 种：100×100（10 000 个单元）、200×200（40 000 个单元）、300×300（90 000 个单元）、400×400（160 000 个单元）、500×500（250 000 个单元）和 600×600（360 000 个单元）。

计算硬件为：①异构并行使用长江水利委员会长江科学院材料与结构研究所的一台 PC（安装有 NVIDIA GeForce 和 Tesla 显卡）和一台工作站（安装有 NVIDIA Tesla 显卡）；

②多核（64 核）并行采用长江水利委员会长江科学院河流研究所计算室的工作站。具体硬件配置见表 3-1。

表 3-1　计算机硬件配置列表

设备	工作站 1（2GPUs）	个人电脑（1GPU）	工作站 2
CPU 型号	Intel Xeon E5506	AMD AthlonX4 631	Intel Xeon E7-8870
CPU 核数	Quad-core	Quad-core	64 cores
内存/GB	6.00	4.00	8.00
主频/GHz	3.13	3.60	3.40
GPU 型号	Tesla C2050	GeForce GTX 550Ti	-
GPU 核数/个	448	192	-
GPU 显存频率/GHz	1.5	1.8	-
操作系统	Windows7	Windows7	Windows Server 2008

注：工作站 2 的实际硬件配置 80 核，但 Windows Server 2008 操作系统只能识别 64 核

3.6.3　CPU 并行计算效率评价

串行程序运行时间见图 3-16，两种 CPU 运行串行程序的计算耗时差别不大，仅在计算规模增大时，差距增大。且随着时间向前推进，计算步数增加，两者的差距也会随之增大。总体来说，依靠计算频率的提高节约模拟耗时的效果并不明显。

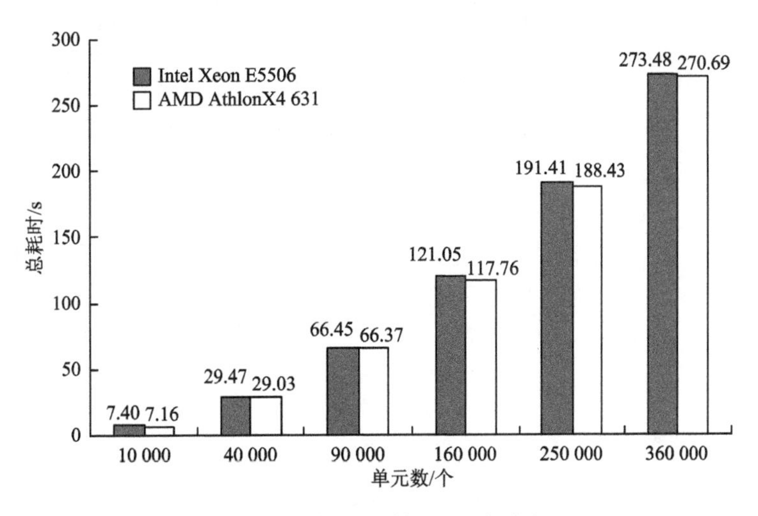

图 3-16　串行程序运行时间（两种型号 CPU）

程序并行效率的评估涉及程序的输入/输出规模（I/O 规模）、计算规模（网格单元数）、内存需求、通信规模（计算节点间通信、CPU-GPU 间通信等）等几个部分。因此，本小节将对并行化的洪水淹没模型的各部分计算效率进行评价分析。

MPI 并行各部分所占比例饼图见图 3-17，采用多核并行计算时，更新单元动量数据

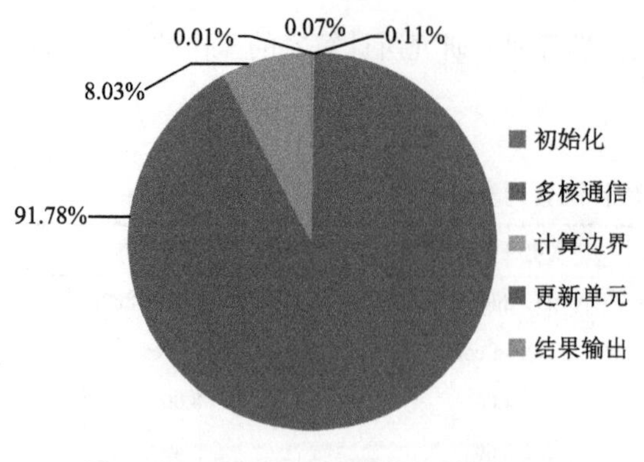

图 3-17　MPI 并行各部分所占比例饼图

部分占整个模型计算耗时的大部分（90%以上），其余部分为计算结果输出耗时（主要为子区域的数据整合和由内存向磁盘写数据）。多核并行效率（AMD Athlon 处理器）可见图 3-18，更新单元加速比达 3.8 和总体加速比达 3.6 左右（4 核 CPU），说明：显格式的洪水模拟代码为浮点计算密集型结构，非常适合于并行加速，且计算结果的输出频率并未对模型的整体加速产生明显影响。另外，当开启的进程为 4（线程可达 5×4＝20），由于线程数超过计算机核数，引起线程冲突，造成并行效率反而下降的现象（更新单元加速比约 3.0～3.3，而整体加速比约 3.0～3.5）。

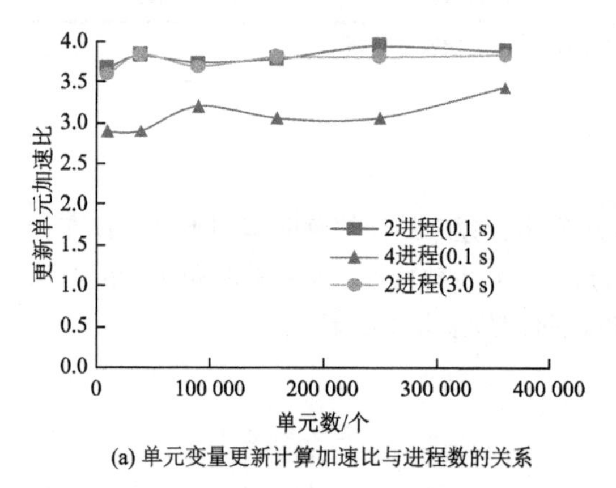

(a) 单元变量更新计算加速比与进程数的关系

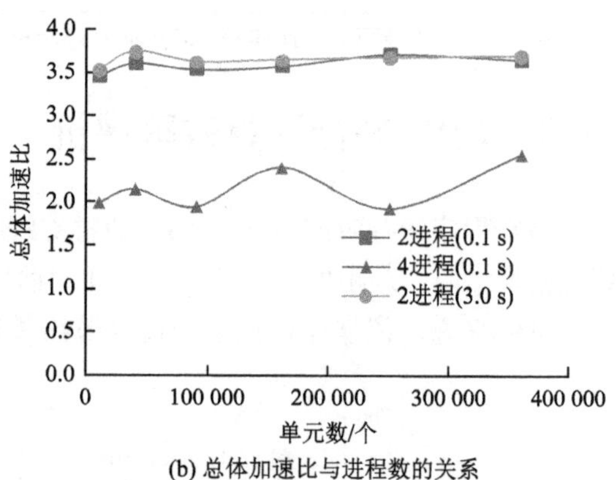

(b) 总体加速比与进程数的关系

图 3-18　多核并行效率（AMD Athlon 处理器）

多核并行效率评价见图 3-19，由于使用了 P 线程优化技术，开启两个进程后，每个进程形成多个线程（线程个数动态变化），充分利用多核计算资源，两个进程即可使 4 核 CPU 的占用率达到 100%。而开启 4 个进程后每个核中的线程过多，形成线程冲突，使得

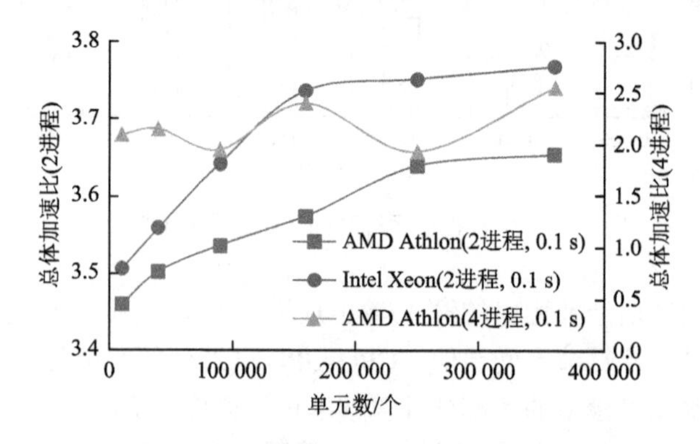

图 3-19　多核并行效率评价（两种处理器）

加速比下降（加速比约 3.0～3.5），且运行耗时很不稳定。另外，由图 3-19 中可看出，计算频率高的处理器，加速比越高。

多核并行计算中的结果输出耗时见图 3-20，计算结果输出耗时包括计算子区域数据的整合及内存写到硬盘的耗时，串行及 MPI 并行的结果输出占总耗时的较小部分，且 MPI 并行的结果输出较串行要耗时。当计算规模增大时，结果输出所占比例增大不明显。当迭代步数增大时，输出结果耗时所占比例会下降，因此，开启相同进程时，迭代步数越多，并行效果越好。

模拟时间长度不同时的并行效率见图 3-21，采用同型号 CPU 的多核并行计算，模拟不同时间长度溃坝波传播过程时，在 AMD 处理器（主频 3.60 GHz）网格单元动量信息更新计算加速比几乎相同（差别是由于动态多线程计算造成的），加速比可能仍然有增加的空间（计算规模最大为 36 万个单元；而采用主频较低一些（3.13 GHz）的 Intel 处理器时，更新单元上的动量信息的加速比一直保持在 3.9 左右，说明加速比已达到最大。

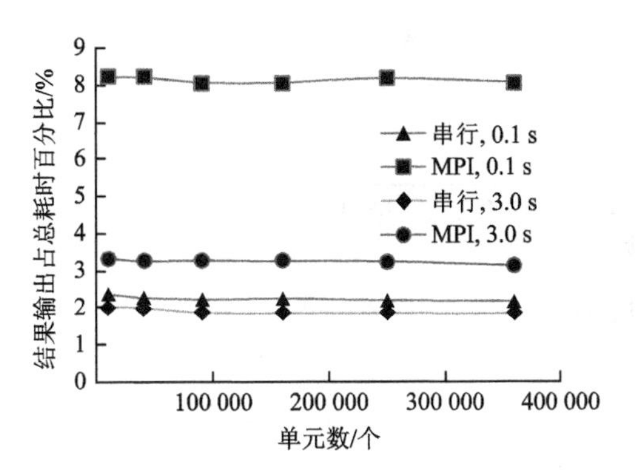

图 3-20　多核并行计算中的结果输出耗时

图 3-21　模拟时间长度不同时的并行效率

评价使用 64 核并行计算效率时，设置模拟物理过程为 0.1 s，时间步长为 1.0×10^{-4} s，即程序运行 1 000 步，计算结果输出频率为每计算 1 000 步输出一次，在本次模拟中计算结果仅输出一次。

线程启动数为进程启动的平方数，程序使用 P 线程优化技术，自动在每个进程中开启进程和线程。多核并行加速与进程数的关系见图 3-22，当开启 8 个进程时，开启的线程

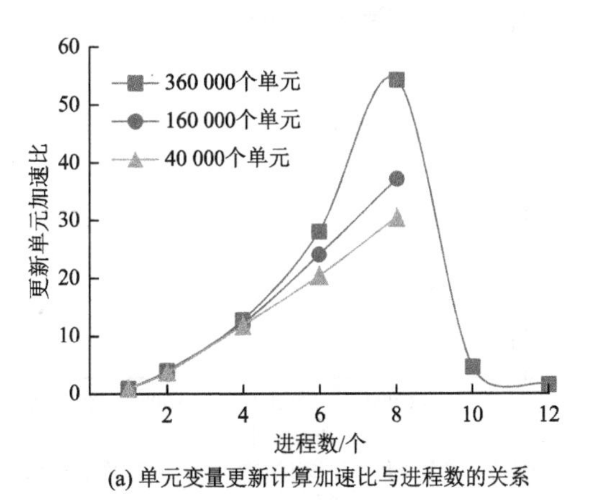

(a) 单元变量更新计算加速比与进程数的关系

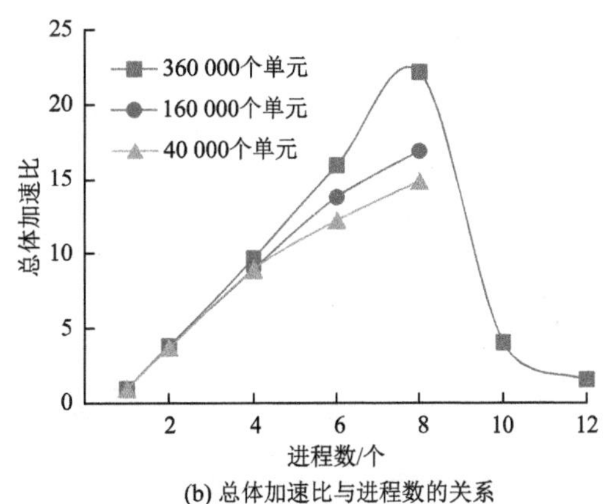

(b) 总体加速比与进程数的关系

图 3-22　多核并行加速与进程数的关系

总数为 64 个，即达到计算机的总核心数，此时加速比达到最大。如果开启的线程数过多，则会发生线程冲突的问题，加速比将显著下降。

随着开启的进程数增多，更新单元加速与总体加速均增加。多核并行加速比与计算规模的关系见图 3-23，8 个进程（64 核）并行时，更行单元加速比可达到 54.3 倍，总体加速比可达到 23.1 倍。多核并行加速比与计算规模有显著关系，且计算结果输出耗时会大大降低模型的总体加速比。可见，减少输出频率会显著提高模型的加速比。

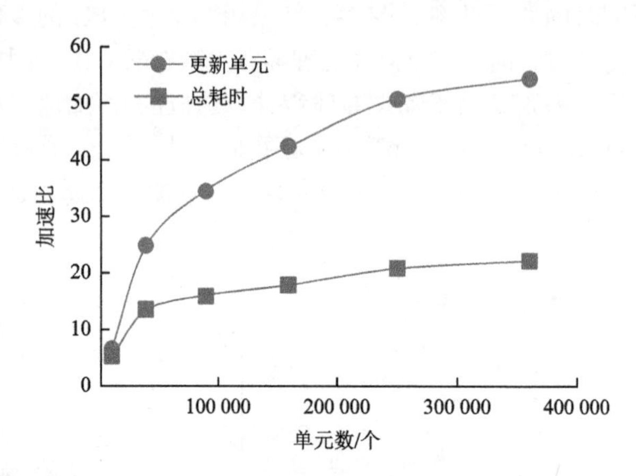

图 3-23　多核并行加速比与计算规模的关系（使用 8 个进程）

3.6.4　GPU 并行计算效率评价

1. 单核 CPU 与 GPU 异构并行效率评价

更新单元的并行效率（GPU）见图 3-24，从网格单元动量数据信息的更新速度来看，一个 GeForce 的 GPU 并行加速比达到 140 倍（与各自处理器上的串行计算耗时比），当迭代步数增大时，并行加速比会下降（至 100 倍），原因是：GPU 并行中涉及主机（CPU）

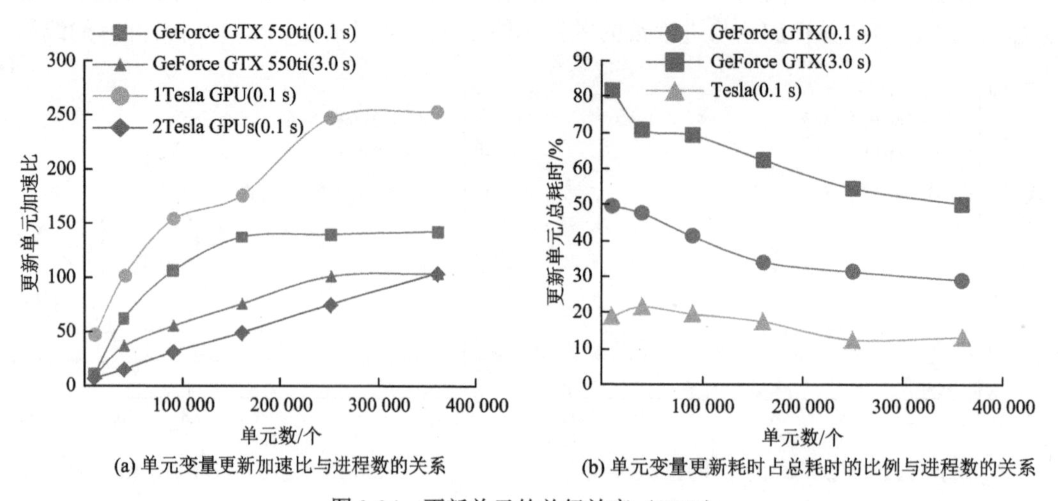

(a) 单元变量更新加速比与进程数的关系　(b) 单元变量更新耗时占总耗时的比例与进程数的关系

图 3-24　更新单元的并行效率（GPU）

与设备（GPU）间的频繁数据通信，当计算规模增大时，这种通信耗时的影响明显，使并行加速比下降。另外，单个 Tesla 型号的 GPU 并行加速比可达到 250 倍，而多 GPU 并行加速比下降的更明显（2GPUs 加速比最大为 90 倍），GPU 间的数据通信在该模型中是通过 CPU 主机实现的，通行耗时对并行效率的影响更明显。

由图 3-24 可知，随着计算规模的增大，更新单元部分的计算耗时占总耗时的比例会逐渐下降，模拟的时间越长，更新单元的计算耗时所占的比例会减少。尤其是采用更高计算性能的 Tesla 型号的 GPU 设备，更新单元的计算耗时所占比例可减小至 20%以下。

GPU 的总体加速效果见图 3-25，迭代步数越多，GPU 的并行加速比越大，对于一个 Tesla 的 GPU 加速比可达到 38 倍（计算 1 000 步），而高性能的 GPU 也可明显地提高模型的整体加速比。

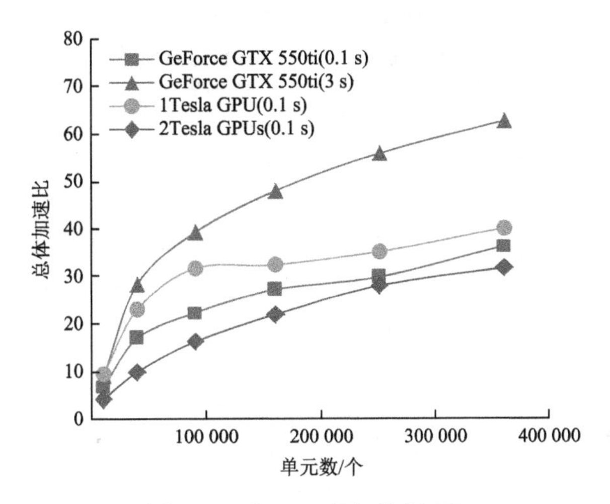

图 3-25　多 GPU 并行效率评价

与 64 核并行加速效果对比，可见：单个 Tesla 型号 GPU 的加速效果比 64 核的多核并行效果（总体加速比 24.1 倍）还要明显，而 GPU 硬件的成本只有多核电脑的 1/10。而对网格单元更新数据部分的加速，GPU 则更为显著，但 GPU 并行中涉及不同硬件的数据传输，会对并行效果产生新的影响。

由于模拟过程中不断地输出计算结果（用于可视化），GPU 并行计算结果的输出也涉及 GPU 向 CPU 传输数据，由 CPU 部分的指令向磁盘写数据。对于高性能的 GPU，其更新单元的加速比较高，总体并行效率见图 3-26，输出结果耗时相对更新单元耗时的比值很大（可达到 6 倍），但随着迭代步数的增多，该比值会减小［对于 GeForce 的 GPU 并行，其比值由 3 倍（1 000 步）减小至 0.5 倍（30 000 步）］，而数据结果耗时占很大比例，使得 GPU 并行模型运行步数越大，加速效果越明显，GPU 并行计算中更应该减少计算结果的输出频率。

不同模式计算中输出部分的耗时评价见图 3-27，多 GPU 并行可显著提高核函数的计算效率，但由于 GPU 设备间的数据通信较复杂，如果没有好的通信机制，多 GPU 并不能提高模型的整体加速比。GPU 并行的结果输出需要将 GPU 数据传输到 CPU 主机中再输

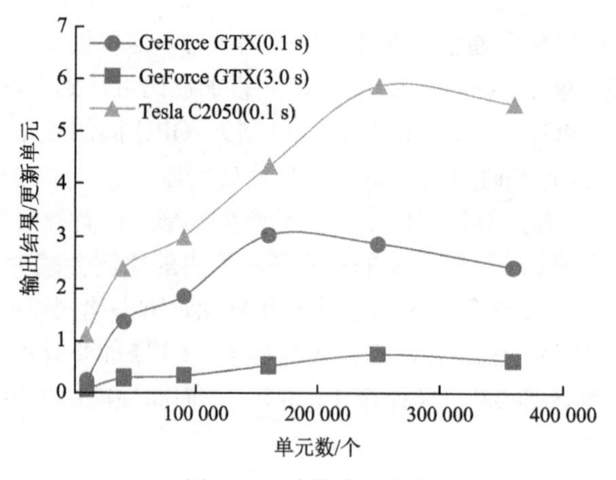

图 3-26　总体并行效率

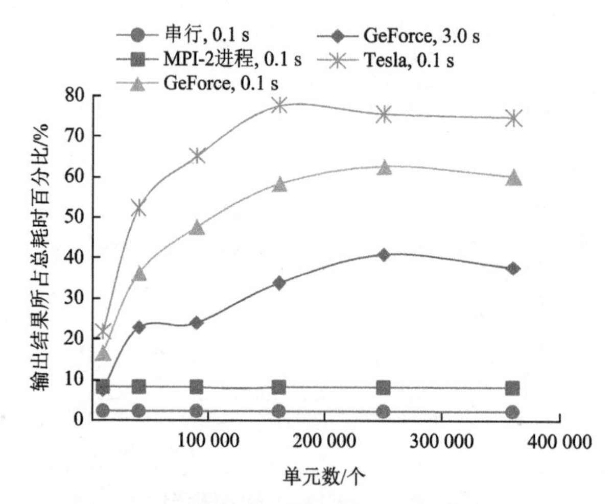

图 3-27　不同模式计算中输出部分的耗时评价

出。因此，结果输出占总耗时的大部分，且随着计算规模的增大，结果输出所占的比例越大。可见，减少结果输出频率可较大地提高 GPU 加速效率，但并不能显著提高多核并行效率。由于需要数据通信，多核并行和 GPU 并行的结果输出均较串行模式要耗时。

单 GPU 并行效率评价见图 3-28，对于核函数部分，Tesla-GPU 加速比较 GeForce-GPU 的加速比提高很多，两个 GPU 对核函数的计算速度差不多是一个 GPU 的 1.7 倍。多 GPU 与单 GPU 的结果输出耗时相当，而网格单元动量信息的更新部分，由于涉及 GPU 间的通信耗时，两个 GPU 的计算效率反而下降，随着计算规模的增大，效果有所改善。总体来说，多 GPU 的计算效率只能达到单 GPU 的 0.4。

多 GPU 并行效率评价见图 3-29，多 GPU 并行时涉及 CPU 与 GPU 之间以及多 GPU 间的数据通信耗时，且主要对加速 GPU 中的核函数具有显著效果，而网格单元上动量信息的更新需要 GPU 与 CPU 之间频繁的通信，多 GPU 并行时效率反而下降了。因此，改进 GPU 间的数据通信机制对提高多 GPU 并行效率至关重要。多 GPU 间数据传输模式包括：Tile 模式、Peer-to-Peer 模式、GPU Direct3.0 模式。本小节模型采用的是 Tile 模式（效率较低），如果能采用 Peer-to-Peer 模式，那么总体加速效果会有显著的提升。

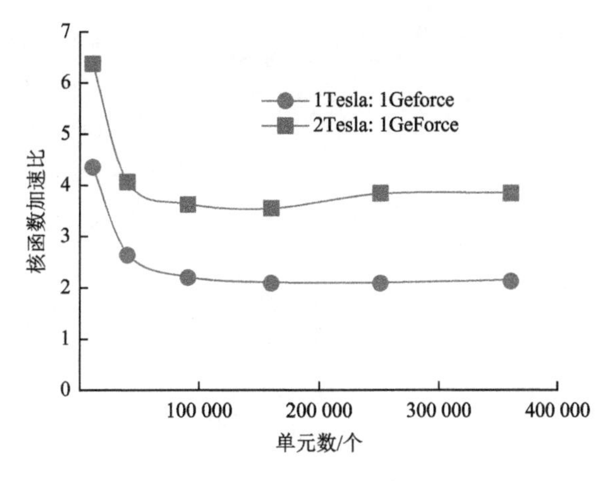

图 3-28　单 GPU 并行效率评价

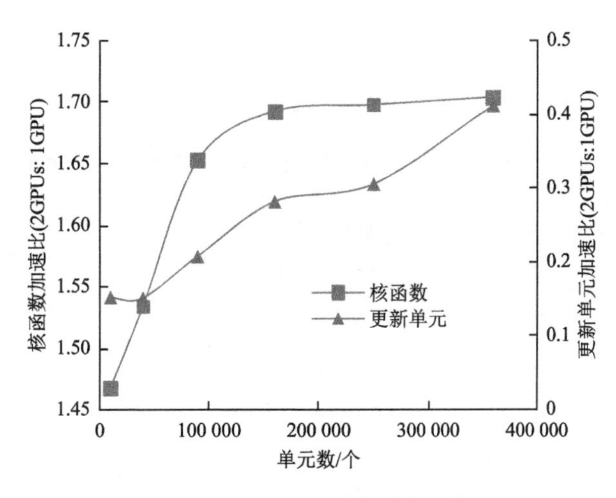

图 3-29　多 GPU 并行效率评价

GPU 并行部分的计算耗时评估见图 3-30，GPU 并行化涉及多个模块的并行执行，包括：初始化 GPU 设备、CPU 与 GPU 间的相互数据通信（x 方向和 y 方向）、核函数计算（x 方向和 y 方向）、更新单元计算（x 方向和 y 方向）、边界条件代入计算和计算结果输出。如图 3-30（a），对于 Geforce GTX 型号的 GPU 计算，在时间层迭代 1 000 步后测试各模块的计算耗时，测试结果表明：计算结果输出、核函数和更新单元占总体计算耗时的大部分，分别为 60.16%、14.25%和 9.89%。同样的 GPU 异构并行化程序运行于 Tesla C2050 型号的 GPU 时，见图 3-30（b），计算结果输出、核函数和更新单元占总体计算耗时的比例分别为 58.8%、4.13%和 4.13%。对比发现：计算性能高的 GPU 的核函数和更新单元的计算效率比计算性能低的 GPU 的执行效率要高很多，但数据输出到外部存储设备的计算耗时均较大，主要受到 CPU 与 GPU 之间的数据传输速率的限制。

迭代步数较小时（模拟的物理过程较短），GPU 并行模型的结算结果输出将占到很大一部分，GPU 并行结果输出需要将结果数据传输到 CPU 主机上再输出，比较耗时。因此，GPU 并行计算应尽可能减少结果输出频率。

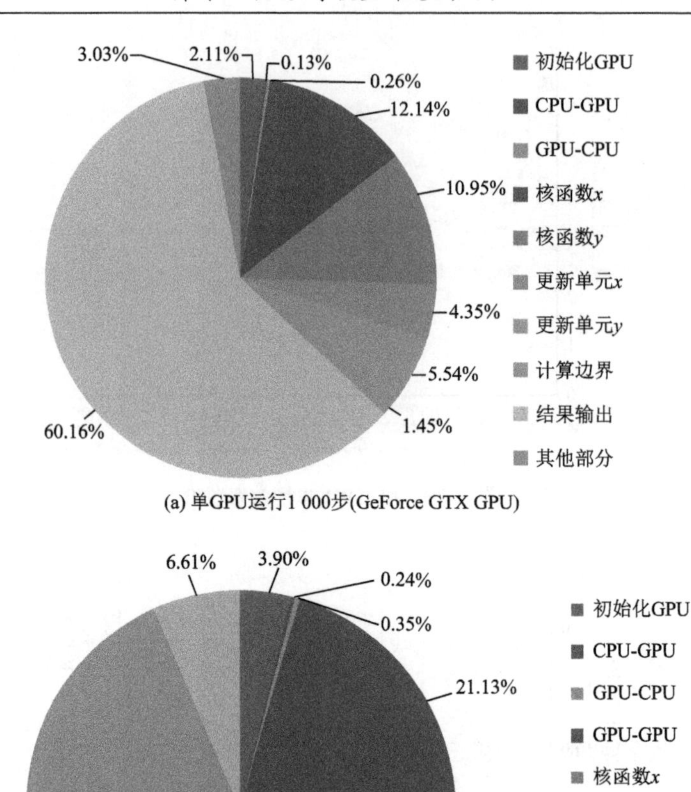

(a) 单GPU运行1 000步(GeForce GTX GPU)

(b)双GPU运行1 000步(Tesla C2050 GPU)

图 3-30　GPU 异构并行各模块的计算耗时评价

2. 多核 CPU 与 GPU 异构并行效率评价

本小节的多核 CPU 并行化部分采用 MPI 数据通信方式实现，多核 CPU 与 GPU 并行各部分耗时比例见图 3-31。多核 CPU 与 GPU 异构并行时，由于多核 CPU 核心间数据传输速度的提高，计算结果输出耗时所占比例大幅下降，降至 36.91%。核函数仍然是在 GPU 中计算，其计算耗时无明显变化，使核函数计算耗时所占比例增大，达 45.39%。更新单元部分计算加速明显，但计算耗时所占比例为 13%～19%，变化不大，是因为总耗时下降了。

GPU 与多核之间的数据通信更为复杂，本小节将主要分析更新单元与总体加速效果，CPU-GPU 并行计算效率评价见图 3-32，更新单元的计算在多核（CPU）中进行，其耗时减小，当计算规模达到 160 000 个网格单元后，模拟 3.0 s 的物理过程，更新单元部分的并行计算在 MPI-CUDA 混合并行模式下，总体加速比可达到 70 倍，而单个 GPU 并行，总体加速比为 60 倍。

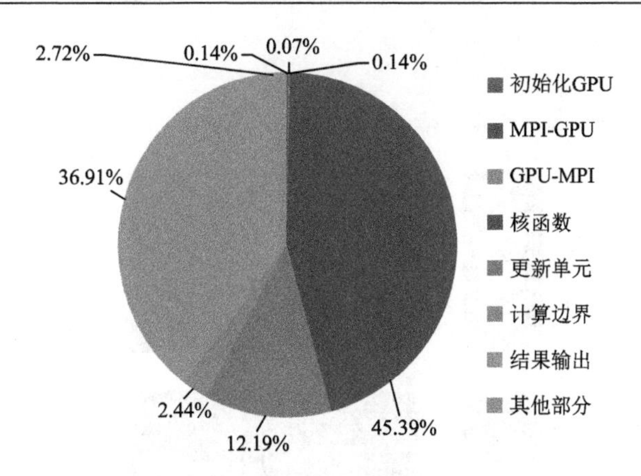

图 3-31　多 GPU 并行各部分耗时比例

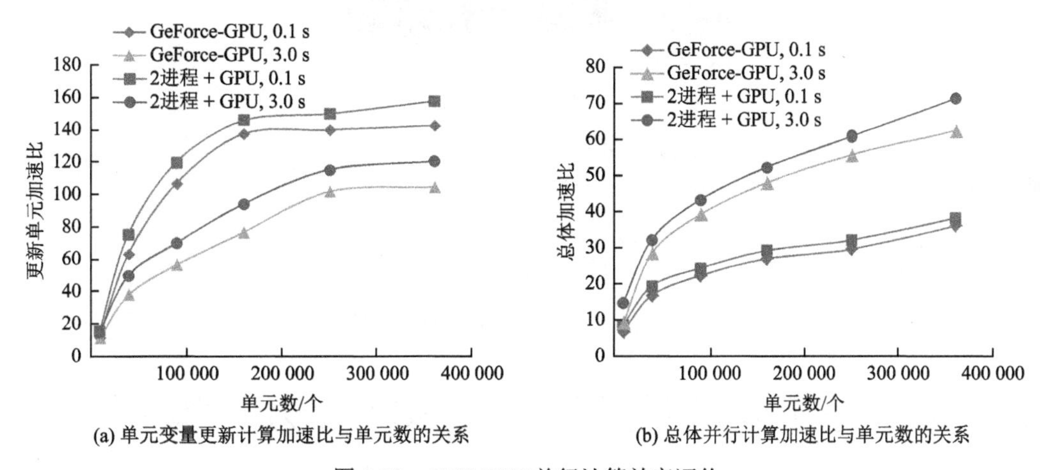

图 3-32　CPU-GPU 并行计算效率评价

3.6.5　计算过程资源监控

计算过程所占硬件资源的动态过程监视见图 3-33。基于 OpenMP 或 MPI 的并行化洪水淹没模型运行时，将充分利用计算机的多个核心，在资源管理器中将同时运行 4 个进程。由图 3-33 可知，此时计算机的 CPU 使用率将达到近 100%，说明平面二维洪水淹没模型的并行化程度很高，这是基于隐格式离散的水动力模型存在明显不同，内存占用率与计算规模（网格单元数）有关。

文件(F)　监视器(M)　帮助(H)

概述　CPU　内存　磁盘　网络

进程　　100% CPU 使用率

映像	PID	描述	状态	线程数	CPU	平均 CPU
SWsolver.exe	5896	SWsolver.exe	正在运行	5	38	23.58
SWsolver.exe	5808	SWsolver.exe	正在运行	5	23	21.48
SWsolver.exe	4500	SWsolver.exe	正在运行	5	11	18.86
SWsolver.exe	4484	SWsolver.exe	正在运行	5	26	18.45

(a) 资源管理器的监视窗口截图

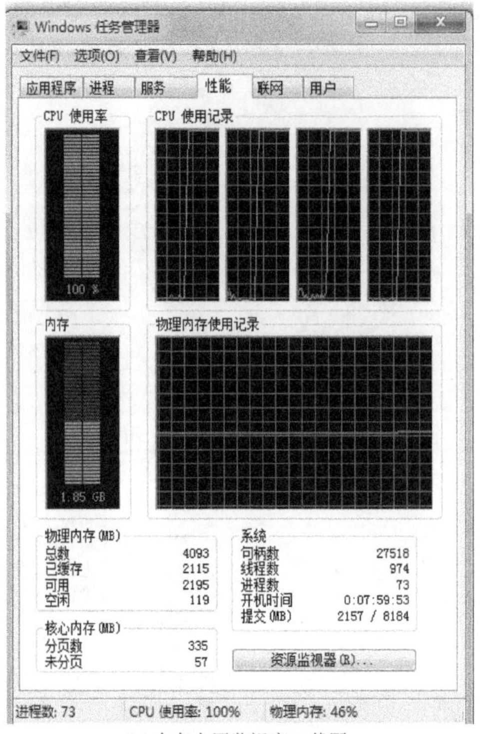

(b) 内存占用监视窗口截图

图 3-33　计算过程资源占用监视窗口截图

3.7　哈尔滨胖头泡蓄滞洪区洪水淹没过程模拟

3.7.1　胖头泡蓄滞洪区概况

在我国常见的自然灾害中，洪水灾害发生频率最高、范围最广，危害也最大。我国是河流发育较为丰富的国家，很多地区都面临着不同程度的洪水威胁，频繁发生的洪水灾害往往带来巨大的生命和财产损失，严重影响了社会、经济的可持续发展。

松花江中上游地区是我国东北松花江流域的重要防洪区域之一，见图 3-34，其主干流河段起始于第二松花江与嫩江的汇合口处，全长 290 km，河道蜿蜒曲折，河槽宽浅且坡降较缓；沿程分别有拉林河、呼兰河等主要支流汇入，其间又坐落着全国重要防洪城市哈尔滨，在哈尔滨下游 46 km 处建有大顶子山航电枢纽工程（姜晓明 等，2012）。

松花江中上游地区历史上多次遭受洪水侵袭，汛期暴雨是形成洪水的主要因素，年最大洪峰流量较多出现在 7～9 月，该河段历史上居于前三位年份的大洪水分别出现在 1998 年、1932 年和 1957 年。其中，1998 年大洪水中，松花江干流哈尔滨站最高水位 120.89 m，超过历史实测最高水位 0.84 m，流量达 16 600 m^3/s。

1998 年大洪水后，国家加大了松花江流域防洪建设的力度。2008 年，国务院批复了《松花江流域防洪规划》，规划中明确了松花江流域以堤防、控制性水利枢纽和蓄滞洪区为

图 3-34　松花江流域水系及防洪工程分布

重点的防洪工程体系，哈尔滨市为主要防洪保护区之一。但是需要指出的是，由于松花江干流哈尔滨以上江段没有修建水库的条件，支流水库对松花江干流防洪保护区的防洪作用有限（图 3-34），此区域的防洪任务主要靠河道工程（包括堤防改造，松花江公路桥、滨洲、滨北铁路桥三桥扩孔，河道及滩岛整治）和蓄滞洪区承担（胖头泡、月亮泡蓄滞洪区，松花江松北分洪通道等）。因此，以松花江干流中上游为对象，研究其在不同防洪工程影响下的洪水运动规律及防洪对策，可以为本区域防洪问题的研究提供必要的技术支持，对于提高流域整体防洪能力、实现哈尔滨市抵御百年以上超标准洪水的目标具有重要的现实意义。

胖头泡蓄滞洪区位于黑龙江省肇源县西北部，嫩江与松花江干流的左岸（图 3-35），东西宽约 46 km，南北长约 58 km，地势从西北向东南逐渐降低，总面积 1 994 km^2，蓄洪容积约 55 亿 m^3，是哈尔滨市和松花江流域防洪工程体系的重要组成部分（姜晓明 等，2012）。

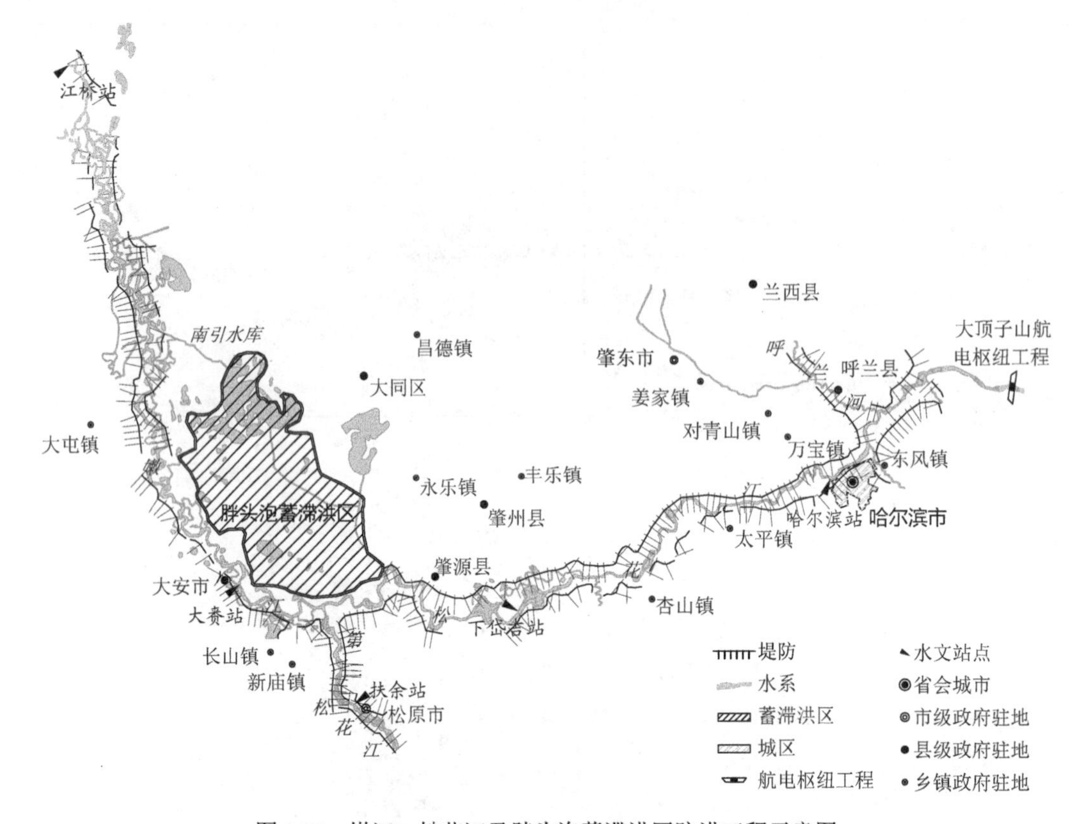

图 3-35　嫩江、松花江及胖头泡蓄滞洪区防洪工程示意图

历史上胖头泡多次发生过洪水决口，其中 1998 年大洪水胖头泡堤段分洪达 64.3 亿 m^3，对消减嫩江干流大赉站以下洪峰流量起了重要作用，从而有效降低了下游水位，缓解了哈尔滨市的防洪压力。

1998 年洪水以后，国家加大了对嫩江、松花江防洪工程的投入。2001 年 4 月国务院批准了《关于加强嫩江松花江近期防洪建设的若干意见》，提出建设胖头泡蓄滞洪区。目前，胖头泡蓄滞洪区工程处于施工期，而对胖头泡蓄滞洪区的研究大多集中在安全建设及洪水保险等方面，对蓄滞洪区具体运用及对下游松花江干流和哈尔滨城市防洪的影响方面研究较少。

3.7.2　计算区域设置

模型计算范围取在嫩江江桥站至松花江干流中游的大顶子山航电枢纽工程，其中江桥站至松花江干流哈尔滨主城区上游采用一维水动力学模型，胖头泡蓄滞洪区采用本书开发的平面二维模型计算。计算区域全长 193 km，胖头泡蓄滞洪区位于江桥站下游 20 km 处，其间的第二松花江、拉林河和呼兰河作为集中入流处理（姜晓明 等，2012）。

计算全程有江桥站、大赉站、下岱吉站和哈尔滨站共 4 个重要水文站点。江桥站位于黑龙江省泰来县江桥乡，是嫩江中下游区域的国家级重要水文站，其水情关系通常为黑龙江、吉林两省防汛提供重要的参考信息；大赉站是嫩江下游总控制站，流域面积（17～23）万 km^2，是胖头泡蓄滞洪区下游的重要水文站点，嫩江在其以下 45 km 与第二松花江汇合形成松花江；下岱吉站是嫩江与第二松花江在三岔河汇合后的第一个大水文站，在吉林省扶余市境内；哈尔滨站作为松花江的重要控制水文站，位于哈尔滨的主城区，属于国家级重要水文站，集水面积为 39.05 万 km^2，哈尔滨站于 1898 年设立，具有较长的水文观测历史。

目前，胖头泡蓄滞洪区的进口门位于老龙口，1932 年与 1957 年胖头泡分洪从老龙口进入肇源西部区域，1998 年的洪水进口位置在肇源县农场堤。模型采用矩形结构网格覆盖胖头泡蓄滞洪区计算区域，本小节将采用若干种不同的工况研究不同因素（包括网格尺寸、计算时间步长及糙率值）对胖头泡蓄滞洪区洪水演进过程的影响，计算工况见表 3-2。

表 3-2　计算工况列表

工况编号	时间步长/s	网格尺度/m	单元数/个	糙率
1	0.5	400	19 320	0.03
2	0.25	400	19 320	0.03
3	0.1	400	19 320	0.03
4	0.5	500	12 430	0.03
5	0.5	800	8 556	0.03
6	0.5	400	19 320	0.02
7	0.5	400	19 320	0.04

胖头泡蓄滞洪区的网格地形及溃堤位置见图 3-36，可以看到：在胖头泡蓄滞洪区内有不少高度较低的小山丘，从老龙口溃口进入蓄滞洪区的洪水可以滞留在这些丘陵区域，对松花江下游的哈尔滨城区的防洪减轻不少压力。本小节计算所采用的高程系为 1956 年黄海高程系，坐标系为 1954 年北京坐标系。

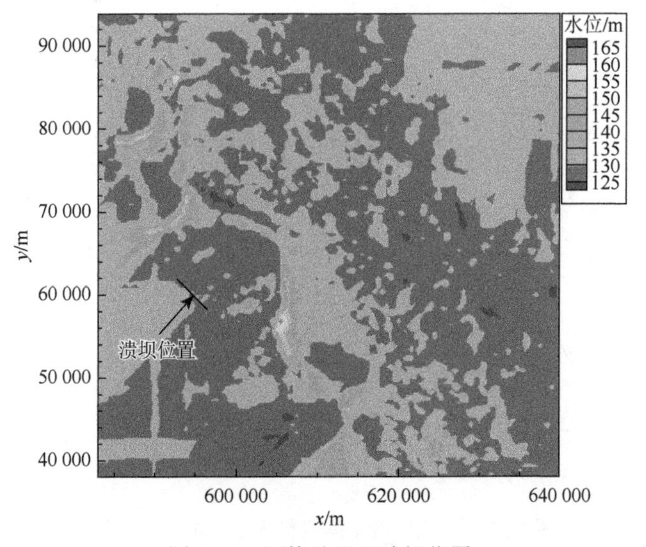

图 3-36　网格地形及溃堤位置

3.7.3 边界条件施加

采用一维水动力学模型计算得到二维洪水模拟中溃口流量过程边界条件。模型采用松花江哈尔滨段设计洪水对河道的综合糙率系数进行率定，上游给定流量，下游为大顶子山航电枢纽工程天然水位值（表 3-3）。

表 3-3　设计洪水成果表

边界	设计值	洪水出现频率 P			
		0.33%	0.5%	1%	2%
上边界	松花江入口洪峰流量/(m^3/s)	22 000	20 500	17 900	15 100
	呼兰河入口洪峰流量/(m^3/s)	1 200	1 100	900	1 000
	∑洪峰流量/(m^3/s)	23 200	21 600	18 800	16 100
下边界	天然水位值/m	117.70	117.45	117.06	116.62
	大顶子山竣工后调度水位值/m	118.00	117.75	117.38	116.86

以哈尔滨段 17 个控制断面的设计水面线（图 3-37）作为综合糙率系数率定的依据，设计水面线已经考虑了松花江公路大桥、滨州和滨北铁路桥的三桥扩孔的影响，由于计算河段内沿程水力条件变化不大，模型中采用了统一的糙率值，河道水面线验证结果见图 3-38。当糙率系数的取值在 0.030～0.037 时，计算结果与设计水面线符合较好。进行实际洪水计算时，根据流量选取相应的糙率系数进行计算，随着流量增加糙率系数减小。在选定胖头泡蓄滞洪区糙率时，经过试算，计算综合糙率取值为 0.03（姜晓明 等，2012）。

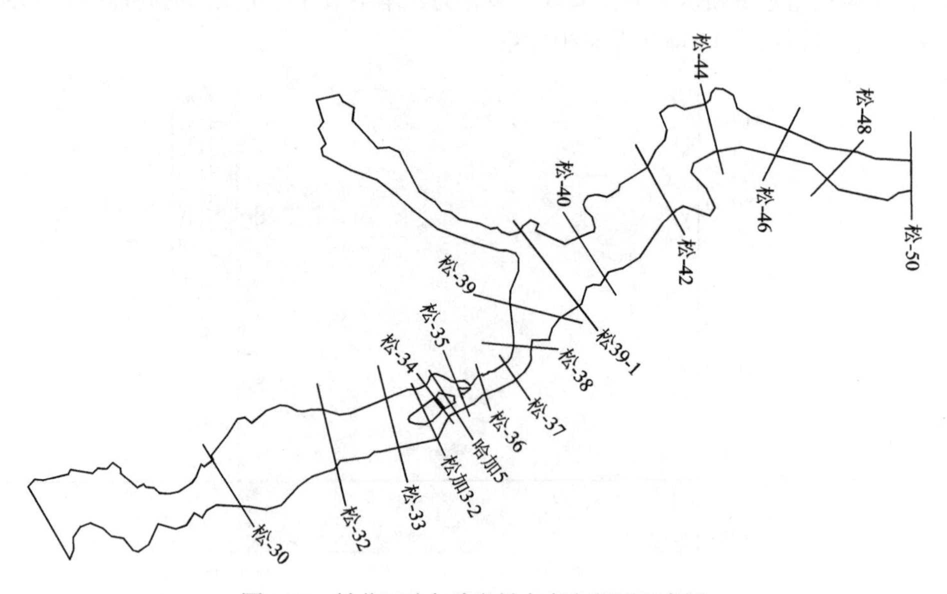

图 3-37　松花江哈尔滨段糙率率定断面示意图

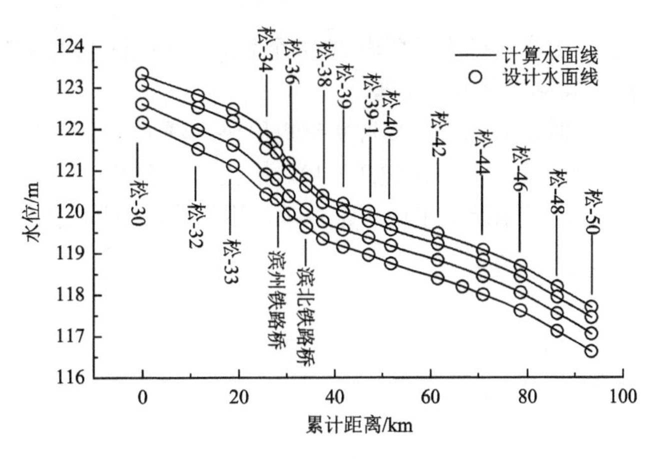

图 3-38　河道水面线验证结果

3.7.4 胖头泡分洪过程模拟

1. 1998 年暴雨洪水过程

1998 年松花江干流洪水过程中，嫩江洪水是其主要来源。进入汛期，松花江流域出现多次大范围强降雨，其中有三次主要降雨过程：6 月 14～24 日的降雨是入汛后第一场大的降雨过程，降雨分布在嫩江流域上游，形成了嫩江干流的第一场洪水；7 月 22～30 日的强降雨过程的主雨区位于嫩江中下游右侧支流；在 8 月 2～14 日，嫩江中下游和松花江干流普降大雨至暴雨，局部区域有大暴雨，降雨强度为整个汛期降雨强度最大的一场，引发了松花江干流的特大洪水。

在整个汛期过程中，嫩江干流三次洪水流量依次增加，江桥站最大洪峰流量达 26 400 m^3/s，其洪峰水位超警戒水位 3.67 m，是水文站成立以来的最大洪水；尽管嫩江江桥站至大赉站之间多处堤防决口大大消减了嫩江下游的洪峰，大赉站洪峰水位仍超过历史实测最高水位 1.27 m，最高达 131.47 m，超过 1932 年调查洪水流量 14 600 m^3/s，成为 1949 年水文站成立后的历史最大洪水。

对于松花江干流，由于河道调蓄及洪水叠加作用，其洪水过程历时较长，下岱吉站为三个峰值的复峰过程，最大洪峰流量为 16 000 m^3/s，哈尔滨站洪水过程为两个峰值的复峰，最大洪峰流量 16 600 m^3/s，也均为两水文站成立后的最大洪水，其中哈尔滨站洪水位超历史最高水位达 13 天。

2. 胖头泡决口过程

1998 年嫩江、松花江大洪水使嫩江多处堤防决口，大多数决口水量沿堤外，于下游水文监测断面回归主河道，跑水量较小；较大规模跑水的决口堤段有两个，嫩江右岸泰来大堤和左岸的肇源县农场堤，两处总跑水量达 99.3 亿 m^3。

泰来大堤于 1998 年 8 月 13 日开始决口，共计跑水量为 35 亿 m^3，淹没范围超过 1 000 km^2，影响了黑龙江省泰来县、吉林省镇赉县境内 20 多个乡镇。在进行 1998 年实际洪水计算时，将泰来大堤决口分洪量作为出流边界处理。

1998 年 8 月 15 日 2 时肇源县农场堤胖头泡堤段洪水漫顶决口，洪水迅速向东北方向漫延，随后向北进入南引水库，向南在嫩江河口、松花江左侧形成了巨大的淹没区，决口跑水量达 64.3 亿 m^3，淹没了肇源县境内多个乡镇，洪水淹没范围见图 3-39。

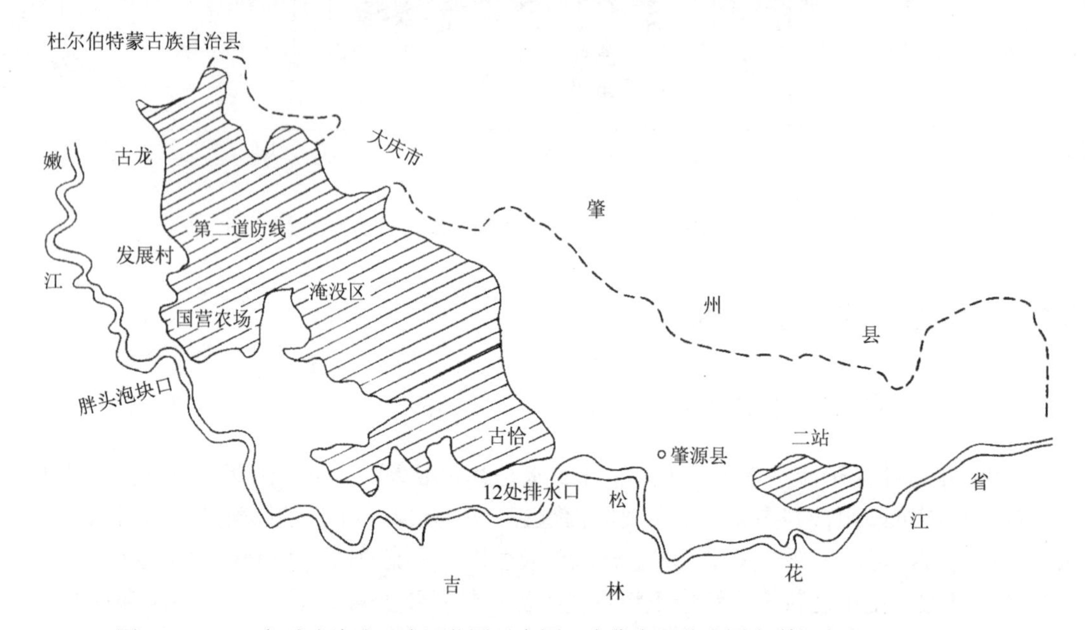

图 3-39　1998 年胖头泡决口淹没范围示意图（中华人民共和国水利部水文局，2002）

3. 洪峰过程模拟

模型洪水计算时间从 1998 年 8 月 1 日 8 时～9 月 20 日 8 时，8 月 15 日 2 时 15 分胖头泡堤段漫顶决口，由于分洪口迅速展宽形成了稳定的口门宽度，计算分洪口宽度直接采用了溃堤后的稳定宽度 530 m。一维模型的模拟范围及水系示意图见图 3-40，上边界采用给定的流量过程见图 3-41，下边界为大顶子山航电枢纽工程位置的天然河道水位流量关系见图 3-42，蓄滞洪区内计算开始时水深为 0 m。

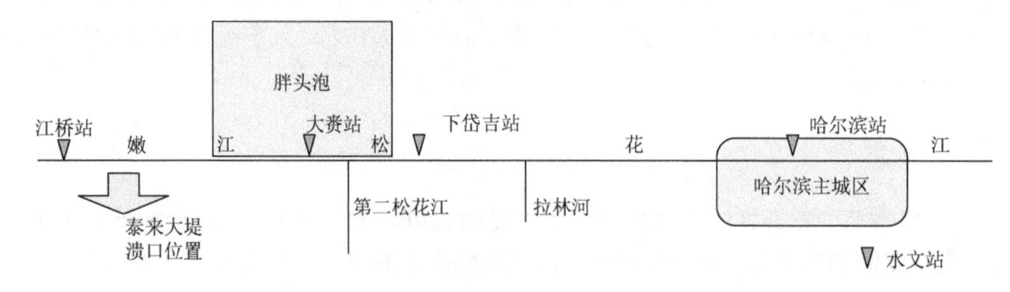

图 3-40　胖头泡 1998 年汛期分洪计算条件示意图

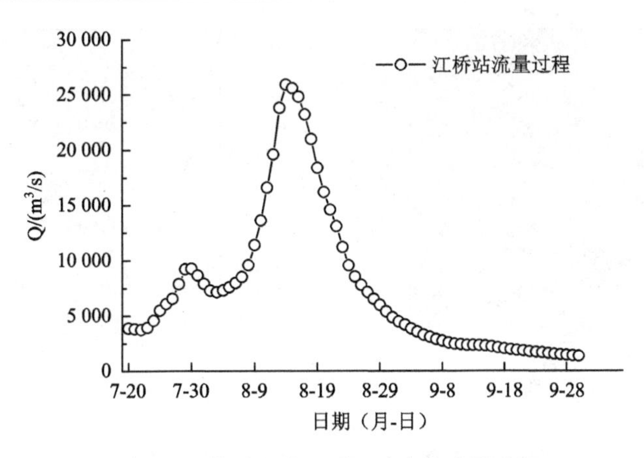

图 3-41 模型上边界采用给定的流量过程

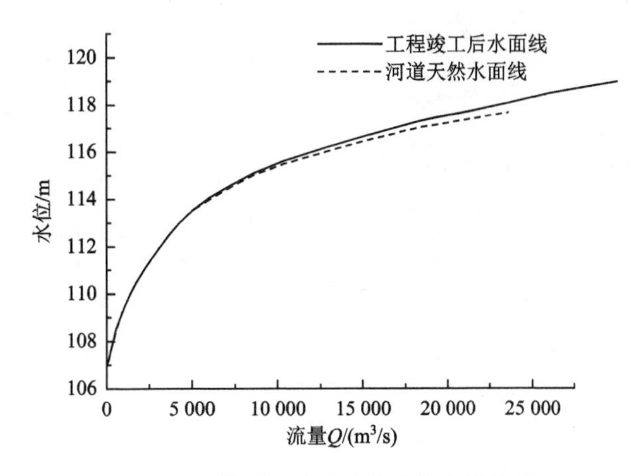

图 3-42 模型下边界流量水位流量关系

洪水溃堤后胖头泡蓄滞洪区的淹没过程（工况 1）见图 3-43。可以看出洪水决口后，洪水迅速流入东北低洼处，形成巨大的淹没区，随着时间的变化，洪水向东北和南部传播，在 100 h 后洪水向西南方的低地反流；在 150 h 后洪水进入胖头泡蓄滞洪区的小山丘地区，此时山丘阻挡了大量的洪水进入松辽平原而威胁哈尔滨主城区的安全；在 250 h 后洪水到达蓄滞洪区的东南角松花江干流处，已有部分洪水进入松辽平原区，此时扒堤放水回归松花江，可显著减轻进入哈尔滨主城区的洪水水量。模型计算的淹没过程与实际观测的淹没过程较为一致。

分洪口下游大赉站与哈尔滨站的水位验证变化过程见图 3-44，计算水位与实测水位较为吻合。同时经计算，胖头泡溃堤洪水可以有效消减下游河道的洪峰流量和最高水位，其中下游哈尔滨水位减小了 0.4 m。因此，胖头泡作为蓄滞洪区启用将是减小下游防洪压力的重要措施。

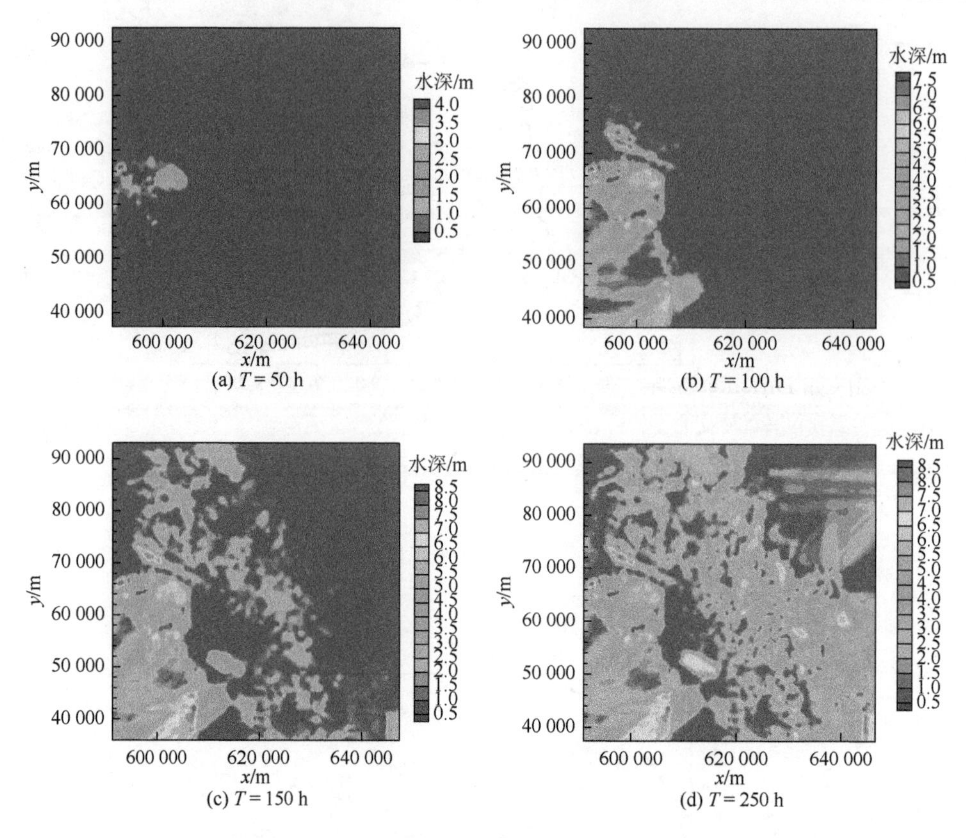

图 3-43　胖头泡溃堤洪水模拟淹没过程（工况 1）

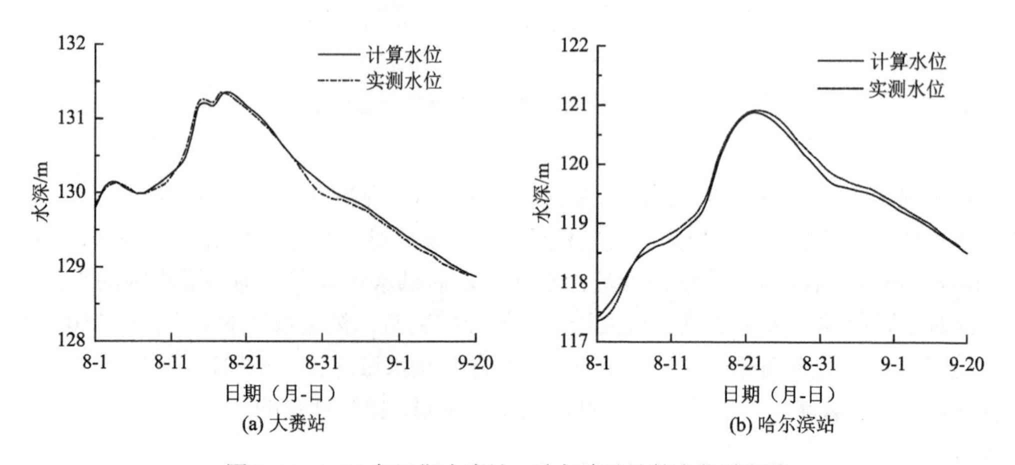

图 3-44　1998 年汛期大赉站、哈尔滨站计算水位过程线

由于胖头泡蓄滞洪区在 1998 年分洪过程中没有详细的监测数据用于模型验证。开发的高性能计算平面二维洪水淹没模型已采用理想溃坝洪水进行了验证。下文对实际地形洪水淹没过程模拟结果将与 MOD_FreeSurf2D 模型（Martin et al.，2005）计算结果进行对比。MOD_FreeSurf2D 模型是基于与本书模型相同网格计算的，采用 MATLAB 语言编程，数值算法是采用有限体积法、半隐格式、ELM 离散对流项及自由水面波动方程，可用于模

拟明渠水流和溃坝洪水传播过程，具有较高的计算效率。其中对流项离散采用了三种迹线跟踪算法，包括半解析式法、四阶四步 Runge-Kuta 法和一阶一步显格式的 Euler 法，采用该种对流项的离散方法，可适当缓解 CFL 条件对计算时间步长的限制，提高对非恒定过程的模拟效率，实际计算表明 ELM 模型计算时间步长可放大到完全显格式算法模型的 3～6 倍左右（李健，2012）。

MOD_FreeSurf2D 模型将浅水方程的扩散项、阻力项、科氏力项、风应力项等作为源项离散，最终浅水方程的连续方程和动量方程离散整理为一个五对角正定矩阵，可采用 MATLAB 工具箱中的共轭梯度法进行迭代求解（Martin et al.，2005）。MOD_FreeSurf2D 模型的其他特点还包括较好的干湿边界处理能力、多种开边界条件施加（如 Dirichlet 型单宽流量、流速入流、两种辐射边界条件），另外 MOD_FreeSurf2D 模型需要的输入文件较少，仅需要地形、糙率和初始水深和参数控制文件设置。可方便地分析计算水深与实测水深之间的误差和作图分析。

将 SWsolver 计算结果与 MOD_FreeSurf2D 模型的计算结果进行对比，选取计算域内 4 个不同位置的观测点的数据。不同观测点的水深变化过程见图 3-45，通过 4 个观测点的计算水深的变化过程可以获得洪水到达不同位置的时刻信息，对防洪决策及风险评估提供支持，在洪水到达 4 个观测点后水深不断上涨，其中 P1、P2 和 P3 观测点位于胖头泡蓄滞洪区内，洪水达到时刻约在 150～160 h，P4 点位于松辽平原，洪水大约在 220 h 到达，可见，胖头泡蓄滞洪区有效阻挡洪水约 60 h，给洪水预警和人员撤离提供了充分的时间。

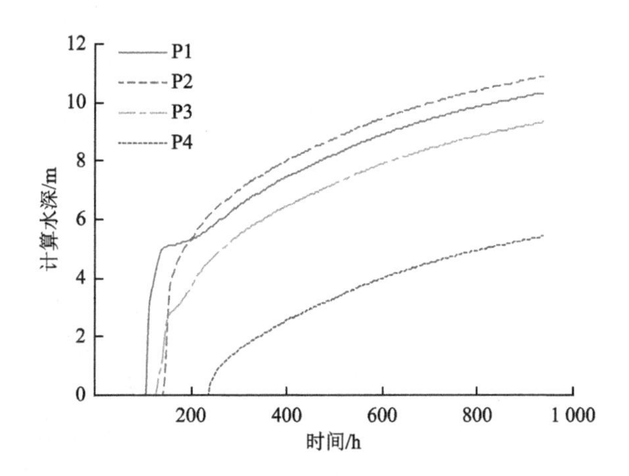

图 3-45　不同观测点的水深变化过程（工况 1）

两个洪水淹没模型计算结果对比见图 3-46，使用两种模型对胖头泡蓄滞洪区内的洪水传播过程，进行模拟的设置均采用工况 1 的计算参数及网格尺寸。两个模型模拟的 4 个不同位置观测点的计算水深变化过程几乎一致，表明两种算法模型均可较为精确地模拟胖头泡蓄滞洪区洪水的淹没过程，而 SWsolver_GPU 模型采用的计算时间步长为 0.5 s，MOD_FreeSurf2D 模型可使用的最大时间步长为 3.0 s。可见，结合 ELM 算法和高性能计算可进一步提高洪水的模拟效率。

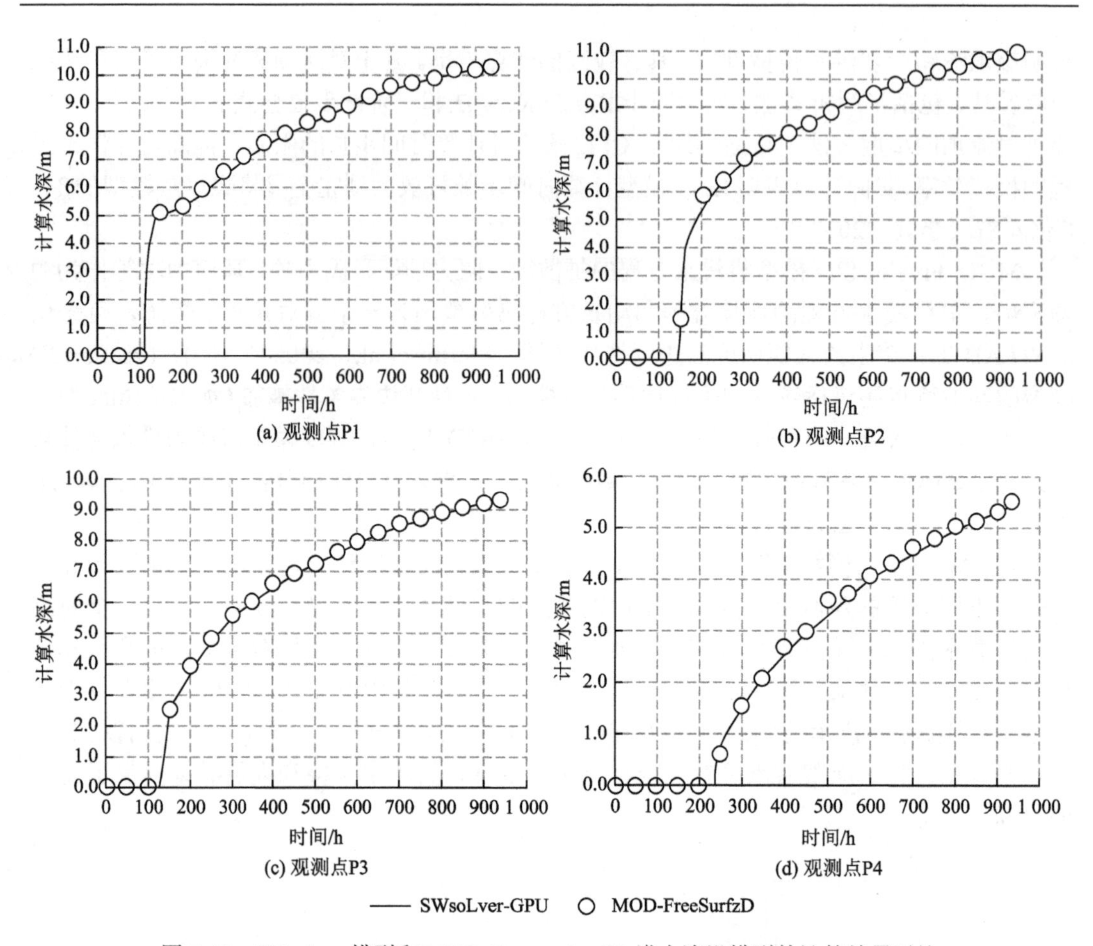

图 3-46　SWsolver 模型和 MOD_Freesurface2D 洪水淹没模型的计算结果对比

3.7.5　不同因素对洪水淹没过程的影响

溃堤洪水淹没或蓄滞洪区洪水淹没过程发生速度快，数值模拟结果很难得到实测数据资料的验证，并且影响洪水淹没模拟结果的因素众多，洪水演进过程模拟影响因素见图 3-47。需要对不同计算条件下的模拟结果进行对比分析或不确定性分析，或者使用不同的洪水演进模型进行模拟对比分析，方能用于工程实践中的洪水风险管理、评估与决策。平面二维洪水演进模型尽管可以提供更多的洪水淹没过程的细节信息，但当计算规模较大时，多工况下的计算结果分析难以实现，并行化的快速洪水淹没过程模拟具有重要的科学研究和工程实践使用价值。

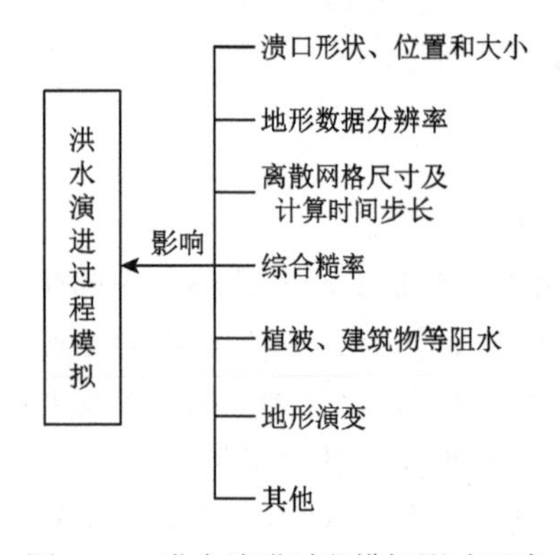

图 3-47　洪水演进过程模拟影响因素

真实的洪水淹没过程受到很多复杂因素的影响，诸如：地形起伏、地表植被及建筑物等、洪水过程中的降雨或排水等，而模拟洪水过程的影响因素包括：地形数据分辨率、离散网格尺寸及计算时间步长、综合糙率取值等。传统的一维洪水传播模型不能反映平面上的上述因素的影响效果，而本书开发的并行化平面二维洪水淹没模型可为此提供一个高效的研究工具。下文将采用本书开发的并行洪水淹没模型，探讨计算网格尺寸、计算时间步长和糙率取值这三个参数对洪水淹没模拟结果的影响。

1. 计算网格尺寸

计算网格尺寸对计算水量的影响见图 3-48，不同尺寸的计算网格对计算区域内的计算水量的影响十分明显。计算网格密度设置最大时的计算水量变化，位于较粗计算网格尺寸的两种计算结果之间，计算网格尺寸为 800 m 的工况下洪水淹没速度过慢，而计算网格尺寸为 500 m 时的洪水淹没速度过快。可见，网格密度越大越向中间靠拢，可认为越接近真实洪水演进情况。

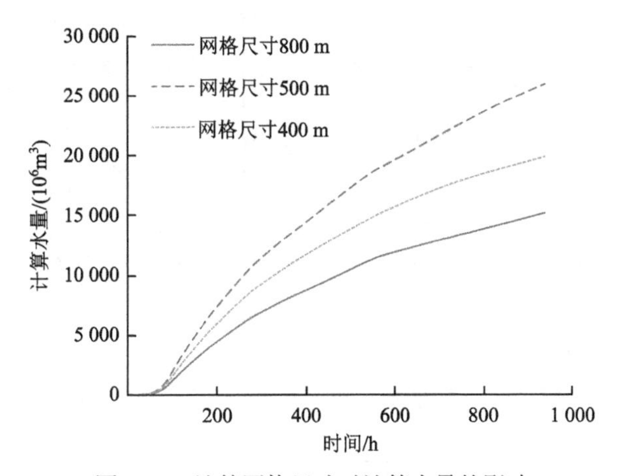

图 3-48　计算网格尺寸对计算水量的影响

计算网格尺寸对水深变化过程的影响见图 3-49，计算网格尺寸对 4 个观察点计算水深变化过程的影响效果与对计算水量的影响效果相似，即计算网格尺寸最大的工况水深增大过程的速度最快，计算网格尺寸为 500 m 工况的水深增加速度过快。在 $t=936$ h 时，P1、P2 和 P3 观察点的计算水深最大值（12 m）与最小值（8 m）相差可达 4 m，而 P4 观察点的最大计算水深约为 8 m，而最小计算水深仅 4 m，计算误差相当大。计算网格密度最大的情况，P1、P2 和 P3 观察点的计算水深约为 10 m，P4 点的计算水深约为 5 m。计算网格越密，计算结果越接近真实情况，但对计算机的内存要求越大，计算耗时也会增大，此时越能体现出并行计算加速效率。

不同网格尺寸下的洪水淹没变化过程见图 3-50，洪水淹没过程的二维分布图能更清楚地看出不同网格尺寸对洪水淹没过程的影响效果。可见，100 h 时，工况 1 的淹没面积比工况 4 的要小，而比工况 5 的淹没面积要大，且工况 4 的淹没图下方进入松花江干流的水深明显偏大；而在 200 h 时，工况 4 的淹没严重程度更加明显，已经进入松辽平原区域，而工况 1 才刚刚进入，工况 5 没有洪水进入松辽平原区域。可以看出：三种工况下大部分的洪水均滞留于中间的带状丘陵地区，该区域对阻挡洪水起到了较好的作用。

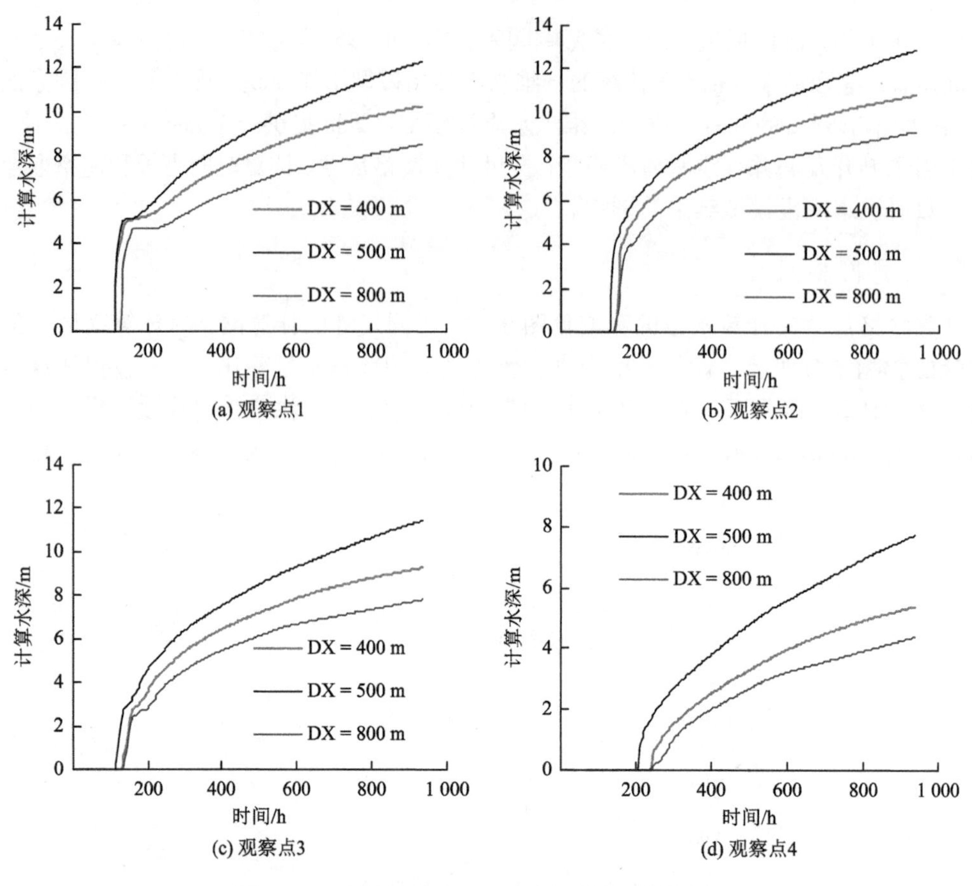

图 3-49　网格边长（DX）对水深变化过程的影响

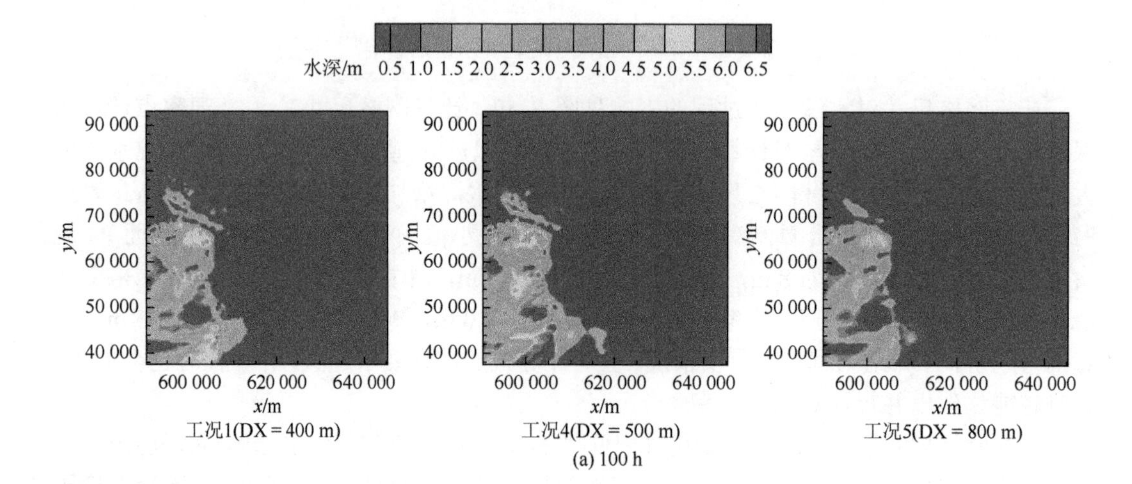

(a) 100 h

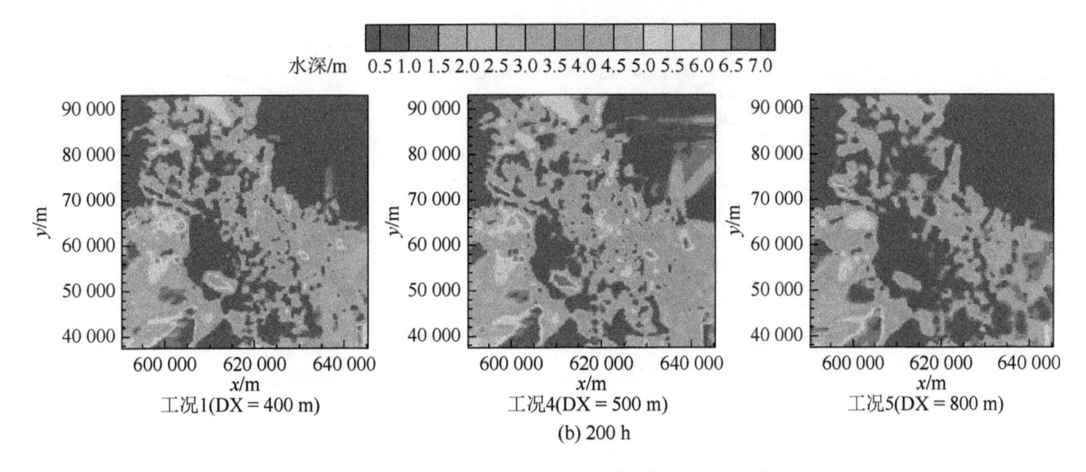

图 3-50　不同网格边长（DX）下的洪水淹没变化过程

2. 时间步长

时间步长对计算水量过程的影响见图 3-51，计算时间步长对计算水量的影响很小，三种计算工况的计算水量变化过程线几乎重叠。时间步长对水深变化过程的影响见图 3-52，计算时间步长对计算水深变化过程的影响也很小。因此，在满足 CFL 条件对计算时间步长限制条件的情况下，应尽可能地增大时间步长，时间步长越大，非恒定过程模拟循环计算的步数越小，计算耗时越短。目前，一些洪水模拟数学模型采用动时间步长技术可改善计算效率，但该方法仍然受到 CFL 条件的限制，而 ELM 离散对流项的计算方法可在一定程度上超过 CFL 条件限制，如 MOD_FreeSurf2D 模型的应用实践，因此将 ELM 应用于洪水模拟将具有重要的科学工程意义。

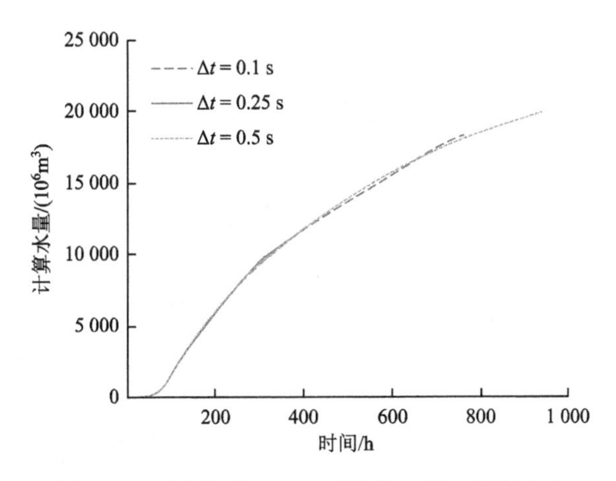

图 3-51　时间步长（Δt）对计算水量过程的影响

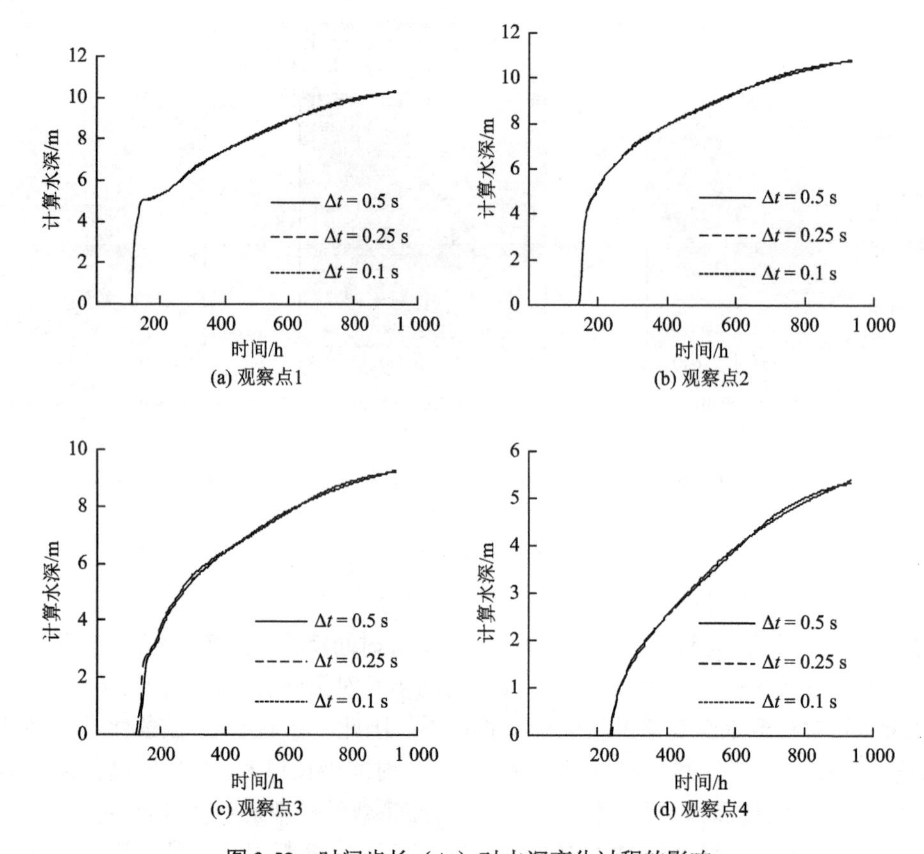

图 3-52　时间步长（Δt）对水深变化过程的影响

3. 糙率取值

糙率值对计算水量过程的影响见图 3-53，糙率取值对进入计算区域的水量几乎没有影响，糙率值对计算水量的影响相对计算时间步长对计算水量的影响还要小。糙率值对计算水深变化过程的影响见图 3-54，可见糙率值对计算水深变化过程整体的影响也很小，但通过局部放大图可以看出，糙率值对洪水到达观察点的时刻有明显的影响，总体的规律是：糙率值越大，洪水到达观察点的时刻越晚，这符合物理常识。

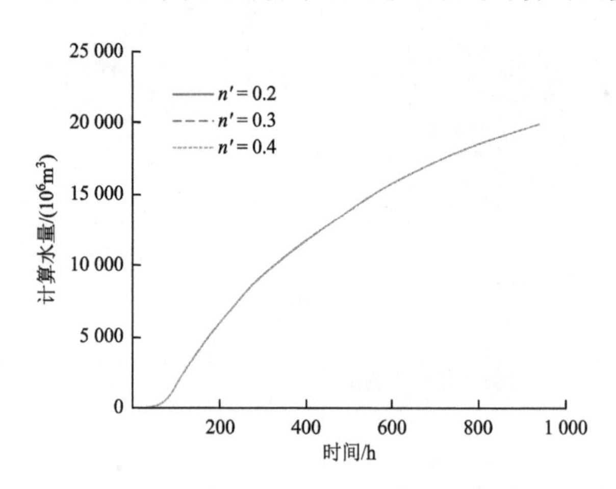

图 3-53　糙率值 n' 对计算水量过程的影响

由图 3-54 可知，对于观察点 P1，糙率值对其洪水到达时刻影响较小；而在观察点 P2 和 P3，影响已较为明显，最大糙率值 0.04 的洪水到达时间可以比最小糙率值 0.02 时晚到达 5 h；而对于观测点 P4，由于距离溃口较远，糙率取值对洪水到达时刻的影响更为明显，糙率为 0.04 的工况下洪水到达时刻比糙率为 0.02 的工况晚到达 10 h。

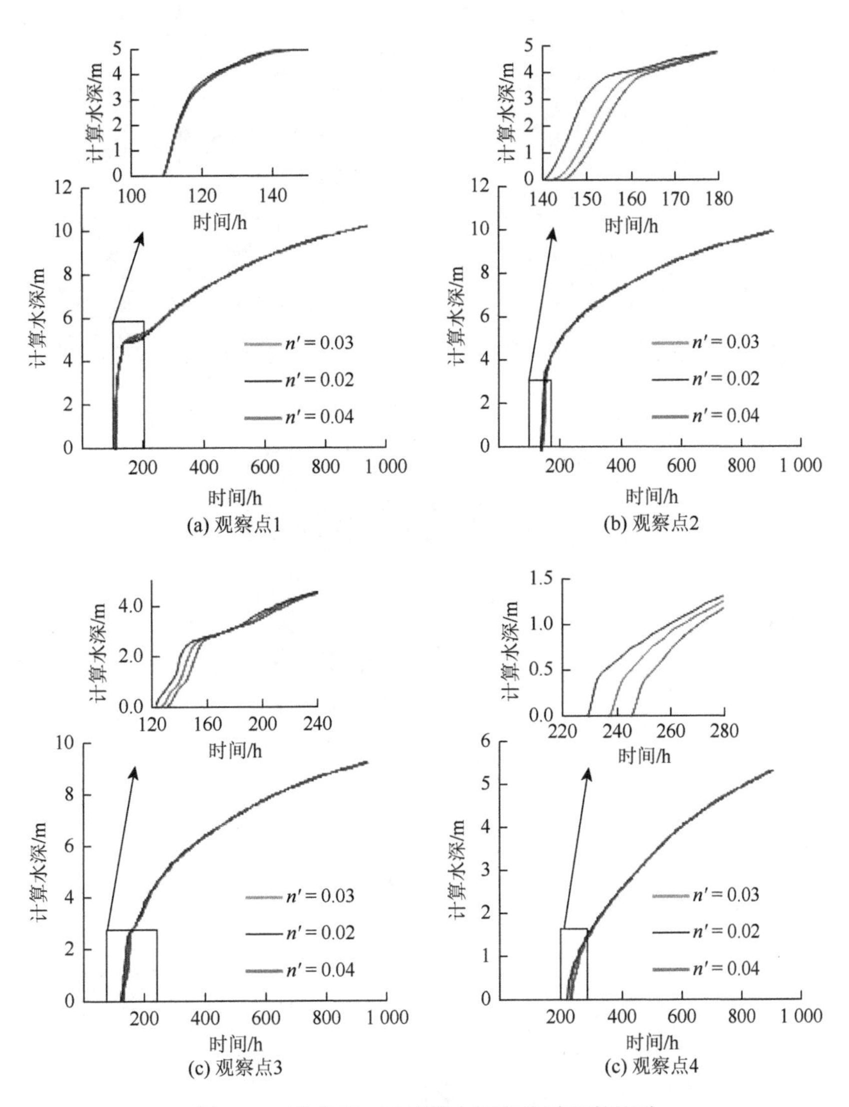

图 3-54　糙率值 n'对计算水深变化过程的影响

糙率值对洪水淹没过程的影响见图 3-55，糙率值对洪水淹没过程的影响十分明显。在 150 h 时，洪水前锋已到达松辽平原区域，糙率值为 0.02 时的淹没前沿区域比糙率值为 0.04 时要明显；250 h 时，洪水淹没松辽平原区域的差别显著，糙率值为 0.02 时在松辽平原区域的淹没水深及淹没面积均较糙率值为 0.04 时要大。

以水深发生变化（大于虚拟水深 0.001 m）的时刻为洪水到达时刻和到达时的洪水淹没深度，以此统计不同参数对洪水淹没过程的影响程度。以下分析均与标准计算工况 1 进行比较。不同因素对洪水达到时间的影响见图 3-56，与上述分析相同，计算时间步长

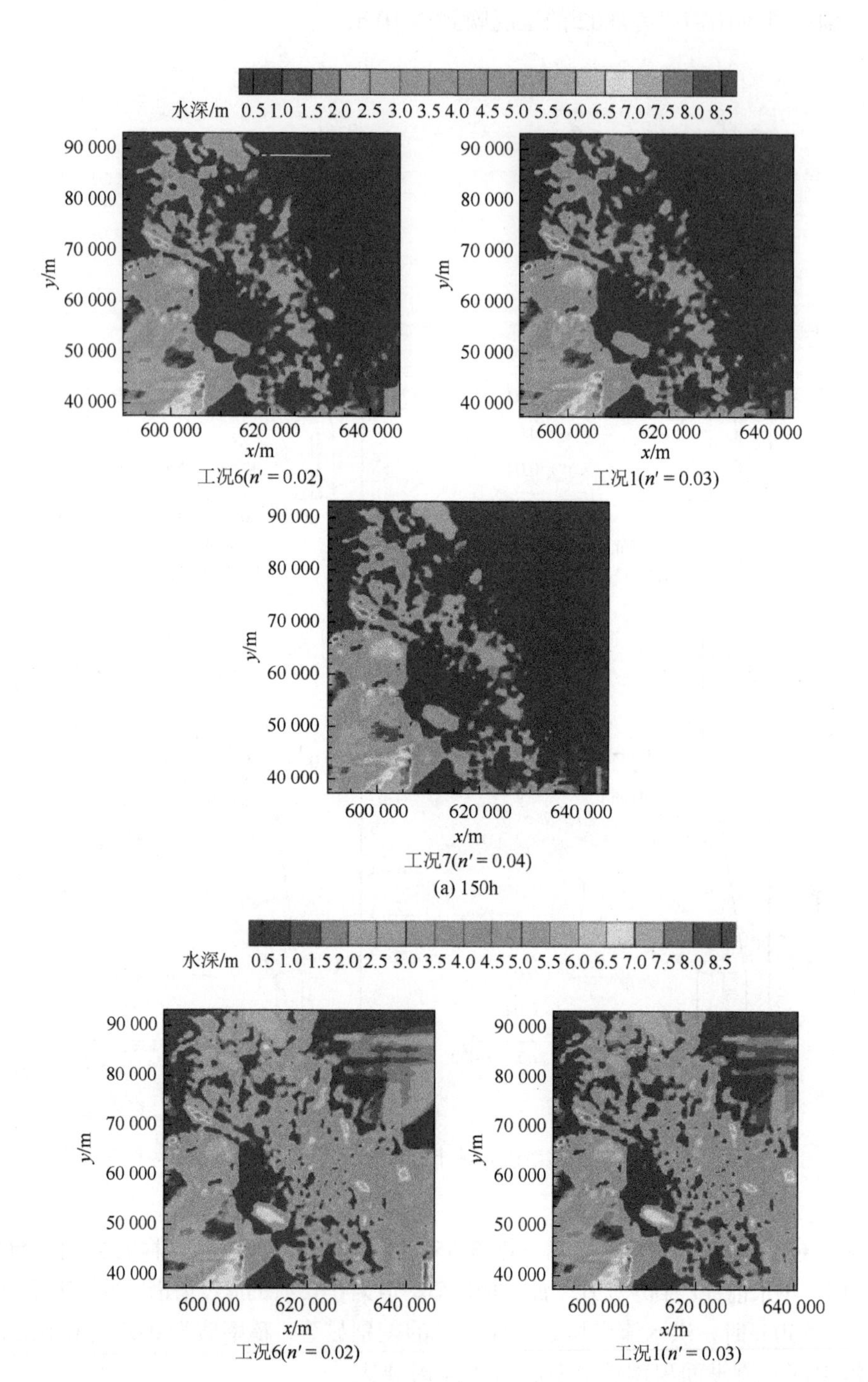
水深/m
0.5 1.0 1.5 2.0 2.5 3.0 3.5 4.0 4.5 5.0 5.5 6.0 6.5 7.0 7.5 8.0 8.5
y/m
x/m
90 000
80 000
70 000
60 000
50 000
40 000
600 000
620 000
640 000
工况6(n' = 0.02)
工况1(n' = 0.03)
工况7(n' = 0.04)
(a) 150h

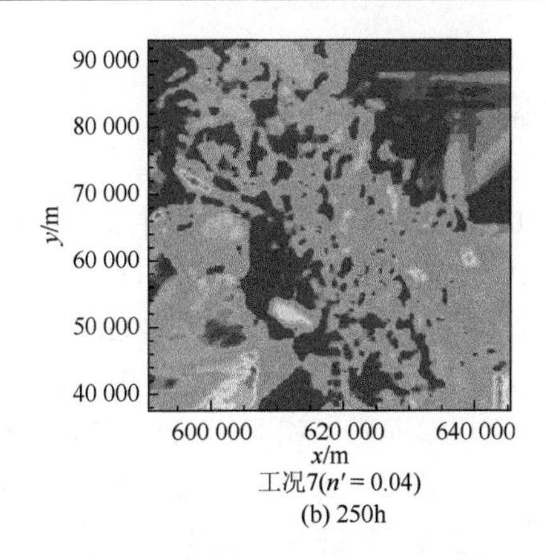

工况7($n'=0.04$)
(b) 250h

图 3-55　糙率值 n 对洪水淹没过程的影响

对 4 个观察点的影响较小，而对于观察点 P1，工况 4 和工况 5（网格尺寸的影响）洪水到达时间要晚 15 h，计算水深偏大；对于观察点 P2，工况 4 和工况 5 下洪水到达时刻要晚 4 h，且到达时水深偏小；对于观察点 P3，工况 4 和工况 5 下洪水到达时间晚 8 h，工况 6 下洪水到达时间要偏早 4 h；对于观察点 P4，因为该点距离进口边界处最远，不同参数对其影响的效果也最明显，除工况 6（糙率 $n'=0.02$）下洪水到达时间提前了 9 h，其他各工况下洪水均较晚到达 P4 点。由以上分析可见，选择适当密度的网格最为重要，而对蓄滞洪区糙率的合理取值最难以评估，需要根据历史洪水痕迹或实测资料对模型进行率定。

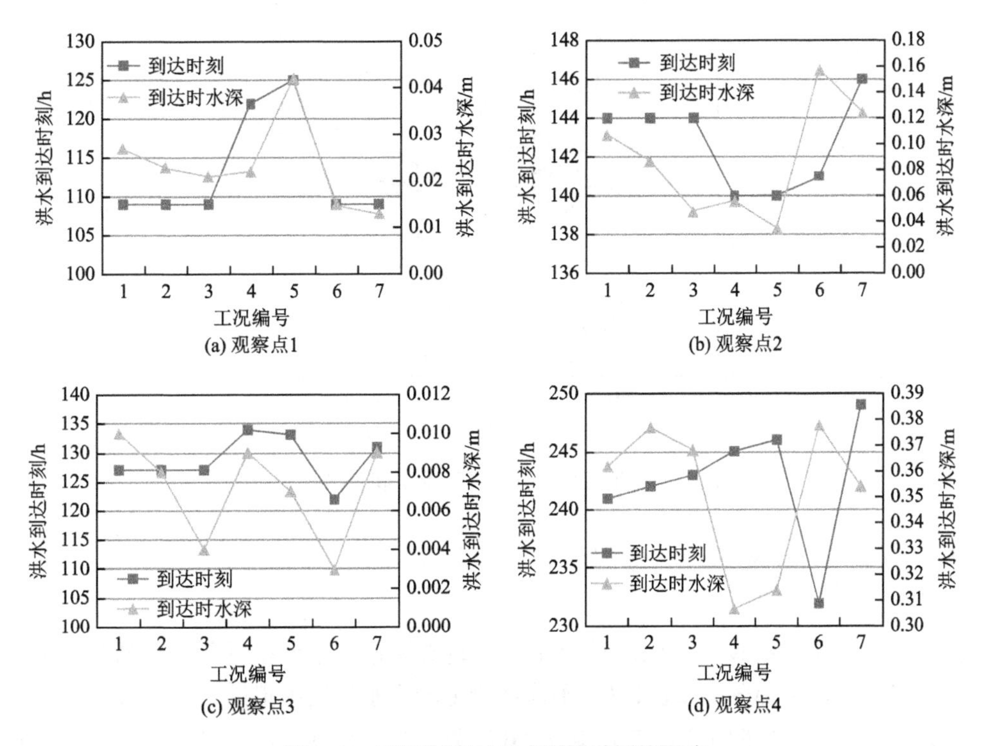

图 3-56　不同因素对洪水到达时间的影响

3.7.6 并行计算效率评估

采用本章开发的基于CPU和GPU异构并行的平面二维洪水淹没模型对若干种工况在不同机器上实施了计算，其中：工况1～工况5在AMD Athlon型号（主频3～6 GHz）的CPU机器上实施多核并行计算，并实施了Tesla型号的GPU并行计算，而工况6和工况7在Intel Xeon型号（主频3.47 GHz）的CPU机器上实施多核并行计算。除工况4和工况5外，其他工况的计算规模（网格单元数）相同。工况2和工况3因为采用较小的计算时间步长。因此，串行计算运行步数较多，计算耗时较其他工况要长。所有工况的计算中均以每1 h（洪水实际传播历时）输出一次的频率输出计算结果保存到硬盘上。以下根据计算耗时统计，分析本节并行加速模型对胖头泡蓄滞洪区洪水淹没过程模拟计算效率。

加速效率评估（工况1和工况6）见图3-57，可以看出：在主频较高（3.47 GHz）的机器上实施的串行计算耗时为49.3 h，而较低主频（3.60 GHz）的机器上的串行计算耗时为66.59 h，相差17.29 h，说明当进行较大规模的长时间洪水过程的模拟时，在较高计算主频的CPU上实施计算可缩短计算耗时。而启动两个进程（4个线程）的4核并行计算时，可达到3.78倍的加速比，计算耗时缩短到13.08 h（Intel处理器），而采用Tesla型号的GPU异构并行后，相对AMD CPU的串行程序运行耗时，加速比可达35倍，计算耗时缩短至 1.9 h。可见，异构并行可使用配置较低的个人计算机成为一个小型的高性能计算机，使平面二维洪水模拟在较短的时间内即可实现。

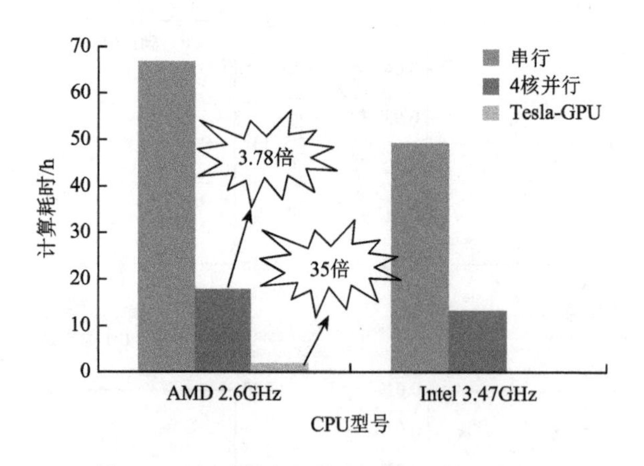

图3-57　加速效率评估（工况1和工况6）

3.7.7 洪水风险评估

快速洪水预报系统设计结构图见图3-58，建立快速洪水预报系统（包括数据输入、模拟及结果显示三个部分），就可以将不同情景下的洪水演进模拟结果用于科学研究与洪水风险评估与人员撤离的决策当中。其中GPU显卡可精细地显示洪水淹没过程，目前较多地用于可视化洪水淹没、波浪破碎翻滚过程等，可精确地观测到洪水演进前锋或与建筑物相互作用的过程，而谷歌地球显示可在宏观上为管理者提供实际情况下的洪水演进直观演示。因此，建立完善的洪水预报、模拟和显示系统具有重要的研究价值。

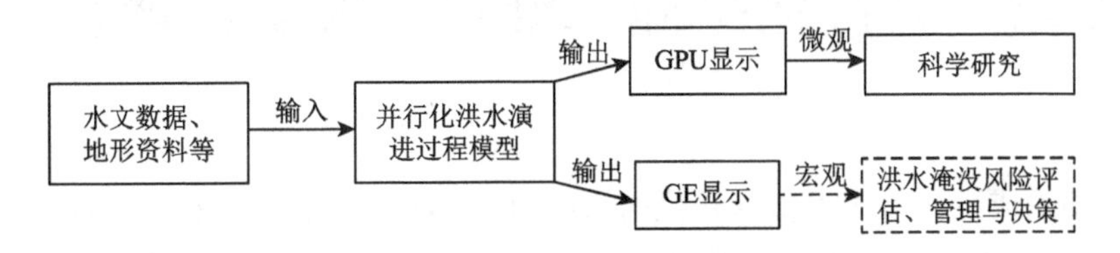

图 3-58　快速洪水预报系统设计结构图

利用 Open Earth Tool 软件后处理洪水淹没并行模拟的数据结果，生成 KML 文件，可加载到谷歌地球中（图 3-59），可显示洪水淹没程度，及其对周围公路、铁路、大庆油田及哈尔滨主城区构成的威胁，及时为决策者提供信息，以应对洪水淹没的风险。洪水淹没的谷歌地球显示处理结果见图 3-59，图中显示的是溃堤洪水传播 50 h 后的淹没水深部分图。由图 3-59 可见：由 CPU 和 GPU 显示的洪水淹没水深部分均可显示水深的剧烈变化。

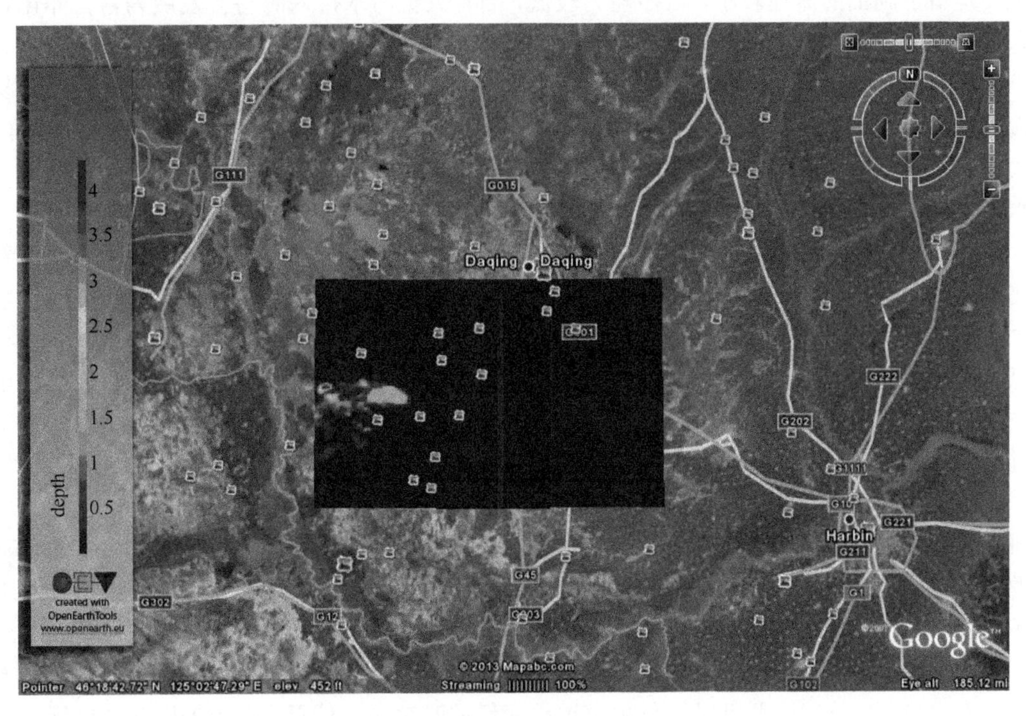

图 3-59　洪水淹没的谷歌地球可视化（单位：m）

第4章　并行化平面二维水质模型原理及应用

河流、湖泊或河口常发生富营养化的水质问题，富营养化过程中大量的水质状态变量（主要是氮磷营养物质）与浮游藻类发生相互作用，即生化反应，这些统称为水质状态变量。水体中的水质状态变量会发生时空演变过程，伴随着流体的对流扩散物理过程，组成对流-扩散-生化反应源项的控制方程，通过求解这些控制方程就可以高时空分辨率地了解水体中的水质变量分布的变化。

4.1　富营养化数学模型研究现状

富营养化过程是指水体中的营养物质大量存在，大部分的湖泊均处于富营养化状态，主要是由于湖泊的流速较小，自净能力较低，当有大量污水排入时将会发展为富营养化状态，而处于富营养化状态的河流较少，主要是河流的流速较大，自净能力较强。但是当有较大库容的水库蓄水的河流，如三峡水库库区支流，流速下降，类似于湖泊，也较为容易转入富营养化状态。在富营养化状态的水体中，浮游藻类（如硅藻、蓝绿藻等）短时间内大量繁殖，导致水体溶解氧含量下降，水藻自身死亡腐烂，引起水体环境恶化，便发生了水华现象，危害较大。

影响湖泊或河流水华发生的因素众多且相互关系复杂。Jørgensen（1987）指出富营养化是浮游藻类生长的关键背景环境，而富营养化的主要原因就是营养物质，诸如氮磷元素大量的富集。Jørgensen 指出 80%的湖泊富营养化与磷元素有关，10%的河流富营养化与氮元素有关，可见弄清楚氮磷元素对河流富营养化及水华的限制作用，将是了解河流水华发生机理的重要途径。因此，本节将采用数学模型着重研究氮磷营养物质对藻类水华发生过程的影响。

水华发生过程复杂而发生周期往往较长，实验观测研究较为困难，但水华发生的机理研究将指导水华数学模型的开发，具有重要意义。本章将结合关于香溪河水华发生的基础理论研究，开发针对三峡库区支流水华问题的数学模型，水华的数值模拟结果也可以为水华的发生机理研究提供信息，今后水华问题的研究方向应是实验研究和数值模拟相结合。

采用实验手段和野外观测的方法研究水华问题各方面的代价较高，而数学模型在此方面具有优势，且数学模型可以提供生态过程变量的时空演变信息。近年来研究者进行了大量水华数学模型研究（Jørgensen，1999）。

早期研究者开发了耦合生物化学反应的一维、平面二维富营养化数学模型，用于海洋和湖泊的水华或赤潮问题的研究（Chen et al，2009a；饶群，2001；de Vries et al，1998），但是这些模型不能充分地反映流场和生态系统在垂向结构上的相关作用，特别是当存在密度或温度分层和悬移质泥沙浓度和叶绿素浓度较高、对水下光强的减弱作用明显时。为此研究者开发了一些耦合生物化学和水生态相互作用的三维生态动力学模型。Soyupak 等（1997）采用平面二维水动力模型和三维模型耦合的方法研究了不同磷控制方案下库区内溶解氧和叶绿素浓度的变化。Serguei（2001）开发了用于研究浅水海湾的富营养化数学模型，该模型由水动力学模块、化学-生态模块和自净作用模块组成。Drago 等（2001）建立了三维生态数学模型，模型考虑了水生动物、植物、营养物质、岩屑、溶解氧之间的生化反应，以及由于海底疏浚造成泥沙再起悬释放出的营养盐和污染物。Justić 等（2002）使用数学模型研究了密西西比河营养物质通量几十年内的变化与河口附近水域富营养化之间的关系。Zhang 等（2004a）应用生态数学模型研究了丹麦 Glumso 湖的富营养化问题。Chau 等（2004）开发了三维贴体曲线正交网格的富营养化模型，模拟了香港某海湾的富营养化过程，模型计算效率高，可以模拟长期的富营养化过程。Malmaeus 等（2004）开发了湖泊富营养化模型，模型包括水循环、泥沙、有机质和悬浮颗粒物等子模块。Hu 等（2006）应用三维生态模型研究了太湖的生态动力过程，模型对水生态环境中的各种因素考虑全面，但增加了计算参数率定的难度。Kuo 等（2006）应用 CE-QUAL-W2 模型模拟了台湾某水库的富营养化过程，包括水库的水温和溶解氧分层、营养物质和水藻生物量演变等问题。Chao 等（2007）开发了三维水质模型 CCHE3D_WQ，模型考虑了水体中的悬移质泥沙颗粒对营养物质循环和水藻叶绿素浓度的作用关系。Vanina 等（2009）开发的湖泊富营养化模型可以进行实时动态优化，优化结果用于决定入流营养物质的限制量和湖内生物物种控制。Chen 等（2009b）模拟研究氮磷对蓝绿水藻繁殖、发展和消亡的影响过程，经过数学理论分析手段找到了水藻种群的生态平衡点。Lino 等（2009）建立了一个综合考虑营养盐-水生植物-水生动物-有机质-溶解氧相互作用的三维富营养化模型，并对该模型解的存在性和奇异性进行了数学理论分析。湖泊富营养化过程还会影响泥沙沉积的成岩过程，Dittrich 等（2009）采用数学模型对此进行了研究。Cerco 等（2010）将富营养化模型 CE-QUAL-ICM 与鱼类繁殖模型 Ecopath 耦合，研究了营养物质对周围水体中鱼类养殖的影响，以及渔业管理如何影响诸如在低溶解氧状态下的富营养化这两个复杂问题。Wohl（2006）指出河流-湖泊的生态系统相互关联，采用水动力学和水文模型耦合数学模型研究了美国 Sawtooth 山区河流-湖泊水生态系统间的相互作用。

由以上文献可见，富营养化数学模型的研究根据考虑的因素不同而十分复杂，诸如生态系统的类型（山区或平原）、营养物质、泥沙、浮游动物及鱼类与浮游藻类生长死亡的相互作用、人类与水生态系统之间的相互作用等，不同的研究目的导致了不同的富营养化数学模型的研究方向和侧重点。因此，富营养化数学模型需要结合局部的河流或湖泊的特点进行具有针对性的研究，才能提高富营养化水华模拟的精度和效率。

我国的湖泊或河流富营养化数学模型的研究较早，如顾丁锡等（1988）建立了湖水总磷循环的平面二维数学模型，研究了西湖总磷浓度分布的时空演变。刘玉生等（1991）建立了生态动力学模型，模拟了滇池的浮游植物及水环境容量。陈永灿等（1998）建立了密云水库总磷完全混合系统水质模型，但模型是基于水库总磷进出质量守恒关系的常微分方程，不能模拟污染物的时空动力变化过程。陈凯麒等（1999）建立了模拟温度场与生态动力学耦合的数学模型，探讨了温度对营养水生植物生长的影响模式。饶群（2001）在 Vollenweider 模型的基础上，将总磷浓度的变化过程当作一个随机过程，建立富营养化的随机模型。秦伯强等（2001）开发了三维富营养化模型，可应用于具有明显热力分层湖泊水域的模拟。黄真理等（2004）应用一维水质数学模型、库区排污口混合区平面二维和水平分层的三维紊流模型，计算了三峡水库建库前后 COD_{Mn} 和 NH_3 的变化、岸边环境容量及其沿江分配。谢平等（2005）综合一维水动力学、水体富营养化及随机数生成模型，模拟了汉江的水华过程，该模型可以对诱发水华的各种因子进行随机组合，从而求出各种情况下水华的发生概率。李锦秀等（2005）开发了三峡库区支流一维富营养化数学模型，综合考虑营养盐、气候条件及水动力条件对藻类生长速率的影响，模型对三峡库区支流水华的模拟具有较好的适用性。Yin 等（2007）采用平面二维模型研究了上海鹭岛湖的富营养化问题，取 0.2 m/s 的流速作为控制湖泊富营养化的临界流速，建议增加入流流量和局部扰动来控制水藻生长，并提出了控制湖内水华所需的生态流量。Liu 等（2008）采用平面二维模型模拟了于桥水库内氮磷物质的分布，建议在水库上游修建拦污池减少进入水库的污染负荷。Mao 等（2008）应用三维富营养化数学模型研究了太湖的富营养化问题，该模型耦合计算水动力和生态过程，考虑了泥沙释放和支流的外界输入污染负荷的影响。Wu 等（2009）建立垂向二维富营养化数学模型，模型不仅可以反映水生植物在水深方向上的分布，并且具有较高的计算效率。吴挺峰等（2009）将模拟非点源污染的 SWAT 模型与垂向二维富营养化模型集成，建立了适用于狭长河流型水库的流域富营养化模型，分析了流域水文因素对富春江水库蓝藻水华的影响。

我国的富营养化数学模型研究已由最初的单一营养物质负荷模型及单纯的水动力学水质模型向综合考虑与生态环境相关的多因子生态动力学模型发展，但也可看出我国的富营养化水华数学模型研究仍与国外具有差距，主要表现如下。

（1）目前的大部分数学模型是为研究海洋及湖泊的富营养化问题而开发的，而河流水华的发生具有不同的特性：①传统的水华模型没有考虑水动力条件的影响，河流的水动力条件变化较湖泊的要快，水动力条件对河流水华的影响更明显；②湖泊的地形及边界变化较小，以上的富营养化模型均在结构网格模式下开发，而河流地形和边界较湖泊的更复杂，结构网格的边界适应性较差；③湖泊和海洋的水华发展时间较长（几个月至一年），而河流水华的发展速度较快（十几日至一个月）。

（2）富营养化模型中考虑的因素仍然不够全面，主要原因是对水体富营养化及水华过程的机理认识还不够深入，加强水生藻类植物生长消亡与周围环境因子的相互作用机理的研究是发展数学模型的基础。

（3）局部地理气候特征及不同地区的生态特征、水体富营养化模拟中计算变量的选取及富营养化模型的不确定性分析等方面的研究较之国外的研究还有很大的不足。

（4）我国的富营养化数学模型大多仍停留在一维、二维的开发，对于像河流型富营养化水华这样时空差异变化明显的问题，目前的数学模型很难反映真实的演变过程，并且富营养化模型的开发需要跨专业的研究者共同研究。

针对香溪河水质问题的研究也已开展。Hormann 等（2009）应用 SWAT 模型对香溪河流域的污染问题进行了模拟研究，指出香溪河上游的面源污染对香溪河主河道的水质影响明显。周建军（2008）通过一维模拟研究发现三峡水库的调节作用将增大香溪河与长江干流的水体交换，可以达到改善香溪河库湾水质的目的。王玲玲等（2009a，2009b）利用一维生态动力学模型对三峡水库蓄水以来，香溪河库湾的水动力、总磷、总氮及叶绿素浓度进行模拟。徐国斌等（2009b）采用平面二维水动力学模型研究了不同三峡水库调峰运行方式对香溪河水动力特性的影响，指出水库调峰运行可以显著增强库区和支流的水位波动，促进水体交换。马超等（2011）采用三峡库区一维水质数学模型研究了不同三峡枢纽运行方案下香溪河库湾的污染物浓度和叶绿素浓度的变化，指出提高支流水体流速有利于改善库区水环境。但是香溪河支流众多且横向摆动较为明显，一维模型的研究不能提供足够的变量空间演变信息，因此一维模拟的研究是不够的，需要进行二维和三维的模拟研究。余真真等（2011）采用三维模型研究了香溪河库湾水温分布的变化。可见，针对香溪河的生态模拟研究不够深入，多为简单的一维模拟，二维和三维的生态学模拟尚未进行，需要在此方面加强研究，并且香溪河上游面源污染导致河道水质恶化及水华的时空演变问题具有重要研究意义。本章将采用具有高性能数值格式的平面二维水质数学模型，对香溪河在三峡水库运行影响下的水质进行模拟研究。

4.2　富营养化数学模型离散

4.2.1　控制方程

一维、二维水质数学模型常用来模拟天然河道时间和空间尺度较大的水流、污染物输移的变化过程，由于其计算效率较高，在水利工程应用中被广泛采用。早期的数学模型普遍采用有限差分算法，存在不少缺陷，诸如只能采用结构网格模式而难以适应复杂边界、难以捕捉水流及污染物浓度突变现象等。近年来不少学者将空气动力学中的高分辨率数值格式引入水力学数值模拟中，取得了较好的效果（谭维炎，2001）。

山区河道坡降大，横断面地形变形十分剧烈，断面宽深比大，出口水位调节幅度大，上游河段污染物主要为面源及点源污染汇入，沿程断面浓度变化大等特点，这就要求应用于这类河道的数学模型应具备：①模型计算稳定、效率高；②数值守恒性好；③数值通量格式能捕捉间断波和浓度突变。计算水力学中引入的空气动力学计算高性能格式能较好地解决这些问题，但对于像香溪河这样地形变化剧烈、坡陡流急的河流计算，地形变化将对计算结果产生影响，需要结合数学模型算法和地形处理来研究香溪河的水质，原因为：①水流运动方程包括河道坡度所导致的加速度项，特别是坡降大时影响很大，而在控制方程中没有考虑这一项；②河道深泓变化剧烈，当存在局部深槽时将夸大重力作用影响，并且两端面间深泓线连线并不代表河段的真实河床（钟德钰　等，2009）。因此，需对传统的数学模型进行改进，增强其模拟山区河流的适用性。

当流场特性在水深方向的变化远小于水平方向的变化时，对三维均质不可压缩流体的 Navier-Stokes 方程沿水深方向的垂向积分，可得到平面二维的浅水方程，以及对三维连续方程和物质输移方程降维处理，不但简化了模型的复杂性，并且可以降低模型的计算量，提高计算效率。水流连续方程、动量方程及物质输移控制方程的守恒形式见式（4-1）、式（4-2）和式（4-5）。

$$\frac{\partial u}{\partial x}+\frac{\partial v}{\partial y}=0 \tag{4-1}$$

$$\frac{\partial \phi}{\partial t}+\frac{\partial (E^l+E^v)}{\partial x}+\frac{\partial (F^l+F^v)}{\partial y}=S \tag{4-2}$$

式中：ϕ、E、F 和 S 分别为

$$\begin{cases} \phi=\begin{bmatrix} h \\ hu \\ hv \end{bmatrix} \\ E^l=\begin{bmatrix} hu \\ hu^2+\dfrac{gh^2}{2} \\ huv \end{bmatrix} \\ F^l=\begin{bmatrix} hv \\ huv \\ hv^2+\dfrac{gh^2}{2} \end{bmatrix} \\ E^v=\begin{bmatrix} 0 \\ -v_t\dfrac{\partial hu}{\partial x} \\ -v_t\dfrac{\partial hv}{\partial x} \end{bmatrix} \\ F^v=\begin{bmatrix} 0 \\ -v_t\dfrac{\partial hu}{\partial y} \\ -v_t\dfrac{\partial hv}{\partial y} \end{bmatrix} \\ S=\begin{bmatrix} 0 \\ -gh(S_{ox}+S_{fx}) \\ -gh(S_{oy}+S_{fy}) \end{bmatrix} \end{cases} \tag{4-3}$$

式中：h 为水深（m）；u、v 分别为流速在 x、y 方向的分量（沿水深方向平均）（m/s）；g 为重力加速度（m/s^2）；S 为源汇项，主要包括河床底部和水面的摩擦力；S_{ox}、S_{oy} 为床面坡度，即 $S_{ox}=-\partial Z_b/\partial x, S_{oy}=-\partial Z_b/\partial y$，其中 Z_b 为底高程；V_t 为紊动黏滞系数，本书模型采用亚网格模式，即 $V_t=c^2\Delta^2 s$，其中 $s=\sqrt{2\boldsymbol{S}_{ij}\boldsymbol{S}_{ij}}$，$\boldsymbol{S}_{ij}$ 为应力张量分量，Δ 为网格几何尺度，$c\approx 0.2$ 为经验参数；S_{fx}、S_{fy} 分别为 x、y 方向的摩阻坡降，可用曼宁公式计算，即

$$\begin{cases} S_{fx}=n^2u\sqrt{u^2+v^2}h^{-4/3} \\ S_{fy}=n^2v\sqrt{u^2+v^2}h^{-4/3} \end{cases} \tag{4-4}$$

式中：n 为曼宁糙率系数。方程中未计入风应力和 Coriolis 力。

物质输移方程包括污染物总氮（total nitrogen，TN）和总磷（total phosphorus，TP），可写成如下形式：

$$\frac{\partial hc}{\partial t}+\frac{\partial hc}{\partial x}+\frac{\partial hc}{\partial y}=\frac{\partial}{\partial x}\left(E_x\frac{\partial huc}{\partial x}\right)+\frac{\partial}{\partial y}\left(E_y\frac{\partial hvc}{\partial y}\right)+S \tag{4-5}$$

式中：c 为总磷和总氮的计算浓度（mg/L）；E_x 和 E_y 分别为 x 和 y 方向上的紊动扩散系数（m^2/s^2）；S 为源汇项。

4.2.2　非结构网格离散

山区河流的河道边界及地形比较复杂，结构网格离散容易形成锯齿形边界，出现虚假流动，并且难以保证网格正交性，会造成很大的数值计算误差。因此，网格划分需要尽可能保证计算区域与实际流动区域一致，本小节模型采用非结构化网格离散计算区域。

非结构网格的数据格式分布不规则，其节点坐标位置不像结构网格那样，非结构网格不是简单的行列关系，通过确定网格单元和节点的拓补关系来进行计算。非结构网格可以自动进行局部网格加密，易于修改和调整，对复杂的河流边界具有很好的跟随性。本小节模型采用四边形网格单元，网格单元控制体中变量的布置有两种形式：一种是将变量定义在网格节点上，称之为节点存储格式（CV 式）；另一种是将变量定义在网格形心处，称之为单元中心存储格式（CC 式）。本小节模型采用第二种控布置类型，将物理变量布置在网格单元形心处，最后根据单元形心处的变量值，采用反距离插值法计算求得单元节点处的计算值。

在任意一个控制体 V_i 上对控制方程（4-1）积分，得

$$\int_{V_i}\frac{\partial U}{\partial t}\mathrm{d}V+\int_{V_i}\nabla\cdot F\mathrm{d}V=\int_{V_i}S\mathrm{d}V \tag{4-6}$$

式中：U 为物理变量；$\mathrm{d}V$ 为控制体微元。

假设 U_i 为单元的计算平均值，则

$$U_i=\frac{1}{A_i}\int_{V_i}U\mathrm{d}V \tag{4-7}$$

对式（4-6）采用格林公式将体积分转化为沿单元周边的线积分，有

$$\frac{\Delta U_i}{\Delta t}A_i=\int F\cdot\boldsymbol{n}\mathrm{d}l-\int_{L_i}F\cdot\boldsymbol{n}\mathrm{d}l+\int_{V_i}S\mathrm{d}V \tag{4-8}$$

式中：L_i 为第 i 个控制单元 V 的周界；$\boldsymbol{n}=(\boldsymbol{n}_x,\boldsymbol{n}_y)=(\cos\theta,\sin\theta)$，为单元边界上的外法向向量；$\theta$ 为外法线向量与 x 轴正方向的夹角；A_i 为网格单元 i 的面积。将式（4-8）中的线积分部分离散化，并进行整理得

$$\Delta U_i=-\frac{\Delta t}{A_i}\sum_{i=1}^{m}(\boldsymbol{F}_{ij}^*\cdot\boldsymbol{n}_{ij})l_{ij}+\frac{\Delta t}{A_i}\int_{V_i}S\mathrm{d}V \tag{4-9}$$

式中：m 为网格单元边的个数；l_{ij} 为网格单元各边的长度；令 $\boldsymbol{F}_{ij}=\boldsymbol{F}_{ij}^*\cdot\boldsymbol{n}_{ij}$，$\boldsymbol{F}_{ij}^*$ 为第 i 个单元第 j 条边上的数值通量，$\boldsymbol{n}_{ij}$ 为法向矢量，$\boldsymbol{F}_{ij}$ 为第 i 个单元第 j 条边上的法向数值通量。

令 $\overline{S}_i = \dfrac{1}{A_i}\int_{V_i} S\mathrm{d}V$，式（4-9）可表示为

$$\Delta U_i = -\frac{\Delta t}{A_i}\sum_{i=1}^{m}(\boldsymbol{F}_{ij}^{*}\cdot\boldsymbol{n}_{ij})\,l_{ij} + \Delta t\cdot\overline{S}_i \tag{4-10}$$

4.2.3　对流扩散项离散

本小节模型中水流部分的模拟仅作对流计算，不做扩散计算，原因是山区水流流动中扩散作用可忽略，为提高计算效率及减小非结构网格中扩散项编程难度，水流计算作此处理，物质输移的对流计算与水流部分计算相同。但对于污染物等物质输移的计算中，扩散项较为重要，需要考虑其影响，本小节将详细介绍模型中扩散项的计算处理。

目前的研究文献多侧重对流项的离散计算，而较少关注扩散项的离散计算（徐明海，2005）。总结文献，原因有：①对于对流扩散方程，离散格式需要考虑两者的协调，目前研究不足，影响数值求解精度，大多为纯对流或纯扩散计算的研究（耿艳芬 等，2009；吕桂霞 等，2007；Palmer，2001）；②由于非结构化网格的单元间关系的复杂性，单元界面处物理变量梯度没有标准的计算方法（Lien，2000；Lai，1997）；③对于对流扩散方程采用非结构网格离散后的方程组系数矩阵非对称，内存存储和求解难度均较大（殷东生 等，2005）；④扩散项离散时会产生交叉导数扩散项，网格正交性较好时可忽略，但在非正交网格计算中不可忽略，目前难以实现精确计算（陶文栓，2000）；⑤扩散项为二阶导数项，扩散项的离散中需要大量的插值计算，因而计算量较大（Naifar，2006）。

非结构网格中对流扩散方程的扩散项离散，分为法向扩散（垂直于单元界面的扩散分量）和交叉扩散（垂直于单元形心连线的扩散分量）。网格单元 P 与相邻单元 E 的关系见图 4-1，两个控制体单元中心节点 P 和 E，两个控制体的界面为 e，两个节点通过矢量 $\boldsymbol{N}$ 连接，$\boldsymbol{N} = \delta x i + \delta y j$；界面 e 的外法线矢量 $\boldsymbol{S}$，$\boldsymbol{S} = \Delta y i + \Delta x j$；界面 e 的单位法向矢量为 $\boldsymbol{n}$，$\boldsymbol{n} = \boldsymbol{n}_x i + \boldsymbol{n}_y j$。

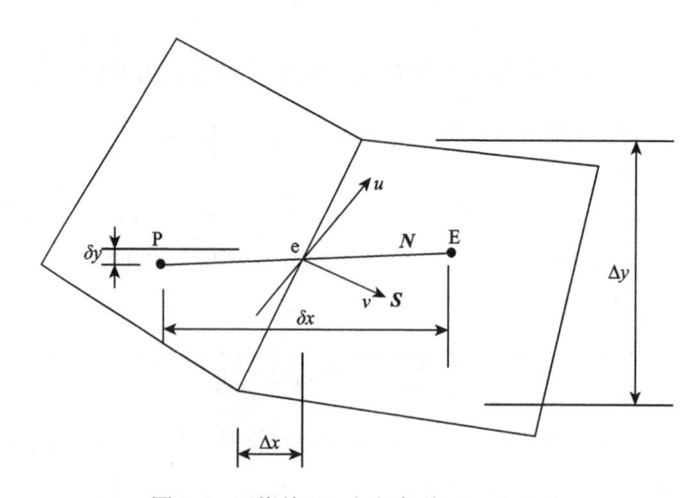

图 4-1　网格单元 P 与相邻单元 E 的关系

经过有限体积法的空间离散，扩散项二阶偏微分降阶为一阶偏微分，即

$$\iint_{\Omega}\left[\frac{\partial}{\partial x}\left(E_x h\frac{\partial \phi}{\partial x}\right)+\frac{\partial}{\partial y}\left(E_y h\frac{\partial \phi}{\partial x}\right)\right]\mathrm{d}A=\iint_{\partial\Omega}\left(E_x h\frac{\partial \phi}{\partial x}\cdot n_x+E_y h\frac{\partial \phi}{\partial y}\cdot n_y\right)\mathrm{d}L \tag{4-11}$$

式中：ϕ 表示 u、v、C 等物理量；E_x、E_y 分别为相应物理量在 x 和 y 方向上的紊动性系数或紊动扩散系数；Ω 为控制体的周界。

把线积分写成各边求和的形式，并用中心差分代替梯度，可得

$$\int_{\partial\Omega}\left(E_x h\frac{\partial \phi}{\partial x}\cdot \boldsymbol{n}_x+E_y h\frac{\partial \phi}{\partial y}\cdot \boldsymbol{n}_y\right)\mathrm{d}L=\sum_{E=1}^{N_s=4}\{(hC_E hC_p)/\sqrt{\delta x^2+\delta y^2}\times[E_x\boldsymbol{n}_x\Delta \boldsymbol{y}-E_y\boldsymbol{n}_y\Delta \boldsymbol{x}]\}+Cd_{\text{iff}} \tag{4-12}$$

式中：N_s 为控制体相邻控制体的个数；$\boldsymbol{n}_x$ 和 $\boldsymbol{n}_y$ 为界面的单位法向矢量的分量；$\Delta \boldsymbol{x}$ 和 $\Delta \boldsymbol{y}$ 为界面的外法线矢量的分量；δx 和 δy 为节点 P 和节点 E 之间的距离分量；C_{diff} 为离散后界面处的交叉扩散项，当网格正交性较好时，此项可忽略，但非结构网格计算中不可忽略，且此项计算较难实现（李继选，2005）。

扩散项的计算关键在于控制体边界处物理量梯度 $\left(\frac{\partial \phi}{\partial x},\ \frac{\partial \phi}{\partial y}\right)$ 的计算，本小节模型采用的 Green 公式积分进行计算，积分路径见图 4-2 中虚线，计算公式如下：

$$\begin{cases}\dfrac{\partial \phi}{\partial x}\dfrac{1}{2A}[(\phi_1-\phi_3)(y_2-y_4)+(\phi_2-\phi_4)(y_3-y_1)]\\[2ex]\dfrac{\partial \phi}{\partial y}=\dfrac{1}{2A}[(\phi_1-\phi_3)(x_4-x_2)+(\phi_2-\phi_4)(x_1-x_3)]\end{cases} \tag{4-13}$$

式中：$A=\frac{1}{2}(x_1y_2-x_2y_1+x_2y_3-x_3y_2+x_3y_4-x_4y_3+x_4y_1-x_1y_4)$，$A$ 为积分路径所围的面积；x_i、y_i、$\phi_i(i=1,2,3,\ldots)$ 分别为 O_1、P_1、O_2、Q_2 4 点的坐标及函数值；网格单元节点处的物理量，可通过周围单元中心的值取平均得到。

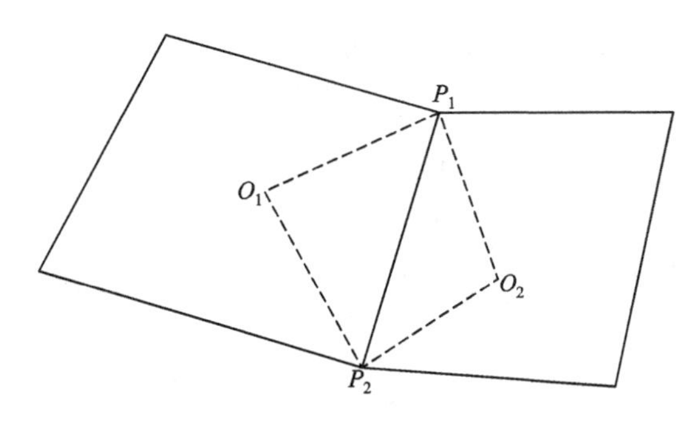

图 4-2　格林积分路径示意图

4.2.4　数值通量

平面二维模型中变量的计算通量在每个单元的交界面存在间断现象，即相邻单元界面

的左右变量计算值不相等，构成局部的 Riemann 问题，Riemann 问题的求解有精确解和近似解，数学模型一般采用近似 Riemann 解法，常用的 Riemann 解法主要有 Osher 格式、HLL 格式、FVS 格式、Roe 格式等，这类格式统称为 Godunov 格式。界面通量计算格式为高阶时，捕捉激波及浓度突变的能力强，但计算量增大且时间步长取值受限，而当界面通量计算格式为一阶时，与高阶格式的计算情况相反，针对数值格式及山区河流水流水质的特点，本小节模型采用低阶的 Roe 格式和空间二阶精度数值重构法，采用低阶的 Roe 格式计算污染物的界面通量。Roe 格式数值通量表达式为

$$\boldsymbol{F}^* \cdot \boldsymbol{n} = \frac{1}{2}[(E,G)_R \cdot \boldsymbol{n} + (E,G)_L \cdot \boldsymbol{n} - |\tilde{\boldsymbol{J}}|(U_R - U_L)] \tag{4-14}$$

式中：U_L、U_R 分别为单元界面两侧的变量计算值；$\boldsymbol{F}$ 为数值通量；$\tilde{\boldsymbol{J}}$ 为 Roe 格式的雅克比矩阵，定义如下：

$$\begin{aligned}\tilde{\boldsymbol{J}} &= \frac{\partial(\boldsymbol{F}\cdot\boldsymbol{n})}{\partial U} = \frac{\partial E}{\partial U}\boldsymbol{n}_x + \frac{\partial G}{\partial U}\boldsymbol{n}_y \\ &= \begin{bmatrix} 0 & \boldsymbol{n}_x & \boldsymbol{n}_y \\ (c^2-u^2)\boldsymbol{n}_x - uv\boldsymbol{n}_y & 2u\boldsymbol{n} + v\boldsymbol{n}_y & u\boldsymbol{n}_y \\ -uv\boldsymbol{n}_x + (c^2-v^2)\boldsymbol{n}y & v\boldsymbol{n}_x & u\boldsymbol{n} + 2v\boldsymbol{n}_y \end{bmatrix}\end{aligned} \tag{4-15}$$

式中：$\boldsymbol{n}_x$、$\boldsymbol{n}_y$ 为单元边的外法线方向；$c=\sqrt{gh}$ 为波速。Roe 格式平均的 $\tilde{u}$、$\tilde{v}$、$\tilde{c}$ 表达式分别为

$$\begin{cases} \tilde{u} = \dfrac{\sqrt{h_R}u_R + \sqrt{h_L}u_L}{\sqrt{h_R} + \sqrt{h_L}} \\ \tilde{v} = \dfrac{\sqrt{h_R}v_R + \sqrt{h_L}v_L}{\sqrt{h_R} + \sqrt{h_L}} \\ \tilde{c} = \sqrt{\dfrac{g(h_R + h_L)}{2}} \end{cases} \tag{4-16}$$

当左右单元存在干单元时，Roe 格式平均的 $\tilde{u}$、$\tilde{v}$ 值为

$$\begin{cases} \tilde{u} = \dfrac{u_R + u_L}{2} \\ \tilde{v} = \dfrac{v_R + v_L}{2} \end{cases} \tag{4-17}$$

对 Roe 格式平均的雅克比矩阵特征分解，然后将 $U_R - U_L$ 沿右特征向量进行特征分解，可得到界面通量计算公式：

$$\boldsymbol{F}^* \cdot n = \frac{1}{2}\{[\boldsymbol{F}(U_R) + \boldsymbol{F}(U_L)]\cdot\boldsymbol{n} - \sum_{k=1}^{2}|\tilde{\lambda}^k|\tilde{\boldsymbol{\alpha}}^k\tilde{\boldsymbol{e}}^k\} \tag{4-18}$$

式中：$\tilde{\lambda}$、$\tilde{\boldsymbol{e}}$ 为雅克比矩阵的特征值和特征向量；$\tilde{\boldsymbol{\alpha}}^k$ 为 $U_R - U_L$ 的第 k 个特征向量。

水流模拟部分，为提高模型计算的空间精度和分辨率，对计算单元界面左右两侧的变量 U_R、U_L 进行重构。重构计算过程是采用单元形心处的变量值（水深、流速和浓度）计算单元体内的数值解的分布，进而求解单元两侧的变量值。

目前常用的重构格式有：①MUSCL 格式；②迎风格式；③ENO 格式和 WENO 格式。ENO 格式和 WENO 格式计算精度高，但算法复杂，编程难度大，Roe 型的 MUSCL 格式介于两者之间，因此，模型采用 MUSCL 重构方法，计算方法示意图见图 4-3。

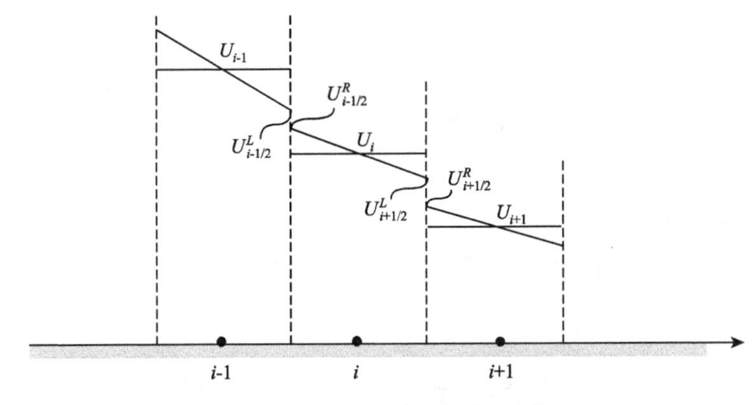

图 4-3　MUSCL 重构方法示意图

计算界面通量时，由 $U^L_{i+1/2}$ 和 $U^R_{i+1/2}$ 代替单元界面两侧的 U_i 和 U_{i+1}。此方法使空间精度提高到二阶，但在水力或物质浓度梯度较大处容易出现数值振荡，模型可采用全变差衰减（total variation diminishing，TVD）方法来消除数值振荡。

TVD 方法是在 MUSCL 格式中引入限制函数来抑制数值振荡，表达式如下：

$$U^L_{i+1/2}=U_i+\frac{1}{2}\varphi(U_i-U_{i-1,}U_{i+1}-U_i) \tag{4-19}$$

式中：φ 为限制器函数。常见的限制器函数有 Van Leer 单调函数、Roe's Minmod 函数、Roe's Superbee 函数、Chakravarhty-Osher 函数等。本小节模型采用 Roe's Minmod 限制函数，计算方程如下：

$$\varphi(x,y)=\min\mathrm{mod}(x,y)=\begin{cases}x, & |x|\leqslant|y| \text{且} xy>0\\ y, & |x|\geqslant|y| \text{且} xy>0\\ 0, & xy<0\end{cases} \tag{4-20}$$

污染物浓度计算的界面通量采用一阶 Roe 格式计算，与水流部分的计算相同，污染物浓度的单元界面通量计算不做空间二阶重构。

4.2.5　时间项离散

时间项的离散方法有显式和隐式两种，显格式是由已知的 t_n 时刻值直接计算 t_{n+1} 时刻的未知值，不必求解方程组。Δt 的取值有计算精度和 CFL 稳定性条件限制。显格式适用于非恒定性较强的流动及边界、地形复杂的情况。而隐格式由 t_n 和 t_{n+1} 时刻的解逼近空间导数及源项，需求解联立方程组。隐格式的稳定性较好，Δt 的取值可以较大，但每一时间步求解较慢，适用于恒定流情况。本小节模型中水流计算部分采用预测—校正格式获取二阶精度的时间离散格式，计算公式如下。

步骤 1（预测步）：

$$U_{n+1/2}=U_n-\frac{1}{2}\frac{\Delta t}{A}\left[\sum_{i=1}^{m}(F_j^*\cdot n_j)l_j-(A\overline{S})_n\right]\tag{4-21}$$

步骤 2（校正步）：

$$U_{n+1/2}=\frac{\Delta t}{A}\left[\sum_{j=1}^{m}(F_j^*\cdot n_j)l_j-(A\overline{S})_{n+1/2}\right]\tag{4-22}$$

式中：$U_{n+1/2}$为计算的中间变量。

物质输移部分计算采用经典的显式二阶龙格库塔法：

$$\begin{cases}L(\phi)=A\dfrac{\partial\overline{\phi}}{\partial t}\\ \overline{\phi}^*=\overline{\phi}^{(t)}+\Delta tL(\phi^{(t)}) & \text{预测步}\\ \overline{\phi}^{(t+1)}=\dfrac{\overline{\phi}^{(t)}}{2}+\dfrac{1}{2}[\overline{\phi}^*+\Delta tL(\phi^*)] & \text{校正步}\end{cases}\tag{4-23}$$

式中：A为控制体单元的面积；Δt为时间步长；$\overline{\phi}$为控制体内物理量的平均值，ϕ为由$\overline{\phi}$为计算得到的控制体内的物理量。

为使模型计算稳定，计算时间步长Δt受 CFL 条件限制。对于显式的一维有限差分格式，需满足以下条件（Hirsch，1988）：

$$N_{\mathrm{CFL}}=\frac{|u+c|}{\Delta x/\Delta t}\leqslant 1\tag{4-24}$$

式中：N_{CFL}为 CFL 条件数；u为流速（m/s）；c为波速（m/s）；Δx为空间步长（m）；Δt为时间步长（s）。

对于二维的非结构网格而言，CFL 限制条件存在着不同的表达形式（Youssef et al.，2007；Valiani et al.，2002），本小节模型采用 Youssef 等（2007）中的表述形式，即

$$N_{\mathrm{CFL}}=\Delta t\frac{\max\left(\sqrt{gh}+\sqrt{u^2+v^2}\right)}{\min d_L}\leqslant 1\tag{4-25}$$

式中：d_L为控制体中心到界面中点之间的距离。

污染物浓度计算方程与水流方程非耦合求解，标量方程采用 HLL 格式计算数值通量。对污染物方程时间离散时，采用预测校正格式计算：

$$\begin{cases}A_i\dfrac{\mathrm{d}C_i^*}{\mathrm{d}t}=-\displaystyle\sum_{i=1}^{n}\boldsymbol{E}_{ij}\cdot\boldsymbol{n}_{ij}l_{ij}+A_iS_{ij}^n\\ A_i\dfrac{\mathrm{d}C_i^{n+1}}{\mathrm{d}t}=-\dfrac{1}{2}\displaystyle\sum_{i=1}^{n}(\boldsymbol{E}_{ij}^*\cdot\boldsymbol{n}_{ij}+\boldsymbol{E}_{ij}^n\cdot\boldsymbol{n}_{ij})l_{ij}+\dfrac{1}{2}A_i(S_{ij}^*+S_{ij}^n)\end{cases}\tag{4-26}$$

式中：A_i为i单元的面积；l_{ij}为i单元j边的边长；$\boldsymbol{E}_{ij}\cdot\boldsymbol{n}_{ij}$为通过$i$单元$j$边的法向数值通量，其中$\boldsymbol{n}=(\boldsymbol{n}_x,\boldsymbol{n}_y)$为单元的边外法向量，计算数值通量$\boldsymbol{E}_{ij}\cdot\boldsymbol{n}_{ij}$的格式有很多，本小

节模型采用稳定性和精确度较好的 Roe 格式；C_i^* 为上时刻预测计算浓度值；C_i^{n+1} 为下时刻校正计算浓度值；其他符号同上。

4.2.6　源项处理

1. 底坡与摩阻源项

水流计算源项包括底坡源项和河床摩阻源项，针对非结构网格离散求解浅水方程底坡源项的方法较多，如底坡项特征分解法（Bermudez et al.，1994）、水面梯度法（Zhou et al.，2001）、水位方程法（潘存鸿　等，2003）、底坡项分解法（Valiani et al.，2006；王志力　等，2005；Brufau et al.，2002；Hubbard et al.，2000）分别对底坡项特征分解法进行了完善。本小节模型采用王志力等（2005）提出的底坡项特征分解法处理源项。

底坡源项 S_o 在控制单元 V_i 上积分并做高斯变化得

$$\overline{S_o} = \int_{V_i} S_o \mathrm{d}v = \sum_{j=1}^{m} \begin{bmatrix} 0 \\ -g\tilde{h}\tilde{Z}_b n_x \\ -g\tilde{h}\tilde{Z}_b n_y \end{bmatrix}_{ij} l_{ij} \tag{4-27}$$

式中：$\tilde{Z}_b = \dfrac{1}{2}[(Z_b)_L + (Z_b)_R]$，$(Z_b)_L$、$(Z_b)_R$ 分别为边界左右两侧的底高程值；$\tilde{h}$ 为积分水深；l_{ij} 为第 i 个单元的第 j 条边的边长。

令 $S_o^* = [0 \quad -g\tilde{h}\tilde{Z}_b n_x \quad -g\tilde{h}\tilde{Z}_b n_y]$，按照矩阵的右特征方向进行特征分解为

$$S_o^* = \sum_{k=1}^{3} \beta^k e^k \tag{4-28}$$

可以得

$$\begin{cases} \beta^1 = -\dfrac{1}{2}\tilde{c}\tilde{Z}_b \\ \beta^2 = 0 \\ \beta^3 = \dfrac{1}{2}\tilde{c}\tilde{Z}_b \end{cases} \tag{4-29}$$

对其进行迎风处理平衡界面通量得

$$\overline{S_o} = \sum_{j=1}^{m}\sum_{k=1}^{3} \left\{ \frac{1}{2}[1-\mathrm{sign}(\tilde{\lambda}^k)]\beta^k \tilde{e}^k l_j \right\}^j \tag{4-30}$$

式中：sign() 为符号函数。

山区河流模拟中，水位和流速变化较大，摩阻源项对计算稳定起重要作用。对摩阻源项采用半隐格式离散可增加计算格式的稳定性。引入半隐式因子 θ 衡量下一时刻的影响，$1-\theta$ 来衡量当前时刻摩阻源项的影响：

$$S_f = (1-\theta)S_f^n + \theta S_f^{n+1} = S_f^n + \theta \frac{\partial S_f}{\partial U} \frac{\partial U}{\partial t} \Delta t \tag{4-31}$$

式中：$\theta \subseteq [0,1]$，当$\theta = 0$时为完全显式；当$\theta = 1$时为完全隐式。

2. 污染物源项

污染物 TP、TN 的源项包括受温度影响的通量及物理化学降解沉降造成的衰减，污染物源汇项为（Liu et al.，2008）

$$S_{\Phi} = \frac{J_{\mathrm{TN}}}{H} - K_{\mathrm{TN}} \cdot C_{\mathrm{TN}} \tag{4-32}$$

$$S_{\Phi} = \frac{J_{\mathrm{TP}}}{H} - K_{\mathrm{TP}} \cdot C_{\mathrm{TP}} \tag{4-33}$$

式中：$J_{\mathrm{TN}} = J_{\mathrm{TN}}^0 \cdot \mathrm{e}^{k_{\mathrm{TN}}(T-20)}$，$J_{\mathrm{TP}} = J_{\mathrm{TN}}^0 \cdot \mathrm{e}^{k_{\mathrm{TP}}(T-20)}$，$K_{\mathrm{TN}} = K_{\mathrm{TN}}^0 \cdot \alpha^{(T-20)}$，$K_{\mathrm{TP}} = K_{\mathrm{TP}}^0 \cdot \alpha^{(T-20)}$；$J_{\mathrm{TN}}$、$J_{\mathrm{TP}}$分别为 TN 和 TP 在温度 T 下的通量；J_{TN}^0、J_{TP}^0分别为 TN 和 TP 在温度 T 下的参考通量；K_{TN}、K_{TP}为 TN 和 TP 在温度 T 下的衰减率，包括所有的水体中去除污染物的动力过程，诸如脱硝作用、脱氮作用、有机氮（organic nitrogen，ON）和有机磷（organic phosphorus，OP）的沉降；K_{TP}^0、K_{TP}^0为在参考温度 20℃下的衰减率；α为温度对K_{TN}、K_{TP}的影响。

4.2.7 边界条件

1. 开边界条件

边界条件可分为急流边界和缓流边界，明渠水流问题一般为缓流边界。如果单元 i 的第 j 条边为边界，设边界上的水位为h_{ij}^*，x、y 方向的流速为u_{ij}^*、v_{ij}^*，则开边界处的数值通量为

$$\boldsymbol{F}^* \cdot \boldsymbol{n} = \begin{bmatrix} h^* u^* \boldsymbol{n}_x + h^* v^* \boldsymbol{n}_y \\ h^* u^* u^* \boldsymbol{n}_x + \frac{1}{2} g (h^*)^2 \boldsymbol{n}_x + h^* u^* v^* \boldsymbol{n}_y \\ h^* v^* u^* \boldsymbol{n}_x + h^* v^* v^* \boldsymbol{n}_y + \frac{1}{2} g (h^*)^2 \boldsymbol{n}_y \end{bmatrix} \tag{4-34}$$

根据一维特征线方程的理论可知

$$\begin{cases} R^- = u + 2c \\ R^+ = u - 2c \end{cases} \tag{4-35}$$

可以得到如下关系：

$$\begin{aligned} &\frac{\mathrm{d}}{\mathrm{d}t}(u - 2c) = 0, \quad \frac{\mathrm{d}x}{\mathrm{d}t} = u - c \\ &\frac{\mathrm{d}}{\mathrm{d}t}(u + 2c) = 0, \quad \frac{\mathrm{d}x}{\mathrm{d}t} = u + c \end{aligned} \tag{4-36}$$

式中：R^-为左特征变量；R^+为右特征变量。开边界处单元右侧位于计算域之外，则有

$$u_{Ln}+2c_L=u_*+2c_* \tag{4-37}$$

式中：u_*、c_* 为待求边的外法向流速和波速；u_{Ln}、c_L 为边界左侧的法向流速和波速。

开边界条件分两种设置：①单宽流量开边界条件；②水深开边界条件。

第一种开边界条件：单宽流量是在给定的边界单元形心，将 $q=hu$ 改为 $q_*=h_*u_*$，作为边界条件带入式（4-37）得

$$2c_*^3-c_*^2(u_{Ln}+2c_L)+gq_*=0 \tag{4-38}$$

迭代求解式（4-38），可求得 $h_*=c_*^2/g$，由边界条件可求得外法向流速 $u_*=q_*/h_*$，边界上和边界内的切向流速认为相等。

计算流速从一维局部坐标转换到计算区域整体坐标中，有

$$\begin{cases} u^*=u_*\boldsymbol{n}_x-v_*\boldsymbol{n}_y \\ v^*=u_*\boldsymbol{n}_y+v_*\boldsymbol{n}_x \end{cases} \tag{4-39}$$

将式（4-39）代入式（4-34），可求得通过边界的数值通量。

第二种开边界条件：在边界上给定水位 $h(t)=h_*$，根据式（4-37）得

$$u_*=u_{Ln}+2c_L-2c_* \tag{4-40}$$

水深计算与流速计算处理相同，进行局部坐标到计算区域整体坐标的转换，将式（4-40）代入式（4-34）即可求得水位边界条件下的界面数值通量。

2. 物质输移计算边界条件

物质输移计算的边界条件为浓度边界，其中的 TP、TN 浓度在进口单元处按式（4-41）分配到进口边界计算节点上：

$$C_i=\frac{QC_{\text{in}}H_i^k}{\sum\limits_{i=1}^{i=I_E}QC_{\text{in}}H_i^k} \tag{4-41}$$

式中：Q 为进口流量（$\mathrm{m^3/s}$）；C_{in} 为进口浓度（mg/L）；H_i 为进口边界某单元的水深（m）；k 为分配单元浓度公式中的指数，本小节取 0.3；I_E 为进口边界的单元总数。

3. 固壁及干湿边界

固壁边界采用无滑移条件，即边界上的法向和切向流速均等于零，即 $u^*=0, v^*=0$，并取 $h^*=h_L$，固壁界面数值通量即为

$$\boldsymbol{F}_n^*=\begin{bmatrix} 0 \\ \frac{1}{2}g(h^*)^2\boldsymbol{n}_x \\ \frac{1}{2}g(h^*)\boldsymbol{n}_y \end{bmatrix} \tag{4-42}$$

山区河流地形起伏较大，水位变幅也很大，因此，干湿边界处于不停的变化当中，而干湿边界处理不当会造成计算失稳。因此，干湿边界处理方法对模型计算稳定和计算精度均有较大影响。干湿边界处理方法大致可分为三类：单元区分法（Sleigh et al.，1998；Zhao et al.，1994）、给定正水深法（Bradford et al.，2000）、质量守恒法（Brufau et al.，2003，2002）。以上各方法均从质量守恒和数值稳定角度处理干湿网格的计算，本小节模型采用常用的虚拟水深法处理干湿边界。

4.3　平面二维水质模型计算流程

本章开发的非结构网格平面二维水质模型采用非耦合求解模式，计算流程见图 4-4，具体计算步骤说明如下。

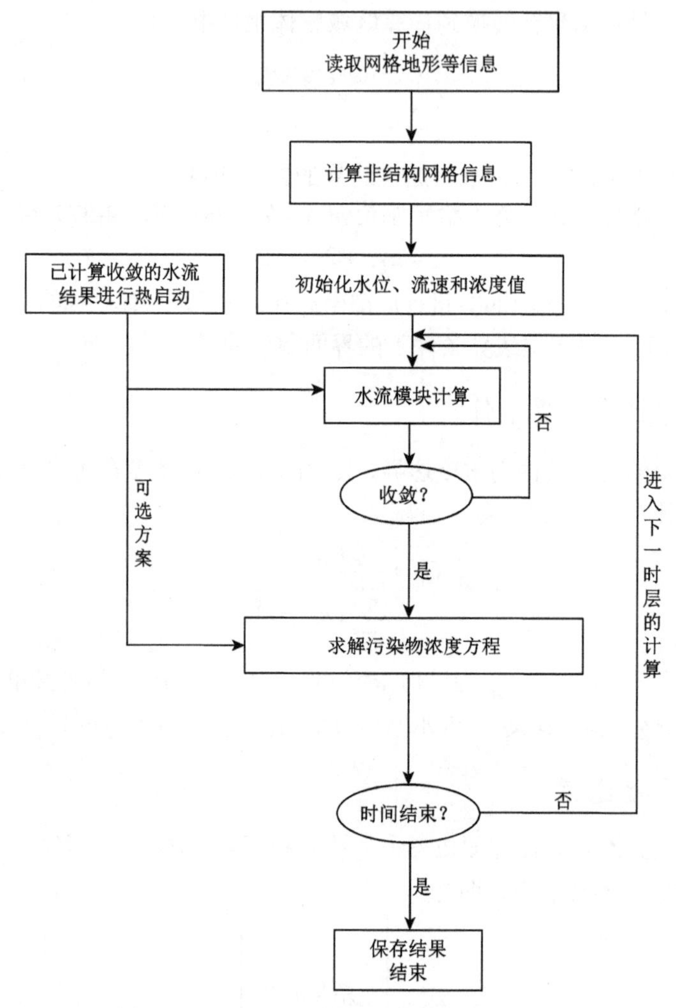

图 4-4　平面二维水质数学模型的计算流程图

（1）生成计算区域的非结构网格，读入河道网格地形、进出口边界标记及计算时期的水流、污染物 TP 和 TN 的浓度。

（2）计算研究区域网格单元的信息，包括节点号、单元号及单元面积等。

（3）初始化网格单元流速、水位及污染物浓度值等。

（4）进行水流部分的计算，至计算水量或水位稳定，即认为此时刻计算收敛。

（5）进行污染物 TP、TN 浓度对流扩散方程的计算。

（6）直到模拟计算时间结束，计算过程中可输出时间序列的计算结果。

在水流计算过程中可导入某时刻的水流计算结果进行热启动，可节省计算时间，在进行（5）的污染物的模拟计算时，也可导入已计算收敛的水流计算时间序列值进行非耦合计算。以上处理增加了程序计算过程处理的灵活性。

4.4　污染物扩散系数选取

三峡库区支流是长江干流的分支河流，属于山区河道，河流边界形状弯曲变化幅度较大，河道断面形状起伏变化也较大，由此导致物质浓度在河流中的纵向及横向扩散特征也较为显著。紊动扩散系数主要受水流条件、断面特征及河道形态等因素的影响。关于纵向扩散系数 E_x 和横向扩散系数 E_y 的研究有很大的不同，本节模型采用不同的公式计算。

1. 纵向紊动扩散系数 E_x

纵向扩散系数公式包括两类：积分公式和经验估算公式。实际河流的水质计算中通常采用经验公式法，纵向离散系数的经验公式有很多。本节模型采用三峡库区支流污染物计算的纵向扩散系数经验公式（李锦秀　等，2005）：

$$E_x = 0.007\left[\frac{B}{h}\right]^{2.1}\left[\frac{u}{u'_*}\right]^{0.7} hu'_* \tag{4-43}$$

式中：B 为河宽（m）；h 为水深（m）；u 为流速（m/s）；u'_* 为摩阻流速（m/s）。

2. 横向扩散系数 E_y

根据泰勒理论，横向扩散系数的表达式可以写成

$$D = \alpha h u'_* \tag{4-44}$$

式中：D 为横向扩散系数；h 为水深；u'_* 为摩阻流速，$u'_* = \sqrt{ghJ}$ ，J 为河道坡度；α 为系数，由试验确定。对于弯曲河道及不规则的河岸，横向扩散系数计算公式中的系数 α 的变化范围不大，取值通常在 0.4～0.8，本节取 0.7（饶群，2001）。

4.5　水质模型验证

4.5.1　单弯道水槽试验验证

验证地形采用横断面均为梯形的弯道段，全长 41 m，其中上、下游直线段 10 m，弯道段 21 m，弯道中心角为 120°，底部宽度为 1.8 m，两岸边坡均为 1∶3。该弯道段有较详细的试验资料，包括沿程水位和沿程断面的流速分布资料（姚仕明，2006）。计算区域非结构网格剖分见图 4-5，共 2 041 个节点，1 869 个单元。模型计算验证的水流条件为：

进口流量为 0.045 7 m^3/s，进口条件换算为单宽流量，为 0.017 5 m^2/s，水槽出口水位为 0.107 m（参考点出口最低点高程为 0 m）。计算糙率取值与实体模型一致，即 $n'=0.013$ 。计算时间步长取 0.01 s。

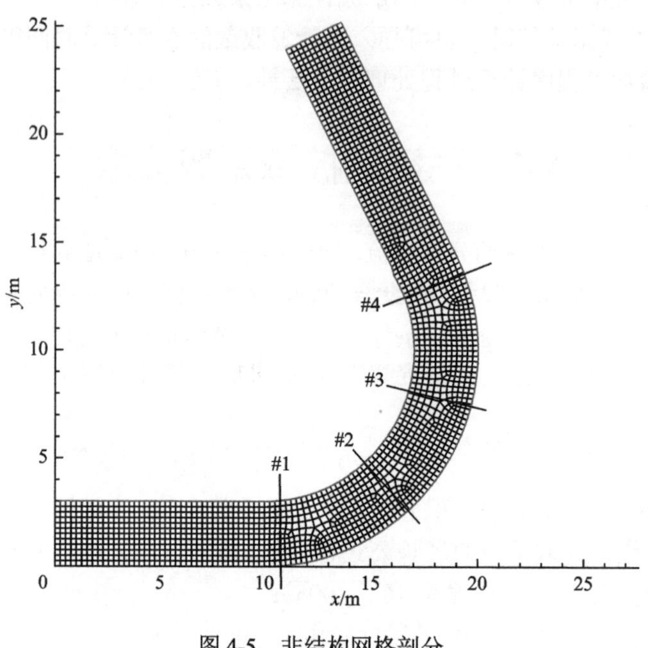

图 4-5　非结构网格剖分

计算流场矢量图见图 4-6，平面二维模型可以模拟出弯道水流偏转的物理运动现象。

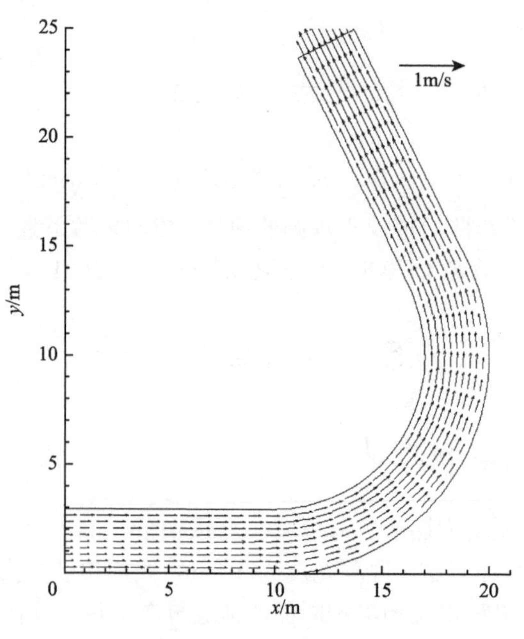

图 4-6　计算流场矢量图

非结构网格水流模型计算的水面线验证见图 4-7，非结构网格水流模型计算的水面线与实测水位符合良好。计算过程中，开始水位剧烈波动，随着迭代步数增加，计算水位趋于稳定，见图 4-8。

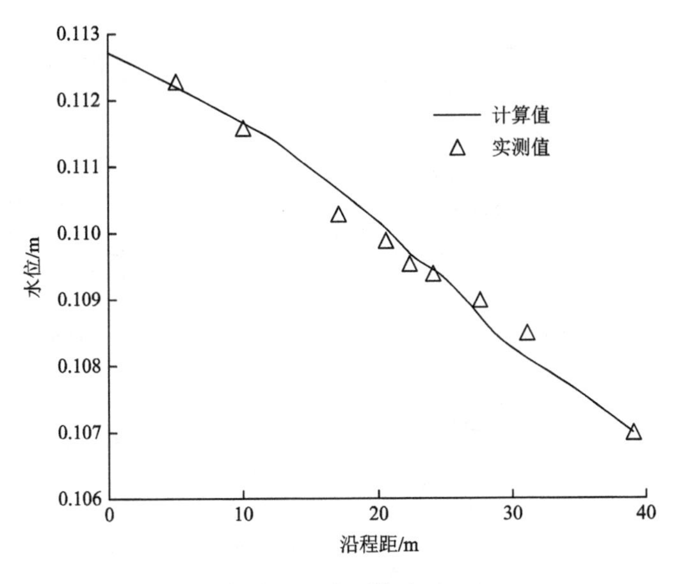

图 4-7　水面线验证

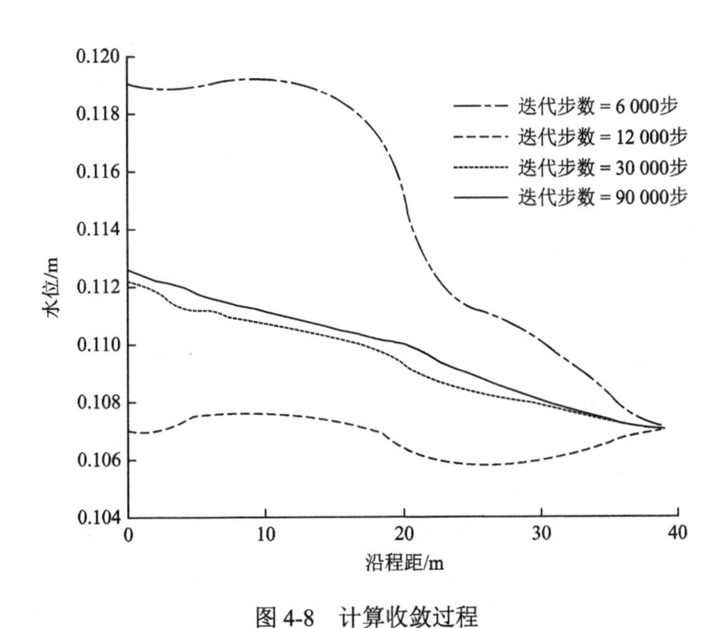

图 4-8　计算收敛过程

4 个代表断面处水流流速的验证见图 4-9，可以看出计算值与实测值符合良好，但在弯道出口附近的计算误差较大。另外，在#1 断面，计算的流速值普遍偏大，而进入弯道后（其他三个断面），左岸的计算流速值偏大，右岸的计算流速值偏小，表现为模拟的弯道环流偏转过慢，这主要是由于使用了零方程的湍流封闭模型，不能反映湍流特征变量的空间异质性，需要引入双方程或更高阶的湍流模型来弥补这一缺陷。

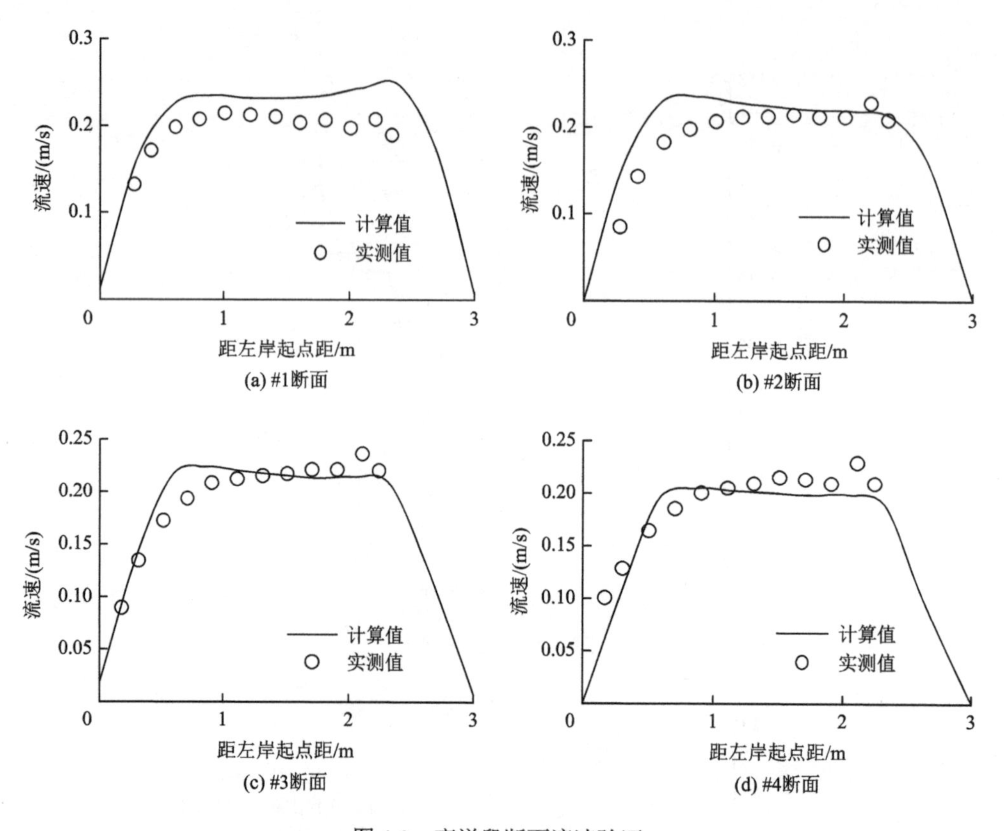

图 4-9 弯道段断面流速验证

4.5.2 连续弯道水槽试验验证

水质模型采用 Chang（1971）在实验室 S 型连续弯道水槽中进行的水流和污染物扩散输移的实验数据作为验证资料，该实验数据分别被黄国鲜等（2008）、易雨君（2010）、吴修广等（2003）、Ye 等（1997）、Demuren 等（1986）等作为模型验证资料使用，实验数据可靠。

S 型弯道水槽由两个弧度为 90°的弯道组成。弯道横断面为矩形断面，底面及边壁光滑，其形状及尺寸见图 4-10。弯道半径为 8.53 m，两弯道连接过渡段为 4.27 m 的直水槽，弯道的进出口由长为 2.13 m 的直段过渡；水槽宽 2.34 m；实验进口流量 $Q = 0.094\ 86\ m^3/s$，进口平均流速为 0.366 m/s，平均水深为 0.115 m，水槽比降为 $J = 0.35‰$，水流摩阻流速为 $u_* = 0.018\ 9\ m/s$，糙率取 0.015。在试验中，污染物排放按两种情况进行，即中心排放和岸边排放，在第一个弯道进口处排放。水槽中污染物初始浓度为零。非结构计算网格剖分 34 311 个单元，35 076 个节点，水流模拟时间步长取 0.01 s，污染物模拟时间步长取 2 s。

弯道水槽的三维示意图见图 4-11，计算网格见图 4-12。流速验证采用第二个弯道进口至出口的 4 个测量断面数据，见图 4-10。

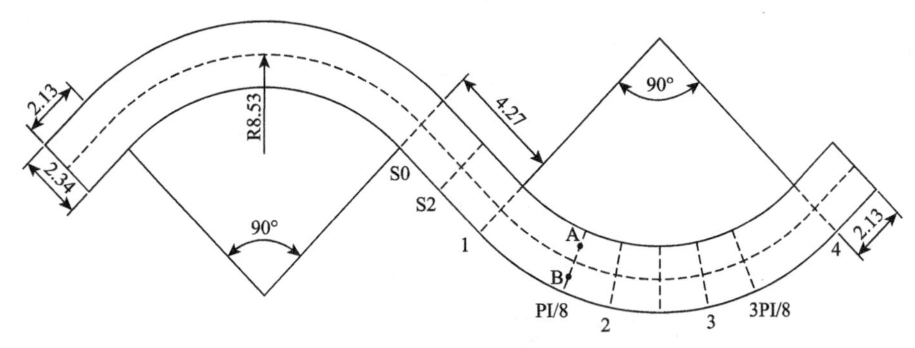

图 4-10　Chang（1971）弯道示意图（单位：m）

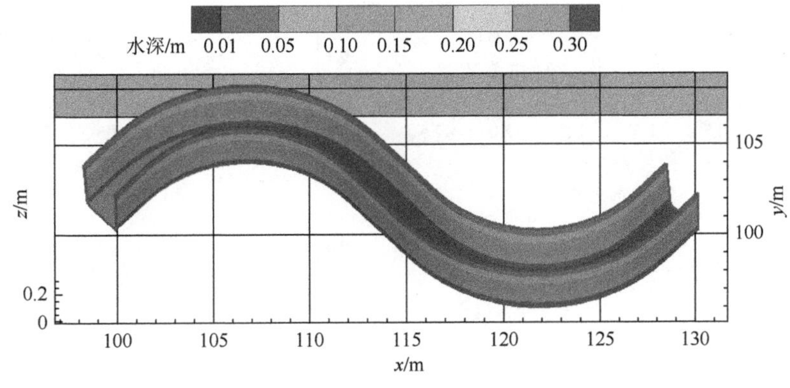

图 4-11　水槽三维示意图

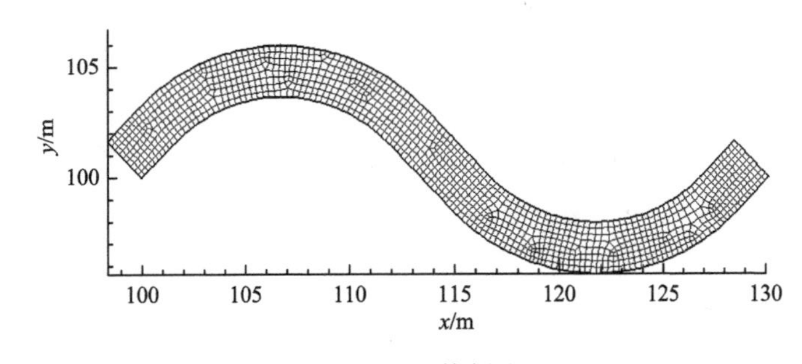

图 4-12　网格剖分

1. 水流计算结果分析

模拟的水位平面分布见图 4-13，弯道凹岸水位雍高，形成断面横向比降。因无实测水位数据，无法验证水面线。水流模型计算收敛以计算水量平衡为标准，迭代至 5 000 步，计算收敛。

断面流速分布验证见图 4-14，断面水流流速计算值与实测值符合良好，模型中未考虑壁面函数导致边壁处误差较大，并且第二个弯道出口断面计算流速偏差较大。

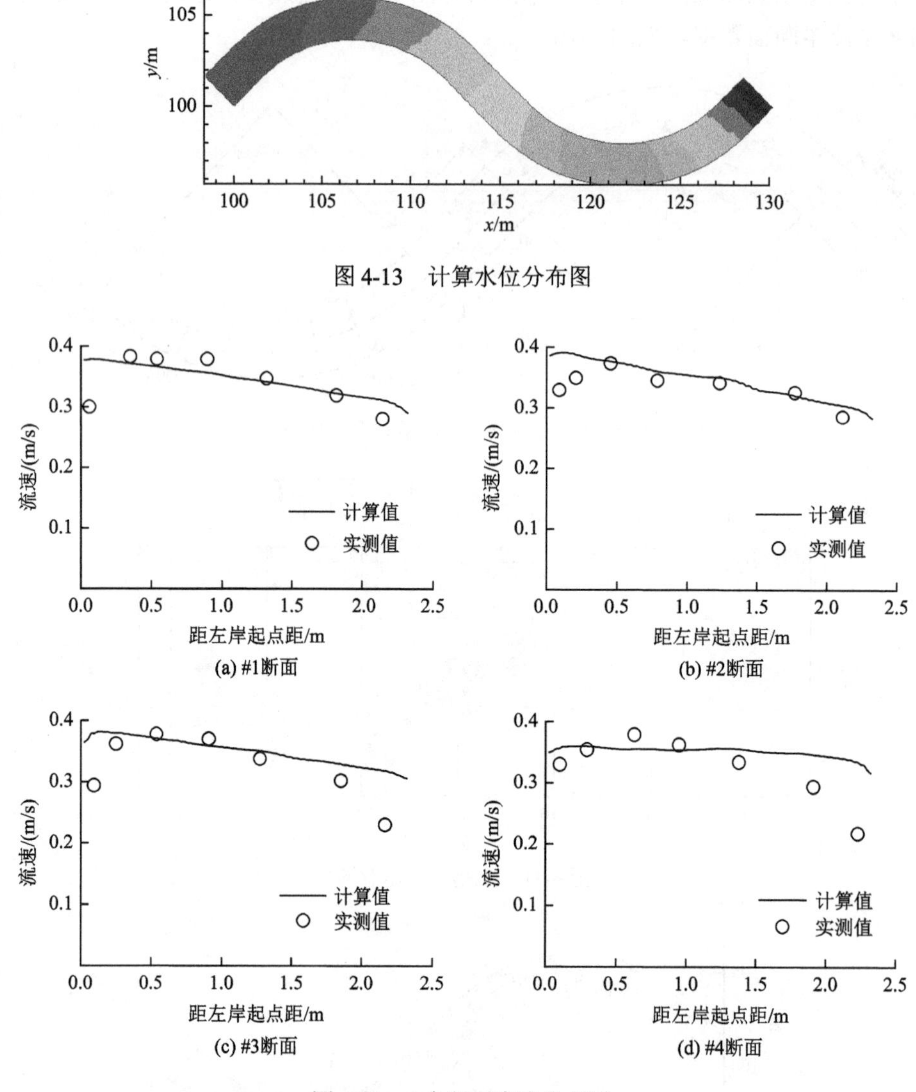

图 4-13　计算水位分布图

(a) #1断面

(b) #2断面

(c) #3断面

(d) #4断面

图 4-14　4 个断面流速分布图

2. 污染物计算结果分析

污染物输移模拟计算中，纵向扩散系数取 30.0 m^2/s^2，横向扩散系数经验公式中 α 取 0.7。污染物计算分沿垂线释放的中心排污和沿垂线释放的边岸排污两种情况计算。

断面污染物浓度分布见图 4-15，在水槽中心排放污染物后，污染物浓度随水流扩散，图中纵坐标为相对浓度 C_i/C_0，表示污染物网格节点计算浓度与断面平均浓度之比。从断面上污染物浓度的计算值与实测值的对比看，本模型可较为精确地计算污染物浓度的对流扩散过程，但是也可以看出，在近壁区域附近的计算精度降低，计算值较实测值偏大，原因是近壁湍流和污染物的浓度观测难度较大，观测精度也较低，且平面二维数学模型中的湍流封闭模型使用的是零方程模型，计算精度也较低。

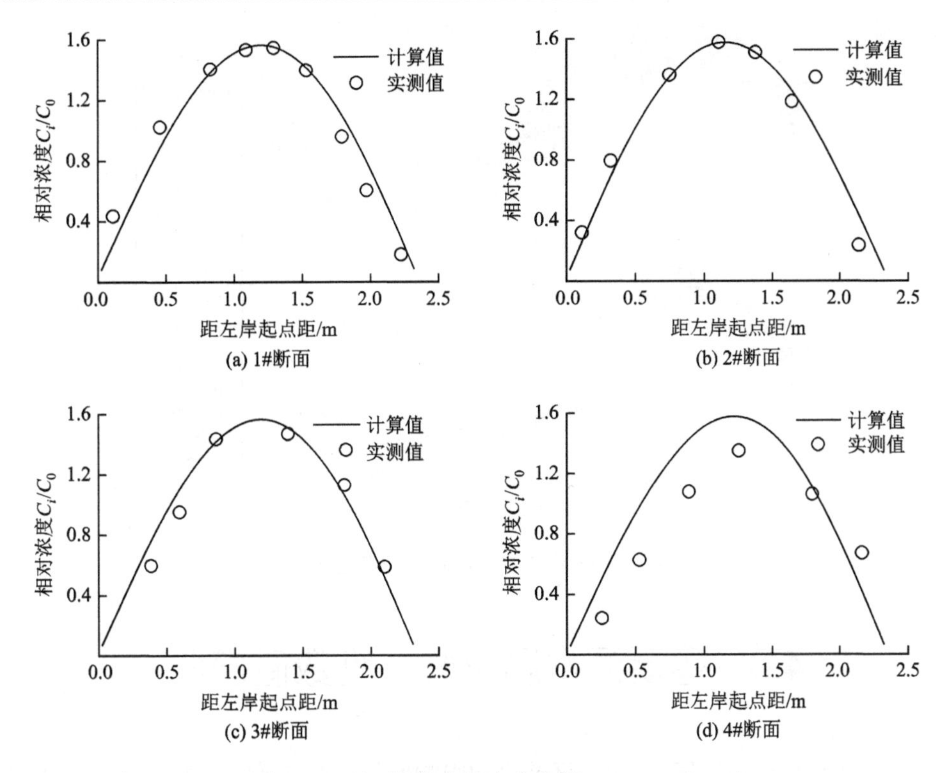

(a) 1#断面　(b) 2#断面　(c) 3#断面　(d) 4#断面

图 4-15　断面污染物浓度分布图（$t = 505$ s）

图 4-16 显示了中心排污的污染物输移的动态过程，表明模型可以模拟污染物输移的非恒定过程。可见：平面二维水质模型可以在一定的精度内模拟弯道水槽污染物对流扩散的输移过程。

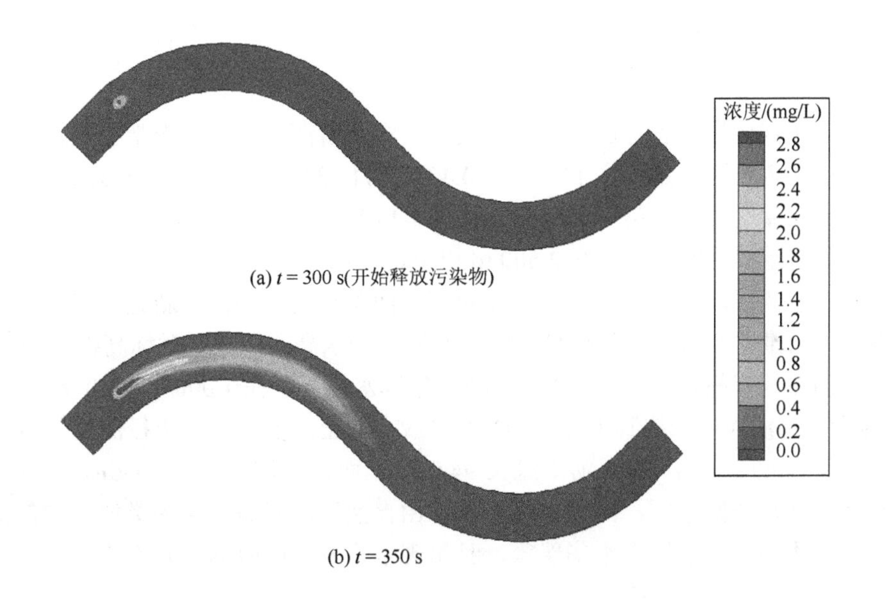

(a) $t = 300$ s(开始释放污染物)

(b) $t = 350$ s

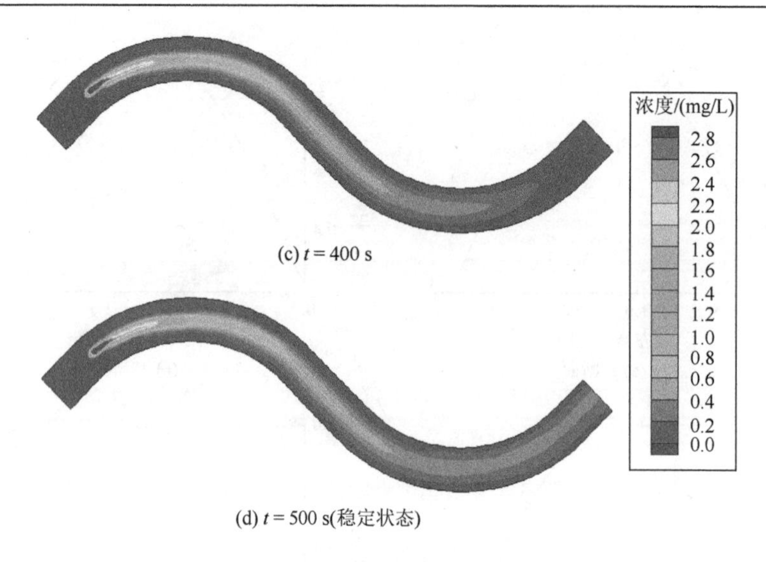

(c) $t = 400$ s

(d) $t = 500$ s(稳定状态)

图 4-16　污染物浓度输移动态过程

4.6　香溪河水质平面二维数值模拟

山区河流的数值模拟受到地形数据精度的影响明显，本节采用自主开发的 DEM 地形数据提取程序，提取高分辨率的香溪河局部 DEM，并做网格地形的插值预处理，以提高模拟的精度，并应用开发的平面二维水质数学模型对香溪河干流及支流高岚河的水流及水质在水华期间的演变进行模拟研究，了解水流条件对香溪河水华发生的促发作用，提出水华发生的水动力临界条件并探讨了营养物质浓度的输移过程。

4.6.1　香溪河支流概况

香溪河位于我国湖北省宜昌市境内，发源于湖北省西北部的神农架山区，流经兴山县和秭归县后汇入长江干流，位于东经 110.47°～111.13°，北纬 30.96°～31.67°，是长江三峡水库湖北省库区段内的第一大支流，见图 4-17，香溪流域面积 3 099 km^2，均系高山半高山区。上游地势高峻，海拔在 2 500 m 以上，局部达 3 000 m。河道流经峡谷，坡陡水急。在兴山县新县城以上，有古夫河和两坪河两条支流。兴山县新县城以下，河道右岸有台地，地势渐趋平缓，河谷略见开阔。两岸山势东高西低，不对称高程差约 500 m。下游峡口镇的左岸有高岚河汇入。香溪流域内年降水量一般在 1 000～1 440 mm，雨季集中在 6～9 月。香溪河流域控制水文站为兴山水文站，记录多年平均年径流量 12.7 亿 m^3，多年平均流量为 40.3 m^3/s。香溪河干流长 94.0 km，距离三峡大坝仅 36 km，三峡水库蓄水后将在香溪河形成回水区，流速下降，水体由自然河流状态转化为类似湖泊的准静止状态，近年来香溪河频繁发生水华现象，且呈现水华发生的时间、频率不断增加及水华发生的河段区域不断增大的趋势。

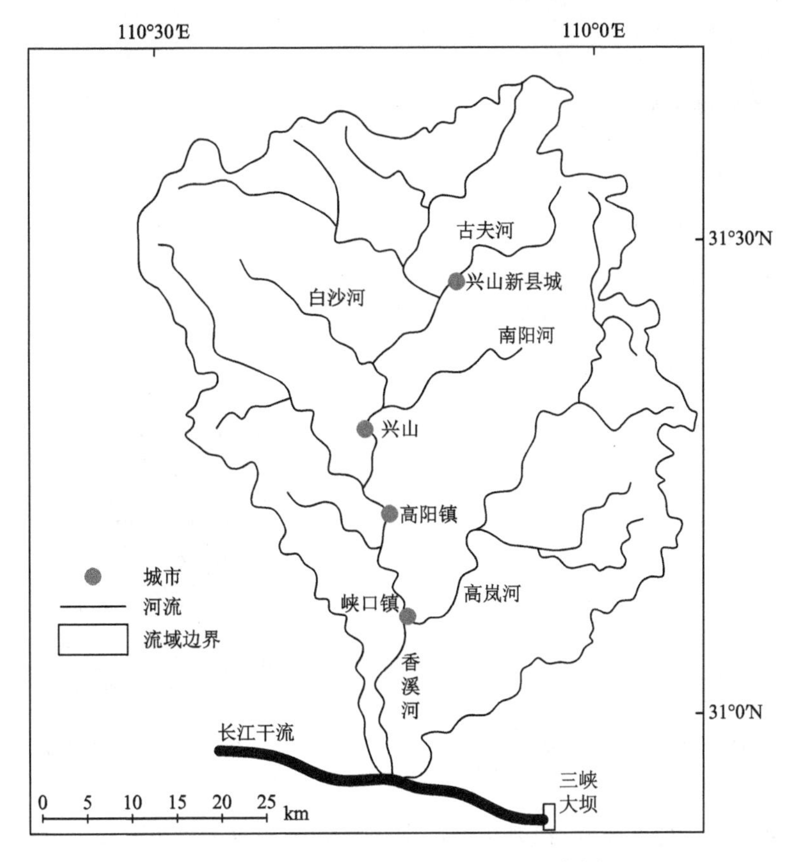

图 4-17　香溪河流域及支流河道示意图

4.6.2　香溪河地形处理

针对香溪河水质进行的平面二维数值模拟计算范围从香溪河上游古夫河和南阳河交汇处的兴山水文站开始至香溪河与长江干流的交汇处，全长约 39 km，计算区域包括受三峡水库蓄水影响的回水区河段和非回水区的自然河道。香溪河呈狭长形、平面摆幅较大（图 4-18），计算进口处河道深泓高程达 160 m，香溪河口深泓高程约 62 m，计算区域河段落差接近 100 m。根据一些典型横断面的地形分析可知，香溪河道两岸落差较大，在 60～110 m，下游接近长江干流的河道断面较为开阔，向上游河道断面逐渐变得窄深，呈现出山区河流的特点（图 4-19）。香溪河干流平均比降 3‰，支流高岚河平均比降 6‰，并且深泓线波动剧烈。由以上分析可见，香溪河边界形状和地形变化较为复杂，进行数值模拟之前需要进行地形预处理，以提高模拟的精度。

高精度的 DEM 地形数据可弥补地形变化剧烈的河流地形测量精度低而影响数值模拟精度的不足，Merwade（2008）针对 DEM 在数值模拟方面的应用提出了建议，如 DEM 分辨率和网格划分精度的匹配及应用河道深泓线为基准来构建三维网格地形等。本书将采用 10 m 分辨率的水下地形数据，构建数值模拟需要的三维网格地形，采用开发的地形数据提取程序获得地形高程的散点值（图 4-20），反距离空间插值法进行网格地形插值，并

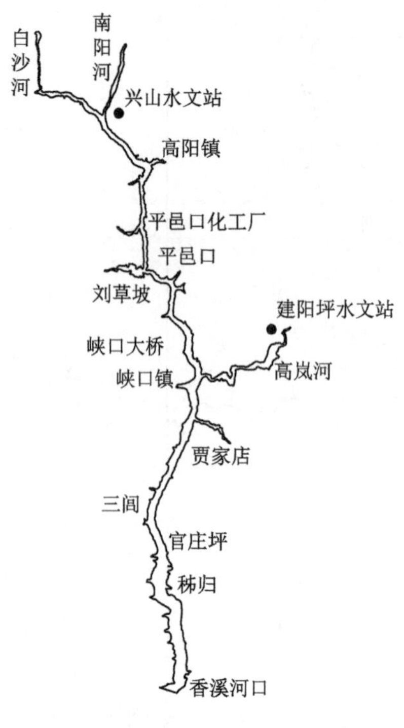

图 4-18　香溪河道示意图

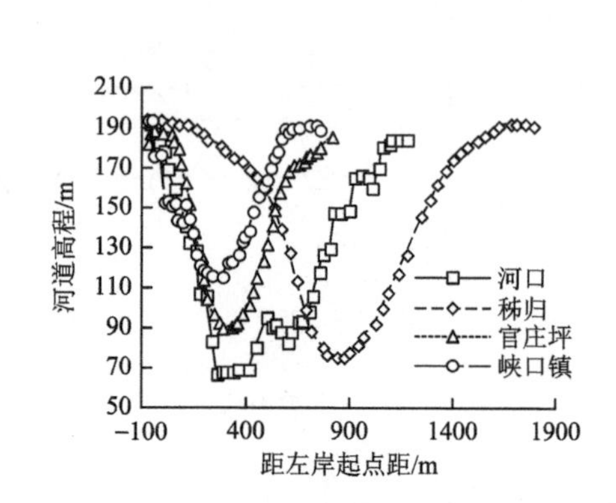

图 4-19 典型断面地形图

对网格地形进行拉普拉斯处理，以避免局部地形变化等造成重力作用夸大对计算结果的影响。本书开发的数学模型采用非结构网格的模式，综合考虑网格划分精度与 DEM 精度的匹配及模型计算量等因素，计算区域内共划分 22 457 个四边形网格单元（图 4-21），平均网格尺寸 20 m。

数学模型对河床地形一般比较敏感。由于地形插值造成的非物理性床面变化会影响模拟结果，为减弱局部地形突变的影响采用拉普拉斯网格地形处理方法光滑局部地形（Hansen，2005），但光滑处理一般不能超过三次，否则会造成网格地形失真而不能反映出原始地形特征。处理计算公式如下：

$$Z_c = 0.5 \times Z_c + 0.125 \times (Z_w + Z_e + Z_n + Z_s) \tag{4-45}$$

式中：Z_c 为网格节点 i 的高程；Z_w、Z_e、Z_n 及 Z_s 为网格节点 i 四周的高程。由于香溪河道横断面高程落差较大，本小节模型仅对 170 m 以下部分地形进行光滑处理。

处理前后的香溪河上游河道地形见图 4-22，地形处理前的河道断面地形起伏较大，且靠近河岸附近有锯齿状的边界，这会影响数学模型的计算稳定性；处理后的河道地形变得光滑，且深泓高程也没有发生明显变化，说明地形处理合理，可以用来进行香溪河水质的数值模拟研究。处理后的河道地形较处理前平顺，特别是在靠近河道边岸附近，地形的处理能保证模型的计算稳定性和计算精度。但是，地形高程的光滑会对计算精度产生影响，需要使用三维数学模型，使用垂向地形跟踪 *s-z* 混合坐标或 LSC^2 坐标系统（Zhang et al.，2008），精确表征地形起伏。

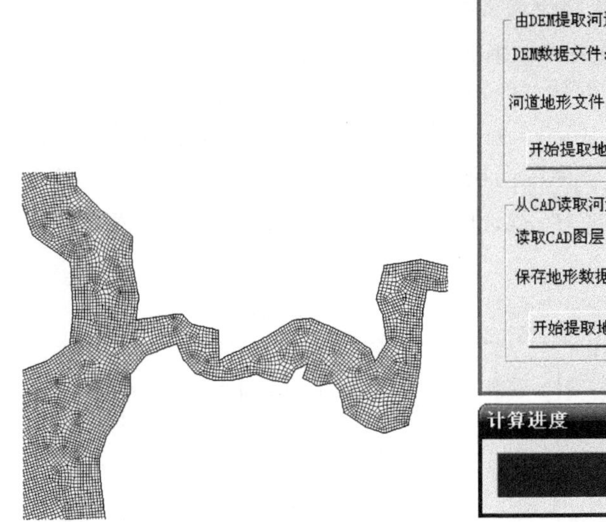
图 4-20　香溪河局部计算网格

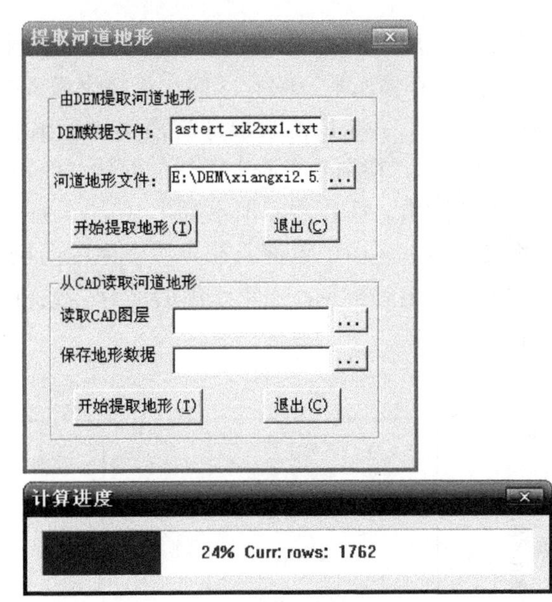

图 4-21 河道 DEM 数据提取程序界面

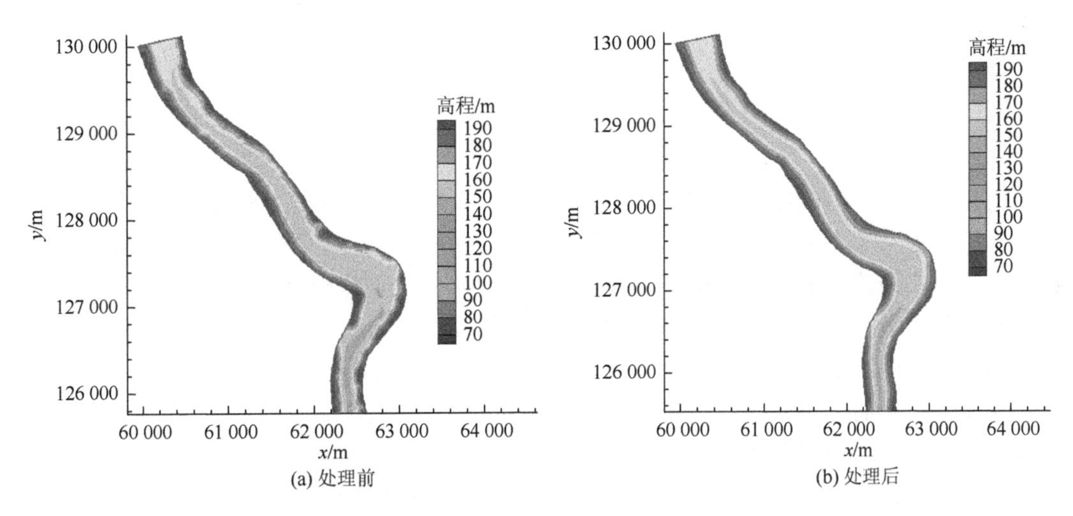

图 4-22　处理前后的香溪河上游河道地形

4.6.3　香溪河富营养化初步分析

三峡水库采用季节性调节的“双汛限水位”的运行方式，每年汛期（6～9 月），水库水位降至最低水位 145 m，下泄流量与天然情况基本相同，洪峰来临时水库蓄水以消减洪峰；枯水期（10～11 月），水库蓄水至最高水位（175 m 左右），蓄水期间水库类似于湖泊状态；枯水季（1～5 月份），根据发电和通航要求，水库逐渐加大下泄流量，一般在汛限水位 145 m 左右运行。

在三峡水库不同的运行时段内（图 4-23），长江干流的水体将对香溪库湾支流起到不同的影响。如在蓄水期三峡库区的水流将倒灌入香溪库湾，产生倒灌异重流，使库湾表层水体流速增大，并将库湾表层浮游藻类输运出河口而降低了藻类生物量（纪道斌 等，2010a，2010b），特别是在蓄水较快的时段（9～10 月），水动力条件将成为香溪水华发生的重要影响因素。而在水库泄水期内（3～5 月），随着蓄水位或香溪河口水位的不断下降，香溪库湾上游由于点源或非点源产生的污染物不断向下游输移，将有利于促使香溪水华的发生。由此可见，三峡水库的运行方式将对三峡库区支流的水质变化及水华现象产生较大的影响。

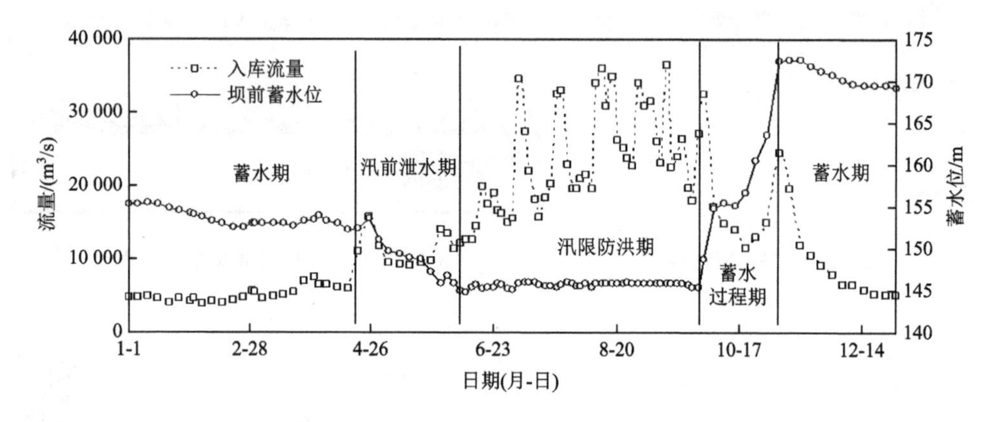

图 4-23　三峡水库运行水位（2008 年）

周建军（2008）指出三峡水库日调节水位作用下，长江干流与支流发生周期性水量交换，有利于减少富营养水体在支流特定环境的滞留时间，抑制藻类生长，干流较大水体稀释从支流出来的藻类密度，有助于防止其腐烂形成水华。王玲玲等（2009a，2009b）指出三峡水库正常运行条件下，利用水库水位的升降进行生态调度的效果是较为有限的，数值模拟结果表明库湾沿程叶绿素的分布与香溪河口水位没有明显的相关性。也有研究者指出香溪库湾内水华的发生不仅与三峡大坝的水位有关，还与水位的波动频率有关，但增大三峡水库水位的波动频率会有更多的潜在不利影响（Zheng et al.，2011；Yang et al.，2010）。因此，有必要从研究香溪库湾内的水流、污染物等角度来了解促使香溪水华发生的重要因素，制定合理的水华防治对策。

4.6.4　香溪河水动力场模拟

本小节计算分析在若干种三峡运行蓄水位下，香溪库湾内的回水范围及水动力条件情况。随着三峡大坝蓄水位的升高，香溪库湾内回水范围逐渐向上游延长，最低蓄水位 145 m 时，回水范围至峡口镇附近；蓄水位至 165 m 时，回水至计算进口，即兴山镇，兴山下游河流水体几乎处于静止状态，将促使水华的发生（图 4-24）。

在相同的计算进口流量（多年平均流量 47.0 m^3/s），不同三峡蓄水位的模拟计算香溪

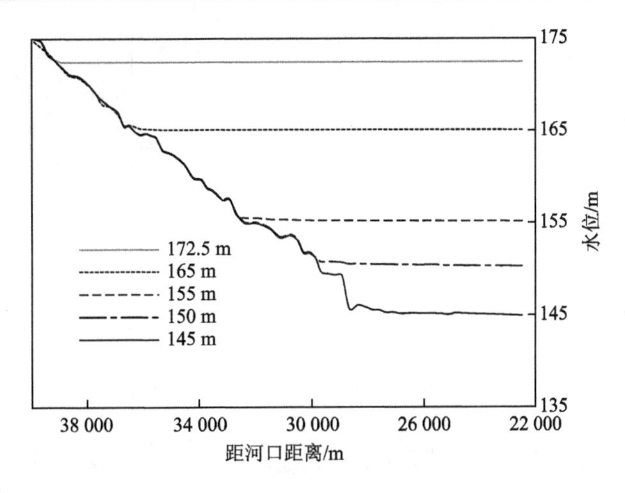

图 4-24　不同蓄水位时库湾内水位

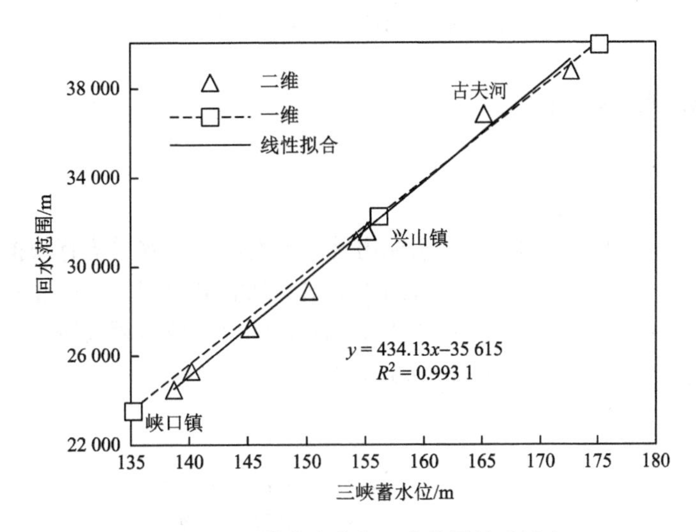

图 4-25　三峡蓄水位与回水范围关系拟合

河内的回水范围，可以通过水位和流速的相关性判明回水末端的位置。数据分析表明，三峡蓄水位和距离香溪河口的库湾回水区长度呈线性关系（图 4-25），与一维计算结果（王玲玲 等，2009a，2009b）基本符合。

$$L = 434.13W - 35\,615 \tag{4-46}$$

式中：W 为三峡水库的蓄水位（m）；L 为香溪河库湾在对应的三峡水库蓄水位下距香溪河口的回水区长度（m）。

当三峡大坝蓄水位为 145 m 时，兴山镇附近的河段流速较大，在 0.1 m/s 左右，处于回水影响区内的下游河段水体流速下降较快；在香溪河口局部的河段流速在 0.001 m/s 左右，处于准静止状态，泥沙颗粒和污染物将发生沉降，并且不利于污染物的输移扩散（图 4-26）。

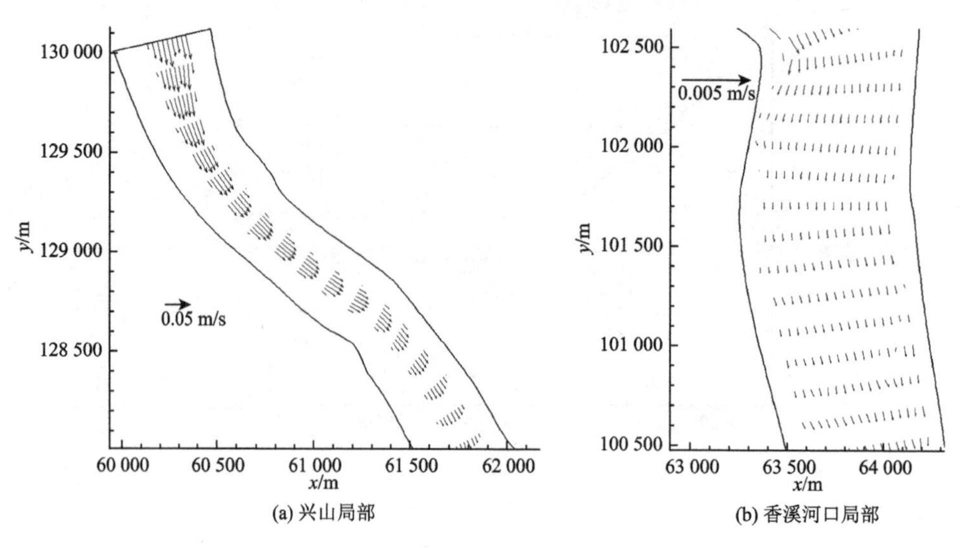

(a) 兴山局部　　(b) 香溪河口局部

图 4-26　计算流场矢量分布图

4.6.5　香溪河水质模拟

1. 率定期

针对 2007 年 9～10 月三峡水库蓄水期内香溪库湾的水流水质进行模拟并验证数学模型的可靠性。计算边界进口为香溪河上游的兴山水文站和高岚河上游的建阳坪水文站的实测流量过程，出口采用三峡水库在 2007 年 9～10 月的蓄水位过程（图 4-27 和图 4-28）。香溪河和高岚河的流量均较小，在 10～40 m^3/s。

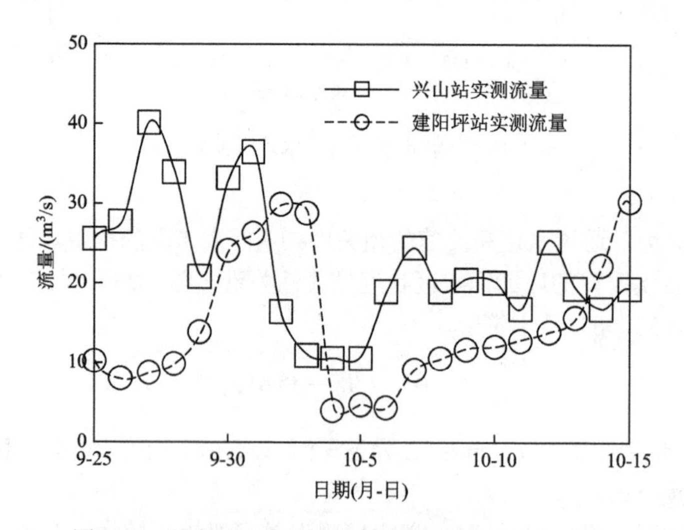

图 4-27　兴山站及建阳坪站实测流量过程（2007 年）

通过分析香溪河口实际水位监测数据（1985 黄海高程系）与三峡水库蓄水位发现，由于香溪河距离三峡大坝仅 36 km，监测到香溪河口的水位上升过程与三峡水库蓄水位过程基本

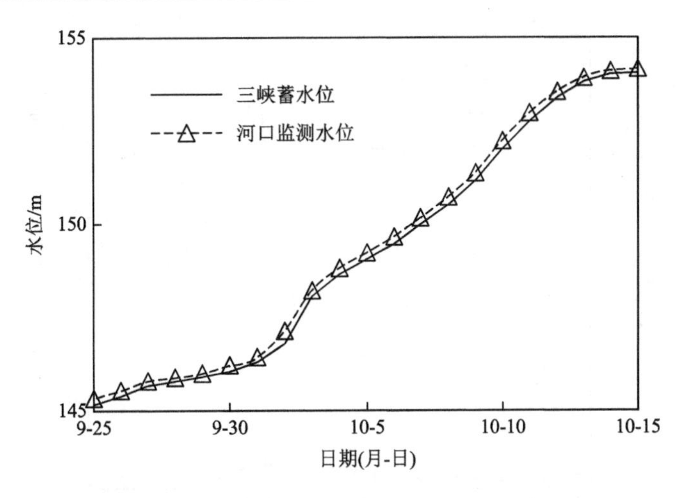

图 4-28　香溪河口水位变化过程（2007 年）

一致，见图 4-28，因为香溪河口水位监测为一天一次，三峡水库可自动监测每小时的水位，采用三峡水库蓄水位作为数学模型的出口边界条件。三峡水库蓄水过程中每小时的水位变幅在−0.03～0.07 m，水位时涨时落，导致香溪库湾内的水动力条件较为复杂。河道计算糙率取值采用一维计算建议的河道糙率值（王玲玲 等，2009a，2009b），河道状态为低水位（河口水位低于 155 m）时取 0.024，库湾状态高水位（河口水位高于 155 m）时取 0.023。

污染物（包括 TP 和 TN）的浓度计算边界给定进口浓度过程，由于上游最后一个监测点距离计算进口较近，采用此测点的实测过程作为香溪河进口边界条件，而高岚河进口浓度采用位于高岚河和香溪河交汇处的峡口镇测点的实测浓度，见图 4-29 和图 4-30。香溪河上游的 TP 浓度较高岚河的要高，且变化较平稳，在 0.1 mg/L 左右，而 TN 浓度受到的影响因素较多，波动较大，无明显的变化规律。

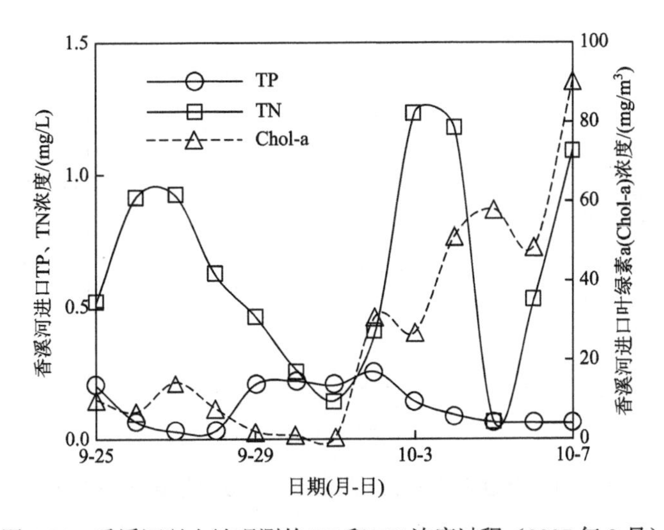

图 4-29　香溪河兴山站观测的 TP 和 TN 浓度过程（2007 年 9 月）

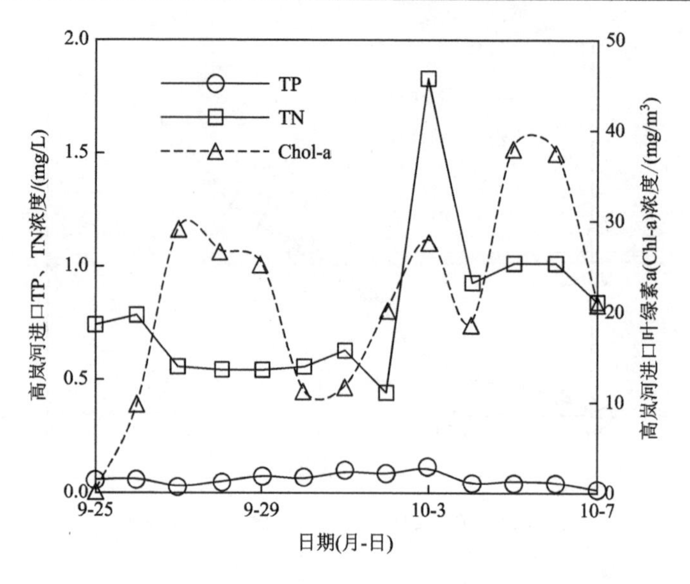

图 4-30　高岚河建阳坪站观测的总磷和总氮浓度过程（2007 年 9 月）

针对 2007 年 9 月 25 日～10 月 8 日水华期间的水流水质进行了非恒定计算，下面将从水流变化和污染物浓度变化两方面进行分析。分析 2007 年 9 月 26 日的沿程计算水位、流速及河道深泓地形的变化相关性，见图 4-31，香溪河库湾回水区内（距离河口 31 km 以内）水位与三峡水库蓄水位保持一致，而在非回水区由于河道地形抬高，水位较回水区内水位增加；河道深泓高程变化剧烈，随着河道地形的起伏，过水断面面积随之变化，断面平均流速将发生变化（过水面积增大，断面流速减小；过水面积减小，断面流速增大）。

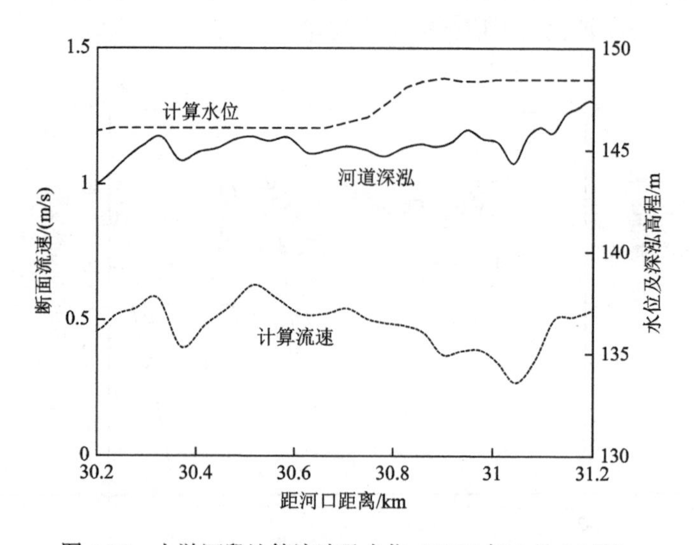

图 4-31　上游河段计算流速及水位（2007 年 9 月 26 日）

在 2007 年 9 月 25 日～10 月 15 日，代表断面秭归和平邑口的计算水位变化与三峡水库蓄水位变化一致，且平邑口与秭归断面的计算水位几乎相同，是因为平邑口和秭归均在回水区范围内，见图 4-32。平面二维数学模型计算得到的香溪库容在（3.4～4.4）亿 m^3，变化过程与三峡水库蓄水位变化过程相一致，见图 4-33。

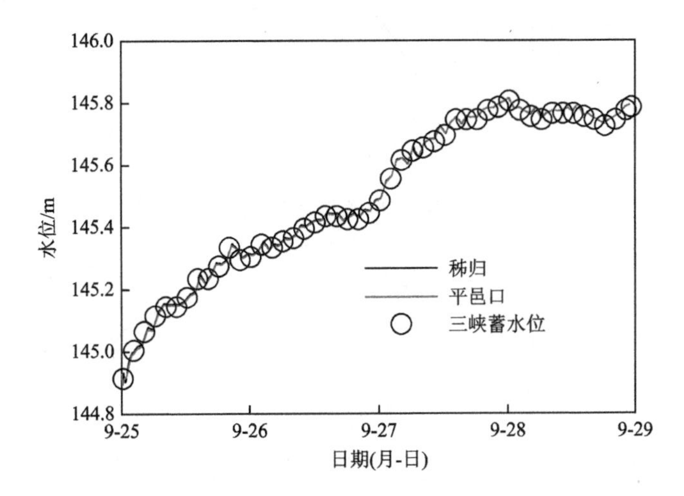

图 4-32　计算水位变化（2007 年）

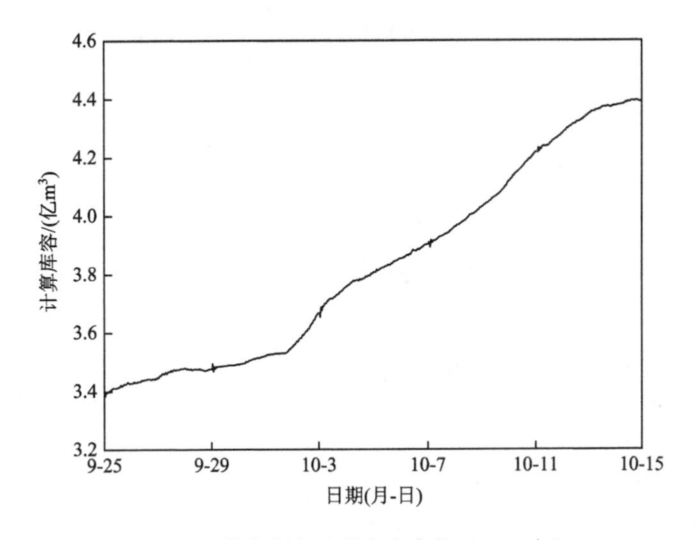

图 4-33　蓄水期内计算库容变化（2007 年）

兴山断面处于香溪河回水区影响范围以外，计算水位变化不受三峡蓄水位影响，主要受到上游径流量的影响。兴山断面的计算水位与流量关系见图 4-34，兴山断面计算水位变化幅度较小，在 2007 年 9 月 25～29 日和 2007 年 10 月 3～7 日期间内的变幅约 0.2 m，计算水位的变化过程与上游来流流量过程一致，例如在 2007 年 9 月 27 日洪峰时计算水位达最大值 160.15 m，之后水位和流量均下降，在 2007 年 10 月 5 日之后计算水位和流量均不断增加。

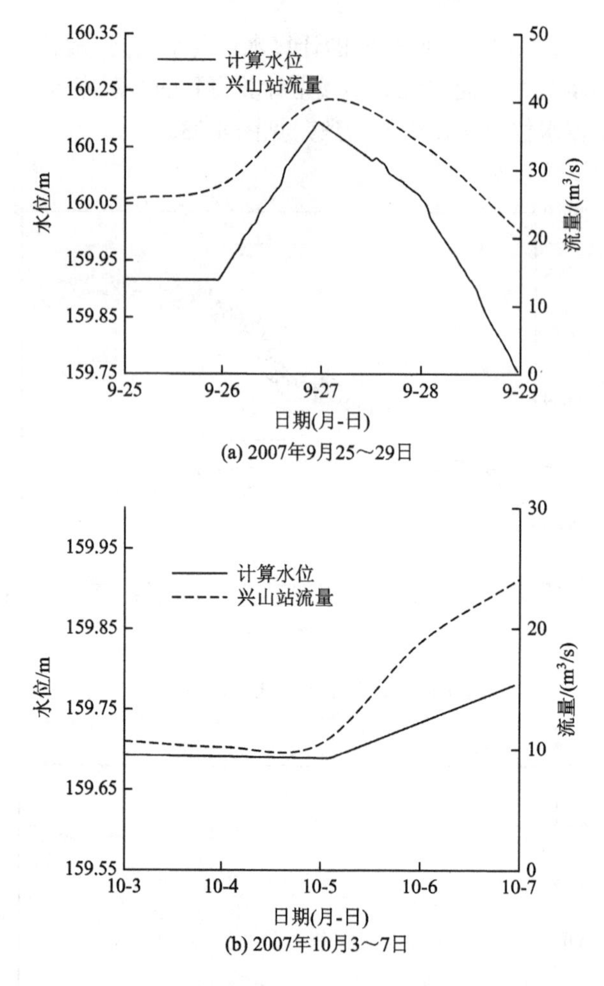

(a) 2007年9月25～29日

(b) 2007年10月3～7日

图 4-34　兴山站断面的计算水位与流量关系

以上的水动力计算结果分析表明，开发的平面二维数学模型中的水力学模块可以正确模拟出香溪河道的复杂水力特征，可以在此基础上进行香溪水质演变的模拟计算。

香溪河道水华发生位置示意图见图 4-35，统计分析近年来香溪库湾发生的 13 次水华，发现随着三峡蓄水位的抬升，距香溪河口，水华发生有向上游发展的趋势。2003～2006 年发生的水华多集中在距河口 5～20 km 的河段，三峡水库蓄水位在 135～140 m 变化，而 2007 年以后水库蓄水位在 145～155 m 变化。水华发生时水位统计图见图 4-36，统计近年来各次水华发生时段内的三峡蓄水位情况，可见 2006 年之前三峡工程处于建设阶段，蓄水位在 135～140 m，但之后三峡蓄水位抬高，2007 年和 2008 年香溪河水华发生时的蓄水位在 145 m 和 150 m 左右，蓄水位抬高增加回水区范围，进一步降低香溪河库湾水体流速，本书将通过平面二维数值模拟研究，水华发生河段位置与断面流速的相互关系。

水华发生河段末端平均流速统计见图 4-37，2006 年以来的 10 次水华发生末端距香溪河口的距离与末端断面计算流速存在一定的关系，可以看出，10 次水华发生时的末端断面流速均不超过 0.03 m/s，可以认为 0.03 m/s 是香溪河水华发生的临界流速值。

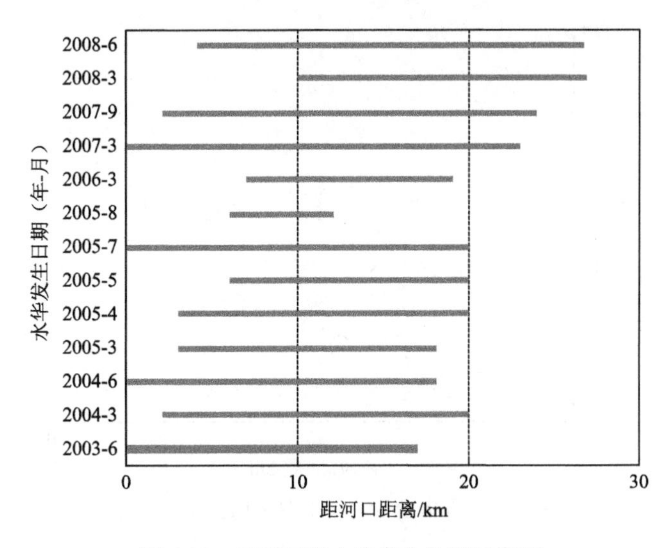

图 4-35　香溪河道水华发生位置示意图

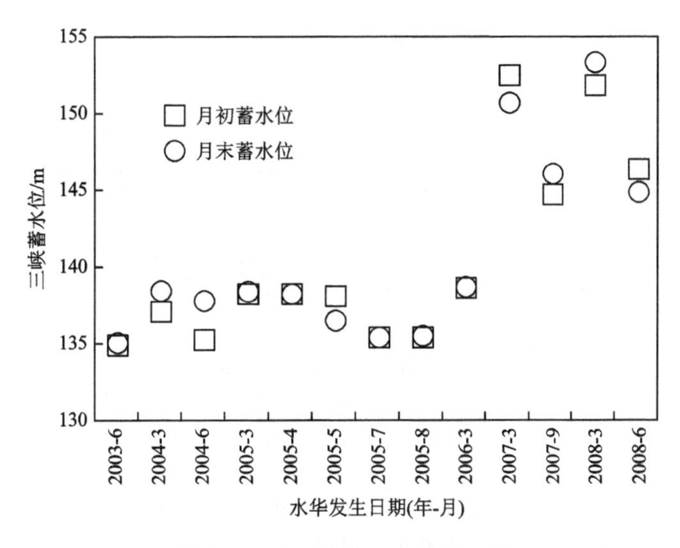

图 4-36　水华发生时水位统计图

沿程计算流速验证（2007 年 9 月 26 日）见图 4-38，2007 年 9 月 26 日的沿程计算流速分布与实测流速的变化趋势符合良好，接近香溪河口的河段计算流速在 0.001 m/s。在 0.03 m/s 的河道断面距离香溪河口约 22 km，与 2007 年 9 月水华发生时的发生河段位置大致吻合，说明将 0.03 m/s 作为香溪河水华发生的临界流速是合理的。总结汉江水华问题的研究文献，目前提出的汉江水华发生的临界条件有：临界流速 0.225 m/s，临界流量 500 m^3/s，临界 TN 浓度 1.0 mg/L，TP 浓度 0.07 mg/L（谢平 等，2004a，2004b；窦明 等，2002）。可见，不同的河流或湖泊水华发生的临界条件悬殊较大，影响水华发生的因素较复杂。

在以上水动力计算的基础上，进行香溪河库湾在 2007 年 9 月 25 日～10 月 8 日水华发生期间内，污染物（TP 和 TN）的时空演变过程。根据 2007 年 9 月 25 日香溪河沿程 14

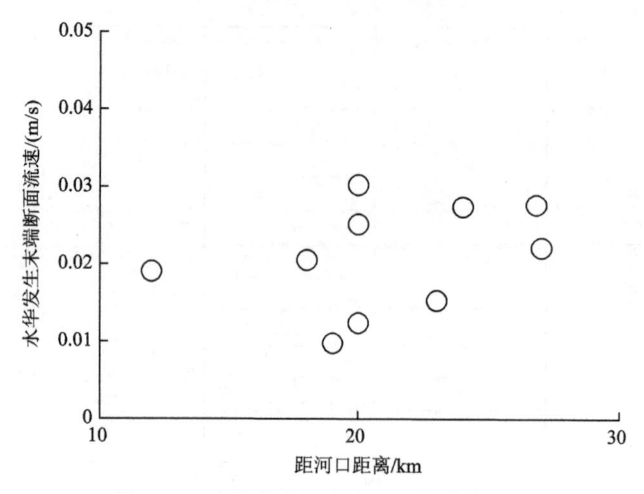

图 4-37 水华发生河段末端平均流速统计

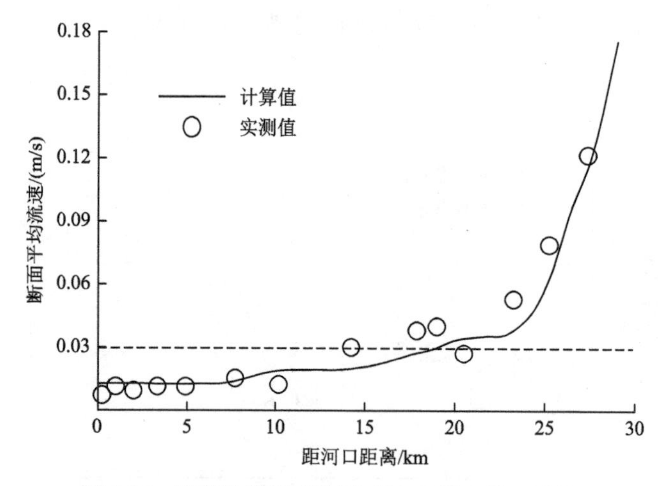

图 4-38 沿程计算流速验证（2007 年 9 月 26 日）

个测点的实测 TP 和 TN 浓度按空间线性插值，给定模拟区域内污染物浓度的计算初始浓度平面分布值。由于上游存在较多的磷矿、化工厂和生活排污口等，TP 在上游河段的浓度明显较下游的大，而 TN 浓度受到面源污染入汇及水体中水藻吸收空气中的氮元素和死亡分解的影响，没有明显的分布规律。

纪道斌等（2010a，2010b）现场观测了香溪河 2007 年 9～10 月水华发生期间的 TP 和 TN 浓度，采样频率 1 次/天。本书采用该资料对水质模型中的计算参数进行率定，需要率定的参数有浓度扩散系数和相应水温下的营养物质衰减参数。营养物质浓度计算的进口边界采用兴山测点的实测浓度变化过程，初始计算浓度设置为第一天的实测浓度按空间线性插值到计算区域作为初始计算条件。计算的 TP 和 TN 浓度值与实测值的对比见图 4-39 TP 浓度的计算值与实测值对比（率定期）。

从图 4-39 中可以看出，高阳镇测点的 TP 浓度计算值在 9 月 28 日降至最小值 0.01 mg/L，之后上升，在 10 月 4 日左右达到峰值 0.24 mg/L，然后不断下降。刘草坡测点的 TP 浓度计算值计算值在 9 月 30 日之前上升至 0.08 mg/L 的峰值，之后下降至 0.04 mg/L。秭归和峡口镇测点的 TP 浓度在 9 月 30 日之前下降幅度较大，分别从 0.08 mg/L 下降至 0.05 mg/L 和 0.02 mg/L，之后浓度基本维持不变。总体来说，香溪河上游的 TP 浓度计算值变化明显受到来流浓度的影响，特别是高阳镇测点的计算浓度过程与进口浓度过程相关，受到进口浓度过程的影响明显。

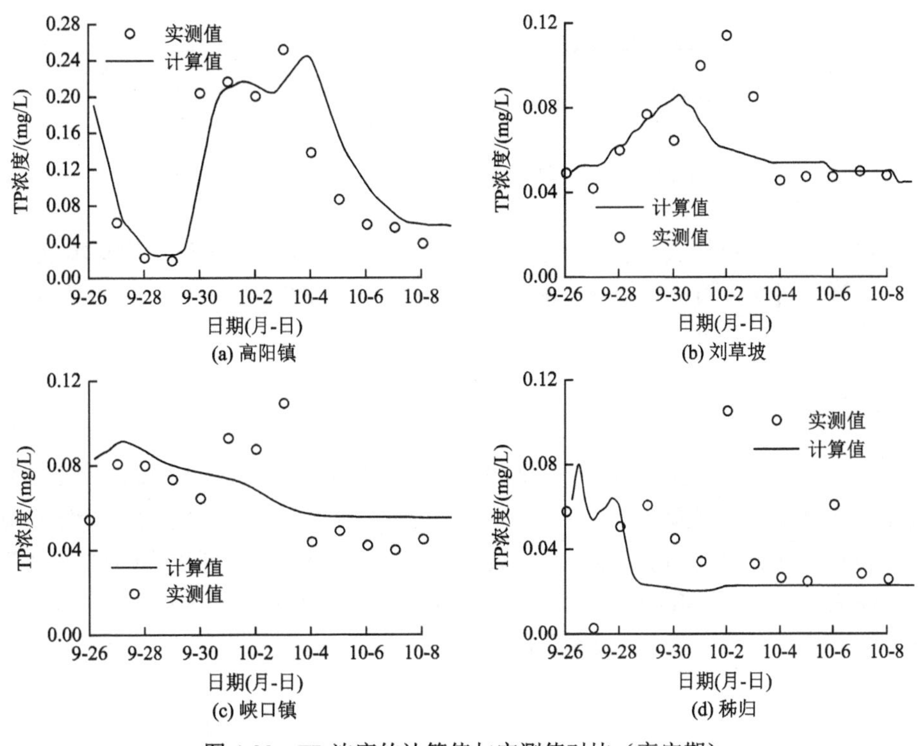

图 4-39　TP 浓度的计算值与实测值对比（率定期）

TN 浓度的变化过程见图 4-40，高阳镇测点的 TN 浓度计算值在 9 月 30 日降至最低值，之后上升，在 10 月 5 日到达峰值 0.8 mg/L。刘草坡测点的 TN 浓度计算值从 1.3 mg/L 持续下降至 0.6 mg/L。峡口镇测点的 TN 浓度计算值在 10 月 1 日降至最低值 0.2 mg/L，之后处于上升状态。秭归测点的 TN 浓度计算变化较小，而实测点较为散乱，主要是香溪河与长江干流水体交换造成污染物浓度变化。

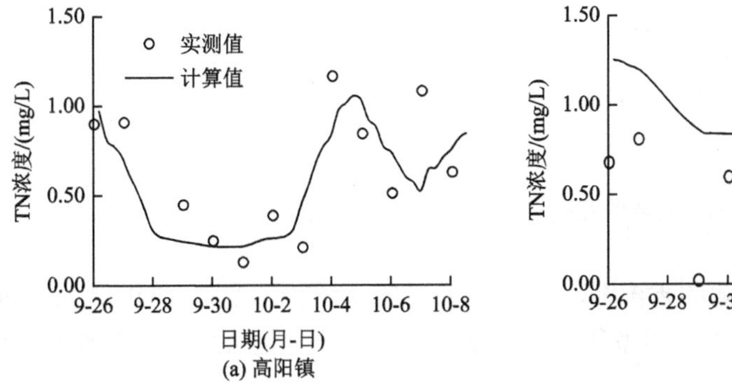

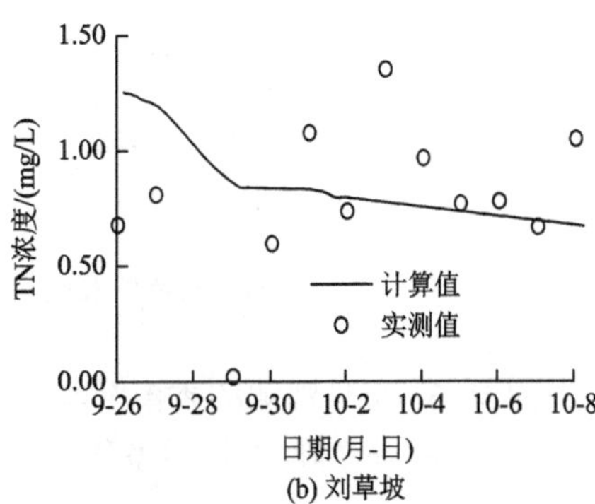

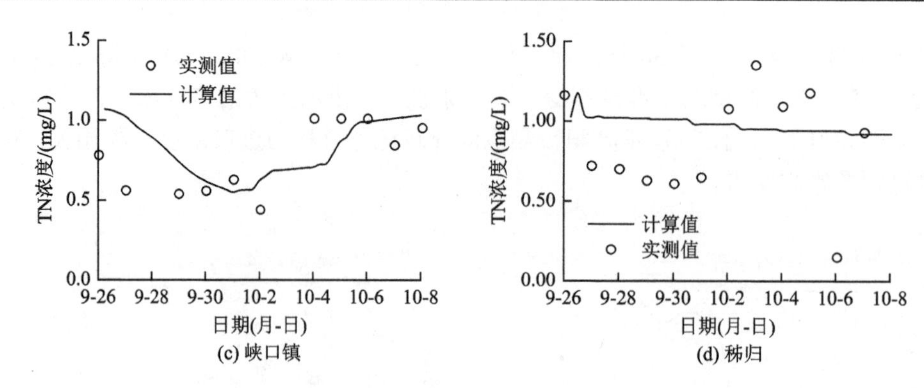

图 4-40　TN 浓度的计算值与实测值对比（率定期）

对比结果表明，虽然实测资料比较散乱，规律性不太强，但水质模型基本反映了 TP 和 TN 浓度随时间变化的总体趋势，说明该模型具有较好的精度，可以用于河道水流中污染物浓度变化过程的研究。

2. 验证期

采用 2008 年 6 月 6 日～7 月 11 日水华发生期间的水质监测数据来验证本小节模型的计算精度。实测数据采样频率为 7 天采样一次（张敏 等，2009）。兴山站和建阳坪站的记录流量保持稳定（香溪河约 20.0 m^3/s，高岚河约 5.0 m^3/s），在 6 月 22 日和 7 月 4 日受两场降雨影响有两次洪峰，其中 7 月 4 日的流量较大，香溪河流量达 500 m^3/s，高岚河流量达 18.0 m^3/s（图 4-41）；期间三峡水库蓄水位在 144.6～145.8 m 内波动频繁（图 4-42）。

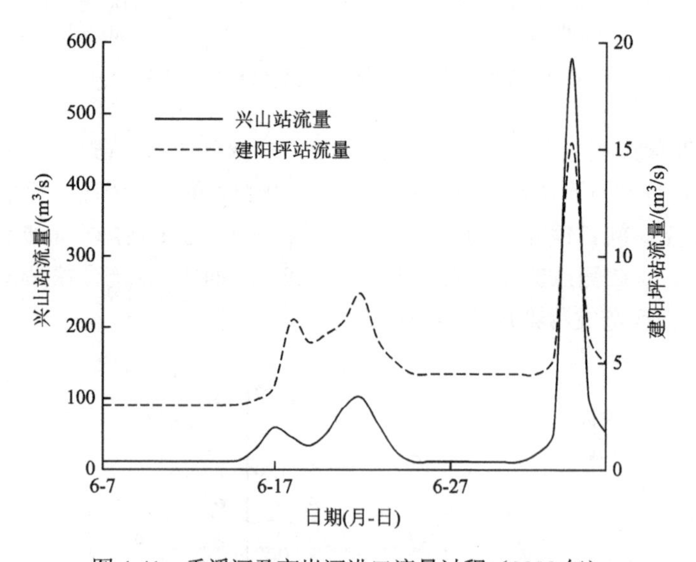

图 4-41　香溪河及高岚河进口流量过程（2008 年）

在 2008 年 6～7 月观测的香溪河与高岚河入口的水质状态变量（TP 和 TN）的浓度（图 4-43 和图 4-44），施加到边界条件上，用来验证水质模型是否可以复演香溪河河道内

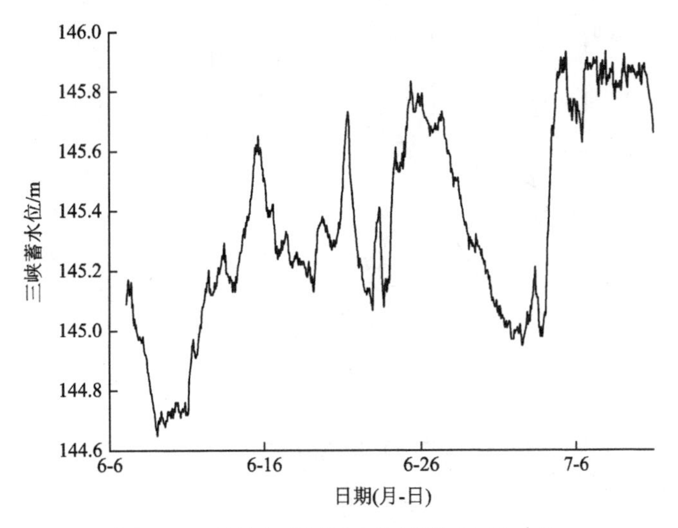

图4-42 三峡水库运行水位过程（2008年）

的水质变量的时空演变过程。由图4-43可见：香溪河入口的TP浓度逐渐降低且数值较高（0.2～0.5 mg/L），而TN浓度在7月5日以后迅速增加，最高达到1.8 mg/L，Chl-a浓度一直维持在一个较高的数值，约45.0 mg/m^3，处于一个中等程度的水华过程中。

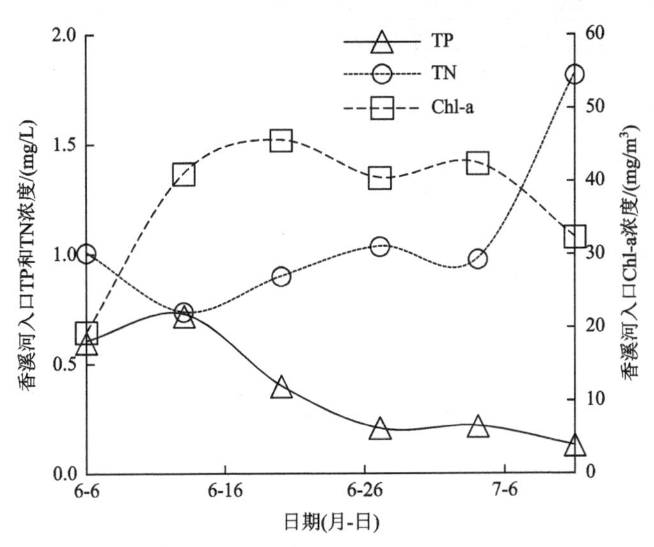

图4-43 香溪河入口TP、TN和Chl-a浓度（2008年）

从图4-44中可知，香溪河的支流高岚河入口的TP浓度很低，接近于0，表明高岚河的TP含量远低于香溪河干流，TP不是高岚河内水华的主要污染源。而TN的浓度在0.8～1.5 mg/L波动，也低于香溪河干流的TN浓度汇入值，高岚河的Chl-a浓度在15～40 mg/m^{3}波动，也普遍低于香溪河，研究结果均表明：高岚河的水质处于劣质状态，但较香溪河干流要偏好一些。

由高阳镇和峡口镇两个测点的TP和TN浓度的计算值和实测值对比见图4-45，从图中可以看出：香溪河上游的高阳镇的TP浓度计算值在6月15日以后迅速降低，从最高

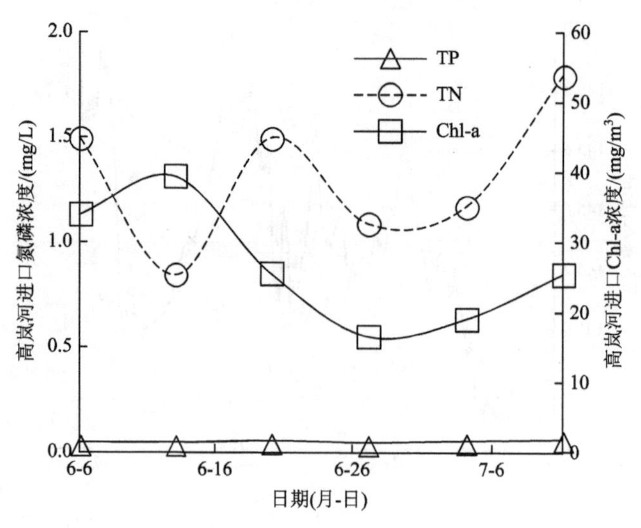

图 4-44　高岚河入口 TP、TN 和 Chl-a 浓度（2008 年）

值 0.6 mg/L 逐渐降低至 0，而 TN 浓度计算值在 6 月 13 日之前逐渐降低，从 1.2 mg/L 减小至最低值 0.7 mg/L，然后又逐渐增大至 1.5 mg/L，并且增加趋势仍在继续。而香溪河中游的峡口镇，TP 浓度计算值在 6 月 21 日时达到最高值 0.3 mg/L，然后逐渐减小，而 TN 浓度计算值维持在一个相对稳定的水平，约 1.3 mg/L。总体来说，验证期的 TP 和 TN 浓度计算值与实测值符合良好，表明经过参数率定后的水质模型可以复演香溪河水质的时空演变过程和不均匀分布情况。

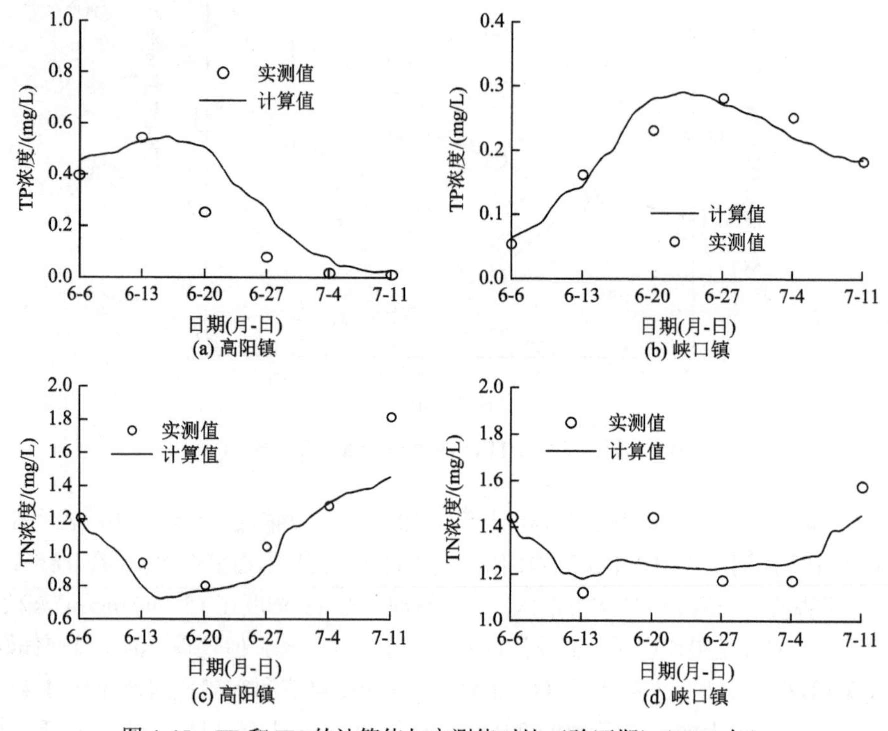

图 4-45　TP 和 TN 的计算值与实测值对比（验证期）（2008 年）

第 5 章　并行化粒子轨迹跟踪模型原理及应用

欧拉法对了解物理变量（包括标量和矢量）的时空演变是非常有用的，包括水位、流速和标量浓度等，但不能获得更多的物理变量个体或群体的运动信息，拉格朗日法可在一定程度上弥补此不足，但拉格朗日法也存在不足，例如计算量太大、边界信息难处理等。因此，基于网格计算的欧拉-拉格朗日粒子轨迹跟踪算法可综合欧拉法和拉格朗日法的优点，在欧拉-拉格朗日粒子轨迹跟踪模型计算中，欧拉法提供基于网格节点的水位和流场信息，水流运动信息插值到粒子上，基于拉格朗日的轨迹跟踪计算可提供单个或群体的粒子运动信息。基于粒子轨迹跟踪算法的模型已广泛应用于港湾流体滞留信息、泥沙颗粒输移、海上溢油漂移及海上搜救等案例研究，本章将尝试应用欧拉-拉格朗日粒子轨迹跟踪算法，研究香溪河水华期间的浮游藻类颗粒的对流扩散及生化反应的综合动力学过程。

5.1　粒子轨迹跟踪模型概述

粒子轨迹跟踪算法是研究流体中粒子群的运动轨迹线和移动时间信息的一种方法，分为基于拉格朗日法的无网格法（Liu et al.，2003）和基于网格计算流场下的拉格朗日粒子法（Oliveira et al.，1998）两种，无网格法主要用于模拟溃坝、波浪、水下爆破等物理过程发生较快的问题，由于计算代价较高、算法精确度、边界条件处理等问题目前在自然河流等领域的应用较少，而基于欧拉网格框架下的拉格朗日粒子轨迹跟踪算法在河口海洋的污染物等输移运动研究领域应用广泛，本节将利用这种方法进行香溪河在三峡水库调度作用下库湾内的污染物输移和水藻颗粒运动的研究。

由于粒子运动速度和粒子密度等由欧拉法计算法流场插值得到，插值算法和跟踪搜索算法对粒子模型的计算精度影响很大，较小的粒子位置定位和运动历时的计算误差将会造成很大的传递误差而导致计算失败（Oliveira et al.，1998）。早期的粒子轨迹跟踪模型为基于恒定流场下的粒子轨迹跟踪（Schafer et al.，1991；Pollock，1988），近年来很多研究者把粒子轨迹跟踪算法引入非恒定计算当中，Cheng 等（1996）采用旧时层和新时层的计算流速平均值作为粒子轨迹跟踪速度，Pollock（1988）仅采用新时层的流速作为粒子运动速度，Bensabat 等（2000）采用线性空间插值的方法求得粒子的近似运动速度解决复杂非恒定流动情况下计算时间步长内流速变化问题的影响，以上的粒子轨迹跟踪模型均在有限差分模型中实施。Suk 等（2010，2009）开发了基于有限单元法的粒子轨迹跟踪模型，将其拓展应用于多种类型网格单元中。可见，粒子轨迹跟踪模型中的粒子空间位置和粒子速度的计算算法最为关键，本节采用的三维粒子轨迹跟踪模型是 Suk 等（2009）提出的算法，非恒定流条件下在非结构网格单元体中进行空间搜索。

粒子轨迹跟踪技术被广泛地应用于研究和模拟自然界中可溶性污染物在河流、河口和海洋中的输运轨迹、掺混和交换等问题（Bilgili，2005）。Lu（1994）采用粒子轨迹跟踪技术模拟地下水污染物的运动途径，Visser（2008）采用粒子轨迹跟踪模型模拟了水体中的浮游生物的运动。Riddle（2001）采用随机游走模型预测苏格兰的 Forth 河口内化学物质泄漏的影响。Bilgili 等（2005）和 Proehl 等（2005）采用拉格朗日模拟方法研究了河口与海洋在潮流作用下的污染物交换过程。Visser（2008）应用粒子轨迹跟踪模型模拟了墨西哥的加利福利亚海湾内的幼虫在产卵场内的移动。Liu（2011）采用粒子轨迹跟踪法研究了淡水河口在潮流作用下，海湾内污染物的滞留时间与淡水流量的关系。Chen（2010）采用三维 SELFE 模型模拟淡水河口流场和潮流水位，结合三维粒子轨迹跟踪模型研究了污染物颗粒在海湾内的运动轨迹。Ulf Gräwe（2011）比较了几种粒子轨迹跟踪算法求解污染物输移的精度和有效性，粒子的移动由随机微分方程描述，随机微分方程与对流—扩散方程的形式一致，其中标量浓度由一组独立移动的虚拟粒子表述，粒子的对流移动速度由网格流场插值获得，粒子扩散速度由与流体紊动扩散相关的随机分布计算得到。

基于拉格朗日方法的粒子轨迹跟踪模型被广泛地采用，具有可以跟踪计算单个颗粒或粒子群运动轨迹的优点，模型中考虑了粒子在水体中的对流和随机紊动扩散，但拉格朗日粒子轨迹跟踪模型的缺点是没有考虑粒子之间的相互作用力。由于是虚拟粒子不能反映污染物颗粒的沉降、降解及吸附等过程，并且模型不能满足质量守恒，拉格朗日场向欧拉浓度场的转换需要进行大量数目粒子的计算，粒子模型难以提供场的信息。水华过程中的水藻在一定的水体环境下处于不断的增殖过程，这样的粒子模型不能适用，本章对传统的粒子模型进行改进，增加了诸多因素（如水下光照、水流流速）影响下的水藻颗粒生长源项，采用非守恒的粒子模型研究香溪库湾的水华发生过程。

5.2　粒子轨迹跟踪模型的基本原理

5.2.1　控制方程

本小节将采用拉格朗日法的粒子轨迹跟踪技术来研究颗粒污染物在香溪库湾内的扩散轨迹。模型是基于 ELCIRC 模型生成的水动力流场驱动拉格朗日粒子运动，模拟 2007 年 9 月三峡蓄水期间香溪库湾内污染物的运动情况。粒子在每一计算时间步长内移动的位置由式（5-1）～式（5-3）计算：

$$x(t+\delta t)=x(t)+u\delta t+R_x\sqrt{2K_h\delta t} \tag{5-1}$$

$$y(t+\delta t)=y(t)+v\delta t+R_y\sqrt{2K_h\delta t} \tag{5-2}$$

$$z(t+\delta t)=z(t)+w\delta t+R_z\sqrt{2K_v\delta t}+\delta t\frac{\partial K_v}{\partial z} \tag{5-3}$$

式中：(x,y,z)是粒子在新、旧时刻的空间位置（m）；(u,v,w)是水动力模型计算得到的三维流速（m/s）；δt 为粒子轨迹计算时间步长（s）；K_h、K_v 为水平和垂向扩散系数（m^2/s），同三维水动力模型中的紊动扩散系数；(R_x, R_y, R_z) 为均匀分布的随机数，范围在–1～1。粒子从扩散度高的位置向扩散度低的位置移动。

5.2.2　粒子轨迹跟踪计算流程

图 5-1 为一颗粒子在网格单元中运动轨迹的二维示意图，其中假设虚拟粒子在单元 E1 中由轨迹 1 运动至轨迹 3，至单元 E4 中的轨迹 4，至单元 E5 中的轨迹 5。

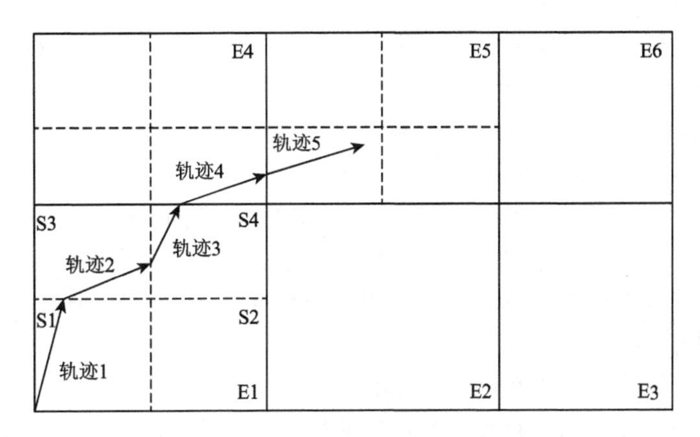

图 5-1　粒子运动轨迹的二维示意图

E 为流场计算网格单元；S 为网格 E 内粒子轨迹计算子单元

粒子轨迹跟踪的步骤如下（Cheng et al.，1996）。

步骤 1：开始进行粒子的跟踪计算。

不管释放多少颗粒子，都能分别独立地进行每颗粒子的跟踪模拟。

步骤 2：确定粒子开始运动的第一个单元 M。

考虑网格单元间的几何关系，可以判定在计算流场下粒子是否穿过网格单元。如果粒子处于计算边界上或以外区域及粒子速度方向指向计算区域外方向，即判定此粒子成为不动的“死粒子”，否则总可以在相邻的网格单元中搜索到此粒子的位置。

步骤 3：将计算单元 M 细分为若干子单元 NM。

在细分过程中，将产生 NM 个计算子单元和 NPM 个计算节点。子单元节点处的坐标和计算流速值均由单元 M 节点上的坐标值和流速值插值得到。计算子单元和计算节点间的连接关系也由计算得出。二维单元中 NM 和 NPM 根据式（5-4）和式（5-5）计算：

四边形单元：

$$\begin{aligned}\mathrm{NW} &= \mathrm{NXW} \times \mathrm{NYW} \\ \mathrm{NPW} &= (\mathrm{NXW}+1) \times (\mathrm{NYW}+1)\end{aligned} \tag{5-4}$$

三角形单元：

$$\begin{aligned}\mathrm{NW} &= \mathrm{NXW} \times \mathrm{NYW} \\ \mathrm{NPW} &= (\mathrm{NXW}+1) \times (\mathrm{NYW}+2)/2\end{aligned} \tag{5-5}$$

式中：NXW 、NYW 分别为 x 和 y 方向的细分个数。

步骤 4：确定粒子开始运动的第一个子单元 MW。

计算方法同步骤 2。

步骤 5：计算子单元 MW 中的粒子轨迹跟踪轨迹。

计算子单元中的粒子轨迹跟踪轨迹需要进行以下两个步骤。

（1）确定计算子单元中粒子结束运动的边，计算思路同步骤 2 中的方法。

（2）确定单元边上结束粒子的位置。基本思路为：根据粒子结束运动位置点周围的单元节点的坐标值和流速值插值得出。因此，需要计算插值参数，插值参数根据线性的速度–位移关系计算，插值计算可采用单流速计算法（粒子起始运动时刻的流速）或双流速计算法（取粒子运动起始和结束时刻流速的平均值）。两种方法均可采用 Newton-Raphson 法求解插值参数。此计算步骤中需要做两个判定。

判定 1：是否达到设定的跟踪时间？

对于在子单元 MW 中的粒子，通过比较设定的跟踪时间（跟踪计算的时间步长）和已进行的跟踪计算耗时的长短来判定。如果已达到设定的粒子轨迹跟踪时间，则粒子即已到达单元的边上（如图 5-1 中轨迹 1 和轨迹 2 的终点）。否则，一个单元内的粒子轨迹跟踪计算将继续进行。

判定 2：粒子是否会穿过单元 M 的其他边？

可以通过检验：①最新计算步（Δt+1）的粒子终点是否位于单元 M 的边上；②如果粒子位于单元 M 的边上，此时粒子的速度方向是否指向离开单元 M 的方向。如果粒子继续在单元 M 内移动（如图 5-1 中轨迹 1 和轨迹 2 的终点），则需要确定粒子移动的下一个子单元，否则下一跟踪计算步（Δt+2）将在相邻的单元 M 中进行（如图 5-1 中轨迹 3 的终点）。

步骤 6：确定下一个粒子移动穿过的单元 MW1。

步骤 5 中计算确定的粒子运动结束点成为下一时刻粒子运动的起始点。下一时间步长粒子运动到达的单元可采用步骤 4 中的方法，通过计算子单元与新的运动起始点的连接关系确定。由图 5-1 可知，子单元 S4 的粒子轨迹 3 是由子单元 S3 的粒子轨迹 2 确定。

步骤 7：令 MW = MW1。

更新计算子单元以继续进行粒子轨迹跟踪计算。

步骤 8：确定粒子运动穿过的下一个单元 MM1。

与步骤 6 计算基本相同，除了计算中的粒子是位于计算单元间的界面上和搜索下一个运动穿过的单元，而不是在子单元中进行运动轨迹计算。

步骤 9：令 M = MM1。

更新计算单元以继续进行粒子轨迹跟踪计算。

步骤 10：结束粒子轨迹跟踪计算。

由于水动力模型中采用的时间步长比较大，粒子轨迹跟踪模型使用的时间步长要将水动力模型的时间步长分解为多个计算子步，以防止由于时间步长过大而造成粒子的下一时刻的计算位置超出计算区域范围导致计算失败的问题。粒子在新旧时刻位置的搜索采用三维空间位置搜索算法进行，较为复杂，具体介绍见 5.2.3 小节。基于欧拉网格计算流场驱动的拉格朗日粒子轨迹跟踪模型的大致计算流程见图 5-2。

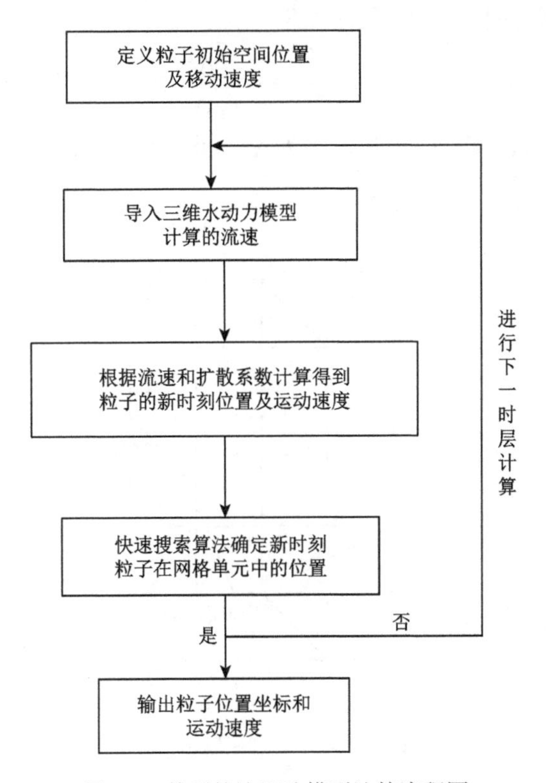

图 5-2　粒子轨迹跟踪模型计算流程图

5.2.3　粒子空间位置的搜索算法

拉格朗日粒子轨迹跟踪模型的核心是模拟粒子的运动轨迹和运动历时，粒子在计算时间层开始和结束时的空间位置对计算精度至关重要，因此，粒子的三维空间位置定位及搜索成为粒子轨迹跟踪模型的核心算法。本小节介绍二维和三维空间下在三角形和四边形单元中的粒子轨迹跟踪运动轨迹和运动历时的计算算法（Suk et al.，2009），随后又将以上算法拓展到任意形式网格单元和单元体中（如四面体、六面体、八面体等）。在二维空间中粒子运动位移和运动历时根据线性速度—位置关系，式（5-1）和式（5-2）可写为式（5-6）～式（5-8）形式：

$$\Delta x = x_q - x_p = \Delta t^* \cdot V_x \tag{5-6}$$

$$\Delta y = y_q - y_p = \Delta t^* \cdot V_y \tag{5-7}$$

$$\Delta t^* = \frac{\sqrt{(x_q - x_p)^2 + (y_q - y_p)^2}}{\sqrt{V_x^2 + V_y^2}} \tag{5-8}$$

式中：$(\Delta x, \Delta y)$ 为粒子运动位移；(x_p, y_p) 为粒子运动起点 p 的坐标；(x_q, y_q) 为粒子运动

终点 q 的坐标；(V_x,V_y) 为粒子运动速度；$\Delta t^*=t^*-t^n$ 为粒子由起点 p 运动至终点 q 的历时，其中 t^n 为粒子运动起始时间，t^* 为粒子到达终点 q 的时间，见图 5-3。式（5-9）定义线性时间插值因子 θ 来计算时间 t^*：

$$\theta=\frac{t^*-t^n}{t^{n+1}-t^n}=\frac{\Delta t^*}{\Delta t} \tag{5-9}$$

式中：Δt 为设定的跟踪计算时间步长。因为 $\Delta t^*>0$，线性时间插值因子 $\theta>0$。

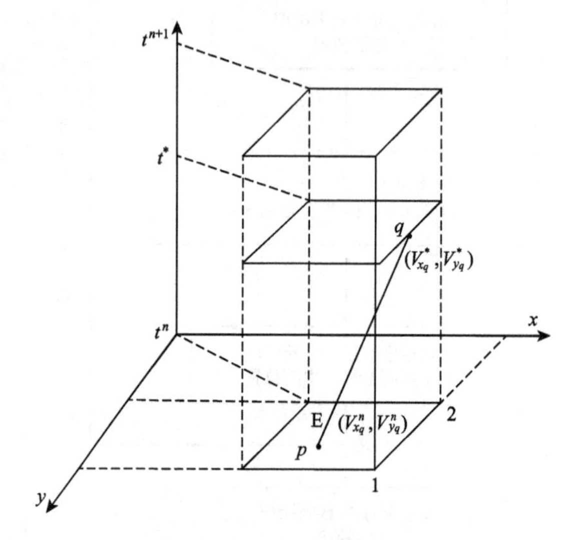

图 5-3　粒子轨迹三维示意图

对于二维投影平面上的粒子轨迹跟踪，见图 5-4。假设粒子运动穿过单元边，终点 q 所在边的两个端点 1 和 2，终点 q 的坐标采用式（5-10）和式（5-11）的线性空间插值因子 ξ 计算：

$$x_q=\xi x_1+(1-\xi)x_2 \tag{5-10}$$

$$y_q=\xi y_1+(1-\xi)y_2 \tag{5-11}$$

式中：(x_1,y_1) 和 (x_2,y_2) 分别为端点 1 和端点 2 的坐标位置；ξ 为定位 q 点位置的线性空间插值因子，$0\leqslant\xi\leqslant1$。

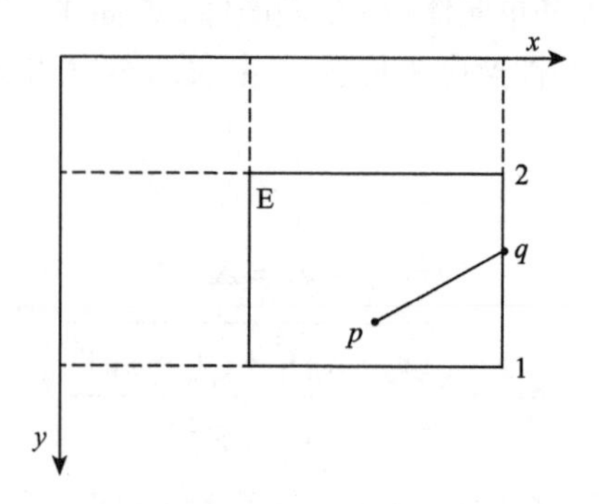

图 5-4　粒子轨迹二维投影示意图

将式（5-8）代入式（5-6）和式（5-7），考虑ξ和θ之间的显式函数关系，粒子运动速度可表示为θ的函数，式（5-6）和式（5-7）可分别转化为如下x和y方向目标函数的形式：

$$F(\theta)=[x_q(\theta)-x_p]\sqrt{V_x(\theta)^2+V_y(\theta)^2}-\sqrt{[x_q(\theta)-x_p]^2+[y_q(\theta)-y_p]^2}\cdot V_x(\theta)=0 \tag{5-12}$$

$$G(\theta)=[y_q(\theta)-y_p]\sqrt{V_x(\theta)^2+V_y(\theta)^2}-\sqrt{[x_q(\theta)-x_p]^2+(y_q(\theta)-y_p)^2}\cdot V_y(\theta)=0 \tag{5-13}$$

式中：$F(\theta)$和$G(\theta)$分别为x和y方向的目标函数，仅为θ的函数。

式（5-12）和式（5-13）中的x_p和y_p为已知量，而$[x_q(\theta),y_q(\theta)]$和$[V_x(\theta),V_y(\theta)]$为未知量，且仅为$\theta$的函数。因此，线性时间插值因子$\theta$可采用Newton-Raphson法求解式(5-12)和式（5-13）得到，求解公式推导如下。

式（5-6）～式（5-8）的粒子轨迹跟踪运动速度可以由粒子起始点p和终点q的流速平均求得

$$V_x=\frac{1}{2}(V_{x_p}^n+V_{x_q}^*) \tag{5-14}$$

$$V_y=\frac{1}{2}(V_{y_p}^n+V_{y_q}^*) \tag{5-15}$$

式中：$(V_{x_p}^n,V_{y_p}^n)$为在时刻t^n时起始点位置的粒子运动速度。起始运动速度$(V_{x_p}^n,V_{y_p}^n)$可由p点周围节点流速双线性空间插值得到。终点运动速度$(V_{x_q}^*,V_{y_q}^*)$表示在终点q处t^*时刻的粒子运动速度，是未知量。粒子终点位于断面为1和2的单元边上（图5-3），$(V_{x_q}^*,V_{y_q}^*)$可由线性空间插值因子ξ表述为

$$V_{x_q}^*=\xi V_{x_1}^*+(1-\xi)V_{x_2}^* \tag{5-16}$$

$$V_{y_q}^*=\xi V_{y_1}^*+(1-\xi)V_{y_2}^* \tag{5-17}$$

其中

$$\begin{cases}V_{x_1}^*=\theta V_{x_1}^{n+1}+(1-\theta)V_{x_1}^n\\ V_{y_1}^*=\theta V_{y_1}^{n+1}+(1-\theta)V_{y_1}^n\end{cases} \tag{5-18}$$

$$\begin{cases}V_{x_2}^*=\theta V_{x_2}^{n+1}+(1-\theta)V_{x_2}^n\\ V_{y_2}^*=\theta V_{y_2}^{n+1}+(1-\theta)V_{y_2}^n\end{cases} \tag{5-19}$$

式中：$(V_{x_1}^*,V_{y_1}^*)$和$(V_{x_2}^*,V_{y_2}^*)$分别为端点 1 和 2 处在时刻t^*的粒子速度；$(V_{x_1}^{n+1},V_{y_1}^{n+1})$和$(V_{x_2}^{n+1},V_{y_2}^{n+1})$分别为两个端点在新时层$t^{n+1}$的粒子速度；$(V_{x_1}^n,V_{y_1}^n)$和$(V_{x_2}^n,V_{y_2}^n)$分别为两个端点处在旧时层$t^n$的粒子速度。

为确定ξ和θ的函数关系需要做如下公式推导。

（1）将式（5-6）和式（5-7）分别代入式（5-10），可得

$$\xi=\frac{x_2-x_p-\Delta t^*\cdot V_x}{x_2-x_1} \tag{5-20}$$

$$\xi=\frac{y_2-y_p-\Delta t^*\cdot V_y}{y_2-y_1} \tag{5-21}$$

（2）将式（5-14）～式（5-17）代入式（5-20）和式（5-21），可得如下形式：

$$\xi=\frac{x_2-x_p-\Delta t^*\cdot\frac{1}{2}[V_{x_p}^n+\xi V_{x_1}^*+(1-\xi)V_{x_2}^*]}{x_2-x_1} \tag{5-22}$$

$$\xi=\frac{y_2-y_p-\Delta t^*\cdot\frac{1}{2}[V_{y_p}^n+\xi V_{y_1}^*+(1-\xi)V_{y_2}^*]}{y_2-y_1} \tag{5-23}$$

（3）将式（5-18）和式（5-19）代入式（5-22）和式（5-23），可得如下形式：

$$\xi=\frac{x_2-x_p-\Delta t^*\cdot\frac{1}{2}\{V_{x_p}^n+\xi[\theta V_{x_1}^{n+1}+(1-\theta)V_{x_1}^n]+(1-\xi)[\theta V_{x_2}^{n+1}+(1-\theta)]\}}{x_2-x_1} \tag{5-24}$$

$$\xi=\frac{y_2-y_p-\Delta t^*\cdot\frac{1}{2}\{V_{y_p}^n+\xi[\theta V_{y_1}^{n+1}+(1-\theta)V_{y_1}^n]+(1-\xi)[\theta V_{y_2}^{n+1}+(1-\theta)]\}}{y_2-y_1} \tag{5-25}$$

（4）将式（5-8）代入式（5-24）和式（5-25），整理可得

$$\begin{aligned}\xi(x_2-x_1)=&x_2-x_p-\frac{\theta\Delta tV_{x_p}^n}{2}-\frac{\theta^2\Delta tV_{x_2}^{n+1}}{2}-\frac{\theta\Delta tV_{x_2}^n}{2}+\frac{\theta^2\Delta tV_{x_2}^n}{2}\\&-\xi\left(\frac{\theta^2\Delta tV_{x_1}^{n+1}}{2}+\frac{\theta\Delta tV_{x_1}^n}{2}-\frac{\theta^2\Delta tV_{x_1}^n}{2}-\frac{\theta^2\Delta tV_{x_2}^{n+1}}{2}-\frac{\theta\Delta tV_{x_2}^n}{2}+\frac{\theta^2\Delta tV_{x_2}^n}{2}\right)\end{aligned} \tag{5-26}$$

$$\begin{aligned}\xi(y_2-y_1)=&y_2-y_p-\frac{\theta\Delta tV_{y_p}^n}{2}-\frac{\theta^2\Delta tV_{y_2}^{n+1}}{2}-\frac{\theta\Delta tV_{y_2}^n}{2}+\frac{\theta^2\Delta tV_{y_2}^n}{2}\\&-\xi\left(\frac{\theta^2\Delta tV_{y_1}^{n+1}}{2}+\frac{\theta\Delta tV_{y_1}^n}{2}-\frac{\theta^2\Delta tV_{y_1}^n}{2}-\frac{\theta^2\Delta tV_{y_2}^{n+1}}{2}-\frac{\theta\Delta tV_{y_2}^n}{2}+\frac{\theta^2\Delta tV_{y_2}^n}{2}\right)\end{aligned} \tag{5-27}$$

（5）将式（5-26）和式（5-27）中的ξ项进行合并，ξ表示为θ的函数，式（5-26）和式（5-27）分别变成式（5-28）和式（5-29）：

$$\xi(\theta)=\frac{2(x_2-x_p)-\theta\Delta tV_{x_p}^n-\theta^2\Delta tV_{x_2}^{n+1}-\theta(1-\theta)\Delta tV_{x_2}^n}{2(y_2-y_1)+\theta^2\Delta t(V_{x_1}^{n+1}-V_{x_2}^{n+1})+\theta(1-\theta)\Delta t(V_{x_1}^n-V_{x_2}^n)} \tag{5-28}$$

$$\xi(\theta)=\frac{2(y_2-y_p)-\theta\Delta tV_{y_p}^n-\theta^2\Delta tV_{y_2}^{n+1}-\theta(1-\theta)\Delta tV_{y_2}^n}{2(y_2-y_1)+\theta^2\Delta t(V_{y_1}^{n+1}-V_{y_2}^{n+1})+\theta(1-\theta)\Delta t(V_{y_1}^n-V_{y_2}^n)} \tag{5-29}$$

线性空间插值因子$\xi(\theta)$可以用线性时间插值因子θ来定义，同样$[x_q(\theta),y_q(\theta)]$、$[V_x(\theta),V_y(\theta)]$和$[V_{x_q}^*(\theta),V_{y_q}^*(\theta)]$也可以由式（5-10）、式（5-11）、式（5-14）～式（5-17）分别定义为θ的函数。

与二维粒子轨迹跟踪模拟计算的数学推导过程相似，三维粒子轨迹跟踪同样是基于位移—速度的线性关系式推导，x、y和z方向的关系式为

$$\Delta x=x_q-x_p=\Delta t^*\cdot V_x \tag{5-30}$$

$$\Delta y=y_q-y_p=\Delta t^*\cdot V_y \tag{5-31}$$

$$\Delta z=z_q-z_p=\Delta t^*\cdot V_z \tag{5-32}$$

$$\Delta t^*=\frac{\sqrt{(x_q-x_p)^2+(y_q-y_p)^2+(z_q-z_p)^2}}{\sqrt{V_x^2+V_y^2+V_z^2}} \tag{5-33}$$

假设三维粒子轨迹跟踪计算是在四边形单元中进行，粒子运动终点位于四边形单元的边上，x_q、y_q和z_q可定义为

$$x_q=\sum_{i=1}^4 x_iN_i(\varepsilon,\eta) \tag{5-34}$$

$$y_q=\sum_{i=1}^4 y_iN_i(\varepsilon,\eta) \tag{5-35}$$

$$z_q=\sum_{i=1}^4 z_iN_i(\varepsilon,\eta) \tag{5-36}$$

式中：ε,η为局部空间坐标；基函数$N_i(\varepsilon,\eta)$可由以下公式计算：

$$N_1=\frac{1}{4}(1-\varepsilon)(1-\eta) \tag{5-37}$$

$$N_2=\frac{1}{4}(1+\varepsilon)(1-\eta) \tag{5-38}$$

$$N_3=\frac{1}{4}(1+\varepsilon)(1+\eta) \tag{5-39}$$

$$N_4=\frac{1}{4}(1-\varepsilon)(1+\eta) \tag{5-40}$$

在三维粒子轨迹跟踪计算中，粒子将通过单元体的面，而二维情况下是单元的一条边，因此，粒子在每一步到达时刻t^*的粒子速度可表示为

$$V_{x_q}^*=\sum_{i=1}^4 V_{x_i}^*N_i(\varepsilon,\eta) \tag{5-41}$$

$$V_{y_q}^* = \sum_{i=1}^{4} V_{y_i}^* N_i(\varepsilon,\eta) \tag{5-42}$$

$$V_{z_q}^* = \sum_{i=1}^{4} V_{z_i}^* N_i(\varepsilon,\eta) \tag{5-43}$$

将式（5-9）、式（5-13）、式（5-14）、式（5-34）、式（5-37）～式（5-41）代入式（5-30），可得

$$\begin{aligned}
&\left(\frac{x_1+x_2+x_3+x_4-4x_p}{4}\right)+\left(\frac{-x_1+x_2+x_3-x_4}{4}\right)\varepsilon+\left(\frac{-x_1-x_2+x_3-x_4}{4}\right)\eta \\
&+\left(\frac{x_1-x_2+x_3-x_4}{4}\right)\varepsilon\eta=\frac{1}{2}\theta\Delta t\left(\frac{4V_{x_p}^n+V_{x_1}^*+V_{x_2}^*+V_{x_3}^*+V_{x_4}^*}{4}\right) \\
&+\frac{1}{2}\theta\Delta t\left(\frac{-V_{x_1}^*+V_{x_2}^*+V_{x_3}^*-V_{x_4}^*}{4}\right)\varepsilon+\frac{1}{2}\theta\Delta t\left(\frac{-V_{x_1}^*-V_{x_2}^*+V_{x_3}^*+V_{x_4}^*}{4}\right)\eta \\
&+\frac{1}{2}\theta\Delta t\left(\frac{V_{x_1}^*-V_{x_2}^*+V_{x_3}^*-V_{x_4}^*}{4}\right)\varepsilon\eta
\end{aligned} \tag{5-44}$$

将式（5-44）中的$V_{x_i}^*$用式（5-18）和式（5-19）代替，按ε、η和θ的顺序将式（5-44）重新整理可得

$$\begin{aligned}
F(\varepsilon,\eta,\theta)=&A_1+A_2\varepsilon+A_3\eta+A_4\varepsilon\eta+A_5\theta+A_6\theta^2+A_7\theta\varepsilon \\
&+A_8\theta\eta+A_9\theta\varepsilon\eta+A_{10}\theta^2\varepsilon+A_{11}\theta^2\eta+A_{12}\theta^2\varepsilon\eta=0
\end{aligned} \tag{5-45}$$

其中

$$A_1=x_1+x_2+x_3+x_4-4x_p \tag{5-46}$$

$$A_2=-x_1+x_2+x_3-x_4 \tag{5-47}$$

$$A_3=-x_1-x_2+x_3+x_4 \tag{5-48}$$

$$A_4=x_1-x_2+x_3-x_4 \tag{5-49}$$

$$A_5=-\frac{1}{2}\Delta t[4V_{x_p}^n+(V_{x_1}^n+V_{x_2}^n+V_{x_3}^n+V_{x_4}^n)] \tag{5-50}$$

$$A_6=-\frac{1}{2}\Delta t[(V_{x_1}^{n+1}-V_{x_1}^n)+(V_{x_2}^{n+1}-V_{x_2}^n)+(V_{x_3}^{n+1}-V_{x_3}^n)+(V_{x_4}^{n+1}-V_{x_4}^n)] \tag{5-51}$$

$$A_7=-\frac{1}{2}\Delta t(-V_{x_1}^n+V_{x_2}^n+V_{x_3}^n-V_{x_4}^n) \tag{5-52}$$

$$A_8=-\frac{1}{2}\Delta t(-V_{x_1}^n-V_{x_2}^n+V_{x_3}^n+V_{x_4}^n) \tag{5-53}$$

$$A_9 = -\frac{1}{2}\Delta t(V_{x_1}^n - V_{x_2}^n + V_{x_3}^n - V_{x_4}^n) \tag{5-54}$$

$$A_{10} = -\frac{1}{2}\Delta t[-(V_{x_1}^{n+1} - V_{x_1}^n) + (V_{x_2}^{n+1} - V_{x_2}^n) + (V_{x_3}^{n+1} - V_{x_3}^n) - (V_{x_4}^{n+1} - V_{x_4}^n)] \tag{5-55}$$

$$A_{11} = -\frac{1}{2}\Delta t[-(V_{x_1}^{n+1} - V_{x_1}^n) - (V_{x_2}^{n+1} - V_{x_2}^n) + (V_{x_3}^{n+1} - V_{x_3}^n) + (V_{x_4}^{n+1} - V_{x_4}^n)] \tag{5-56}$$

$$A_{12} = -\frac{1}{2}\Delta t[(V_{x_1}^{n+1} - V_{x_1}^n) - (V_{x_2}^{n+1} - V_{x_2}^n) + (V_{x_3}^{n+1} - V_{x_3}^n) - (V_{x_4}^{n+1} - V_{x_4}^n)] \tag{5-57}$$

式（5-45）中所有的 A_i 值均已知，式（5-45）是 ε、η 和 θ 的非线性函数。与推导出 x 方向的目标函数过程相似，可由式（5-31）～式（5-33）推导出 y 和 z 方向的目标函数。可采用 Newton-Raphson 法求解目标函数得到 ε、η 和 θ。

得到 θ 值后就可以求出粒子运动终点位置和移动速度，由式（5-9）可以求得跟踪耗时 Δt^*。如果 $\Delta t^* < \Delta t$，粒子将继续运动，直到粒子到达计算区域边界或设定的跟踪计算时间；当 $\Delta t^* > \Delta t$ 时，终点 q 处的粒子坐标由式（5-58）～式（5-60）计算，并作为下一时层的跟踪计算起始点，此后不断地循环计算。

$$x_q^r = x_p + (x_q - x_p)\frac{\Delta t}{\Delta t^*} \tag{5-58}$$

$$y_q^r = y_p + (y_q - y_p)\frac{\Delta t}{\Delta t^*} \tag{5-59}$$

$$z_q^r = y_p + (z_q - z_p)\frac{\Delta t}{\Delta t^*} \tag{5-60}$$

式中：(x_q^r, y_q^r, z_q^r) 为采用计算得到的 (x_q, y_q, z_q) 和 Δt^* 重新计算得出的粒子运动终点位置坐标。

5.3　粒子轨迹跟踪模型的验证

本节利用第 4 章中 Chang（1971）连续弯道水槽试验的三维水动力欧拉场模拟计算框架下进行拉格朗日粒子轨迹跟踪模型的验证计算。在弯道水槽的进口处释放 5 个虚拟粒子对其运动轨迹进行跟踪模拟，粒子在三维水流模拟计算稳定后即刻释放。需要定义 5 个粒子的初始空间位置坐标，粒子的 x、y 坐标可以采用非结构网格节点坐标来定义，也可以自定义，但需保证粒子处于水流计算区域当中，粒子的 z 坐标值表示距离水面的距离，例如 $z = -0.01$ 表示粒子位于水面以下 0.01 m 处。Chang（1971）弯道水槽的粒子轨迹跟踪计算中的粒子初始位置是自定义的，粒子的初始速度可以设置为猜测值，也可以不定义，模型当中粒子的运动速度是根据 ELCIRC 模型计算的三维流速值计算得出，初始计算参数设置见表 5-1。

表 5-1　粒子轨迹跟踪计算初始参数设置

粒子编号	粒子释放时刻	粒子初始位置（空间坐标）			粒子初始速度		
		x	y	z	u/(m/s)	v/(m/s)	w/(m/s)
#1	0.0	99.852	102.610	0.00	−99	−99	−99
#2	0.0	100.129	102.336	−0.01	−99	−99	−99
#3	0.0	100.410	102.064	−0.05	−99	−99	−99
#4	0.0	100.689	101.788	−0.08	−99	−99	−99
#5	0.0	100.962	101.511	0.00	−99	−99	−99

弯道水槽内的粒子运动轨迹见图 5-5，在水槽进口处粒子释放后经过一段时间后，粒子随水流运动至水槽出口，当不考虑水流紊动的随机扩散作用时，见图 5-5（a），粒子的运动取决于三维流场的驱动，运动轨迹是规则光滑的曲线；当考虑水流紊动的随机扩散作用后，粒子的运动轨迹不再光滑，在弯道处可以反映出弯道水流输移的特点，在水体表面附近横向上粒子有从凸岸游移至凹岸的趋势，见图 5-5（b），可见，考虑对流扩散作用的拉格朗日轨迹跟踪模型与基于欧拉场的非结构网格水质模型同样可以模拟出弯道水槽输移的一些水力学特性。

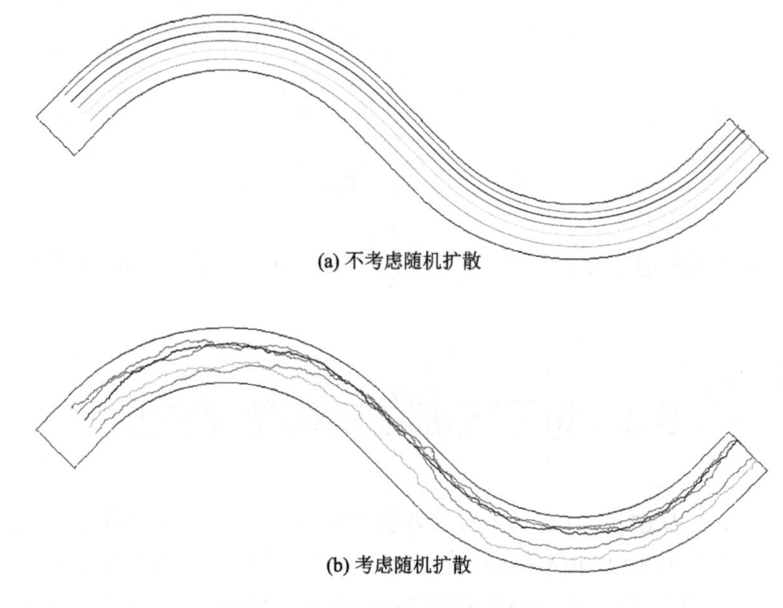

图 5-5　弯道水槽内的粒子运动轨迹

本节采用的粒子轨迹跟踪模型是三维模型，不仅可以模拟粒子在水平空间的运动，也可以模拟在垂向上的运动，见图 5-6。5 颗粒子经过水流的输移后，接近水面的粒子有向水底运动的趋势，模型可以反映出三维空间的水流对流扩散对粒子的输移作用。

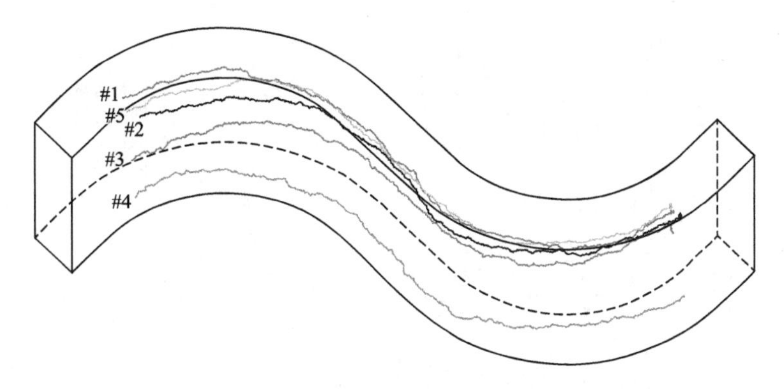

图 5-6 粒子三维运动轨迹模拟

计算表明，粒子从释放至到达水槽出口需要约 120 s，与第 4 章中基于非结构网格欧拉场模拟计算得出的污染物传播至整个水槽达到饱和状态的经历时间大致相同，说明基于拉格朗日法计算结果是可靠的。

5.4 粒子轨迹跟踪模型在香溪河的应用

香溪河处于三峡库区内，距离三峡大坝仅 36 km，受到三峡蓄水位的影响明显，并且三峡水库调度过程中水位时增时降，导致香溪库湾内的水流条件变得较为复杂，水体处于来回振荡的状态且与长江干流水体有相互交换，因此，有必要对其进行更为细致的三维数值模拟，了解香溪河库湾内水体的水动力学特性。本节将应用海洋动力学 ELCIRC 模型和基于欧拉流场驱动的拉格朗日法的粒子轨迹跟踪模型，ELCIRC 模型采用非结构网格模式，不仅能很好地适应复杂边界和大比降的河流，并且采用了欧拉-拉格朗日法处理对流项而具有很高的计算效率，通过粒子轨迹跟踪法模拟可以初步了解污染物在库湾内的运动轨迹，为进行香溪河水华问题的数值模拟研究奠定基础。

5.4.1 三峡水库蓄水期

本小节将上述经过水槽试验初步验证的粒子运动轨迹跟踪模型应用于香溪河在 2007 年秋季三峡蓄水期间库湾内的污染物运动的模拟。粒子的初始位置位于贾家店村至秭归的香溪河下游河段，共释放 2 228 颗中性粒子，布置方式是采用非结构网格节点坐标来定义粒子的初始平面位置，见图 5-7（a），图中的红色线代表三维流场模拟计算采用的非结构网格线，黑色点表示粒子的平面初始位置，由于香溪库湾的水流紊动掺混较弱，并且库湾水深变化较大，本小节不进行粒子在垂向上的轨迹跟踪计算，因此，粒子的垂向位置定义在水面处。

基于分布式内存并行的 MPI 方式，将香溪河计算网格进行分区，见图 5-7（b），分为 4 个分区，即可以分配给 4 个进程，进行并行计算。由于香溪河的计算规模较小，启动 4 个进程的并行计算即达到最高加速比，约 3.62，并行效率显著。

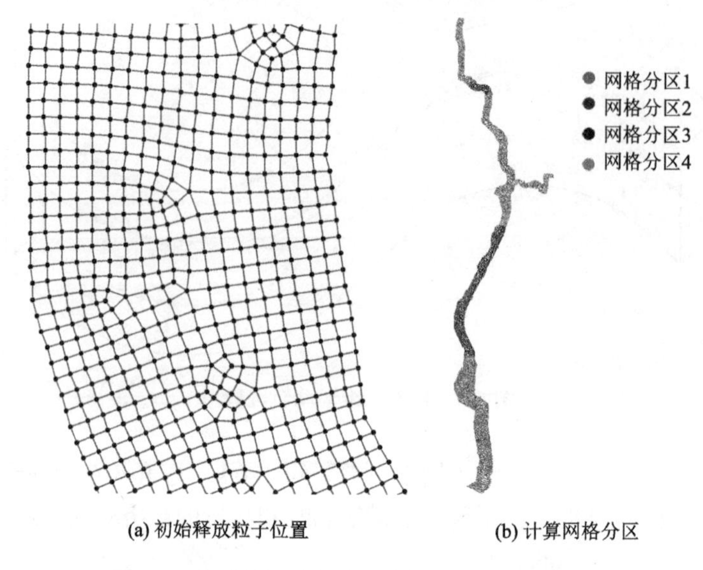

图 5-7　粒子的初始位置和计算网格分区示意图

跟踪香溪河库湾内释放的某一颗粒子在运动 200 h 后的运动轨迹，见图 5-8，可见不考虑紊动扩散时粒子的运动轨迹几乎为一条直线，考虑紊动扩散后粒子的运动轨迹较不考虑紊动扩散时的运动轨迹有所偏离，说明香溪河库湾内的水体紊动扩散作用相当微弱。并且在历时 200 h 后，粒子在横向上的运动距离不到 400 m，粒子的横向运动方向与河势相关，粒子沿河道方向的运动距离不到 600 m，平均运动速度约 0.000 7 m/s，且向上游方向运动，表明在三峡蓄水的情况下，水体向库湾上游倒灌将导致污染物无法排出库湾，并且上游来流的污染物向下游搬运而下游的污染物也有向上游输移的趋势，也将导致污染物在香溪河中游位置累加而浓度不断增大。

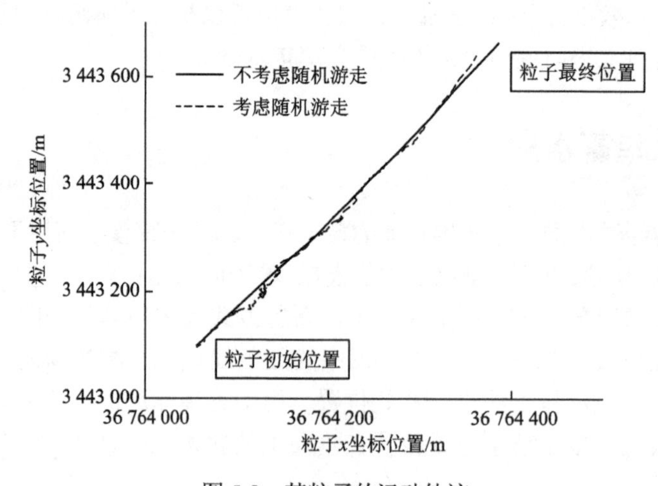

图 5-8　某粒子的运动轨迹

在香溪河贾家店至秭归河段释放 2 228 个粒子后，见图 5-9，大群的粒子向上游运动，考虑紊流随机扩散和不考虑紊流随机扩散，粒子的运动状况没有明显差别，说明水流的紊动扩散作用在污染物的运动中不起明显作用。约 200 h 内上游的粒子仅从贾家店位置运动到峡口镇附近，运动距离约 600 m，边岸处由于流速较河道中间位置的小，边岸处的粒子有滞留现象，如 2007 年 10 月 8 日的粒子位置分布（图 5-9）。

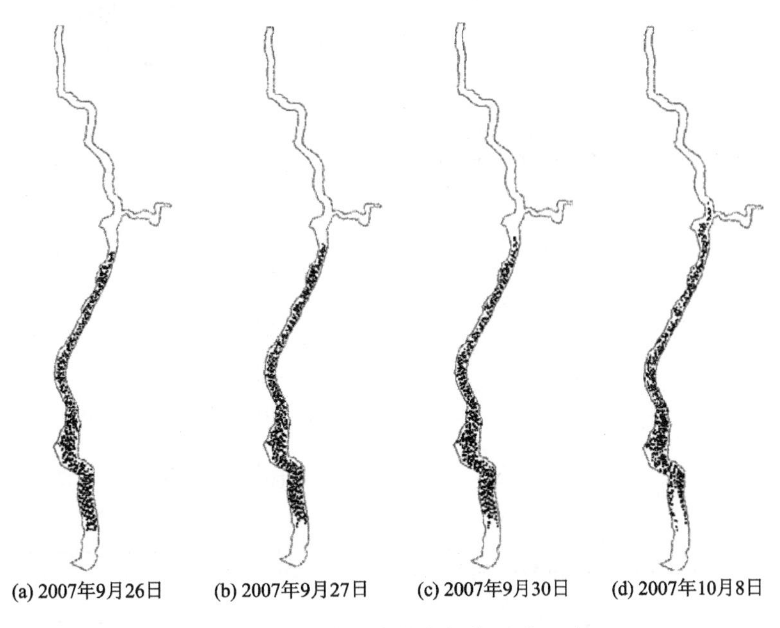

(a) 2007年9月26日　(b) 2007年9月27日　(c) 2007年9月30日　(d) 2007年10月8日

图 5-9　香溪库湾内的虚拟粒子群运动

5.4.2　三峡水库泄水期

在进入夏季汛期三峡水库蓄水位保持在 145 m 左右不变，这时长江干流水体对香溪库湾的倒灌影响微弱，香溪河内的水流可以留出库湾。本小节将采用 2007 年 9～10 月的兴山站的实测流量过程作为进口边界条件，香溪河出口水位设置为 145 m 不变，采用 ELCIRC 模型、粒子轨迹跟踪模型和污染物输移模型来模拟 2007 年 9 月 25 日～10 月 8 日期间香溪河道的污染物输移特性。

维持恒定的出口水位后，香溪河的水流不断向下游流动，但仍然受到三峡水库回水的影响。在平邑口附近的水流流速变化明显，平邑口附近上游河段在回水影响范围外，流速可达 0.1 m/s，而以下河段流速降低较大，在 0.002～0.100 m/s。在平邑口附近河段释放 4 611 颗粒子，基于 ELCIRC 模型计算得到的流场模拟粒子群的运动轨迹，并与第 4 章的欧拉法的污染物输移模型的模拟效果进行对比。污染物输移模型的初始浓度条件为：在与释放粒子相同河段设置初始浓度为 1.0 mg/L 的污染物分布，其他河段的初始浓度为 0.0 mg/L。

图 5-10 模拟了从上游至下游方向不同位置的 4 个粒子的运动轨迹。不同部位的粒子运动受到不同大小和方向的流场的影响结果也不同。图 5-10（a）的粒子在 312 h 的历时内运动的距离最远，横向和纵向运动幅度均达到 2 km；而图 5-10（b）的粒子位于平邑口附近水流条件变化复杂的河段，随机运动轨迹也较为复杂；图 5-10（c）和图 5-10（d）的粒子均沿河势向下游运动，但受回水顶托作用移动距离均较小。

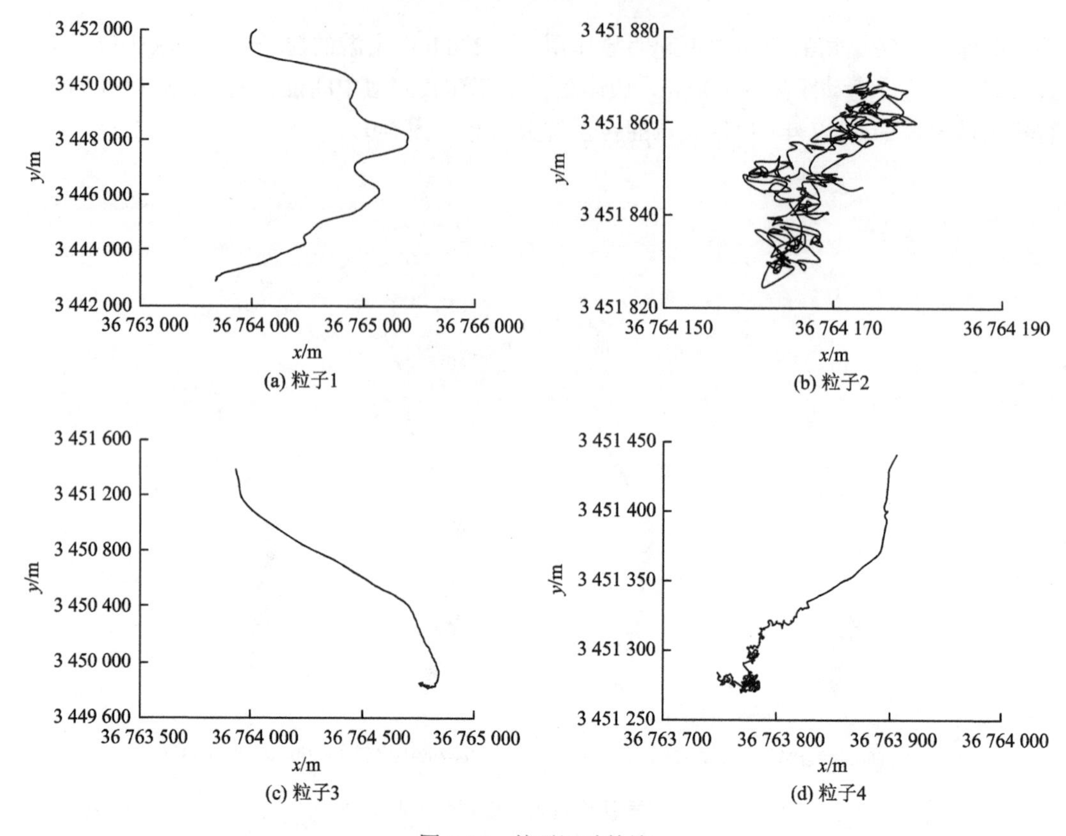

(a) 粒子1　(b) 粒子2

(c) 粒子3　(d) 粒子4

图 5-10　粒子运动轨迹

由于初始设置的粒子中有些位于没有水流流动的干地形中，有些位于水流计算区域中，在跟踪计算开始后，其中的一部分粒子将搁浅而不参与下时刻的计算，而计算过程中由于水流干湿边界变化及边岸的滞留作用，跟踪计算的粒子个数不断地变化。在 13 天的模拟期内跟踪粒子个数从约 2 280 个下降至约 1 700 个，见图 5-11。

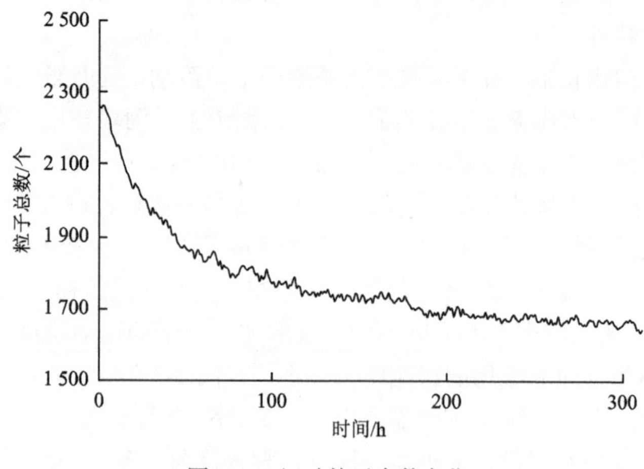

图 5-11　运动粒子个数变化

拉格朗日法粒子轨迹跟踪法和欧拉法模拟污染物输移对比见图 5-12，分别比较了经过 100 h 和 310 h 后拉格朗日粒子轨迹跟踪法和欧拉法的污染物输移模拟的结果。可以看出，两种方法的模拟结果相似，由于河流中间部位的紊动较边岸处的要大，而边岸附近的流速较小，粒子在接近边岸处有滞留现象，而欧拉法的污染物浓度计算分布也表明边岸的浓度较河道中间部位的要高，说明两种方法的模拟结果合理。由于香溪河下游流速极小，在模拟期结束时（310 h）粒子和污染物浓度达到官庄坪附近而几乎不向下游传输，说明三峡蓄水对香溪河库湾的污染物输移和分布均造成明显影响。

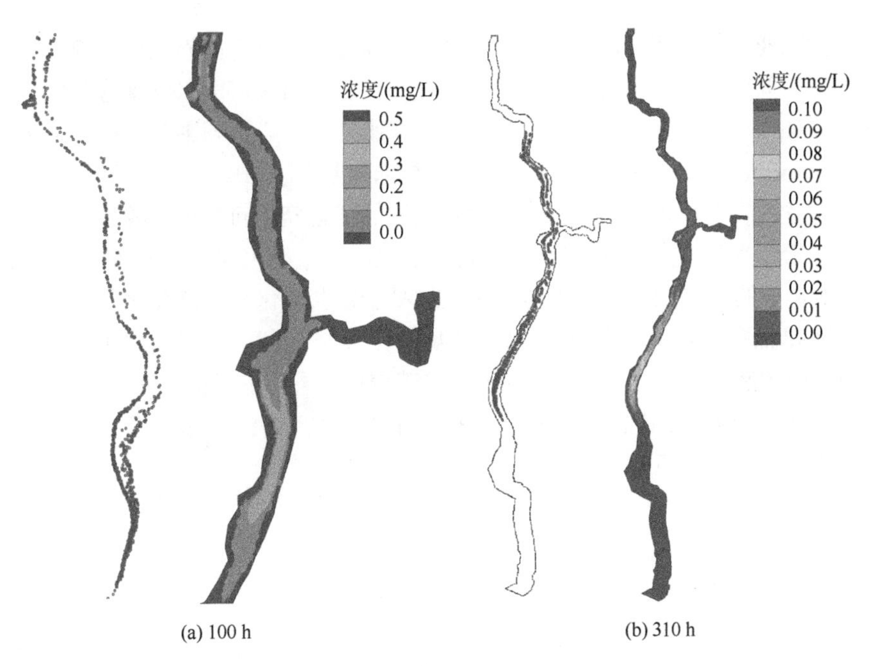

图 5-12　粒子轨迹跟踪法（左）和欧拉法（右）模拟污染物输移对比图

由以上模拟分析可见：基于拉格朗日粒子轨迹跟踪模型和基于欧拉法的污染物浓度输移模型均有其优势，粒子轨迹跟踪模型可以研究污染物的运动路径和历时，可提供单个粒子和粒子群的运动信息，而欧拉法可以给出污染物浓度场的分布信息，两种方法结合应用为研究自然河流中污染物的运动研究提供思路。

第 6 章　并行化三维水动力水质耦合模型原理及应用

6.1　概　述

随着现代工业的发展和人口的增多，水体富营养化已经成为世界上很多国家政府和公众最为关注的环境问题之一，越来越多的富营养化问题随之出现，由水体富营养化状态引发的水生态问题，如水华、赤潮等，给水质、水生境和水景观造成不利影响。据美国国家环境保护局（Environmental Protection Agency，EPA）调查，世界上 30%～40%的海洋、湖泊和水库遭受了不同程度的富营养化影响，其中水库和湖泊的富营养化问题也已成为我国的一个突出的环境问题。近年来我国湖泊营养化评价统计见图 6-1，根据 1987～1989 年全国湖泊富营养化调查，在所调查的 22 个主要湖泊中（表 6-1），处于富营养化和中营养化的湖泊面积占调查面积的 99.46%，而贫营养化状态的只占到 0.54%。比较表 6-1 和表 6-2 中数据（饶群，2001），可见：从 1980～1989 年短短 10 年间，湖泊中贫营养化状态所占评价总面积的比例从 3.2%降为 0.54%，而处于富营养化状态的湖泊所占评价面积的比例从 5.0%增加至 55.01%。可见，湖泊富营养化发展趋势相当迅速。

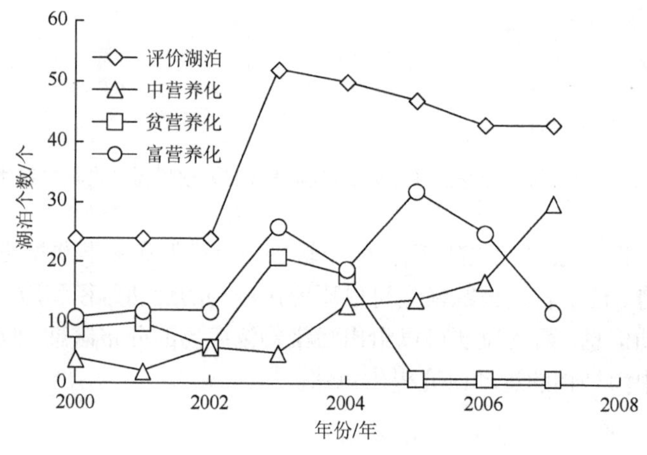

图 6-1　2000～2007 年中国湖泊营养化评价统计

表 6-1　中国 22 个湖泊状态分类统计表（1987～1989 年）

项目	贫营养化状态	中营养化状态	富营养化状态
湖泊个数	1	7	14
占评价总数的比例/%	4.6	31.8	63.6
湖泊面积/km^2	29.5	2493.0	3084.9
占评价总面积的比例/%	0.54	44.45	55.01

表 6-2　中国 34 个湖泊状态分类统计表（1977～1979 年）

项目	贫营养化状态	中营养化状态	富营养化状态
湖泊个数	4	16	14
占评价总数的比例/%	11.76	47.06	41.17
湖泊面积/km^2	335.46	95929	5220.6
占评价总面积的比例/%	3.2	91.8	5.0

根据我国近年发布的水资源公报数据，见图 6-2，在进行富营养化评价的湖泊和人工湖泊（水库）当中，富营养化湖泊的个数在 2006 年最多，达 75 个，由于治理工作的开展，之后富营养化湖泊所占比例有所下降，向中营养化状态转变。而评价的水库当中富营养化和中营养化水库的个数逐年上升，中营养化水库个数上升最快，可见我国的水库富营养化问题日趋严重。根据长江流域的水资源公报的发布数据，见图 6-3，污水的排放量

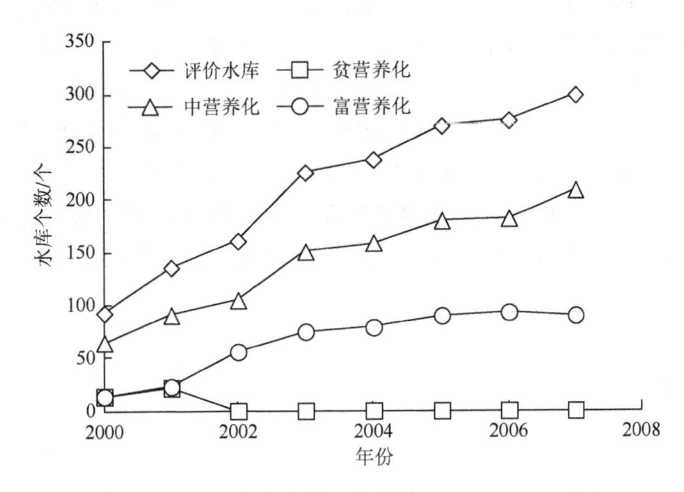

图 6-2　我国水库营养化评价统计（2000～2007 年）

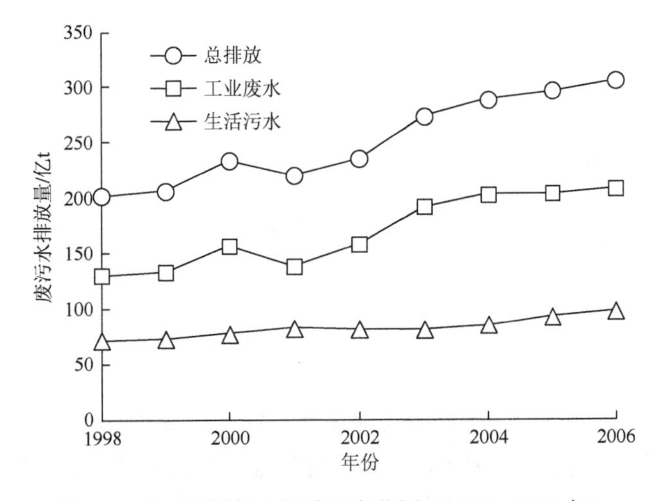

图 6-3　长江流域污水排放量变化图（1998～2006 年）

从 1998 年的 200 亿 t 上升到 2006 年的 300 亿 t，其中大部分为工业废水。这些污水对长江流域的水环境产生了严重威胁。

近年来随着我国国民经济的快速发展，国内一些水域的污染问题也日益严重，污水中含有的营养物质导致水体中水藻的疯狂繁殖而引发了水华，如我国的太湖、滇池和巢湖等。目前的富营养化问题主要是发生在湖泊水域，自然河流由于流速较快，有很强的自净能力而较少发生水华，但当河流处于特殊状态下，也会发生水华。李重荣等（2003）指出泥沙颗粒对氮磷污染物具有吸附作用，特别是库区的细颗粒泥沙吸附作用更强，因此，输沙量与污染物的输移有明显的相关关系，见图 6-4。近年来三峡水库进出库的输沙量监测数据显示，每年有大约 1 亿 t 的泥沙滞留在三峡库区，因此，三峡库区的污染物负荷也随之增大。2003 年 6 月 1 日三峡水库开始蓄水，至 6 月 10 日完成 135 m 初期蓄水，开始发挥经济效益。由于河道水流条件发生显著变化，库区内一些支流出现了富营养化的问题，在部分支流回水区及库湾发生了“水华”，2007 年 4 月 14 日，由国家自然基金委、中国科学院、长江水利委员会等单位共同主编公布的《长江保护与发展报告》指出，三峡工程回水区水流减缓，严重的只有 1.2 cm/s，几乎不再流动，引起水流扩散能力减弱，使水库周围近岸水域及库湾水体纳污能力下降。2003 年三峡库区蓄水至 135 m 之后，监测结果显示，12 条长江一级支流，在回水区不同程度地出现了水华。据不完全统计，2004 年库区支流库湾累计发生水华 6 起，2005 年 19 起，2006 年仅 2～3 月份累计发生水华 10 余起，随着三峡水库的运行，水华发生的时间、程度和频率等有不断增加的趋势。其中香溪河、大宁河、小江等支流回水库湾水域的水质发生变化较为显著，蓄水后的每年春夏季节均出现水华（叶绿，2006）。

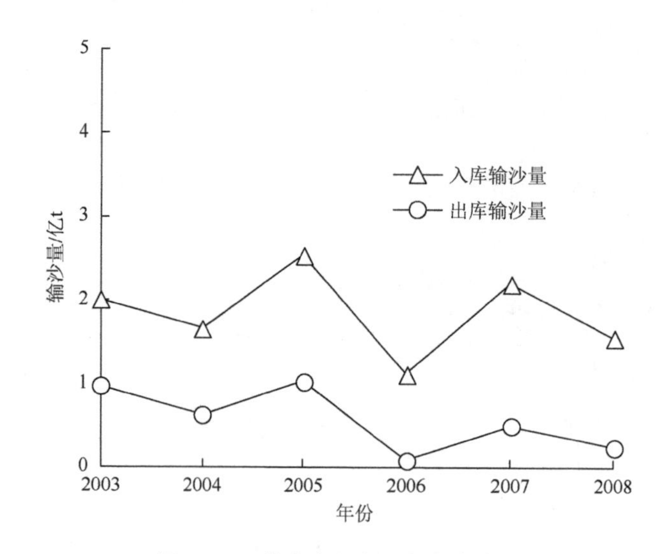

图 6-4　三峡水库入库、出库输沙量

目前针对湖泊富营养化问题进行的研究较多，针对河流及库区富营养化的研究较少，而河流富营养化问题日益突出，因此，有必要对其进行深入研究。水库类似于人类为了蓄水发电等目的而建造的人工湖泊，其状态介于湖泊和河流之间，生态系统比较特殊，水库在很多方面与湖泊有显著差异，其中水库的地形较复杂，水流滞留时间比湖泊要短，水库的水位波动较大，这些因素对河流及水库的富营养化研究影响很大。因此，本章将综合考虑河流的特征及诸多因素对富营养化而引起的水华的影响，以三峡库区支流香溪河为例开展数值模拟研究，以期为三峡库区及支流的水质及水环境治理提供科学依据。

6.2　水华发生机理初步分析

近年来香溪河水华发生的频率和历时呈上升趋势，统计近年来水华发生的次数和时间，香溪河水华多发生于春夏季节（3～8 月），而秋冬季节较少发生，其中 3 月的发生次数约占 43%，6 月的发生次数约占 21%，并且发生的河段位置随蓄水位增加而逐渐往上游延伸，水温在 10～28℃变化，水华发生的持续时间则没有明显的变化规律。

藻类是单细胞植物和缺乏生物体系统组织的多细胞低等植物，是具有叶绿素而进行独立营养生活的低等植物的总称。藻类种类繁多，根据藻类所含色素、细胞构造和生殖方式，目前统计的藻类植物共有 2 100 属、27 000 种之多。我国藻类学家主张将藻类分为 12 个门，包括隐藻门（Cryptophyta）、金藻门（Chrysophyta）、黄藻门（Xanthophyta）、硅藻门（Bacillariophyta）、甲藻门（Pyrrophyta）、褐藻门（Phaeophyta）、红藻门（Rhodophyta）、裸藻门（Euglenophyta）、绿藻门（Chlorophyta）、轮藻门（Charophyta）、蓝藻门（Cyanophyta）等。藻类分布范围极广，藻类对环境条件要求不高，适应性很强，在极低的营养浓度、极微弱的光照强度和极低的温度下也能生存，一般将藻类植物分为浮游藻类、漂浮藻类和底栖藻类，如硅藻、绿藻和蓝藻一般呈丝状浮游生长在海洋、江河、湖泊中，称为浮游藻类。小环藻属于硅藻门，衣藻属于绿藻门，多甲藻属于甲藻门，微囊藻属于蓝藻门且可产生具有毒性的微囊藻毒素。隐藻门、硅藻门一般在所有的水体中均有存在，生长要求条件很低，绿藻门多生于淡水中，海水中存在较少，而蓝藻门广泛分布于淡水和海水中、潮湿和干旱的土壤和岩石上、树干和树叶等，在热带和亚热带生长特别旺盛，因此，水体中浮游藻类的分布种类可在一定程度上反映水体所处的营养化状态，当水体由贫营养化状态向富营养化状态转变时，表现为硅藻密度下降，而绿藻和蓝藻密度上升。表 6-3 中关于香溪河水华发生时的占优藻类种属调查，结果表明香溪河正由自然河流的贫营养化状态向富营养化状态转变。

表 6-3　2003～2008 年香溪河水华事件统计

发生时间	水华发生区距河口距离/km	水华历时/天	水温/℃	水华藻类优势种
2003 年 6 月	0.0～17.0		23.2～24.6	隐藻
2004 年 3～4 月	2.0～20.0	≈40	13.5～14.8	小环藻和星杆藻
2004 年 6 月	0.0～18.0	≈10	22.2～25.8	小环藻
2005 年 3 月	3.0～18.0	8	12.9～13.4	小环藻和多甲藻
2005 年 4 月	3.0～20.0	≈40	18.2～20.5	小环藻
2005 年 5 月	6.0～20.0		22.8～23.2	多甲藻和衣藻

续表

发生时间	水华发生区距河口距离/km	水华历时/天	水温/℃	水华藻类优势种
2005 年 7 月	0.0～20.0	≈50	25.9～27.9	衣藻
2005 年 8 月	6.0～12.0		24.8～25.5	衣藻
2006 年 3 月	7.0～19.0		12.5～13.3	多甲藻
2007 年 9 月	0.0～23.0	≈20	10.7～11.7	多甲藻
2008 年 3 月	10.0～27.0		11.0～13.5	多甲藻
2008 年 6 月	4.1～26.8	≈30	24.7～25.8	微囊藻

影响淡水水华发生的机理较为复杂，一般可归纳为以下几种。

（1）气象因子，包括水域的光照、水温、气温等，在面积较小区域内气候因子的时空变化不大（除极端天气外），但对水华的发生及消亡过程影响显著。

（2）水动力因子，河道流速较大时有较强的自净能力，水体及污染物滞留时间短，将有效遏制水藻的大量增殖，当流速较小时则有助于水藻的大量增殖而容易发生水华。

（3）营养物质因子，水藻的增殖需要吸收一定比例的氮、磷、碳、硅等营养元素，因此，水体中具有一定浓度的营养物质浓度是发生水华的必要条件。

（4）一些污染物会吸附在泥沙颗粒上，这些携带一定污染物的泥沙颗粒沉降至河底，当满足一定的水力条件时，会再起悬而向水体释放污染物形成二次污染。

综上所述，水华现象需要具备以上若干种条件方可发生。

水生态系统的结构相当复杂，一般的河流或湖泊中，水藻生长所需的主要营养物质为氮和磷的化合物，外界与水生态系统之间进行营养物质的交换，水体中的氮磷营养物质被浮游藻类吸收，以一定的形态保留在浮游植物的细胞当中。某些营养物质与水体或河床的泥沙也产生吸附和释放过程。浮游植物本身不断地进行着光合作用和呼吸作用，浮游植物与水体也不断进行着营养物质的交换，浮游植物的生长和死亡过程将产生和消耗水中的氧气，从而影响水中浮游动物的生长和对浮游植物的捕食，见图 6-5。

以上是对水生态系统结构进行简化后的概念框架，实际的河流生态系统要复杂得多。当进行生态建模时，考虑因素全面将有助于提高数学模型对真实生态系统的模拟精度，但另一方面使模型变得复杂令数据难以支持，过多的参数增加了模型的不确定性而不利于提高模拟精度，并且造成模型的计算量过大而无法进行数值模拟研究。总之，由于生态系统的复杂性，以及不可能观测所有状态变量，生态学问题中的基础模型将永远不可能被全面了解（Jørgensen et al.，1978）。本章将结合三峡库区支流香溪河的生态系统的特点，开发有效模拟香溪河水华动力学过程的三维水质数学模型。

浮游植物广泛存在于水体当中，在水体表层受到太阳照射而进行光合作用，水藻密度不断增加，同时表层水体的浮游植物也进行呼吸作用而不断地分解，在水体更深处由于光照强度衰减而使浮游植物的光合作用减弱，甚至停止光合作用而只有呼吸作用，因此，水藻密度将在垂向上产生明显差异，见图 6-6。表征藻类密度的叶绿素 a 浓度会在表层水体不断增大，而较深处则无变化，见图 6-7，水藻大量繁殖进一步增加自身的遮光效应，光合作用减弱，从而导致大量水藻死亡分解，进一步使水质恶化。

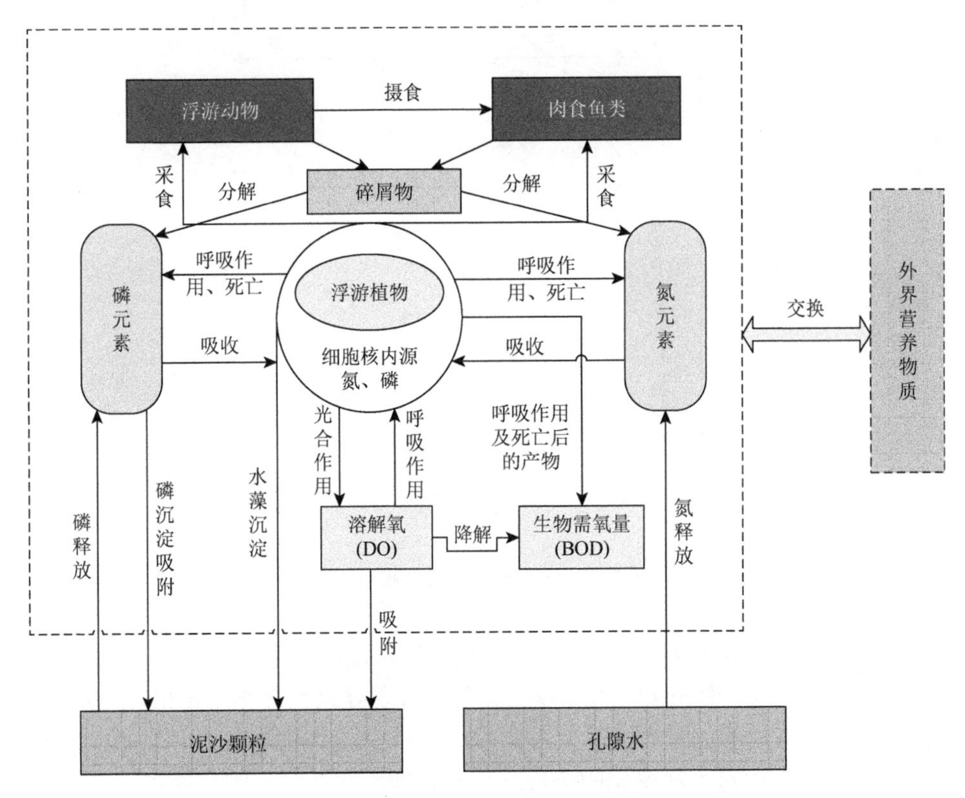

图 6-5　水生态系统结构示意图

溶解氧（dissolved oxygen，DO）；生物需氧量（biological oxygen demand，BOD）

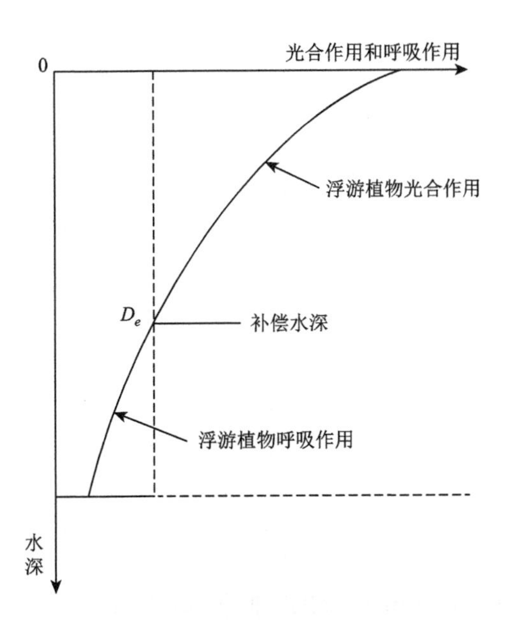

图 6-6　水下光合作用和呼吸作用示意图

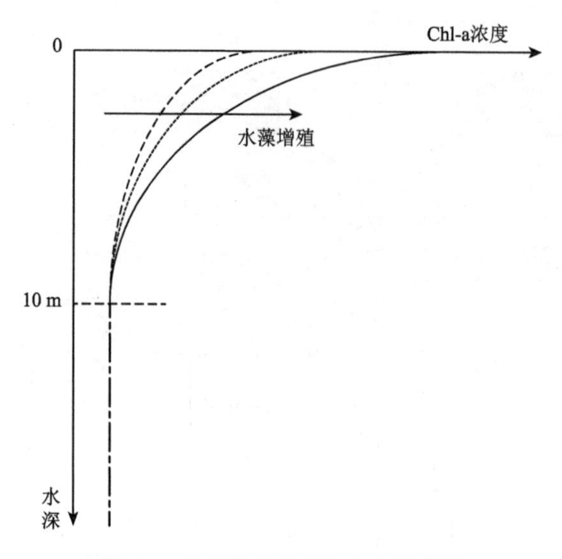

图 6-7　水藻生长的垂向分布示意图

综上所述，由于水藻自身的遮光效应，浮游藻类的光合作用只能在一定的水深内进行（同时也进行呼吸作用），而在某一水深以下光强极微弱导致光合作用停止，只进行呼吸作用，可将光合作用基本停止的水深定义为补偿水深 D_e。湖泊水深较小时（如太湖），营养物质浓度及 Chl-a 浓度对水深变化的响应不明显，即不存在明显的补偿水深 D_e；对于河口（如香溪河）、水库等，水深较深时（10～60 m），存在明显的补偿水深，根据 2007 年 2～6 月香溪峡口镇测点的Chl-a浓度监测数据分析表明，香溪河水华发生的补偿水深 D_e 约为 10 m（杨正健 等，2008）。

6.3　水动力学模型

水动力模型采用非结构网格模式的海洋模型 ELCIRC 模型和 SELFE 模型的水动力学模块，适用于计算边界及地形复杂的河口、海洋、湖泊和水库的计算模拟，水动力模型的控制方程包括连续方程和动量方程，分别为

$$\frac{\partial u}{\partial x}+\frac{\partial v}{\partial y}+\frac{\partial w}{\partial z}=0 \tag{6-1}$$

$$\frac{\mathrm{d}u}{\mathrm{d}t}=fv-g\frac{\partial \eta}{\partial x}+K_{\mathrm{mh}}\left(\frac{\partial^2 u}{\partial x^2}+\frac{\partial^2 u}{\partial y^2}\right)+\frac{\partial}{\partial z}\left(K_{\mathrm{mv}}\frac{\partial u}{\partial z}\right) \tag{6-2}$$

$$\frac{\mathrm{d}v}{\mathrm{d}t}=fu-g\frac{\partial \eta}{\partial y}+K_{\mathrm{mh}}\left(\frac{\partial^2 v}{\partial x^2}+\frac{\partial^2 u}{\partial y^2}\right)+\frac{\partial}{\partial z}\left(K_{\mathrm{mv}}\frac{\partial v}{\partial z}\right) \tag{6-3}$$

式中：x,y 为平面笛卡儿坐标（m）；z 为垂向坐标，向上为正（m）；t 为时间（s）；η 为自由水位波动（m）；h 为水深（m）；u、v、w 为法向、切向及垂向流速（m/s）；g 为重力加速度（m/s^2），取 9.81；f 为柯氏力系数，取 1.048 797 4×10^{-4}；ρ 为水体在考虑

水温情况下的密度（纪道斌 等，2010）；K_{mh}、K_{mv} 为水流动量方程中的水平、垂向紊动黏性系数（m^2/s）。

自由水位变化采用自由水位函数方法计算，其中自由水面运动学条件和河床运动学条件分别为

$$w|_{自由水面}=\frac{\partial \eta}{\partial t}+u\frac{\partial \eta}{\partial x}+v\frac{\partial \eta}{\partial y} \tag{6-4}$$

$$w|_{河床}=u\frac{\partial z_b}{\partial x}+v\frac{\partial z_b}{\partial y} \tag{6-5}$$

对连续方程式（6-1）从河底 $z=z_b$ 到自由水面 $z=z_{ini}+\eta$（z_{ini} 为初始水位）沿垂线积分，并采用式（6-4）和式（6-5）的边界条件，可得到自由水面波动方程：

$$\frac{\partial \eta}{\partial t}+\frac{\partial}{\partial x}\int_{Z_{ini}-\eta}^{Z_{ini}+\eta}u\mathrm{d}z+\frac{\partial}{\partial y}\int_{Z_{ini}-\eta}^{Z_{ini}+\eta}v\mathrm{d}z=0 \tag{6-6}$$

水动力学模型的相关模块控制方程和数值离散方法将在第 7 章介绍。

6.4 水 质 模 型

通过以上对水华发生机理的初步分析，并结合香溪河水华已有的研究文献，进行以下的三维水质模型的开发，并应用于香溪河水华过程的模拟计算。三维水质模型可用于模拟水生浮游植物及营养物质包括总磷（TP）、总氮（TN）的时空分布及变化，模型的开发主要参考了 WASP、EFDC 及 CE-QUAL-ICM 等模型中采用的水质计算方程，考虑了营养盐浓度、光照、水温及水动力条件对水生浮游藻类的生长死亡过程的影响作用。三维水质模型包括水动力子模型、营养物质模型及采用 Chl-a 浓度表征水生浮游植物生物量变化的浮游植物生物量动力学模型。

本章水质模型是在由美国俄勒冈健康与科学大学开发的用于河口海洋温度场和盐度场模拟的 ELCIRC 模型（Zhang et al.，2004a，2004b）的基础上发展的，ELCIRC 模型被广泛地应用于很多海洋的问题研究并取得了较好的模拟结果（Gong et al.，2009；Baptista et al.，2005）。国内不少学者也应用ELCIRC模型进行了河流海洋等的细致研究，吴相忠(2005)采用ELCIRC模型对海河口进行了水动力模拟；杨金艳（2006）应用 ELCIRC 模型进行了长江口的水动力模拟；胡德超（2009）在 ELCIRC 模型的基础上开发了三维非静水压力的水流模型，并添加了河床演变模块，对水库的冲淤、异重流等问题进行了数值模拟研究。

影响浮游藻类水华动力学过程的营养物质组成较为复杂，在两种复杂度层次上，分别开发了两种组成的营养物质动力学循环模块，可根据实际可获取的现场观测数据选择使用。营养物质动力学循环模块的控制方程介绍如下。

6.4.1 简化的水质模块

浮游植物的生长与很多种营养物质相关，若全部考虑将使三维模型的计算量过大而基本无法实行，并且对实测数据的需求量很大（用于模型率定），香溪河水华研究表明，水

华藻类的生长主要与 TP、TN 相关，因此，本节简化模型仅进行 TP 和 TN 两种营养物质的计算。

TP 和 TN 浓度计算方程：

$$\frac{\mathrm{d}C_{\mathrm{TP}}}{\mathrm{d}t}=K_{\mathrm{mh}}\left(\frac{\partial^2 C_{\mathrm{TP}}}{\partial x^2}+\frac{\partial^2 C_{\mathrm{TP}}}{\partial y^2}\right)+\frac{\partial}{\partial z}\left(K_{\mathrm{mv}}\frac{\partial C_{\mathrm{TP}}}{\partial z}\right)+S_{\mathrm{TP}} \tag{6-7}$$

$$\frac{\mathrm{d}C_{\mathrm{TN}}}{\mathrm{d}t}=K_{\mathrm{mh}}\left(\frac{\partial^2 C_{\mathrm{TN}}}{\partial x^2}+\frac{\partial^2 C_{\mathrm{TN}}}{\partial y^2}\right)+\frac{\partial}{\partial z}\left(K_{\mathrm{mv}}\frac{\partial C_{\mathrm{TN}}}{\partial z}\right)+S_{\mathrm{TN}} \tag{6-8}$$

式中：C_{TP}、C_{TN} 为水中的 TP 和 TN 的浓度（mg/L）；K_{mh}、K_{mv} 为 TP 和 TN 浓度方程中的水平和垂向紊动扩散系数（m^2/s）；S_{TP}、S_{TN} 为 TP 和 TN 的计算源汇项。

污染物 TP、TN 的源项包括受温度影响的通量及物理化学降解沉降造成的衰减，污染物源汇项为（Liu et al.，2008）

$$S_{\mathrm{TP}}=\frac{J_{\mathrm{TP}}}{h}-K_{\mathrm{TP}}\cdot C_{\mathrm{TP}} \tag{6-9}$$

$$S_{\mathrm{TN}}=\frac{J_{\mathrm{TN}}}{h}-K_{\mathrm{TN}}\cdot C_{\mathrm{TN}} \tag{6-10}$$

其中

$$J_{\mathrm{TN}}=J_{\mathrm{TN}}^{0}\cdot \mathrm{e}^{K_{\mathrm{TN}}(T-20)} \tag{6-11}$$

$$J_{\mathrm{TP}}=J_{\mathrm{TP}}^{0}\cdot \mathrm{e}^{K_{\mathrm{TP}}(T-20)} \tag{6-12}$$

$$K_{\mathrm{TN}}=K_{\mathrm{TN}}^{0}\cdot \alpha^{(T-20)} \tag{6-13}$$

$$K_{\mathrm{TP}}=K_{\mathrm{TP}}^{0}\cdot \alpha^{(T-20)} \tag{6-14}$$

式中：J_{TN}、J_{TP} 分别为 TN 和 TP 在参考温度 20℃下的通量；J_{TN}^{0}、J_{TP}^{0} 分别为 TN 和 TP 在参考温度 20℃下的参考通量；K_{TN}、K_{TP} 为 TN 和 TP 在参考温度 20℃下的衰减率，包括所有的水体中去除污染物的动力过程，例如脱硝作用、脱氮作用、有机氮（organic nitrogen，ON）和有机磷（organic phosphorus，OP）的沉降；K_{TN}^{0}、K_{TP}^{0} 为在参考温度 20℃下的衰减率；α 为温度对 K_{TN}、K_{TP} 的影响；T 为水温（℃）。

6.4.2 复杂的水质模块

促发水华的因子众多，包括水动力场、营养物质浓度（多种形式的营养盐）、水温、水下光照强度等，继而又影响水体一些理化指标的变化，如溶解氧（DO）、生物需氧量（BOD）、电导率、浑浊度（主要由悬移质泥沙等无机悬浮物引起）等。因此，需要开发考虑更多因子综合影响下的复杂水质模型来模拟研究三峡水库的水华动力过程。

复杂的浮游植物水华动力学模型开发将主要参照 WASP 模型的基本原理，并与水动力 SELFE 模型耦合，形成 SELFE-Eco 模型，模型系统框架见图 6-8。复杂水质模型中模拟了 10 个状态变量的输移和转化过程，也可认为是 7 个相互作用的系统，包括：浮游植物动力学系统、磷营养盐的循环系统、氮营养盐的循环系统、水温循环系统、悬移质泥沙循环系统、底泥系统和溶解氧平衡系统。

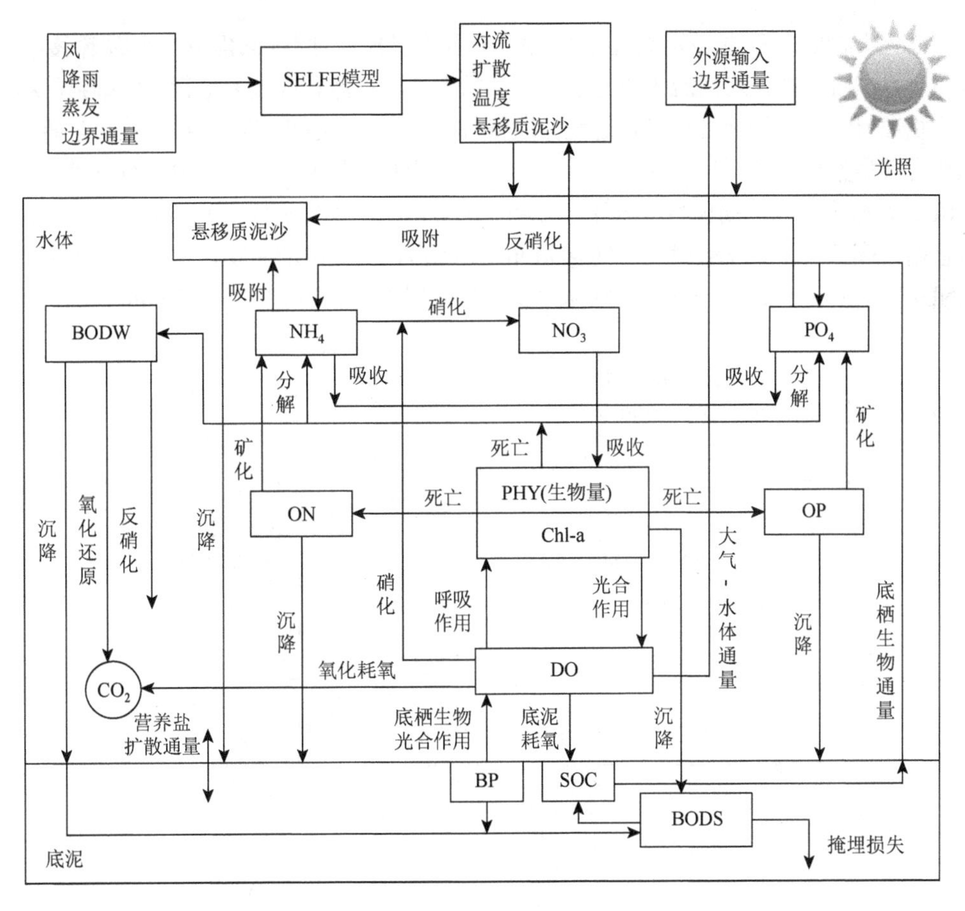

图 6-8　水动力-水质耦合 SELFE_Eco 模型开发示意图

复杂的营养盐循环模块，在作者博士论文开发的生态动力学模型基础上（李健，2012），进一步细化，氮磷营养盐分为无机营养盐和有机营养盐两部分来计算。ELCIRC_Eco 模型仅计算了 TP 和 TN 浓度。SELFE_Eco 模型将计算磷营养盐［包括：无机磷酸盐（PO_4）和 OP］和氮营养盐［包括：无机铵盐（NH_4）、无机硝酸盐（NO_3）、有机氮（ON）］。可溶解或可利用的无机磷（dissolved inorganic phosphorous，DIP）通过吸附-解吸机理与悬移质泥沙和颗粒态无机磷相互作用。浮游植物由于生长吸收 DIP，DIP 合成了浮游植物生物量。通过浮游植物的内源性呼吸过程和死亡，磷又从浮游植物生物量中返回到溶解态和颗粒态有机磷及溶解态无机磷。有机磷通过矿化能转化成溶解态无机磷。氮的循环动力学过程基本上与磷的循环动力学过程相似。浮游植物生长吸收氨和硝酸盐，并将其合成浮游植物生物量。吸收氮的速率是氮浓度的函数，而其浓度又与总的可利用无机氮有关。通过呼吸过程和死亡，氮又从浮游植物生物量中转化为溶解态和颗粒态有机氮及氨。有机氮能矿化为氨，其矿化速率依赖于水温，而氨也可以转化为硝酸盐，其硝化速率也依赖于水温和溶解氧浓度。硝酸盐在缺氧状况下，也可转化为氮气，其反硝化速率也是水温和氧气浓度的函数。

河流、水库、湖泊和海洋中的水质、水生态过程涉及多种介质中的多种化学生物反应过程，这些过程相互之间存在一定的关系，如大气与水体的热交换、水体中的化学物质循环与底泥中的化学物质之间的交换等。因此，很有必要将多种针对不同物质中的物质输移-化学反应模型进行耦合模拟，对河流水生态系统（包括大气、水体和底泥）进行全面细致的精细模拟，对物理-化学-生物等过程进行定量描述将有助于对水生态系统内部机理的科学研究。多介质耦合模型架构示意图见图 6-9，进一步开发了复杂的耦合模型，该模拟系统以水动力学模型（SELFE 模型）为驱动模型，水体部分耦合水质模型（WASP 模型）（Wool et al.，2001）和气体循环模型（CO_2SYS 模型）（Blackford，2007），底泥中的生物化学过程采用生化模型（CANDI 模型）（Bernarol，1996），河床演变过程采用 MORSELFE 模型（Pinto et al.，2012）。

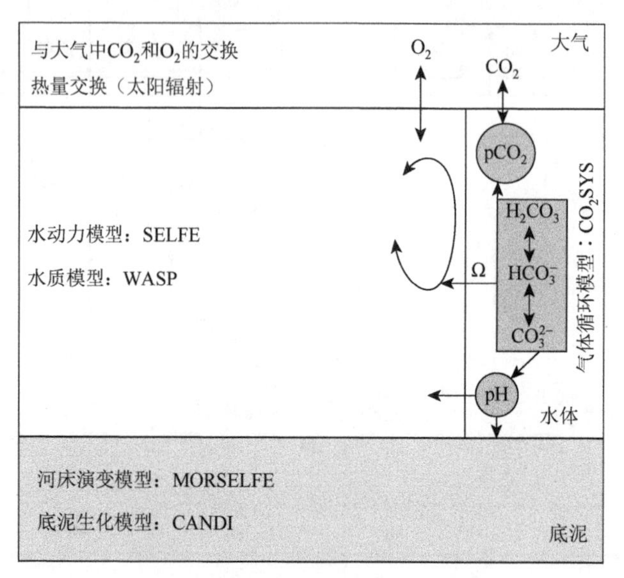

图 6-9 多介质耦合模型架构示意图

复杂的水质模型各部分模块的基本原理见 6.4.2～6.4.6 小节的介绍。

复杂水质模型中的所有标量浓度均采用下面统一的方程计算，即对流-扩散项是相同的，不同的仅是表达生化反应动力学过程的源汇项。

$$\begin{aligned}\frac{\mathrm{d}C_i}{\mathrm{d}t}&=\frac{\partial C_i}{\partial t}+\frac{\partial(uC_i)}{\partial x}+\frac{\partial(vC_i)}{\partial y}+\frac{\partial(wC_i)}{\partial z}\\&=K_{\mathrm{mh}}\left(\frac{\partial^2 C_i}{\partial x^2}+\frac{\partial^2 C_i}{\partial y^2}\right)+K_{\mathrm{mv}}\frac{\partial^2 C}{\partial z^2}+S_i+W_i+B_i\end{aligned}\tag{6-15}$$

式中：下标 i 为各种标量（如悬移质泥沙、溶解氧、水温、营养盐、Chl-a 浓度等）；C_i 为标量的浓度；S_i 为不同标量的源汇项，包括水质变量的转化率、外源负荷和损失等；W_i 和 B_i 分别为外源性输入负荷和开边界输入负荷。

1. 氮营养盐

无机氮循环：浮游藻类生长过程中要消耗大量的氨和硝酸盐。从生理学角度来看，NH_3 是适宜浮游藻类生长的无机氮的一种。当浮游藻类死亡、呼吸作用、浮游动物捕食及死亡后，氮元素会有藻类细胞中以颗粒态氮和溶解态有机氮的形式返回到水体中。

ON 循环：有机氮会以一定的与温度有关的矿化率转化为NH_4，而NH_4也会以一定的与温度和含氧量有关的硝化速率转化为NO_3。在缺氧状态下，NO_3将会以一个与温度有关的速率转化为氮气（反硝化过程）。

具体可分为以下过程。

1）浮游植物生长

浮游植物在生长过程中，将不断吸收溶解态无机氮，并将其转化合成为浮游植物生物量。每生成 1 mg 浮游植物碳，需要吸收α_{nc} mg 的无机氮。浮游植物可利用氨和硝酸盐用于细胞生长。但是，从生理学的角度来说，浮游植物优先选择吸收氨，采用氨的优先选择系数P_{NH_4}计算［式（6-19）］。浮游植物吸收氨氮（NH_4）的偏好选择见图 6-10，P_{NH_4}在低 NO_3浓度时非常敏感，对某一定义的氨浓度，随着可利用硝酸盐浓度不断增大，将接近 Michaelis 限制，氨的优先选择曲线达到渐近线。同时，随着可利用氨浓度增加，P_{NH_4}值越接近 1，也就是更接近氨的总优先选择值。

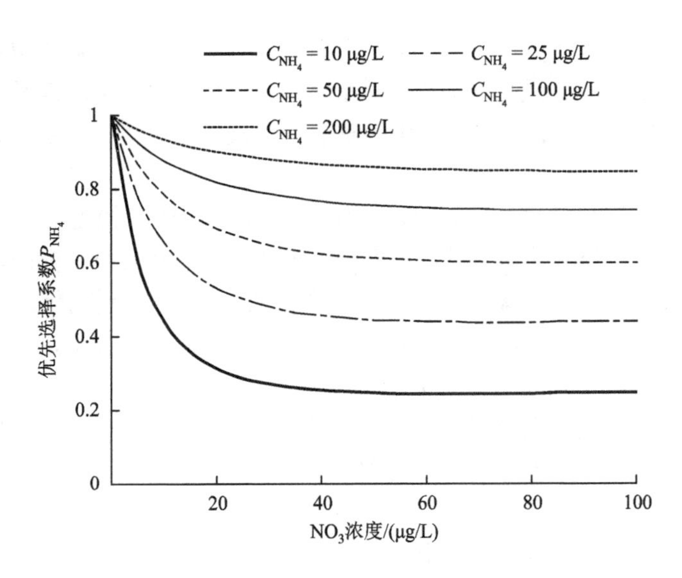

图 6-10　浮游植物吸收氨氮（NH_4）的偏好选择

2）浮游植物死亡

随着浮游植物呼吸作用和死亡，活性有机物将重新循环到非活性有机物和无机物中。每消耗或损失 1 mg 浮游植物碳，将释放α_c mg 氮。在浮游植物呼吸作用和死亡过程中，细胞氮分子中f_{ON}表示有机氮部分的比例，$1-f_{ON}$表示无机氮部分的比例。

3）矿化作用

非活性有机氮在浮游植物吸收利用之前，必须经过矿化作用或细菌降解作用将其转化为无机氮。在 WASP 模型和本小节模型中，饱和循环中采用修正的一级温度校正速率，与磷矿化作用部分的解释相同。当浮游植物量很小时，饱和循环机理将减慢矿化速率，但又不会使矿化速率随浮游植物量的增加而持续增加。若氮的矿化作用的半饱和常数$K_{mNc}=0$（默认值），则表明在各级浮游植物量的情况下，都以一级速率进行矿化。

4）沉降

有机颗粒氮和无机氮的沉降根据设置的沉降速度和颗粒部分浓度来确定。用户输入参数包括有机氮沉降速度 w_{s7} 和溶解态有机氮的比例 f_{D7}。

5）硝化作用

在硝化细菌和氧气存在的情况下，氨氮可转化为硝酸盐氮（硝化作用）。自然水体中的硝化过程是在需氧细菌自养作用下进行的。淡水中亚硝化细菌和硝化细菌占优势。硝化过程包括两步：首先亚硝化细菌将氨转化为亚硝酸盐，然后硝化细菌再将其转化为硝酸盐。

自然水体中，硝化过程非常复杂，取决于 DO、pH 和流速，这将导致硝化速率随时间和空间变化。在模型中说明这个复杂现象非常困难，且难以获取相关实测数据。模型对硝化过程的解释包括三项：一级速率常数、温度校正项和低溶解氧校正项。前两项是常数（k_{12} 和 θ_{12}），第三项表示随 DO 接近 0 时，硝化率降低。定义的半饱和常数 K_{nit} 则表示硝化速率减小到一半时的溶解氧浓度。默认 $K_{nit}=0$，允许硝化作用在缺氧条件下继续进行。

6）反硝化作用

反硝化作用是指 NO_3 和 NO_2 还原为 N_2 和其他气体产物（如 N_2 和 NO）。这个过程有异氧微生物和厌氧微生物共同参与。在自然水体中，通常情况下存在溶解氧，微生物利用氧来氧化有机物。然而，在底泥或水体中溶解氧含量极低情况下，产生厌氧环境，微生物可利用 NO_3 作为载体，产生反硝化。

模型中考虑的反硝化过程比较简单，作为硝酸盐的减少项。模型的反硝化动力学表达式包含三个变量：一级反应速率常数、温度校正项和溶解氧校正项。前两项是常数，第三项表示溶解氧大于 0 时反硝化率的减小。半饱和常数 K_{NO_3} 表示反硝化速率减小到一半时的溶解氧浓度。默认 $K_{NO_3}=0$，防止反硝化反应在所有溶解氧条件下进行。通常假定反硝化作用总是发生在底泥中，因为底泥中常存在厌氧条件。

下面分别给出营养物质动力学方程中的源项 S_{NH_4}、S_{NO_3}、S_{ON}（分别为 NH_4、NO_3、ON 的源汇项）。为描述统一性，变量和系数的说明全书只出现一次。

（1）NH_4 动力学过程

在 WASP6 模型中氮元素转化（循环）过程的基础上，Dubravko 等（2014）增加了 NH_4 的底栖生物通量项。NH_4 的动力学生化反应源项为

$$
\begin{aligned}
S_{NH_4}={}&\underbrace{D_p\alpha_{NC}(1-f_{ON})C_{Chl}}_{\text{浮游植物死亡释放}NH_4}+\underbrace{k_{71}\theta_{71}^{T-20}\left(\frac{C_{PHY}}{K_{mNc}+C_{PHY}}\right)C_{ON}}_{ON\text{矿化产生}NH_4}\\
&\underbrace{-G_p\alpha_{NC}P_{NH_4}C_{PHY}}_{\text{浮游植物生长吸收}NH_4}-\underbrace{k_{12}\theta_{12}^{T-20}\left(\frac{C_{DO}}{K_{nit}+C_{DO}}\right)C_{NH_4}}_{NH_4\text{硝化过程}}+\left\{(1-f_{dnf})\left(\frac{16}{106}\frac{14}{32}\right)\right.\\
&\underbrace{\left.-\left[f_{dnf}\left(\frac{84.8}{106}\frac{14}{32}\right)\right]\right\}\frac{1}{h_b}k_{SOC}\theta_{SOC}^{T-20}f_{aSOC}C_{BODS}\left(\frac{C_{DOb}}{K_{SOC}+C_{DOb}}\right)k_{\tau}^{\tau_b-\tau_{ce}}}_{\text{底栖生物的}NH_4\text{通量}}
\end{aligned}
\tag{6-16}
$$

式中：C_{DOb} 为河床底部的 DO 浓度（mg/L）；C_{BODS} 为底泥的 BOD 浓度（mg/L）；C_{Chl} 为表征浮游植物生物需氧量的 Chl-a 浓度（μg/L）；D_p 为浮游植物的死亡率（d^{-1}）；α_{NC} 为

氮与碳浓度的比值；f_{ON} 为浮游植物死亡后（D_p）返回到有机氮 ON 的比例；k_{71} 为 ON 在 20℃时的矿化速率（d^{-1}）；θ_{71} 为有机氮矿化温度系数；K_{mNc} 为浮游植物吸收矿化氮营养盐的半饱和常数（mg/L）；G_p 为浮游植物最大生长率；P_{NH_4} 为氨氮吸收项的优选系数；k_{12} 为 NH_4 在 20℃时的硝化速率（d^{-1}）；θ_{12} 为硝化温度系数；K_{nit} 为含氧量限制消化过程的半饱和常数（mg/L）；底栖生物 NH_4 通量定义为底泥耗氧量 SOC 的函数，f_{dnf} 为反硝化量与 SOC 的比值；h_b 为底层 s 坐标垂向网格分层厚度（m）；k_{SOC} 为底泥生物需氧量 BOD 的分解速率(d^{-1})；θ_{SOC} 为 SOC 的温度系数；f_{aSOC} 为有氧呼吸占总底泥耗氧量的比例；K_{SOC} 为 SOC 限制氧含量的半饱和常数；k_τ 为底部剪切力系数，当 $\tau_b<\tau_{ce}$ 时，$(\tau_b<\tau_{ce})=0$。

（2）NO_3 动力学过程

NO_3 的动力学生化反应源项为

$$S_{NO_3}=\underbrace{k_{12}\theta_{12}^{T-20}\left(\frac{C_{DO}}{K_{nit}+C_{DO}}\right)C_{NH_4}}_{NH_4\text{硝化过程产生}NO_3}-\underbrace{G_p\alpha_{NC}(1-P_{NH_4})C_{PHY}}_{\text{浮游植物生长吸收}NO_3}-\underbrace{k_{2d}\theta_{2d}^{T-20}\left(\frac{C_{DO}}{K_{NO_3}+C_{DO}}\right)C_{NO_3}}_{NO_3\text{的反硝化过程}} \tag{6-17}$$

式中：k_{12} 为 NH_4 在 20℃时的硝化速率（d^{-1}）；θ_{12} 为硝化温度系数；K_{nit} 为含氧量限制消化过程的半饱和常数(mg/L)；k_{2d} 为 20℃时的反硝化速率（d^{-1}）；θ_{2d} 均为温度系数；K_{NO_3} 为反硝化过程的 Michaelis 常数（mg/L）。

（3）ON 动力学过程

ON 的动力学生化反应源项为

$$S_{ON}=\underbrace{D_p\alpha_{NC}f_{ON}C_{PHY}}_{\text{浮游植物死亡释放ON}}-\underbrace{k_{71}\theta_{71}^{T-20}\left(\frac{C_{PHY}}{K_{mNc}+C_{PHY}}\right)C_{ON}}_{\text{ON的矿化过程}}-\underbrace{\frac{w_{s7}(1-f_{D7})}{h_i}C_{ON}}_{\text{ON的沉降}} \tag{6-18}$$

式中：D_p 为浮游植物的死亡率（d^{-1}）；α_{NC} 为氮与碳浓度的比值；f_{ON} 为浮游植物死亡后（D_p）返回到有机氮 ON 的比例；k_{71} 为 ON 在 20℃时的矿化速率（d^{-1}）；θ_{71} 为 ON 矿化的温度系数；K_{mNc} 为浮游植物吸收矿化氮营养盐的半饱和常数（mg/L）；w_{s7} 为 ON 的沉降速率（m/d）；$1-f_{D7}$ 为水体中颗粒态 ON 所占比例；h_i 为 i 单元的水深（m）。

（4）浮游藻类吸收 NH_4 的优选系数

$$P_{NH_4}=C_{NH_4}\left[\frac{C_{NO_3}}{(K_{mNc}+C_{NH_4})(K_{mNc}+C_{NO_3})}\right]+C_{NH_4}\left[\frac{K_{mNc}}{(C_{NH_4}+C_{NO_3})(K_{mNc}+C_{NO_3})}\right] \tag{6-19}$$

式中：K_{mNc} 为浮游植物吸收矿化氮营养盐的半饱和常数（mg/L）。

另外，NH_4 可与悬移质泥沙颗粒发生吸附和解吸过程。床沙层中的溶解态无机和有机氮在某些条件下会释放进入水体。氮营养盐的吸附、解吸和释放计算将在 6.4.4 小节中介绍。

2. 磷营养盐

磷营养盐动力循环计算与氮营养盐的动力循环计算类似，不同之处是磷营养盐源汇项没有反硝化过程。

无机磷循环：浮游植物生长消耗无机态磷，无机磷将转化为浮游植物的生物量。浮游植物死亡和河床附近浮游植物生物量的衰减使部分磷返回到水体当中。

有机磷循环：不同形态的有机磷的物理化学过程包括沉降、水解和矿化作用，以一定的与温度有关的速率转化为无机磷。

考虑上述磷元素转化过程的计算方程如下，S_{PO_4} 和 S_{OP} 分别为 PO_4 和 OP 的源汇项。

1）PO_4 动力学过程

PO_4 的动力学生化反应源项为

$$S_{PO_4} = D_p \alpha_{PC}(1 - f_{OP})C_{Chl} + k_{83}\theta_{83}^{T-20}\left(\frac{C_{Chl}}{K_{mPc} + C_{Chl}}\right)C_{OP} - G_p \alpha_{PC} C_{Chl} - \frac{w_{s3}}{h_i}(1 - f_{d3})C_{PPO_4} + \frac{1}{106}\frac{1}{h_b}k_{SOC}\theta_{SOC}^{T-20} f_{aSOC} C_{CBODS}\left(\frac{C_{DOb}}{K_{SOC} + C_{DOb}}\right)k_{\tau}^{(\tau_b - \tau_{ce})} \quad (6\text{-}20)$$

式中：D_p 为浮游植物的死亡率（d^{-1}）；α_{PC} 为磷与碳浓度的比值；f_{OP} 为浮游植物死亡生物量 C_{Chl} 返回 OP 的部分比例；C_{OP} 为 OP 的浓度（mg/L）；k_{83} 为 20℃时 OP 的矿化速率（d^{-1}）；θ_{83} 为 OP 矿化的温度系数；K_{mPc} 为浮游植物吸收矿化磷营养盐的半饱和常数（mg/L）；G_p 为浮游植物的生长速率（d^{-1}）；w_{s3} 为颗粒态磷的沉降速率（m/d）；C_{PPO_4} 为颗粒态 PO_4 的浓度（mg/L）；$1-f_{d3}$ 为颗粒态磷所占的比例。

底栖生物的 PO_4 通量定义为 SOC 的函数，且 SOC 仅影响底层 s 垂向坐标网格层的 PO_4 平衡。

2）OP 动力学过程

OP 动力学生化反应源项为

$$S_{OP} = D_p \alpha_{PC} f_{OP} C_{Chl} - k_{83}\theta_{83}^{T-20}\left(\frac{C_{Chl}}{K_{mPc} + C_{Chl}}\right)C_{OP} - \frac{w_{s8}}{h_i}(1 - f_{d8})C_{OP} \quad (6\text{-}21)$$

式中：D_p 为浮游植物的死亡率（d^{-1}）；α_{PC} 为磷与碳浓度的比值；f_{OP} 为浮游植物死亡生物量 D_{PHY} 返回 OP 的部分比例；C_{PHY} 为浮游植物碳的浓度（mg/L）；k_{83} 为 20℃时 OP 的矿化速率（d^{-1}）；θ_{83} 为 OP 矿化的温度系数；K_{mPc} 为浮游植物吸收矿化磷营养盐的半饱和常数（mg/L）；w_{s8} 为 OP 的沉降速率（m/d）；$1-f_{d8}$ 为颗粒态 OP 所占的比例；h_i 为 i 单元的水深。

PO_4 也会与悬移质泥沙颗粒发生吸附和解吸过程，床沙层也会释放磷营养盐，这些过程的计算见 6.4.4 小节介绍。

6.4.3　溶解氧模块

DO 是地表水水质模拟中最重要的参数之一。DO 参与的生化反应过程示意图见图 6-11，一些物理化学过程影响水生态系统中的营养物质、浮游植物、BOD 和 DO 的迁移及它们之间的相互作用。高浓度的氮磷营养盐导致浮游植物周期性的大量生长和改变正常的营养平衡状态。DO 在这一过程中有很大波动，在水体底泥附近可能产生很低的 DO 浓度环境。

DO 含量与其他状态变量相结合。DO 的来源有大气复氧和浮游植物的光合作用。溶解氧的消耗主要有浮游植物的呼吸作用、污水和非点源 CBOD、硝化作用等。

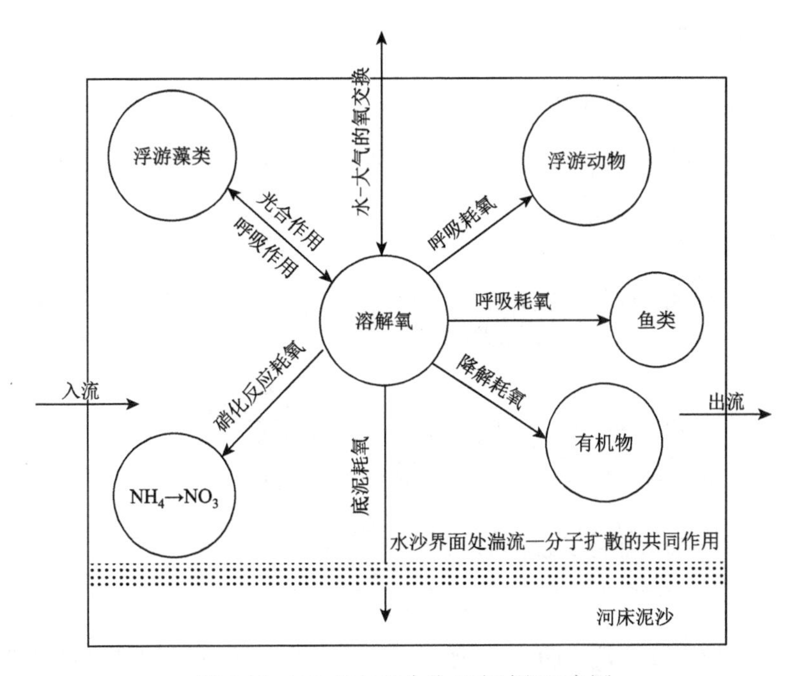

图 6-11　DO 参与的生化反应过程示意图

DO 源汇项包括：复氧、光合作用产生的氧和入汇水体的 DO。DO 源汇项包括：浮游植物的呼吸作用、BOD 的氧化反应、硝化过程等。

DO 源汇项计算参考 WASP 6.0 模型的计算方程（Wool et al.，2001）。有 5 个富营养化状态变量直接参与溶解氧平衡：浮游植物、氨氮、硝酸盐、BOD 和 DO。水体中 DO 的减少主要是由于浮游植物的耗氧呼吸过程和底泥的厌氧过程共同作用的结果。因为这些过程比较重要，因此，本模型对这些动力学过程进行计算。

1. 水体中 BODW 动力学过程

BODW 的动力学生化反应源项为

$$
\begin{aligned}
S_{\mathrm{BODW}} = & \underbrace{\frac{32}{12}k_{1d}C_{\mathrm{Chl}}}_{\text{浮游植物死亡产生BOD}} \underbrace{-k_d\theta_d^{T-20}\left(\frac{C_{\mathrm{DO}}}{K_{\mathrm{BODW}}+C_{\mathrm{DO}}}\right)C_{\mathrm{BODW}}}_{\text{BOD氧化的消耗}} \\
& \underbrace{-\frac{5}{4}\frac{32}{14}k_{dnf}\theta_{dnf}^{T-20}\left(\frac{C_{\mathrm{DO}}}{K_{dnf}+C_{\mathrm{DO}}}\right)C_{\mathrm{NO_3}}}_{\text{反硝化过程消耗的BOD}} \underbrace{-\frac{w_{\mathrm{BODW}}(1-f_{d\mathrm{BODW}})}{h_i}C_{\mathrm{BODW}}}_{\text{颗粒BOD沉降}}
\end{aligned}
\tag{6-22}
$$

式中：k_{1d} 为浮游植物死亡产生 BOD 的速率（d^{-1}）；k_d 为 20℃下的氧化还原反应速率（d^{-1}）；θ_d 为硝化温度系数；K_{BODW} 为氧气限制的半饱和系数（mg/L）；k_{dnf} 为 20℃时的反硝化

速率（d^{-1}）；θ_{dnf} 为反硝化温度系数；K_{dnf} 为氧含量限制反硝化的半饱和常数（mg/L）；w_{BODW} 为有机物质沉降速率（m/d）；f_{dBODW} 为溶解态 BODW 的比例。

2. DO 动力学过程

DO 动力学生化反应源项为

$$
\begin{aligned}
S_{DO} = & \underbrace{k_{ge}\theta_{ge}^{T-20}(C_{DOS} - C_{DO})}_{\text{复氧}} - \underbrace{k_d\theta_d^{T-20}\left(\frac{C_{DO}}{K_{BODW} + C_{DO}}\right)C_{BODW}}_{\text{BOD的氧化耗氧}} \\
& \underbrace{-\frac{64}{14}k_{12}\theta_{12}^{T-20}C_{NH_4}\left(\frac{C_{DO}}{K_{nit} + C_{DO}}\right)}_{\text{硝化作用}} + \underbrace{G_p\left(\frac{32}{12} + \frac{48}{14}\frac{14}{12}(1 - P_{NH_4})\right)C_{Chl}}_{\text{浮游植物生长产生氧气}} \\
& - \underbrace{\frac{32}{12}k_{18}\theta_{18}^{T-20}C_{Chl}}_{\text{浮游植物呼吸作用耗氧}} + \underbrace{\frac{1}{h}0.53\theta_{bp}^{T-20}\frac{32}{12}\left(\frac{132}{1000}I_b^{1.45}\right)}_{\text{底栖生物光合作用}} \\
& \underbrace{-\frac{1}{h}k_{SOC}\theta_{SOC}^{T-20}f_{aSOC}C_{BODS}\left(\frac{C_{DOb}}{K_{SOC} + C_{DOb}}\right)k_\tau^{(\tau_b - \tau_{ce})}}_{\text{底泥耗氧SOC}}
\end{aligned}
\tag{6-23}
$$

式中：k_{18} 为浮游植物在 20℃时的呼吸速率（d^{-1}）；θ_{18} 为浮游植物在 20℃时呼吸作用的温度系数；复氧项描述了大气–水体界面处的氧气交换，其中 C_{DOS} 为饱和 DO 浓度（mg/L）；C_{DO} 为周围水体中的 DO 含量（mg/L）；θ_{ge} 为复氧过程的温度系数；k_{ge} 为 20℃时的复氧速率系数（d^{-1}），等于由风引起的复氧量 k_w 和由水流引起的复氧量 k_q 之和，$k_{ge} = k_w + k_q$；k_{12} 为 20℃时的硝化速率（d^{-1}）；θ_{12} 为 20℃时的硝化温度系数；SOC 为底泥需氧量［$g/(m^2 \cdot d)$］；θ_2 为底泥耗氧的温度系数；G_p 为浮游植物生长速率（d^{-1}）；k_{18} 为 20℃时的浮游植物呼吸速率（d^{-1}）；θ_{18} 为 20℃时浮游植物呼吸的温度系数。

式（6-23）的各部分解释如下。

1）复氧

饱和 DO C_{DOS} 是温度 T 和盐度 S 的函数（淡水情况下忽略盐度的影响）：

$$
\begin{aligned}
C_{DOS} = & 1.42905\exp[2.00907 + 3.22014T_s + 4.0501T_s^2 \\
& + 4.94457T_s^3 - 0.25684T_s^4 + 3.88767T_s^5 \\
& + S(-0.00624523 - 0.00737614T_s - 0.010341T_s^2 \\
& - 0.00817083T_s^3) - 4.88682\times10^{-7}S^2]
\end{aligned}
\tag{6-24}
$$

$$
T_s = \ln[(298.15 - T)/(273.15 + T)] \tag{6-25}
$$

式中：T 和 S 分别为温度（℃）和盐度（%）。

若水体中的 DO 含量低于饱和 DO 浓度，可以通过大气复氧来补充。复氧速率系数 k_{ge} 是水体平均流速、深度、风速和温度的函数。本小节模型中可以定义常值的复氧速率，或者计算得到随空间变化的复氧系数，或者基于流量和风速变化计算复氧系数。

（1）由流速引起的复氧量计算公式有 Owens 公式、Churchill 公式和 O'Connor-Dobbins 公式：

$$k_q = \begin{cases} 5.349 v^{0.67} h_s^{-1.85} \\ 5.049 v^{0.97} h_s^{-1.67} \\ 3.93 v^{0.50} h_s^{-1.50} \end{cases} \tag{6-26}$$

式中：k_q 为 20℃时水流流速引起的复氧系数（d^{-1}）；v 为流速（m/s）；h_s 为水面附近的垂向网格分层厚度（m）。

（2）风引起的复氧系数取 O'Conner 公式和 Wanninkhof 公式计算值的最大值（Wool et al.，2001）。

O'Conner 公式根据风速计算复氧系数 k_w，这种方法将复氧系数作为风速、大气温度、水温和水深的函数，可用下式计算风引起的复氧系数 k_w：

$$k_w = \frac{86\,400}{100 h_s}\left(\frac{D_{ow}}{v_w}\right)^{2/3}\left(\frac{\rho_a}{\rho_w}\right)^{1/2}\frac{\kappa^{1/3}}{\Gamma}\sqrt{C_d}(100\cdot W), \quad W \leqslant 6\ \text{m/s} \tag{6-27}$$

$$k_w = \frac{86400}{100 h_s}\left\{\begin{aligned}&\left[\left(\frac{D_{ow}}{v_w}\right)^{2/3}\left(\frac{\rho_a}{\rho_w}\right)^{1/2}\frac{\kappa^{1/3}}{\Gamma_u}\sqrt{C_d}(100\cdot W)\right]^{-1}\\ &+\left[\left(\frac{D_{ow}}{\kappa z_0}\frac{\rho_a v_a}{\rho_w v_w}\sqrt{C_d}\right)^{1/2}\sqrt{100\cdot W}\right]^{-1}\end{aligned}\right\}, \quad 6\ \text{m/s} \leqslant W \leqslant 20\ \text{m/s} \tag{6-28}$$

$$k_w = \frac{86400}{100 h_s}\left(\frac{D_{ow}}{\kappa z_e}\frac{\rho_a v_a}{\rho_w v_w}\sqrt{C_d}\right)^{1/2}(100\cdot W), \quad W \geqslant 20\ \text{m/s} \tag{6-29}$$

式中：k_w 为温度 20℃下风引起的复氧系数（d^{-1}）；h_s 为水面附近的垂向网格分层厚度（m）；W 为水面 0.1 m 处的风速（m/s）；D_{ow} 为水中氧的扩散系数（cm^2/s）；v_w 和 v_a 分别为水和空气的黏滞系数（cm^2/s）；ρ_a 和 ρ_w 分别为空气和水体的密度（g/cm^3）；κ 为卡门常数；Γ 和 Γ_u 为无量纲系数；C_d 为拖拽系数；z_e 为当量粗糙高度（cm）；z_0 为有效粗糙高度（cm）。

当风速小于 6 m/s 时，界面条件比较光滑，黏滞力在动量传递中占主导作用，采用式（6-27）。当风速超过 20 m/s 时，界面条件比较粗糙，涡旋在动量传递中占主导作用，采用式（6-29）。当风速在 6～20 m/s 时，采用式（6-28），表示过渡区，扩散层逐渐衰退，糙率在增加。小尺度表示实验室条件，大尺度表示开放的海洋条件，中尺度表示大多数的湖泊和水库条件。

推荐的复氧系数 Wanninkhof 公式（Wool et al.，2001）为

$$k_w = 0.31\frac{24W^2}{100 h_s}\sqrt{\frac{660}{S_c}} \tag{6-30}$$

式中：S_c 为 20℃时的 Schmidt 数。

2）碳化需氧量

长期以来，研究者都是采用 BOD 作为计算总需氧量的指标，用 BOD 的氧化率来控制反应动力学过程。长期实践表明，使用 BOD 来监测水质状况是可行的。

碳物质的氧化是典型的 BOD 氧化反应，本小节模型将最后计算出的生物需氧量 BOD 作为碳物质需氧量的当量指标。BOD 的主要来源是浮游植物碳，BOD 降解的主要机理是氧化反应。碳物质氧化的动力学表达式包括三项：一级速率常数、温度校正项和低溶解氧校正项。前两项为常数，第三项表示随着溶解氧含量接近 0 时，氧化速率的下降。

观测的 5 日生物需氧量（BOD_5）不能与模型直接计算的 BOD 结果直接进行比较，因为测量结果受到浮游藻类呼吸作用和藻类碳衰减的影响。因此，需要对计算的 BOD 进行校正，然后将计算结果与观测数据进行比较。

$$\begin{aligned}BOD_5 = C_{BOD}(1-e^{-5k_{dbot}}) + \frac{64}{14}C_{NH_4}(1-e^{-5k_{nbot}}) \\ + \alpha_{OC}C_{Chl}(1-e^{-5k_{1R}})\end{aligned} \tag{6-31}$$

式中：C_{BOD} 为计算的 BOD 浓度（mg/L）；C_{Chl} 表示以碳为单位表示的浮游植物生物量（mg/L）；α_{OC} 为氧-碳浓度比值，即 32/12；k_{dbot} 为还原系数常数（d^{-1}）；k_{nbot} 为硝化系数常数（d^{-1}）；k_{1R} 为 20℃时藻类的呼吸速率常数（d^{-1}）。

3）硝化反应

硝化反应是引起 DO 损失的另一重要原因。

4）反硝化反应

在低 DO 条件下，反硝化反应也消耗 BOD。

5）沉降

在静水条件下（或流速很低时），颗粒态 BOD 能沉降并沉积在河床底泥，BOD 和浮游植物沉降增加了底泥需氧量。在高流速情况下，颗粒态 BOD 又能从河床重新悬浮进入水体。

沉速的动力学计算需要定义颗粒有机物的沉降速率 w_{BODW} 和颗粒态 BODW 的比例 $1-f_{dBODW}$。

6）浮游植物生长

浮游植物生长能固定碳和产生氧气。产生氧的速率（和吸收营养物）与浮游植物的生长速率成比例。当可利用的氨氮耗尽，浮游植物就开始利用硝酸氮作为营养物，吸收硝酸氮时，先是把硝酸盐还原为氨，放出氧气。

浮游植物的呼吸作用也会减少水体中的 DO 含量，此过程基本上是光合作用的逆过程。

7）浮游植物死亡

浮游植物死亡时能产生有机碳，有机碳又被氧化。模型中采用一级死亡率和氧-碳浓度比值 32/12，把浮游植物的含碳量重新循环到 BOD 中。

8）底栖生物的光合作用

底栖生物光合作用（benthic photosynthesls，BP）产生的氧气采用 Wool 等（2001）推荐的公式，O_2 的 BP 值[g/(m^2·d)]为底部光合有效辐射（photosynthestically active radiation，

PAR）强度（I_b）的函数，Dubravko（2014）增加考虑了温度对 BP 的影响项。I_b 的计算式如下：

$$I_b = I_0 e^{-K_e z} \tag{6-32}$$

BP 仅影响底层垂向网格附近的 DO 平衡，影响厚度（底层 s 坐标垂向网格厚度）为 h_b（m）。

9）底泥需氧量

底泥需氧量（sediment oxygen consumption，SOC）及底泥中 DO 和 BOD 的含量计算，详见底泥模拟部分的介绍（6.5 节）。

6.4.4　悬移质泥沙模块

1. 悬移质泥沙浓度方程

仅计算一种粒径的悬移质泥沙浓度场。悬移质泥沙的沉降项为

$$S_{sed} = \frac{\omega_{SS}}{h} C_{SS} \tag{6-33}$$

式中：ω_{SS} 为悬移质泥沙的沉速（m/s）；C_{SS} 为悬移质泥沙浓度（kg/m^3）。

悬移质泥沙颗粒的沉速可用下式计算（邵学军 等，2005）：

$$\omega_{SS} = -9\frac{\nu}{D_{SS}} + \sqrt{\left(9\frac{\nu}{D_{SS}}\right)^2 + \frac{\gamma_s - \gamma}{\gamma} g D_{SS}} \tag{6-34}$$

式中：D_{SS} 为悬移质泥沙的中值粒径 d_{50}（mm）；γ_s 和 γ 分别为泥沙和水的容重（kg/m^3）；ν 为水的动力黏滞系数（m^2/s^2）。

2. 磷营养盐与悬移质泥沙的吸附计算

悬移质泥沙颗粒粒径越小，对磷等营养物质的吸附能力越强。假设泥沙吸附营养物质的速度很快，在每一计算时间步长内将达到吸附-解吸的平衡状态（Wool et al.，2001）。泥沙与营养物质的平衡吸附量可用 Langmuir 方程描述：

$$Q = \frac{Q_m K' C_d}{1 + K' C_d} \tag{6-35}$$

式中：Q 为每单位重量的泥沙上吸附的磷的量（mg/g）；Q_m 为最大吸附量（mg/g）；K' 为吸附或释放速率系数（L/mg）；C_d 为达到吸附平衡状态时溶解态磷浓度（mg/L）。

由悬移质泥沙对磷酸盐的吸附-解吸过程的反应速率比生物反应过程要快得多，可以假设存在这样的吸附平衡状态（Wool et al.，2001）：当有磷溶液输入到河流中时，溶解态磷和颗粒态磷立即向平衡状态进行分配，即总磷在“平衡态”的溶解态磷浓度和固相的颗粒态磷浓度之间的再次分配。

因为是在很短的时间内达到吸附-解吸平衡状态，因此，可以假设在吸附之前和之后，磷-水-悬移质泥沙组成的溶液体积 V 不变。根据质量守恒法则，溶液中磷的总量为常数值：

$$C_{p0}V + C_{d0}V = Q \cdot C_{\mathrm{SS}} \cdot V + C_d V = C_p V + C_d V \tag{6-36}$$

式中：C_{p0}、C_{d0} 分别为颗粒态磷和溶解态磷的初始浓度（mg/L）；C_{SS} 为悬移质泥沙浓度（mg/L）；V 为磷—水—泥沙混合体的体积（L）；C_p、C_d 分别为达到吸附平衡态后的颗粒态和溶解态磷的浓度（mg/L）。即

$$C_p = Q \cdot C_{\mathrm{SS}} \tag{6-37}$$

$$C_d = C_0 - C_p \tag{6-38}$$

式中：C_0 为混合体溶液中磷的总浓度（mg/L），可表示为 $C_0 = C_{p0} + C_{d0}$。

将式（6-37）和式（6-38）带入 Langmuir 公式（6-35），化简后可得到一个方程：

$$C_p^2 - \left(\frac{1}{K'} + C_0 + C_{\mathrm{SS}} Q_m\right) C_p + C_0 C_{SS} Q_m = 0 \tag{6-39}$$

利用根与系数关系，可求得

$$C_p = \frac{1}{2}\left[\left(C_0 + \frac{1}{K'} + C_{\mathrm{SS}} Q_m\right) \pm \sqrt{\left(C_0 + \frac{1}{K'} - C_{\mathrm{SS}} Q_m\right)^2 + \frac{4C_{\mathrm{SS}} Q_m}{K'}}\right] \tag{6-40}$$

式（6-40）中，因为 $\sqrt{\left(C_0 + \frac{1}{K'} - C_{\mathrm{SS}} Q_m\right)^2 + \frac{4C_{\mathrm{SS}} Q_m}{K'}} > C_0 + \frac{1}{K'} - C_{\mathrm{SS}} Q_m$，因此，如果对式（6-40）取加号，则 $C_p > C_0$，而由式（6-39）可知：$C_p < C_0$。对式（6-40）只能取减号，这样，吸附平衡后颗粒态磷浓度的计算公式为

$$C_p = \frac{1}{2}\left[\left((C_0 + \frac{1}{K'} + C_{\mathrm{SS}} Q_m\right) - \sqrt{\left(C_0 + \frac{1}{K'} - C_{\mathrm{SS}} Q_m\right)^2 + \frac{4C_{\mathrm{SS}} Q_m}{K'}}\right] \tag{6-41}$$

结合式（6-38）和式（6-41），可得到溶解态磷浓度的计算公式为

$$C_d = \frac{1}{2}\left[\left(C_0 - \frac{1}{K'} - C_{\mathrm{SS}} Q_m\right) + \sqrt{\left(C_0 + \frac{1}{K'} - C_{\mathrm{SS}} Q_m\right)^2 + \frac{4C_{\mathrm{SS}} Q_m}{K'}}\right] \tag{6-42}$$

C_p 和 C_d 由营养物质的初始浓度 C_0、吸附系数 K' 和最大吸附量 Q_m，还有悬移质泥沙浓度 C_{SS} 决定。可以看出 C_p / C_d 不是一个常数值。

6.4.5 水温模块

水温模块主要是电厂等排出的热水引起周围水体水温的升高现象，还包括施加于水体表面与大气之间的热交换通量，大气中的太阳辐射引起水体表面热通量变化，上述的热交换系统描述见图 6-12。通过对图 6-12 中的热交换和热通量过程参数化和控制方程描述，就可以构建水体温度的数学模型。

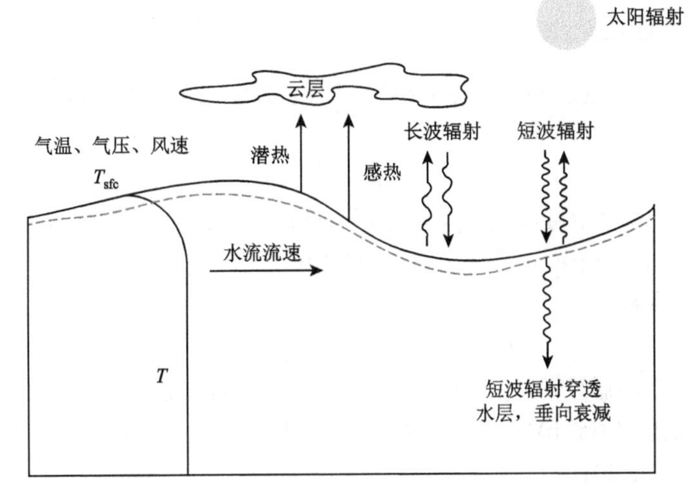

图 6-12　水气热交换过程示意图

水温循环的动力学控制方程为

$$\frac{\partial T}{\partial t}+u\frac{\partial T}{\partial x}+v\frac{\partial T}{\partial y}+w\frac{\partial T}{\partial z}=\frac{\partial}{\partial x}\left(\frac{\mu_x}{\sigma_T}\frac{\partial T}{\partial x}\right)+\frac{\partial}{\partial y}\left(\frac{u_y}{\sigma_T}-\frac{\partial T}{\partial y}\right)+\frac{\partial}{\partial z}\left(\frac{\mu_z}{\sigma_T}\frac{\partial T}{\partial z}\right)+\frac{1}{\rho C_p}\frac{\partial \varphi_z}{\partial z} \quad (6\text{-}43)$$

式中：u、v、w 分别为平均流速的 x、y、z 方向分量（m/s）；T 为水温（℃）；ρ 为水密度；μ_x、μ_z 分别为 x、z 方向的紊动扩散系数；σ_T 是温度普朗特数，取 0.9；C_p 为水的比热 [J / (kg · ℃)]；φ_z 为穿过水面的太阳短波辐射通量（W / m^2）。

1. 水面处热通量计算经验公式法

温升 ΔT 计算控制方程的源汇项为

$$S_T=-\frac{K\Delta T}{\rho C_p} \quad (6\text{-}44)$$

式中：K 为水面综合散热系数；ρ 为水密度（g / cm^3）；C_p 为水的比热容[J/(kg·℃)]，取 4.184×10^3；ΔT 为温升值（℃）。

水面的散热系数 K 用来表征水面与大气的热量交换，其理论计算式为

$$K=\frac{\partial \varphi_A}{\partial T} \quad (6\text{-}45)$$

式中：φ_A 为水体从大气中接收到的总热量通量[J/(m^2·h)]；T 为水温（℃）。

水面处的散热系数 K 在工程实际中难以测量，可采用 Gunneberg 经验公式计算：

$$K=2.2\times10^{-7}(T_s-273.15)^3+(0.0015+0.00112U_z)\times\left[(501.7-2.366T_s)\cdot\frac{25\,509}{(T_s+239.7)^2}\cdot10^{\frac{7.56T_s}{T_s+239.7}}+1\,621\right] \quad (6\text{-}46)$$

式中：U_z 为水面以上 2.0 m 的风速（m/s）：T_s 为计算温升加上环境水温（K）。

2. 采用热通量理论公式计算

水体表面处将与大气之间产生热交换过程，主要由三部分组成，分别为辐射热通量、蒸发热通量和传导热通量，即

$$\varphi_A = \varphi_R - \varphi_E - \varphi_C \tag{6-47}$$

式中：φ_A 为水体从大气中接收到的总热量通量[J/(m^2·h)]；φ_R 为辐射净热通量[J/(m^2·h)]；φ_E 为蒸发热通量[J/(m^2·h)]；φ_C 为传导热通量[J/(m^2·h)]。

1）辐射净热通量

$$\varphi_R = (I - R_I) + (G - R_G) - S \tag{6-48}$$

式中：I 为入射的太阳短波辐射[J/(m^2·h)]；R_I 为 I 被水面反射的短波部分[J/(m^2·h)]；G 为入射的大气长波辐射[J/(m^2·h)]；R_G 为 G 被水面反射的部分[J/(m^2·h)]；S 为至水面发出的长波辐射热通量[J/(m^2·h)]。

2）蒸发热通量

水面蒸发热通量的计算公式为

$$\varphi_E = \rho L_{\mathrm{pt}} E \tag{6-49}$$

式中：ρ 为水的密度（g/cm^3）；L_{pt} 为水的蒸发潜热（J/g），随水面空气温度 T_S（℃）变化，$L_{\mathrm{pt}} = 2491 - 2.177T_S$；$E$ 为水面蒸发率（cm/d）。

3）传导热通量

水气交界面处的传导热通量与蒸发热通量密切相关，其计算公式为

$$\varphi_C = \frac{C_b p(T_S - T_a)}{e_s - e_a}\varphi_E \tag{6-50}$$

式中：e_s、e_a 分别为由水面温度计算的饱和水汽压和水面上方 2.0 m 处的实际大气压（hPa）；T_S、T_a 分别为水面处和水面上方 2.0 m 处的空气温度（℃）；p 为水面上的大气压（hPa）；C_b 为波温常数，一般取 6.1×10^{-4}/℃。

4）水面温度升高计算

最上层对应水面处的净热通量的温度升值采用下式计算：

$$\frac{\partial T}{\partial z} = -\frac{\varphi_A}{\rho C_p D_z} \tag{6-51}$$

式中：φ_A 为水体从大气中接收到的总热量通量[J/(m^2·h)]；ρ 为水密度（kg/m^3）；C_p 为水的比热容[J/(kg·℃)]，取 4.2×10^3；D_z 是水面处的热扩散系数（m^2/s）。

3. 水气界面热交换通量的动力学模型

大气与水体之间有动量和热量的交换，这些交换通量将成为物理—化学—水生态模型的上边界条件，而动量通量又驱使水流（包括河流和海洋等水体）与大气之间的混合（以能量或水量通量等形式），又是大气模型的下边界条件。以上过程实际上是非常复杂的非线性动力学过程，从动力学角度计算水体热交换通量具有十分重要的意义。

SELFE 模型采用热交换动力学算法计算水汽界面通量，而风速对该算法的计算结果影响较大，SELFE 模型采用 Zeng 等（1998）开发的可用于风速 0～18 m/s 条件下的热通

量模型，该模型通过应用两套海洋监测数据集（TOGA COARE 和 TAO）校核并与另外 5 种热通量模型进行比较，具有较好的实用性和计算精度。

动力学算法计算界面热通量由两部分组成：湍流稳定函数和表征风速、气温和湿度的粗糙长度，这三个粗糙长度分别用 z_0、z_{0t} 和 z_{0q} 表示。水汽热交换中的粗糙长度与大气—陆地热交换中的粗糙长度不同，但湍流稳定函数在任何情况（海洋、河流、陆地和冰层等）下都是一样的。气象数据和热通量可以直接测量，但粗糙长度需要通过经验模型计算（即参数化）。粗糙长度的经验模型参数依赖于湍流稳定函数，目前已经有很多计算粗糙长度的经验模型，区别在于函数形式和经验参数的不同而已。本小节将简要介绍 Zeng 模型的原理（Zeng et al.，1998）。

计算风速、温度和湿度的通量如下，大气表面边界层（一般有 10～100 m）处无量纲化的垂向风速和标量（气温和湿度）梯度采用下式计算：

$$\begin{cases} \phi_m = \dfrac{\kappa z}{u_*}\dfrac{\mathrm{d}u_w}{\mathrm{d}z} \\ \phi_h = \dfrac{\kappa z}{\theta_{v*}}\dfrac{\mathrm{d}\theta_v}{\mathrm{d}z} \end{cases} \tag{6-52}$$

式中：κ 为卡门常数，取 0.4；u_w 为风速（m/s）；θ_v 为垂向温度势能（J）；u_* 为摩阻流速（m/s）；θ_{v*} 为温度标量化参数。

根据 Monin-Obukhov 相似性原理，以上通量梯度分为 4 种情况计算，可采用下列公式计算：

（1）在稳定状态下（$\zeta>0$）：

$$\phi_m = \phi_h = 1+5\zeta \tag{6-53}$$

（2）在不稳定状态下（$\zeta<0$）：

$$\begin{cases} \phi_m = (1-16\zeta)^{-1/4} \\ \phi_h = (1-16\zeta)^{-1/2} \end{cases} \tag{6-54}$$

式中：无量纲高度 ζ 由 Monin-Obukhov 长度计算如下：

$$\begin{cases} \zeta = \dfrac{z}{L} \\ L_{\mathrm{MO}} = \dfrac{\theta_v u_*^2}{\kappa g \theta_{v*}} \end{cases} \tag{6-55}$$

式中：L_{MO} 为 Monin-Obukhov 长度（m）。

（3）在极不稳定条件下，通量梯度采用 Kader-Yaglom 公式计算：

$$\begin{cases} \phi_m = 0.7\kappa^{2/3}(-\zeta)^{1/3} \\ \phi_h = 0.9\kappa^{4/3}(-\zeta)^{1/3} \end{cases} \tag{6-56}$$

为保证 $\phi_m(\zeta)$ 和 $\phi_h(\zeta)$ 函数的连续性，最简单的方法就是在 $\zeta_m=-1.574$ 和 $\zeta_h=-0.465$ 处使（6-54）式与（6-56）式衔接。

（4）在极稳定条件下，通量梯度采用 Holtslag 公式计算：

$$\phi_m = \phi_h = 5+\zeta \tag{6-57}$$

在$\zeta=1$时，式（6-57）与式（6-53）衔接。

联合式（6-53）～式（6-57）就可以得到风速u剖面的分段函数表达式，下列公式中ψ_m函数将由式（6-66）给出。

$$u(z)=\frac{u_*}{\kappa}\left\{\left[\ln\frac{\zeta_m L}{z_0}-\psi_m(\zeta_m)\right]+1.14\left[(\zeta)^{1/3}-(-\zeta_m)^{1/3}\right]\right\},\quad \zeta<\zeta_m=-1.574 \tag{6-58}$$

$$u(z)=\frac{u_*}{\kappa}\left[\ln\frac{z}{z_0}-\psi_m(\zeta)\right],\quad \zeta_m<\zeta<0 \tag{6-59}$$

$$u(z)=\frac{u_*}{\kappa}\left(\ln\frac{z}{z_0}+5\zeta\right),\quad 0<\zeta<1 \tag{6-60}$$

$$u(z)=\frac{u_*}{\kappa}\left\{\left(\ln\frac{L}{z_0}+5\right)+[5\ln(\zeta)+\zeta-1]\right\},\quad \zeta>1 \tag{6-61}$$

以此类推，可得到温度势能θ_v的剖面分布函数［其中的ψ_h函数将由式（6-67）给出］：

$$\theta(z)-\theta_s=\frac{\theta_*}{\kappa}\left\{\left[\ln\frac{\zeta_h L}{z_{0t}}-\psi_h(\zeta_h)\right]+0.8\left[(-\zeta_h)^{1/3}-(-\zeta)^{1/3}\right]\right\},\quad \zeta<\zeta_h=-0.465 \tag{6-62}$$

$$\theta(z)-\theta_s=\frac{\theta_*}{\kappa}\left[\ln\frac{z}{z_{0t}}-\psi_h(\zeta)\right],\quad \zeta_h<\zeta<0 \tag{6-63}$$

$$\theta(z)-\theta_s=\frac{\theta_*}{\kappa}\left(\ln\frac{z}{z_{0t}}+5\zeta\right),\quad 0<\zeta<1 \tag{6-64}$$

$$\theta(z)-\theta_s=\frac{\theta_*}{\kappa}\left\{\left(\ln\frac{z}{z_{0t}}+5\right)+[5\ln(\zeta)+\zeta-1]\right\},\quad \zeta>1 \tag{6-65}$$

相对湿度分布剖面与式(6-62)～式(6-65)的温度势能剖面公式形式相似，以$q(z)-q_s$代替$\theta(z)-\theta_s$，以z_{0q}代替z_{0t}即可。

式（6-62）～式（6-63）和式（6-64）～式（6-65）中的稳定函数（不稳定条件下）为

$$\psi_m=2\ln\left(\frac{1+\chi}{2}\right)+\ln\left(\frac{1+\chi^2}{2}\right)-2\tan^{-1}\chi+\frac{\pi}{2} \tag{6-66}$$

$$\psi_h=2\ln\left(\frac{1+\chi^2}{2}\right) \tag{6-67}$$

式中：ψ_m、ψ_h为稳定性函数；系数$\chi=(1-16\zeta)^{1/4}$。

式（6-62）～式（6-67）中，θ_s为水面处的温度势能，q_s为饱和相对湿度（与海水盐度有关）：

$$q_s=0.98q_{\text{sat}}T_S \tag{6-68}$$

式中：T_S为水面处的温度；q_{sat}为纯净水在T_S时的饱和相对湿度。

式（6-68）中需要通过计算饱和蒸汽压强和一系列的参数化公式来计算水汽界面处的温度势能和湿度势能。

风速u_w由下式计算。

在稳定条件下：

$$u_w = \max\left[(u_{wx}^2 + u_{wy}^2)^{1/2}, 0.1\right] \tag{6-69}$$

在不稳定条件下：

$$u_w = \left[u_{wx}^2 + u_{wy}^2 + (\beta w_*)^2\right]^{1/2} \tag{6-70}$$

式中：β 为经验系数，取值 1；u_{wx}、u_{wy} 分别为 x、y 方向的平均风速；w_x 为对流速度。

式（6-70）考虑了对流边界层中的湍流大涡对表面通量的作用。对流速度 w_* 为

$$w_* = \left(-\frac{g}{\theta_v}\theta_{v*}\, u_*\, z_i\right)^{1/3} \tag{6-71}$$

式中：θ_{v*} 为摩阻风速对应的温度势能（J）；g 为重力加速度（m/s²）；z_i 为对流边界层厚度（m），在 Zeng 模型中，z_i 取值 1 000 m。

（5）表面动量和热通量

应用式（6-69）～（6-71）就可以计算出表面通量，包括动量通量 τ、感热 SH 和潜热 LH：

$$\tau = \rho_a u_*^2 (u_{wx}^2 + u_{wy}^2)^{1/2} / u_w \tag{6-72}$$

$$\mathrm{SH} = -\rho_a C_{\mathrm{pa}} u_* \theta_* \tag{6-73}$$

$$\mathrm{LH} = -\rho_a L_e u_* q_* \tag{6-74}$$

式中：ρ_a 为空气密度；C_{pa} 为空气的比热容；L_e 为蒸发潜热。

式（6-72）计算得到的动量通量 τ 将作为水动力模块的上边界条件代入水流动量方程计算中，感热 SH 和潜热 LH 将用于计算水面热通量。

因为太阳辐射中短波辐射具有很强的穿透性，因此，短波辐射部分将另作处理，除短波辐射以外的水面热通量可由下式计算：

$$S_{\mathrm{flux}} = -[\mathrm{SH} + \mathrm{LH} + (\mathrm{longwave\_u} - \mathrm{longwave\_d})] \tag{6-75}$$

式中：longwave_u 为向上的长波辐射部分；longwave_d 为向下的长波辐射部分。

向下的长波辐射由气象观测资料输入，向上的长波辐射部分为长波反射部分的通量（地面辐射），采用 Stefan 黑体方程计算：

$$\mathrm{longwave\_u} = \varepsilon\sigma T_{\mathrm{WA}}^4 \tag{6-76}$$

式中：T_{WA} 为水体的绝对温度（K）；σ 为 Stefan 常数[5.67×10^{-8} W/(m²·K⁴)]；ε 为辐射系数（纯净水取值 0.96）。

（6）粗糙长度

采用 Smith 公式计算动量粗糙长度 z_0：

$$z_0 = a_1\frac{u_*^2}{g} + a_2\frac{\nu}{u_*} \tag{6-77}$$

采用 Brutsaert 公式计算湿度粗糙长度：

$$\ln\frac{z_0}{z_{0q}} = b_1 Re_*^{1/4} + b_2 \tag{6-78}$$

式中：Re_* 为摩阻风速对应的雷诺数。

假设温度粗糙长度与湿度粗糙长度相等，即 $z_{0t} = z_{0q}$。

式（6-77）～式（6-78）中：a_1、a_2、b_1、b_2 为经验常数；$Re_* = u_* z_0 / \nu$ 为粗糙 Re 数；ν 为空气的动力黏滞系数。Zeng 等（1998）采用 TOGA COARE 海洋观测数据集率定了上述参数，在风速 $u = 0.5$～10 m/s 范围内，$a_1 = 0.013, a_2 = 0.11, b_1 = 2.67, b_2 = -2.57$。

由于太阳辐射（分为长波和短波两种辐射）传热特点，以上热通量计算中仅考虑长波辐射部分，包括长波辐射的反射、长波辐射导致的传导和蒸发热通量（向上和向下两个方向），短波辐射部分直接进入水体，并按照一定的函数形式衰减，短波辐射水下衰减按照下列公式计算。

假设短波向下辐射在水下以幂函数形式衰减：

$$I = I_0 \mathrm{e}^{z/\zeta_s} \tag{6-79}$$

式中：I 为短波向下辐射通量密度（单位时间单位面积的能量）（$\mathrm{J/m^2}$）；I_0 为水面处的向下净短波辐射（$\mathrm{J/m^2}$）；z 为垂向坐标（向上为正）（m）；ζ_s 为衰减长度（m）。

由于反向散射造成的向上短波辐射仅占到向下短波辐射的 0.3%～3.0%，因此，可以忽略短波辐射的反射量损失，I_0 即为观测的全部短波辐射值。

采用式（6-79）拟合水下 5 m 内的辐射量的精度很差，因为水体对吸收短波和长度辐射有偏向性，而对水下 10 m 外的辐射量的拟合精度较好，因为，此时的太阳辐射仅剩下蓝绿光。另外，水下太阳辐射的分布与不同水深、地理位置和季节的太阳光学特性也有关系。因此，本模型的水下短波辐射分布采用 Jerlov 公式和 Paulson 公式，该公式考虑不同水体类型（清澈或浑浊），可较好拟合潜水和深水的辐射量变化。

$$I / I_0 = R \mathrm{e}^{z/\zeta_1} + (1-R) \mathrm{e}^{z/\zeta_2} \tag{6-80}$$

式（6-80）右边第一项表征了 5 m 水深内水体对光谱红色端的快速吸收，第二项表征了 10 m 水深以下水体对光谱中蓝绿光的吸收，式中 R、ζ_1 和 ζ_2 的取值参考见表 6-3。

表 6-3　经验常数取值表

R	ζ_1/m	ζ_2/m	水体类型
0.40	50	40	非常清澈
0.58	0.35	23	
0.68	1.20	28	↓
0.62	0.60	20	
0.67	1.00	17	
0.77	1.50	14	
0.78	1.40	7.9	非常浑浊

6.4.6　碳循环计算模型

采用 CO_2SYS 模型（Blackford，2007），该模型采用迭代法计算化学物质在不同相之间转化后最终的“平衡”浓度，其中的状态变量为总的（或溶解态）无机碳（inorganic carbon，IC）和总的碱度（total alkalinity，TA）（海水中与盐度相关）。模型的输出变量包括：水体中的 CO_2 分压 p（CO_2）、pH 和碳酸盐组分浓度（如 H_2CO_3、HCO_3^-、CO_3^{2-}）。设置好 IC 和 TA 的初始值，通过大气—水体的物质交换，一般在模型运行数周后，各组分达到动态平衡状态（Blackford，2007）。碱度的参数化非常复杂，受到海水盐度和河流淡水入流的影响，很难有合适的经验关系式。

pH 对硝化反应速率有影响，可采用 Huesemann（2002）经验公式：

$$\mathrm{RNR} = 0.61 \cdot \mathrm{pH} - 3.89 \tag{6-81}$$

式中：RNR 为相对消化反应速率（s^{-1}）。

（1）水质模型中需要增加一个状态变量：可溶性无机碳（dissolved inorganic caroon，DIC）。总的无机碳（total inorganic carbon，TIC）是溶质中所有无机碳成分的综合，无机碳成分包括 CO_2、碳酸、碳酸氢离子和碳酸盐。通常将 CO_2 和碳酸放在一起$[CO_2^*]$。自然水体中 C_T 与 pH 和 CO_2 通量计算密切相关。

$$C_T = [\mathrm{CO_2^*}] + [\mathrm{HCO_3^-}] + [\mathrm{CO_3^{2-}}] \tag{6-82}$$

式中：C_T 为总的无机碳；$[CO_2^*]$ 为二氧化碳的浓度总和$\{[CO_2^*] = [CO_2] + [H_2CO_3]\}$；$[CO_3^{2-}]$ 为碳酸浓度总和。

各化学组分的浓度由 pH 影响下的化学平衡状态决定。

$$\mathrm{CO_2 + H_2O} \rightleftharpoons \mathrm{H_2CO_3} \rightleftharpoons \mathrm{H^+ + HCO_3^-} \rightleftharpoons \mathrm{2H^+ + CO_3^{2-}} \tag{6-83}$$

（2）水体总碱度（TA）为

$$\mathrm{TA} = [\mathrm{HCO_3^-}] + 2[\mathrm{CO_3^{2-}}] + [\mathrm{OH^-}] - [\mathrm{H^+}] \tag{6-84}$$

TA 采用 Artioli 等（2012）的计算方法：

$$\begin{gathered}\mathrm{TA} = \mathrm{TA_{dia}} + \mathrm{TA_{pro}} \\ \mathrm{TA_{dia}} = 51.24S + 520.1 \\ \frac{\mathrm{d\,TA_{pro}}}{\mathrm{d}t} = \frac{1}{\rho}\left(\sum_{\mathrm{bio}}\frac{\mathrm{d[NH_4]}}{\mathrm{d}t} - \sum_{\mathrm{bio}}\frac{\mathrm{d[NO_3]}}{\mathrm{d}t} - \sum_{\mathrm{bio}}\frac{\mathrm{d[PO_4]}}{\mathrm{d}t}\right) + \frac{1}{\rho}\sum_{\mathrm{riv}}\frac{Q}{V}(\mathrm{TA_{riv}} - 520.1)\end{gathered} \tag{6-85}$$

式中：TA 分为两个部分，TA_{dia} 与盐度（海水中）有关，TA_{pro} 与营养盐浓度有关，且参与对流扩散运动。

6.5 底泥生化反应模块

底泥对上覆水营养盐、BOD 和 DO 浓度等均产生影响，而底泥中的营养盐、BOD 和 DO 浓度与水体中相应组分的浓度梯度将直接影响到底泥—水体界面的交换通量。因此，需要模拟计算底泥层中的营养盐、BOD 和 DO 浓度。

底泥与上覆水的组分交换过程见示意见图 6-13。

6.5.1 底泥溶解氧模块

1. 底泥 DO 的动力学过程

底泥中主要为耗氧反应，底泥对上覆水溶解氧平衡的影响可参考水体中的 DO 动力学过程计算值。而底泥中 DO 动力学过程可采用下式计算：

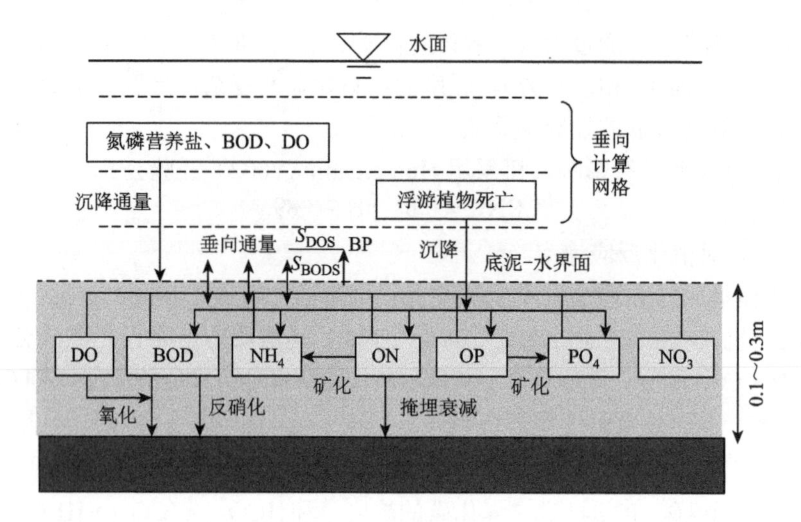

图 6-13　底泥模拟示意图

$$S_{DOS} = -k_{ds}\theta_{ds}^{T-20} + \frac{E_{dif}}{d_{bs}^2}(C_{DOWb} - C_{DOS}) \tag{6-86}$$

式中：k_{ds} 为 20℃时有机碳降解速率（d^{-1}）；θ_{ds} 为有机碳降解的温度系数；E_{dif} 为底泥-水体界面处的扩散交换系数（m^2/d）；d_{bs} 为定义的底泥厚度（m）；C_{DOWb} 为水体底部的 DO 浓度（mg/l）；C_{DOS} 为底泥中的 DO 浓度（mg/L）。

底泥中有机物质的降解对上覆水体 DO 的浓度有很大影响。底泥中有机物的降解会引起底泥-水体界面 DO 的减少。因此，底泥中的有机物质是上覆水体的重要耗氧源。

底泥 DO 和 BOD 计算框架是参考 Wool 等（2001）和 Dubravko 等（2014）研究美国某海湾底泥-水体相互作用的计算方法。对于厚度 D_j 的单一底泥层，下标 i 和 j 分别表示底泥单元体和上覆水单元体。到达底泥的净颗粒通量是向下沉降通量与向上再悬浮通量之差。

定义底泥厚度非常重要，底泥厚度实际上为底泥受上覆水体交换影响的深度，能使模型反映底泥记录有机质的合理历时时间，但当底泥受明显沉积物沉降的影响时，将变的更为复杂，需要观测孔隙水梯度作为活动层的一个合理的近似值。

影响底泥中 DO 组分质量平衡方程的分解反应是浮游植物碳的厌氧分解和底泥有机碳的厌氧分解。这些反应减少了上覆水的氧含量，快速使氧的浓度变为负值，计算的负浓度被看作是底泥中氧化还原反应链产生的最终产物而消耗的氧气当量。

2. 底泥中的生物耗氧量

底泥中的生物耗氧量（BODS）生化反应动力学源项 S_{BODS} 包括：水体中的 BOD 沉降 + 浮游藻类沉降 + 河床底部光合作用–底泥耗氧量–底泥中的 BODS 埋深损失，最终的表达式为

$$
\begin{aligned}
S_{\mathrm{BODS}} = & w_{\mathrm{BODW}}(1 - f_{d\mathrm{BODW}})C_{\mathrm{BODW}b} + \frac{32}{12} w_{\mathrm{Chl}} C_{\mathrm{Chl}b} \\
& + 0.53\theta_{\mathrm{bp}}^{T-20} \frac{32}{12}\left(\frac{132}{1000} I_b^{1.45}\right) \\
& - k_{\mathrm{SOC}}\theta_{\mathrm{SOC}}^{T-20} f_{a\mathrm{SOC}} C_{\mathrm{BODS}} \left(\frac{C_{\mathrm{DOb}}}{K_{\mathrm{SOC}} + C_{\mathrm{DOb}}}\right) k_\tau^{(\tau_b - \tau_{ce})} \\
& - k_{\mathrm{BODS}} C_{\mathrm{BODS}}
\end{aligned}
\tag{6-87}
$$

式中：w_{BODW} 为有机物质沉降速率（m/d）；$f_{d\mathrm{BODW}}$ 为溶解态 BODW 的比例；w_{Chl} 为浮游植物的沉降速率（m/d）；$C_{\mathrm{Chl}b}$ 为河床附近的叶绿素浓度（$\mathrm{mg/m^3}$）；θ_{bp} 为底栖生物光合作用的温度系数；I_b 为底栖生物光合作用的 PAR 光强；k_{SOC} 为底泥 BOD 的分解速率（$\mathrm{d^{-1}}$）；θ_{SOC} 为底泥耗氧量（SOC）的温度系数；$f_{a\mathrm{SOC}}$ 为有氧呼吸占总底泥耗氧量的比例；K_{SOC} 为 SOC 限制氧含量的半饱和常数；k_τ 为底部剪切力系数，当 $\tau_b < \tau_{ce}$ 时，$(\tau_b - \tau_{ce}) = 0$；τ_{ce} 为临界剪切力（Pa）。

BODS 的掩埋衰减项考虑了深层底泥被掩埋造成有机碳的损失，以及有机碳由于不稳定性而随时间发展的衰减，该过程以一级衰减速率来处理，其中 k_{BODS} 为 BODS 的衰减速率系数（$\mathrm{d^{-1}}$）。

6.5.2　简化的底泥生化反应模块

静态模式耦合模拟中，底泥仅考虑为一层，类似于黑箱模型，WASP 模型的底泥生化模拟即采用该模式，也可采用双层模型（有氧反应层和厌氧反应层，如 EFDC 模型即采用双层模型）。该模式的优势是计算量小，可现实水体-底泥的同步模拟、双向耦合（水体与底泥中的化学物质相互影响），缺点是没有考虑底泥孔隙水及底泥固相的运动对生化反应的影响（如水流对底泥表层的剪切、孔隙水垂向运动、底泥固结压实、生物扰动对底泥表层化学物质扩散的影响等）。参考 Di Toro（1980）计算 Erie 湖泊底泥-水体交互作用的计算框架，描述静态底泥生化反应模型为

$$
\begin{cases}
\mathrm{NO}: S_{\mathrm{ON}j} = k_{\mathrm{pz}d}\theta_{\mathrm{pz}d}^{T-20}\alpha_{\mathrm{NC}} f_{\mathrm{ON}} C_{\mathrm{Chl}j} - k_{\mathrm{ON}d}\theta_{\mathrm{ON}d}^{T-20} C_{\mathrm{ON}j} \\
\mathrm{NH_4}: S_{\mathrm{NH_4}j} = k_{\mathrm{pz}d}\theta_{\mathrm{pz}d}^{T-20}\alpha_{\mathrm{NC}}(1 - f_{\mathrm{ON}}) C_{\mathrm{Chl}j} + k_{\mathrm{ON}d}\theta_{\mathrm{ON}d}^{T-20} C_{\mathrm{ON}j} \\
\mathrm{NO_3}: S_{\mathrm{NO_3}j} = -k_{2d}\theta_{2d}^{T-20} C_{\mathrm{NO_3}j} \\
\mathrm{OP}: S_{\mathrm{ON}j} = k_{\mathrm{pz}d}\theta_{\mathrm{pz}d}^{T-20}\alpha_{\mathrm{PC}} f_{\mathrm{OP}} C_{\mathrm{Chl}j} - k_{\mathrm{OP}d}\theta_{\mathrm{OP}d}^{T-20} f_{d8} C_{\mathrm{OP}j} \\
\mathrm{PO_4}: S_{\mathrm{PO_4}j} = k_{\mathrm{pz}d}\theta_{\mathrm{pz}d}^{T-20}\alpha_{\mathrm{PC}}(1 - f_{\mathrm{OP}}) C_{\mathrm{Chl}j} + k_{\mathrm{OP}d}\theta_{\mathrm{OP}d}^{T-20} f_{d8} C_{\mathrm{OP}j}
\end{cases}
\tag{6-88}
$$

式中：下标 i、j 为水体和底泥层；k_{pzd} 为浮游藻类厌氧分解速率（$\mathrm{d^{-1}}$）；$\theta_{\mathrm{pz}d}$、θ_{ond}、θ_{opd} 为温度系数；$k_{\mathrm{ON}d}$、$k_{\mathrm{OP}d}$ 分别为 ON 和 OP 降解速率（$\mathrm{d^{-1}}$）；f_{d8} 为底泥中溶解态无机磷的比例。

6.5.3　底泥生化反应动力学模型

动态模式耦合模拟，底泥可分为若干层（类似于水体部分的网格划分）离散模拟，由

于底泥部分的孔隙水和固相主要为垂向一维运动，可忽略侧向扩散，可明显减小计算量，但相比静态模拟的单层计算，动态模式的底泥模拟计算量仍然很大，目前还不能实现水体与底泥的同步模拟，仅考虑水体对底泥中化学物质的影响（单向耦合）。另外，底泥中的化学物质输移运动及生化反应相比水体部分的运动，反应速度要慢的多，因此，单向耦合模拟也是可行的。该模拟的优点是考虑到了静态模式下不能考虑到的影响因素，并可提供详细的底泥生化反应过程中各化学物质浓度、反应速率等的三维时空演变过程。本小节将介绍底泥生化模型 CANDI 的基本原理。

CANDI（carbon and nutrients diagenesis）模型是由加拿大 Dalhousie 大学开发的底泥早期成岩过程模型，可实现底泥中孔隙水和固相泥沙介质中的有机物和营养物质的对流—扩散—生化反应过程的垂向一维模拟。CANDI 模型考虑了两种反应过程：输移-化学反应模型中发生较慢的动力学反应过程和控制 pH 的离子平衡反应过程。输移-化学反应模型方程主要包括有机物氧化反应、各种副产品的氧化反应。孔隙水中的不可逆化学反应和物质输移过程由一系列方程计算得到。孔隙水中的化学物质输移为分子扩散，受到底泥的弯曲度、底泥埋深和压实引起的对流、水流对底泥的冲刷引起的局部源汇项等过程的影响。

1. 孔隙水中的物质输移及生化反应

固相泥沙介质中的化学物质输移受到底泥表层的生物扰动扩散和由埋深及压实引起的对流扩散影响。孔隙水和固相泥沙颗粒骨架中化学物质输移和反应可由流体输移和生化反应方程来计算，具体生化反应方程式见 CANDI 模型（Bernard et al.，1996）。

固相（泥沙颗粒）：

$$\underbrace{\frac{\partial[(1-\phi)\rho_S C_S]}{\partial t}}_{\text{固相颗粒浓度的非恒定项}} = \underbrace{D_B\frac{\partial^2[(1-\phi)\rho_S C_S]}{\partial z^2}}_{\text{生物扰动扩散项}} - \underbrace{\frac{\partial[(1-\phi)\omega\rho_S C_S]}{\partial z}}_{\text{对流项（泥沙沉积）}} + \underbrace{(1-\phi)\rho_S\sum R_S}_{\text{化学反应源项}} \tag{6-89}$$

液相（孔隙水）：

$$\underbrace{\frac{\partial(\phi C_d)}{\partial t}}_{\text{孔隙水溶质浓度的非恒定项}} = \underbrace{D_B\frac{\partial^2(\phi C_d)}{\partial z^2}}_{\text{生物扰动扩散}} + \underbrace{\phi D_S\frac{\partial^2(C_d)}{\partial z^2}}_{\text{分子扩散}} - \underbrace{\frac{\partial(\phi u_S C_d)}{\partial z}}_{\text{对流项（孔隙水）}} + \underbrace{\alpha(C_{d0}-C_d)}_{\text{与上覆水交换项}} + \underbrace{\phi\sum R_d}_{\text{化学反应源项}} \tag{6-90}$$

式中：R_S 和 R_d 分别为固相颗粒和孔隙水中的化学物质反应源汇项；C 为化学物质浓度；ρ_S 为泥沙密度；t 为时间；D_B 为生物扩散系数；D_S 为分子扩散系数；z 为底泥垂向坐标；ϕ 为孔隙度；ω 为埋深速率（cm/a）；u_S 为底泥中孔隙水流速；α 为上覆水与底泥之间的物质浓度的交换系数（a^{-1}）；C_{d0} 为上覆水中溶质浓度。

以上的化学反应动力学源项还需要深入研究，CANDI 模型采用下面形式的公式计算（以 Mn^{2+} 的反应为例）：

$$R_{MnOx} = k_{MnOx} C_{Mn^{2+}} C_{O_2} \tag{6-91}$$

式中：k_{MnOx}为Mn^{2+}的氧化反应速率常数；$C_{Mn^{2+}}$和C_{O_2}分别为Mn^{2+}和O_2的浓度；R_{MnOx}为Mn^{2+}的氧化反应源汇项。

与氧化物有关的源汇项（包括O_2、NO_3、MnO_2、Fe^{3+}、SO_4和CH_4）采用 Monod 形式的公式计算（子程序 FEX.f 90）：

$$R_{O_2} = \frac{C_{O_2}}{K_{O_2} + C_{O_2}} \tag{6-92}$$

式中：K_{O_2}为半饱和常数；R_{O_2}为氧化物的源汇项。

化学物质（离子）与 pH 关系由在底泥各层中局部电荷平衡假设的热力学化学计量参数K_i控制（子程序 THERMO.f 90），孔隙水 pH 由多种离子的静态电荷平衡控制（子程序 FCN.f90）。

2. 底泥孔隙度变化

假设底泥孔隙度沿深度方向的指数分布形式（SED.f 90）：

$$\varphi(z) = (\varphi_0 - \varphi_\infty)e^{-\beta z} + \varphi_\infty \tag{6-93}$$

式中：0 和∞分别表示水体–底泥界面和最大深度处。

3. 扩散系数计算

化学物质浓度在固相泥沙介质中的扩散由沿深度方向分布的生物扰动系数D_B控制，生物扰动系数D_B的分布形式有如下两种。

（1）沿深度方向高斯指数函数形式衰减：

$$D_B(z) = D_B^0 \exp\left(-\frac{z^2}{2z_S^2}\right) \tag{6-94}$$

式中：z_S为底泥的一半厚度。

（2）另一种是双层模式（在深度z_a以上设为恒定值D_B^0，在深度z_a和z_b之间为线性衰减，z_b以下为零）：

$$D_B(z) = \begin{cases} D_B^0, & 0 \leqslant z \leqslant z_a \\ D_B^0 \dfrac{(z_a - z)}{(z_b - z_a)}, & z_a \leqslant z \leqslant z_b \\ 0, & z \geqslant z_b \end{cases} \tag{6-95}$$

式中：D_B^0为经验系数；z_a和z_b的间距大约为 2 cm。

化学物质在孔隙水中的扩散由分子或离子扩散系数D_i'控制。计算式如下：

$$D_i' = \frac{D_i^0}{\theta^2} \tag{6-96}$$

式中：D_i^0为溶解质i在自由水体中的分子或离子扩散系数；θ为底泥的弯曲度。D_i^0与水体的盐度、温度和压力有关，采用 Hayduk-Laudie 公式和 Stokes-Einstein 公式计算（子程序 DIFCOEF.f 90），弯曲度为孔隙度的函数。

4. 输移–反应方程的简化

假设流体（孔隙水）与固体质量守恒，并忽略化学反应对流体和固体的影响，输移–化学反应方程得到简化，化学物质在两相间混合，有：液相，$\frac{\partial \varphi u_S}{\partial z}=0$ 或 $\varphi u_S=(\varphi u_S)_{z\to\infty}$；固相，$\frac{\partial \varphi_S w_S}{\partial z}=0$ 或 $\varphi_S w_S=(\varphi_S w_S)_{z\to\infty}$。

在给定深度方向上的泥沙孔隙度和沉积率后，由以上关系即可减少输移–反应方程的求解项和计算得出深度方向上孔隙水和固相泥沙颗粒的速度 u_S 和 w_S。

5. 边界条件和初始条件

（1）在水体–底泥界面（$z=0$）和底泥底部（$z=L_S$）处施加边界条件。对于有机质，可设定浓度边界或者设定通量。

（2）可以设定底泥表层的溶质浓度，也可以设置水体中的溶质通过一个扩散边界层进入底泥中（Fick 扩散定律）。

（3）底泥底部（$z=L_S$）处的溶质可假设为零扩散梯度，或者给定浓度（实测）。

（4）只有当在底泥底部的生物扰动系数 D_B 不等于零时才需要设置固相的边界条件，此时采用零扩散梯度边界条件。

（5）初始条件用户可自己设置（子程序 CINITIAL.f 90）。

6. 数值离散方法

垂向一维输移–化学反应偏微分方程组采用有限差分法离散。离散后的方程组采用直线法求解，该方法可有效求解一维问题和刚性矩阵，并且不需要设置计算时间步长（程序可根据设置的残差限制自动调整时间步长），CANDI 模型使用 VODE 程序。

为实施有限差分法离散，CANDI 模型中需要扩展二次导数项。

对于孔隙水：

$$\frac{\partial}{\partial x}\left(\frac{\varphi D_i^0}{\theta^2}\frac{\partial C_i}{\partial x}\right)=D_i^0\left[\frac{\varphi}{\theta^2}\frac{\partial^2 C_i}{\partial x^2}+\frac{1}{(\theta^2)^2}\left(\theta^2\frac{\partial \varphi}{\partial x}-\varphi\frac{\partial(\theta^2)}{\partial x}\right)\frac{\partial C_i}{\partial x}\right] \tag{6-97}$$

对于固相泥沙：

$$\frac{\partial}{\partial x}\left(\varphi_S D_B(x)\frac{\partial C_i}{\partial x}\right)=\varphi_S D_B(x)\frac{\partial^2 C_i}{\partial x^2}+\left(D_B(x)\frac{\partial \varphi_S}{\partial x}-\varphi_S\frac{\partial D_B}{\partial x}\right)\frac{\partial C_i}{\partial x} \tag{6-98}$$

对于孔隙水可采用一阶和二阶中心差分格式离散求解。但对于固相泥沙，由于生物扰动可能在某一垂向深度消失，中心差分格式离散对流项（泥沙埋深）将变得不稳定。为克服这一问题，CANDI 模型采用加权差分格式：

$$\left.\frac{\partial C}{\partial x}\right|_{x=x_i}\approx\frac{(1-\sigma)C_{i+1}+2\sigma C_i-(1+\sigma)C_{i-1}}{2\Delta x} \tag{6-99}$$

式中：Δx 为网格间距（m）。

其中

$$\sigma = \frac{1}{\tanh(\mathrm{Pe}_h)} - \frac{1}{\mathrm{Pe}_h} \tag{6-100}$$

$$\mathrm{Pe}_h = \frac{w(x_j)h}{2D_B(x_j)} \tag{6-101}$$

式中：参数 Pe_h 等于 0.5 倍的网格 Peclect 数，用于评价两个网格节点间对流作用相对扩散作用的强度。当 $\mathrm{Pe}_h \ll 1$ 时，扩散作用占优，当 $\mathrm{Pe}_h \gg 1$ 时，对流作用占优。由式（6-100）可以看出：当 $\mathrm{Pe}_h \to 0$ 时，$\sigma \to 0$；当 $\mathrm{Pe}_h \to \infty$ 时，$\sigma \to 1$。因此，式（6-99）的差分格式，当生物扰动扩散作用占优时将转化为中心差分格式，当对流作用占优时将转化为向后差分格式。这就保证了在任意计算节点，当 $D_B(x) \to 0$ 时的计算稳定性。加权差分格式不对孔隙水溶解质使用，因为孔隙水很少有对流占优的情况。

6.5.4　底泥与上覆水间的物质交换通量

底泥向水体释放或扩散营养盐，是有机盐和无机盐的一个重要来源。从底泥中释放的营养盐不仅受到浓度梯度的影响，而且也受到 pH、温度和 DO 浓度的影响。Wool 等（2001）给出底泥向上覆水释放营养盐的释放率 S_{diff} 的表达式：

$$S_{\mathrm{diff}} = \theta_{\mathrm{sed}}^{T-20} S_c \left(\frac{K_{\mathrm{DOS}}}{K_{\mathrm{DOS}} + C_{\mathrm{DO}}} + \frac{|\mathrm{pH}-7|}{K_{\mathrm{pHS}} + |\mathrm{pH}-7|} \right) \tag{6-102}$$

式中：S_c 和 S_{diff} 分别为底泥营养盐释放率和营养盐的扩散通量[mg/(m^2·d)]；K_{DOS} 和 K_{pHS} 为根据水底附近 DO 和 pH 调整营养盐释放率的参数（mg/L）；θ_{sed} 为温度系数。扩散通量 S_c 可由费克第一定律计算得到，通量由浓度梯度和泥沙孔隙率决定。

$$S_c = -\phi D_m \frac{\mathrm{d}C}{\mathrm{d}z} \approx \frac{\phi D_m}{\Delta z_b}(C_S - C_W) = k_S (C_S - C_W) \tag{6-103}$$

式中：D_m 为分子扩散率（m^2/d）；ϕ 为底泥孔隙率；Δz_b 为底泥厚度（m）；k_S 为水沙交界面处的扩散交换系数（m/d）；C_W 和 C_S 分别为水体和底泥中不同营养盐浓度（mg/L）。

将（6-103）式带入（6-102）式，可以得到底泥释放营养盐的释放率：

$$S_{\mathrm{diff}} = \theta_{\mathrm{sed}}^{T-20} k_S (C_S - C_W) \left(\frac{K_{\mathrm{DOS}}}{K_{\mathrm{DOS}} + C_{\mathrm{DO}}} + \frac{|\mathrm{pH}-7|}{K_{\mathrm{pHS}} + |\mathrm{pH}-7|} \right) \tag{6-104}$$

$$k_S = \frac{\phi D_m}{\Delta z_b} \tag{6-105}$$

该公式反映出底泥释放营养盐的速率取决于多种因素，释放率的正负完全取决于水体中和床面附近的营养盐浓度。

6.6　浮游植物动力学模块

浮游植物动力学过程在水体富营养化过程中起着主要作用，浮游植物生物量可影响到水环境中其他状态变量。自然环境下，浮游植物数量的增长是非常复杂的，浮游植物生物量与现有的浮游植物种类、浮游植物对光照和温度的反应以及可利用的营养物质与浮游植物需求之间的平衡情况均有密切关系。另外，天然水体中的浮游植物可能同时存在若干种藻类（隐藻、蓝藻、绿藻），每种藻类的亚种数目繁多，由于可获取的数据信息不足以定义各种浮游植物（浮游藻类）的动力学反应过程，本小节模型只计算三种典型浮游藻类（隐藻、蓝藻、绿藻）的生物量。

各种浮游植物的总生物量以Chl-a作为综合变量。这种方法优点主要是计算比较直接，包括了浮游藻类细胞类型和年代及细胞活性。缺点是这种算法未区分各种功能团（如隐藻、绿藻、蓝藻等），因此，需要将各种浮游藻类的碳质量转化为Chl-a浓度，但需要注意的是Chl-a浓度与碳质量的比率是变化的。由此可见，没有一种简单且综合的计算方法能准确表征浮游植物的生物量。从实际角度看，大量实测可用的叶绿素数据基本上可作为率定和验证浮游植物生物量的综合指标，而在本小节模型的计算中，还是利用浮游植物碳来计算浮游植物生物量，两者之间需要做简单转换。

水生浮游植物大量分布于水体中，水体中的营养物质（包括氮、磷、碳等元素）的循环与浮游植物产生相互作用，浮游植物动力学模型的理论框架是基于WASP、EFDC及CE-QUAL-ICM等比较成熟的水质模型，并根据香溪水华藻类的一些特点进行了简化。目前浮游植物的生物量通常用单位水体中的藻类个体数量和光合作用的产物Chl-a浓度来表述，本模型采用后者。Chl-a浓度计算方程与营养物质循环计算方程类似，计算方程如下：

$$\frac{\mathrm{d}C_{\mathrm{Chl}}}{\mathrm{d}t}=K_{\mathrm{mh}}\left(\frac{\partial^2 C_{\mathrm{Chl}}}{\partial x^2}+\frac{\partial^2 C_{\mathrm{Chl}}}{\partial y^2}\right)+\frac{\partial}{\partial z}\left(K_{\mathrm{mv}}\frac{\partial C_{\mathrm{Chl}}}{\partial z}\right)+S_{\mathrm{Chl}} \tag{6-106}$$

式中：C_{Chl}为Chl-a浓度（mg/L）；S_{Chl}为反映水藻生长、死亡和沉降的动力学源汇项；K_{mh}和K_{mv}分别为水流在水平向和垂向的紊动黏性系数（$\mathrm{m^2/s^2}$）；其他系数的物理意义同水动力学及污染物计算模块。

浮游植物的动力学源汇项由以下公式计算：

$$S_{\mathrm{Chl}}=(G_p-D_P-P_{set})C_{\mathrm{Chl}} \tag{6-107}$$

式中：G_p为浮游植物的生长率（$\mathrm{d^{-1}}$）；D_p为浮游植物的死亡率（$\mathrm{d^{-1}}$）；P_{set}为浮游植物的沉降速率（$\mathrm{d^{-1}}$）。

（1）浮游植物的生长率G_p由营养物质、光照、水温和局部水动力条件（流速）决定。各因素的影响按照下式乘积形式给出：

$$G_p=P_{\max}\cdot f_N\cdot f_I\cdot f_T\cdot f_U \tag{6-108}$$

式中：$P_{\max}$为浮游植物最大生长率；f_N、f_I、f_T、f_U分别为营养物质、光强和水温对浮游植物生长的限制作用，限制因子分别介绍如下。

①研究发现，各种营养盐的浓度对浮游植物生长的影响是非常复杂的。一般假定浮游植物生物量的生长遵循重要营养物的Monod生长动力学，也就是说，对于一定的温度和光照强度，当基质浓度超过藻类的耐受范围时，生长率不会随基质浓度的增加而提高。而在低基质浓度条件下，生长率随基质浓度呈线性增加。营养盐限制因子f_N一般由碳、氮、

磷的浓度决定。大多数情况下，碳是过量的，因此本研究不考虑碳元素的限制作用。f_N 可根据 Michaelis-Menten 公式和 Liebig 最小值定律计算（Wool et al.，2001）。

对应于简单营养物质的浮游藻类生长限制因子的计算公式如下：

$$f_N = \min\left(\frac{C_{\mathrm{TP}}}{C_{\mathrm{TP}} + K_{\mathrm{mP}}}, \frac{C_{\mathrm{TN}}}{C_{\mathrm{TN}} + K_{\mathrm{mN}}}\right) \tag{6-109}$$

式中：C_{TP}、C_{TN} 分别为 TP 和 TN 的浓度（mg/L）；K_{mP}、K_{mN} 分别为水藻吸收 TP 和 TN 的半饱和常数（mg / L）。

对应于复杂营养物质的浮游藻类生长限制因子的计算公式如下：

$$f_{\mathrm{N}} = f_{\mathrm{NO_3}} + f_{\mathrm{NH_4}} = \frac{C_{\mathrm{NO_3}}}{C_{\mathrm{NO_3}} + K_{\mathrm{NO_3}}} \frac{K_{\mathrm{NH_4}}}{C_{\mathrm{NH_4}} + K_{\mathrm{NH_4}}} + \frac{C_{\mathrm{NH_4}}}{C_{\mathrm{NH_4}} + K_{\mathrm{NH_4}}} \tag{6-110}$$

$$f_{\mathrm{P}} = \frac{C_{\mathrm{PO_4}}}{C_{\mathrm{PO_4}} + K_{\mathrm{PO_4}}}$$

$$f_{\mathrm{Nutr}} = \min(f_N, f_p)$$

式中：f_{P}、f_{N}、f_{Nutr} 分别为磷、氮和营养盐的限制因子；$C_{\mathrm{NH_3}}$、$C_{\mathrm{NO_3}}$、$C_{\mathrm{PO_4}}$ 分别为 NH_4、NO_3 和 PO_4 的计算浓度（mg/L）；$K_{\mathrm{NH_4}}$、$K_{\mathrm{NO_3}}$、$K_{\mathrm{PO_4}}$ 分别为浮游水藻吸收 NH_4、NO_3 和 PO_4 的半饱和常数或称为 Michaelis 常数（mg/L）。

式(6-110)表示当水体中 NH_4 浓度很高时，NO_3 将不被浮游藻类细胞吸收（Wool et al.，2001）。此外，还强制定义当营养盐浓度低于某一浓度值时，浮游藻类将不能吸收营养盐，即停止生长，即当 $C_{\mathrm{PO_4}} < 0.0015\mathrm{mg/L}$ 时，$f_{\mathrm{P}} = 0$；当 $C_{\mathrm{NO_3}} < 0.007\mathrm{mg/L}$ 时，$f_{\mathrm{NO_3}} = 0$；当 $C_{\mathrm{NH_4}} < 0.007\mathrm{mg/L}$ 时，$f_{\mathrm{NH_4}} = 0$。

②光照强度在沿水深方向逐渐衰减，而光照是水藻进行光合作用的必要条件，光合作用限制因子由 Steele 公式给出：

$$f_I = \frac{2.72}{K_e \Delta z}\left[\exp\left(-\frac{I_0}{I_m} \mathrm{e}^{-K_e(d_z+\Delta z)}\right) - \exp\left(-\frac{I_0}{I_m} \mathrm{e}^{-K_e \Delta z}\right)\right] \tag{6-111}$$

式中；f_d 为日照时间（h）；I_0 为每日水面处的光照度（lx / d）；I_m 为浮游植物的饱和光强（lx / d），即藻类在这种光照强度下光和作用达到最大或者开始有下降趋势；d_z 为水面至目标水层的垂直距离（m）；Δz 为计算单元的厚度（m）。K_e 为消光系数，由水、Chl-a 和悬浮颗粒浓度决定，可由下式计算得

$$K_e = K_w + K_{\mathrm{Chl}} + K_{\mathrm{SS}} + K_{\mathrm{SR}} \tag{6-112}$$

式中：K_w、K_{Chl} 和 K_{SS} 分别是水体背景遮光、Chl-a 遮光和悬移质泥沙的遮光因子（m^{-1}）；K_{SR} 为河床底部光照衰减系数，由河床处的悬移质泥沙再起悬引起，为河床剪切力的函数。

浮游植物藻类种类繁多，主要有绿藻、蓝藻及硅藻三大类，不同的藻类有不同的生长特性，例如绿藻的饱和光强最高[150 cal/(cm^2·min)]，硅藻次之[100 cal/(cm^2·min)]，蓝藻最低[80 cal/(cm^2·min)]，香溪河近年来发生的水华多为蓝藻水华，本模型采用蓝藻的饱和光强来计算光强限制因子。

典型的 I_0 值在 500～1 000 lx / d，则 f_I 在 0.1～0.5。由 Steele 公式可看出，当光照度 I_0 小于饱和光强 I_m，浮游植物的光合作用随光强指数增加，但当光照度 I_0 超过饱和光强 I_m

后，光合作用速率将随光强的增大而以指数形式迅速减小。光照度单位换算公式：$100\ \text{klx} = 930\ \text{W/m}^2 = 1.335\ \text{cal/(cm}^2\cdot\text{min)}$。

为模拟光照度 I_0 在白天—黑夜之间的变化，也可以采用正弦函数的变化形式，即

$$I_0(t)=\begin{cases} I_{\max}\sin\left(\dfrac{\pi t}{f}\right), & t=0-f \\ 0, & t=f-1 \end{cases} \tag{6-113}$$

式中：$I_{\max}$ 为中午时水面处最大光照度（lx/d）；f 为日照时长（h）。

浮游藻类的饱和光强 I_s 的计算式如下：

$$I_s=\frac{k_{18}\theta_{18}^{T-20}\Theta_c \mathrm{e}}{\Phi_{\max}K_c} \tag{6-114}$$

式中：$\Phi_{\max}$ 为光合作用最大量子产量；k_{18} 为水下光合作用的速率系数（d^{-1}）；Θ_{18} 为温度系数；T 为水温（℃）；e 为自然对数基底，e = 2.718 28；K_c 为每单位 Chl-a 的光衰减系数；Θ_c 为碳-叶绿素质量转换比值，且比值一直处于变化状态。

$$\Theta_c=0.3\frac{\Phi_{\max}K_c}{k_{18}\theta_{18}^{T-20}\mathrm{e}}I_a\left(\frac{1-\mathrm{e}^{-K_e h_i}}{K_e h_i}\right) \tag{6-115}$$

式中：I_a 为白天时的水面平均 PAR 强度。

③浮游植物的生长受到水温的影响。温度限制因子应用下式计算得出（Wool et al.，2001）：

$$f_T=\exp[-\mathrm{KT}g(T-T_m)^2] \tag{6-116}$$

式中：T 为水温（℃）；T_m 为浮游植物生长最适宜温度（℃）；KTg 为水温在适宜温度 T_m 之下和之上时的生长限制系数。

水温将影响藻类的光合作用、呼吸作用和生长率等。当水温突然升高或降低都对水华发生和消亡产生明显的影响。藻类生存环境的温度范围很广，但最适宜藻类生长的温度 T_m 范围较窄。大量的研究表明，硅藻适宜水温较低，为 14～18℃；绿藻较高，为 20～25℃；蓝藻的适宜温度为 25～35℃（Nalewajko et al.，2001；Yamaguchi et al.，2000）。

④流速限制因子。针对三峡支流的富营养化问题，李锦秀等（2005）给出了藻类生长速度和流速的关系式：

$$f(U)=0.7^{6.6U} \tag{6-117}$$

式中：U 为合流速，$U=\sqrt{u^2+v^2}$，其中 u、v 为水平方向流速（m/s）；$f(U)$为流速对水藻生长速度的限制因子，当流速为零时，$f(U)=1$。

（2）浮游植物的损失 D_p 主要包括内源呼吸、死亡和浮游动物觅食。浮游植物的死亡率由下式给出：

$$D_p=k_{\mathrm{pr}}\theta_{\mathrm{pr}}^{T-20}+k_{\mathrm{pd}}+k_{pzg}C_{\mathrm{zoo}}\theta_{pzg}^{T-20} \tag{6-118}$$

式中：k_{pr} 和 k_{pd} 分别为内呼吸和死亡速率（d^{-1}）；k_{pzg} 为浮游动物和鱼类觅食速率[L/(mg·d)]；C_{zoo} 为浮游动物的浓度（mg/L）；θ_{pr} 和 θ_{pzg} 分别为温度系数。

（3）浮游植物的沉降率由下式计算：

$$P_{\text{set}} = \frac{w_S}{D_e} \tag{6-119}$$

式中：w_S为浮游植物的沉降速度（m/d）；D_e为水藻光合作用发生的补偿水深（m）。

6.7　耦合模型计算流程

以简化的三维水动力-水质耦合数学模型的计算流程为例，具体计算流程说明如下，复杂的水质模拟计算流程也是如此，仅水质状态变量增多和变量的生化反应源项更复杂一些。

（1）读入非结构网格的河道地形、计算参数及进出口边界条件，初始化模型的变量并进行三维非结构单元体的节点、面、边的编码。

（2）选择 Samagorinsky 方法和紊流封闭模型，分别计算水平向和垂向紊流黏性系数K_{mh}、K_{mv}和扩散系数K_v留作备用。

（3）联合求解自由水面函数方程和水平动量方程，并进行第一次逆向跟踪计算，得到水位、切向和法向流速，并根据连续方程求得垂向流速。

（4）求解污染物和叶绿素浓度的输运方程，并进行第二次逆向跟踪计算，得到温度场和浓度场。

（5）进入下一时层的计算，直到运行结束。程序运行中输出典型时刻的各项变量计算值。

总结水动力学模型的特点如下。

（1）动量方程及连续方程的通量项采用半隐格式，隐式因子$0.5 \leqslant \theta \leqslant 1$；动量方程的垂向黏性项及底部边界条件采用全隐格式；对流项的其他项采用显式格式以保证稳定性及计算效率。

（2）水平动量方程与沿深度积分的连续方程同时求解，法向速度的全导数采用 ELM 方法离散，并进行逆向跟踪计算，从而使对流项的稳定条件对时间步长无限制要求。

（3）垂向流速采用有限体积法，从三维连续方程中求解，不求解垂向动量方程。

（4）水平动量方程的切向和法向流速采用有限差分法求解。

（5）三维流速解出后，利用有限差分法，可在多边形单元节点和单元边界中心处求解浓度和温度输运方程。

相比较以往的水质模型，本节开发的复杂水质模型具有以下特点和优势。

（1）考虑边界层湍流扩散作用下河床上覆水与底泥间隙水的物质交换。

（2）动力学模拟沉积物生物地球化学过程，同时考虑孔隙水水运动、生物扰动、沉积物物理特征等。

（3）计算风和水流剪切应力引起的复氧过程，适用于计算山区河流（水流流速较大）条件下的复氧通量。

（4）考虑长短波太阳辐射及影响底栖光合作用的水下光强计算值。

（5）采用大气与水体之间的热交换通量动力学模型。

（6）考虑河床沉积物的再次悬浮，再次悬浮增加了光强衰减，限制了浅水区的底栖浮游植物生长。

6.8 模型验证

6.8.1 单弯道水槽试验验证

三维模型验证采用的弯道水槽试验数据与平面二维水质模拟验证的水槽试验数据相同，详细试验控制参数可见第 4 章的介绍。糙率取值与实体模型一致，即 $n = 0.013$。计算时间步长取 0.01 s。本次弯道水槽试验仅有水位及弯道段进出口处的流速实测数据，因此仅验证三维水动力模块的计算精度，见图 6-14，水面线的计算结果与实测值符合良好，

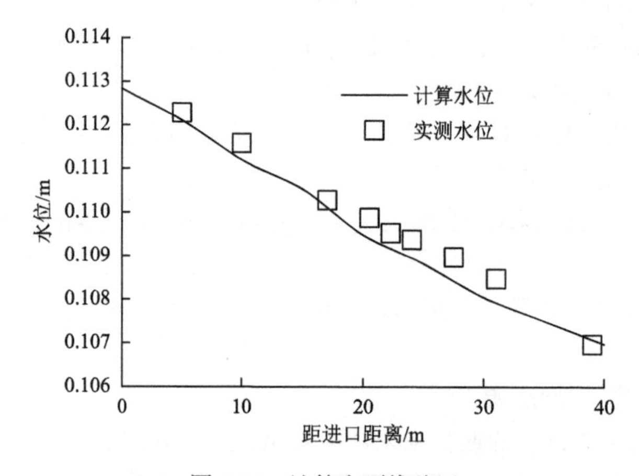

图 6-14　计算水面线验证

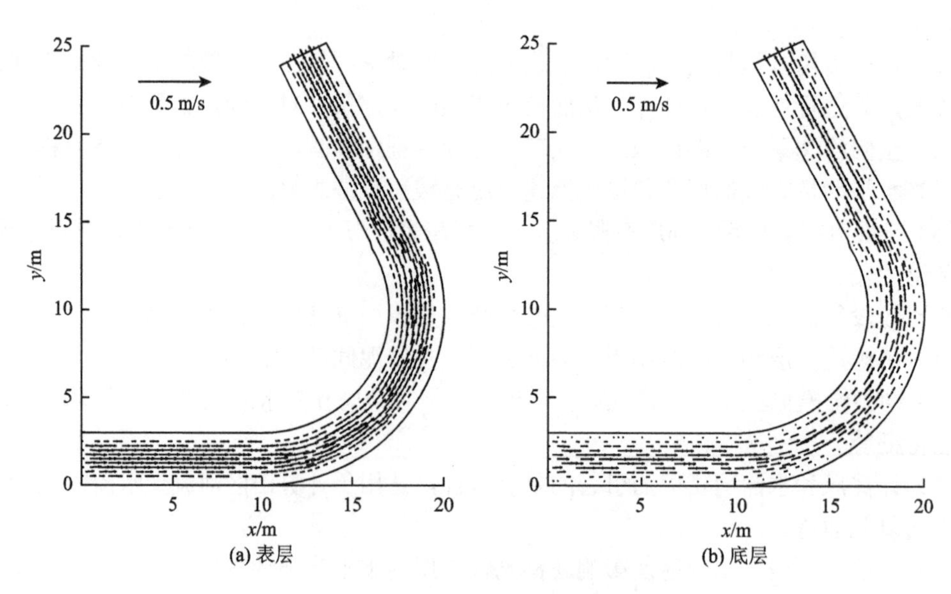

图 6-15　计算流场矢量图

水面高程从进口至出口沿程减小，平均水力坡降 0.15‰。计算流场矢量图见图 6-15，模拟的弯道水槽表层和底层的流速可以反映出水流在弯道处的偏转，且接近水槽边壁处流速减小，表层流速大于近底流速。

弯道进口、中间和出口断面的计算流速分布与实测值的对比来看，两者符合良好，三维非结构模型可以反映出弯道水槽的水流特征，见图 6-16。

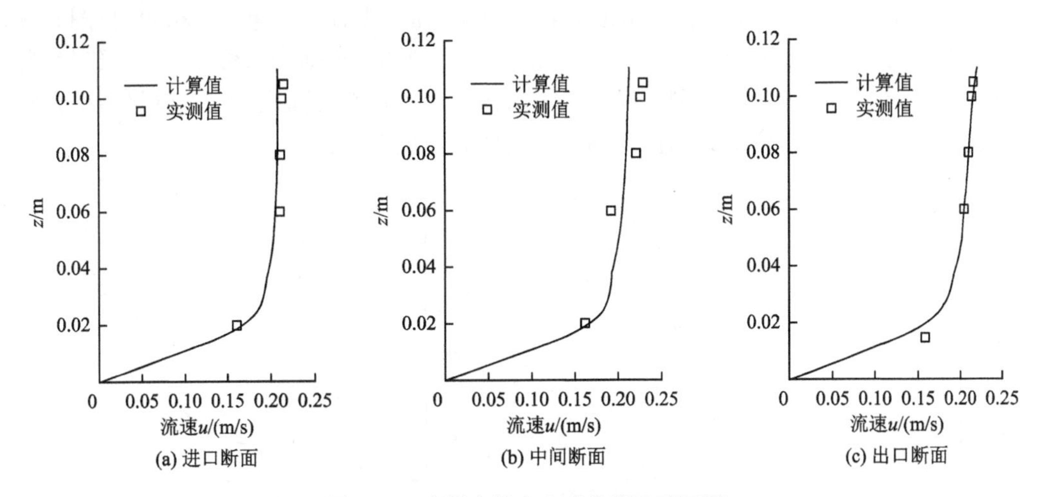

图 6-16　弯道水槽中心垂线流速验证图

6.8.2　连续弯道水槽试验验证

三维模型也同样采用 Chang 博士（1971）论文中的具有两个弯道的水槽试验数据进行验证，水槽的详细参数可见第 3 章的介绍。污染物在第一个弯道进口处排放。水槽中污染物初始浓度为零。弯道水槽水流计算的收敛过程中水位的波动情况，见图 6-17。开始计算时上游进口附近水位波动较大，且波动向下游传播，计算至 200 s 后水位波动趋于平稳，至 300 s 可认为水流计算达到稳定状态，即稳定后的水面线。因为本试验没有水位的测量数据，因此，无法进行验证。

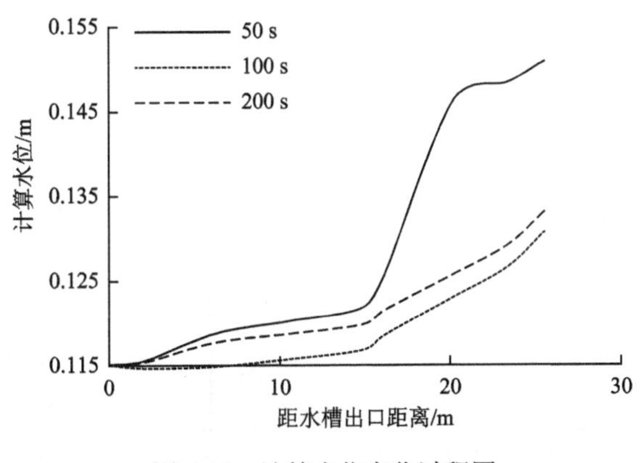

图 6-17　计算水位变化过程图

在水槽的第二个弯道的进口断面从左到右共有 4 个测点的纵向流速和横向流速的测量值，见图 6-18 和图 6-19，计算的纵向和横向流速的垂向分布与实测值符合良好，实测值均位于计算流速分布线的两侧，其中在接近水槽边壁处的计算误差较水槽中间部位的要大，分析原因主要有测量在边壁处容易受到干扰及数学模型的边壁影响没有考虑。

三维水流模型计算的最终稳定水位平面分布与二维模型计算结果大致相同，见图 6-20，均反映出了弯道段的水面横向比降，在弯道处三维模型的计算横向水位比降较二维模型的计算结果要明显，可见三维模型在模拟弯道水槽的水流特性方面比平面二维模型更合理。数学模型可以模拟出在弯道处水流偏离凸岸的现象，见图 6-21。

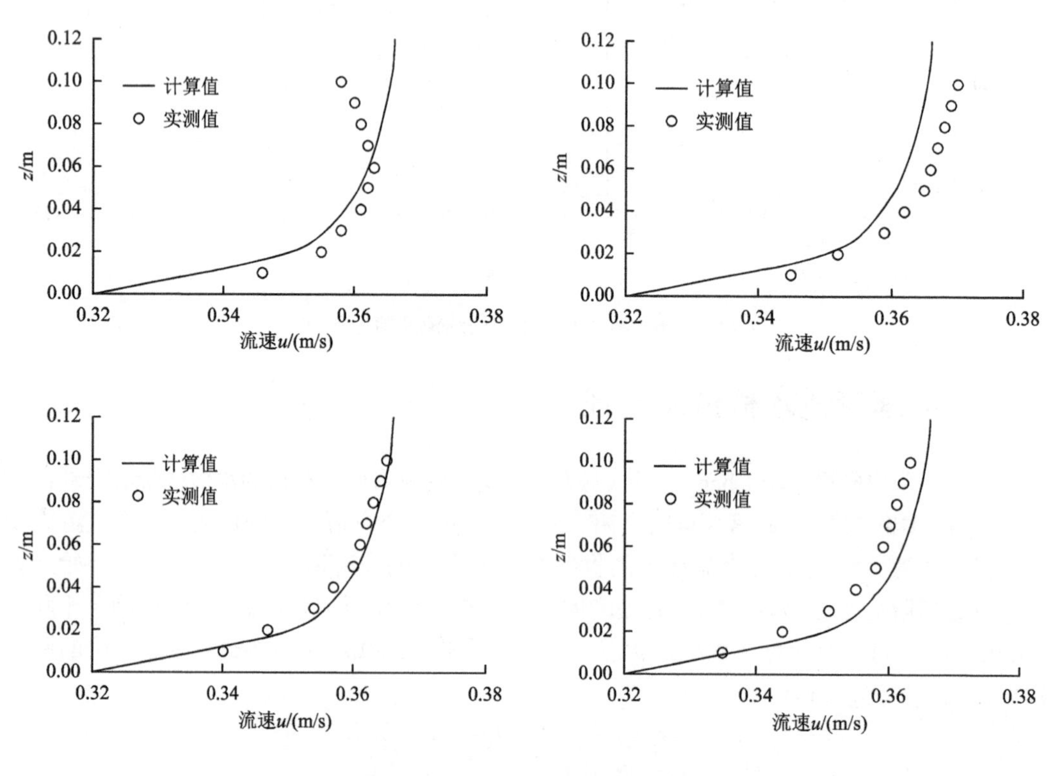

图 6-18　PI/8 测点纵向流速验证

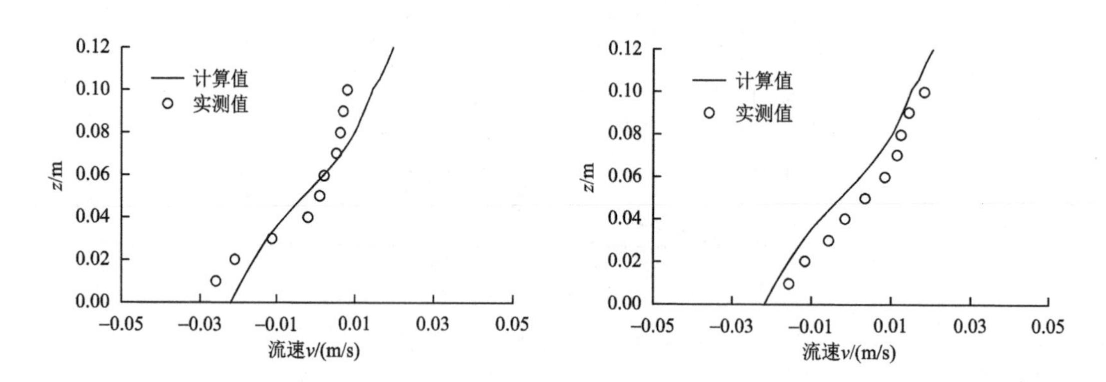

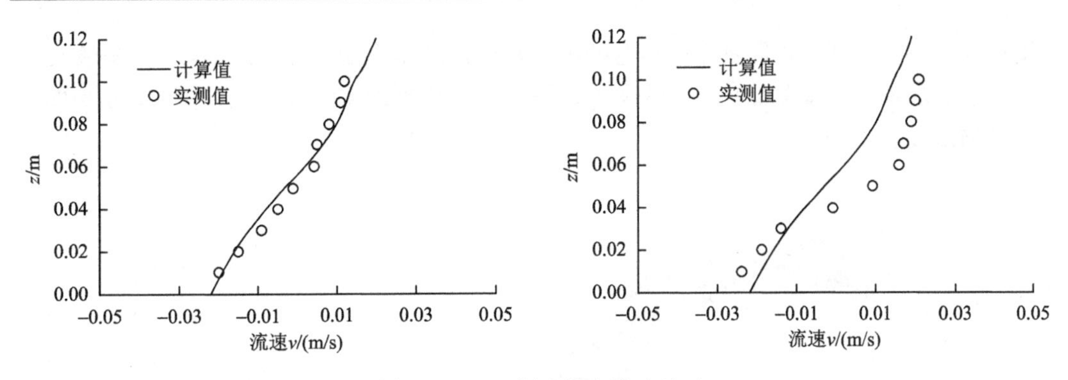

图 6-19　PI/8 测点横向流速验证

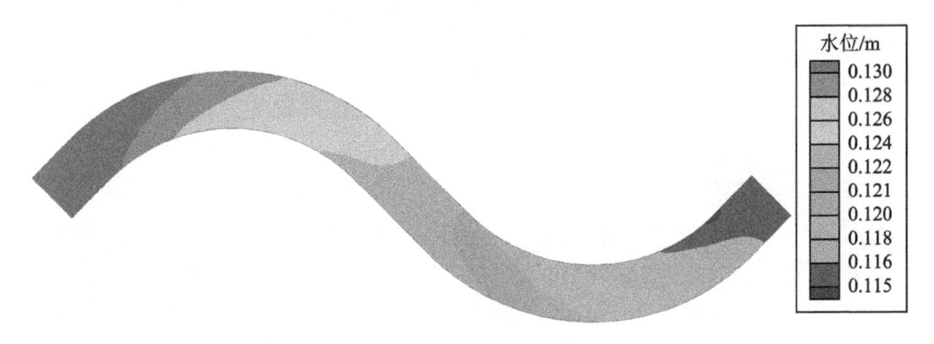

图 6-20　计算水位平面图

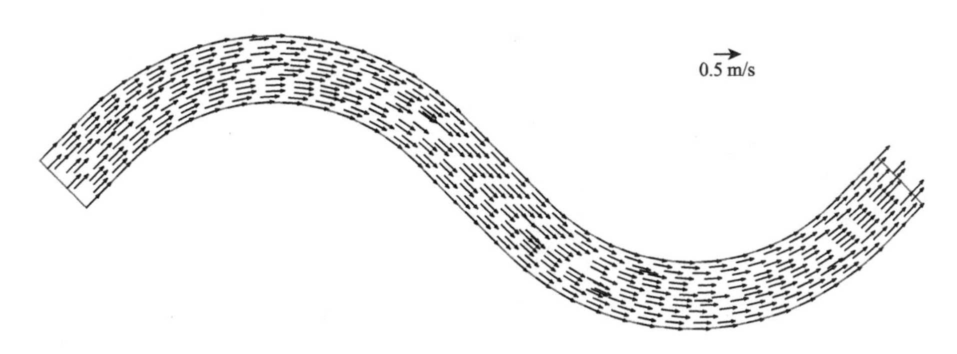

图 6-21　计算平面流场矢量图

目前没有本弯道水槽试验中释放污染物在垂向上的浓度监测值，只能考察数学模型模拟污染物输移的守恒性，在水槽进口整个断面释放污染物后，定义水槽水体中存在的污染物输移总质量为

$$M_T = \sum_{i=1}^{i=N_e} C_i \cdot V_i \tag{6-120}$$

式中：M_T为浓度输运总质量（mg）；C_i为单元 i 的计算浓度（mg/L）；V_i为控制体单元体 i 的体积（L）；N_e为控制体单元数。

污染物释放后的输移过程见图 6-22，在水槽进口断面释放污染物后，污染物迅速在水槽中扩散传播，水流中的初始污染物浓度为零，水槽上游水体与下游水体之间存在一个污染物浓度的突变段，并且在弯道转弯处由于水流流动是由凹岸向凸岸偏转，污染物在第一个弯道横断面上凸岸处浓度大于凹岸，在第二个弯道处由于经过了充分掺混，横断面上的污染物浓度较均匀。

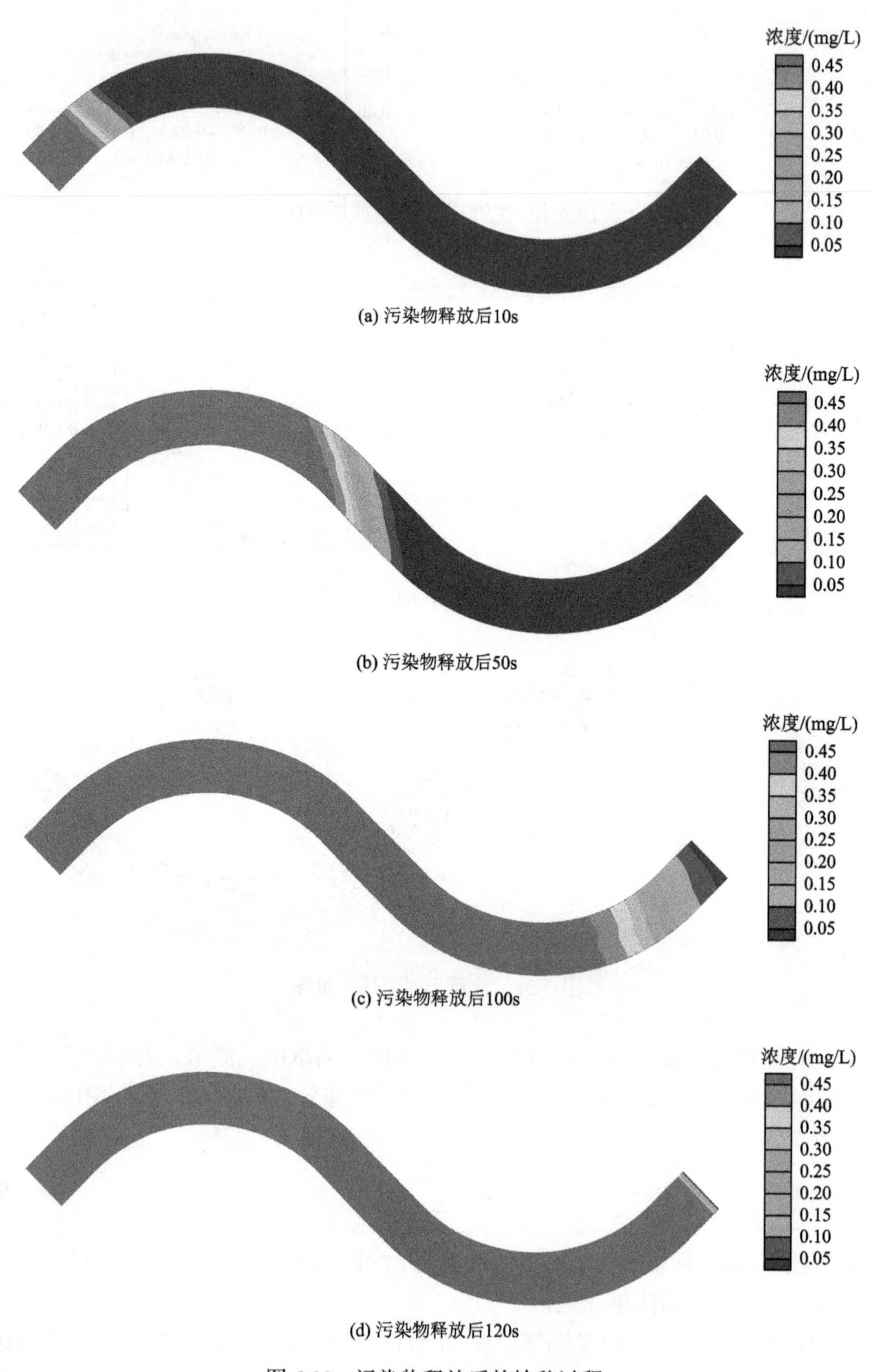

(a) 污染物释放后10s

(b) 污染物释放后50s

(c) 污染物释放后100s

(d) 污染物释放后120s

图 6-22　污染物释放后的输移过程

考察污染物浓度计算的两个模块的计算质量守恒性。在水流计算达到稳定状态后开始释放污染物，可以认为在释放污染物后将在水槽内进行对流扩散的传播，最终污染物将布满整个水槽的水体而趋近于饱和，此时可认为污染物的输移达到恒定的稳定状态。由图 6-23 可见，污染物传播至整个水槽耗时约 120 s。以上的计算可见本模型可以反映出污染物在水体中的对流扩散特征。

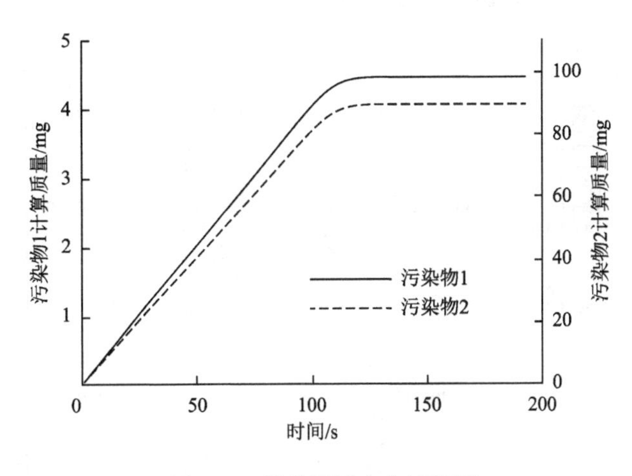

图 6-23　计算通量变化过程图

6.9　耦合模型在香溪河库湾的应用

6.9.1　香溪河库湾概况

香溪河道地形变化剧烈，干流平均比降 3‰，支流高岚河平均比降达 6‰。本模型采用四边形非结构网格进行计算区域的网格剖分，以适应边界的复杂变化。计算区域从上游的兴山水文站至香溪河口，包括支流高岚河，计算网格共 19 512 个网格单元，平均尺寸 20 m。

三峡大学在香溪河建立了野外生态试验站，在 2007 年和 2008 年对香溪河水华期间的水流水质参数进行了监测，从香溪河口至上游一共布置了 11 个测点，这些测点的名称分别为：香溪河口（XX00）、秭归（XX01）、官庄坪（XX02）、三闾（XX03）、贾家店（XX04）、峡口镇（XX05）、峡口大桥（XX06）、刘草坡（XX07）、平邑口（XX08）、平邑口化工厂（XX09）、高阳镇（XX10）。香溪河口段的水流条件与长江干流的水动力条件有关，如回流掺混、河道内外温差引起的垂向交换、库水位变化产生的水体吐纳等，即香溪河口段的污染物和水藻浓度等与长江干流具有一定的交互关系，因此，将高阳镇至三闾区间的河段作为水华研究区域，研究范围内包括 8 个测点。模型计算采用的网格地形根据高分辨率（10 m）的 DEM 数据重构（1985 黄海高程系），如第 4 章进行 Laplace 光滑处理以减小局部地形剧烈起伏对计算精度的影响。

6.9.2　水华促发因子分析

2007 年 9 月 25 日～10 月 8 日期间水华的发展过程模型率定计算结果分析如下。

（1）首先将 9 月 25 日的 14 个测点的营养盐及 Chl-a 浓度和表层水温线性空间插值到计算区域的网格中作为计算初始状态，见图 6-24。

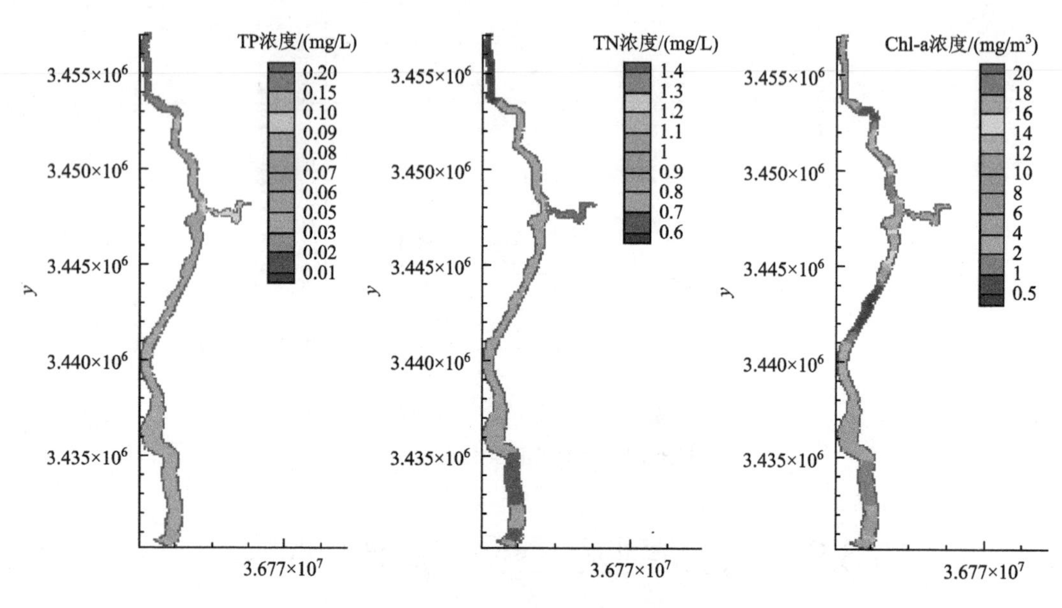

图 6-24　初始浓度平面分布图

（2）香溪河峡口镇的监测数据表明表层水温受气温影响波动较底层水温要大（图 6-25），水温的空间变化不大，以 2007 年 9 月 25 日的监测数据分析为例，在 0～15 km 的河段范围内由于水深较大，表层和底层的水温差异较大，20～25 km 河段由于水深较浅，表层和底层的水温差异较小，见图 6-26。由于表层水体受日照影响，水温在垂向上产生明显分层（图 6-27 和图 6-28），且与水深相关（图 6-29）。本章拟合了水温垂向分布与水深的关系公式，将实测数据直接加载到模型中，并考虑表层水温随时间的变化，不进行水温的计算，即减小模型的计算量又避免了计算误差对水藻生长的影响。拟合关系式为

$$T = 23.435 - 0.679\ln D \tag{6-121}$$

式中：D 为水深（m）；T 为水温（℃）。

采用式（6-116）和式（6-121）计算水温对水藻的生长限制作用因子可知，水温远离 20℃将限制水藻增殖，接近 20℃时水温限制将对水藻的增殖影响不大。

（3）分析光照强度在水深方向上的衰减，基于 2007 年 2 月 22 日～5 月 29 日水华发生期间峡口镇单个测点的垂向 Chl-a 及光照强度的实测数据按水华发生的严重程度分 5 个阶段进行分析（杨正健，2008）。

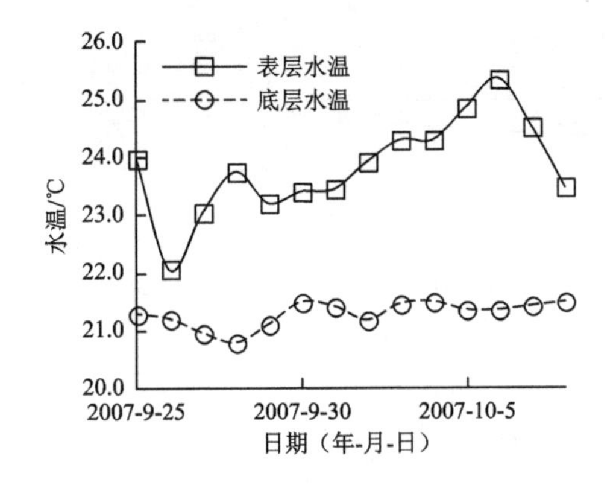

图 6-25　峡口镇实测表层和底层水温

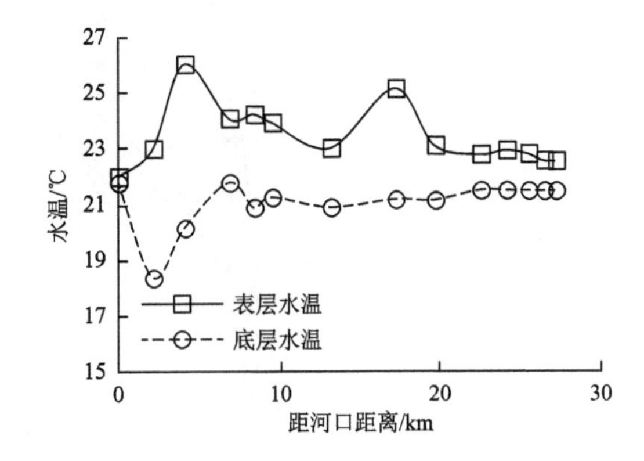

图 6-26　水温沿程空间变化（2007 年 9 月 25 日）

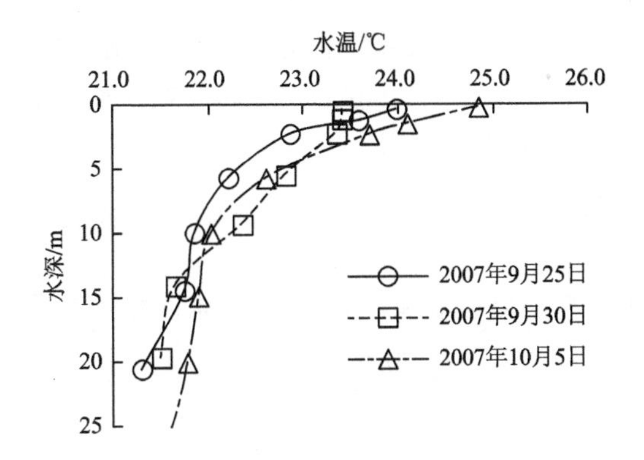

图 6-27　香溪河口的水温垂向分布

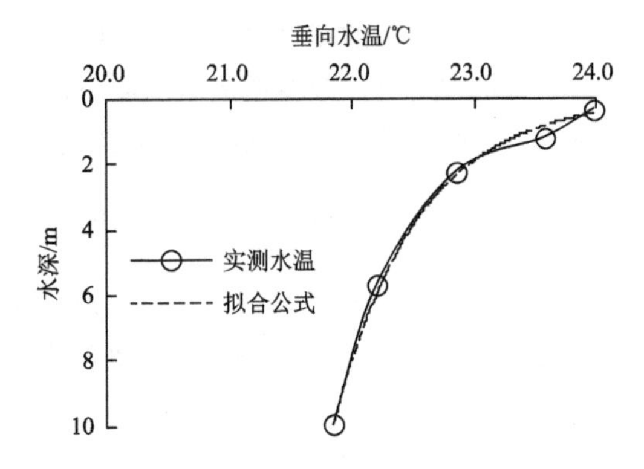

图 6-28　水温垂向变化与水深的关系

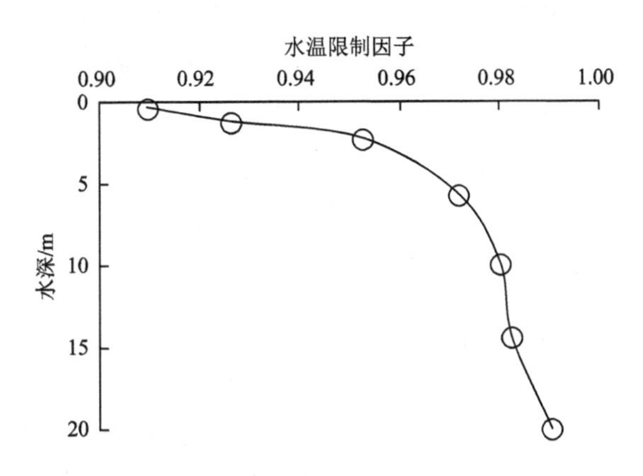

图 6-29　计算水温限制因子的垂向分布

由于水藻的生长及占优种类在水深方向上受到水温和光照等因素的影响，见图 6-30，表层浓度将大于底层浓度，Chl-a 多集中在表层 5 m 以内的水体，并且表层水体多以绿藻和蓝藻居多，而随着水深增加硅藻将占优，因此，水下光照将对水藻的增加产生重要影响（Zeng et al.，2006）。

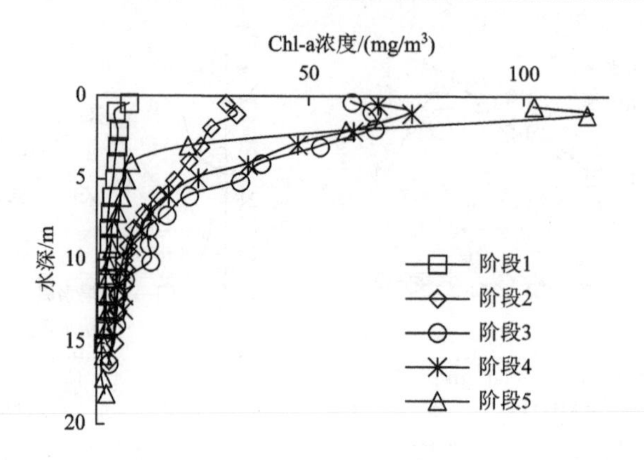

图 6-30　Chl-a 浓度的垂向分布

由于表层水体的藻类增殖较快，因此，对水下光照强度造成较快的衰减效果，见图 6-31，表层水体的光照强度衰减明显较底层更快，见图 6-32。采用 Lambert-Beer 公式计算水下光强衰减系数（张运林，2004），得到光强衰减系数的垂向分布：

$$K_e = -\frac{1}{z}\ln\frac{E(z)}{E_0} \tag{6-122}$$

式中：K_e 为水下消光系数（m^{-1}）；z 为从水面至测量点的水深（m）；E_0 为水面处的光照强度[$\mu mol/(m^2 \cdot s)$]；$E(z)$为深度 z 处的光照强度[$\mu mol/(m^2 \cdot s)$]。

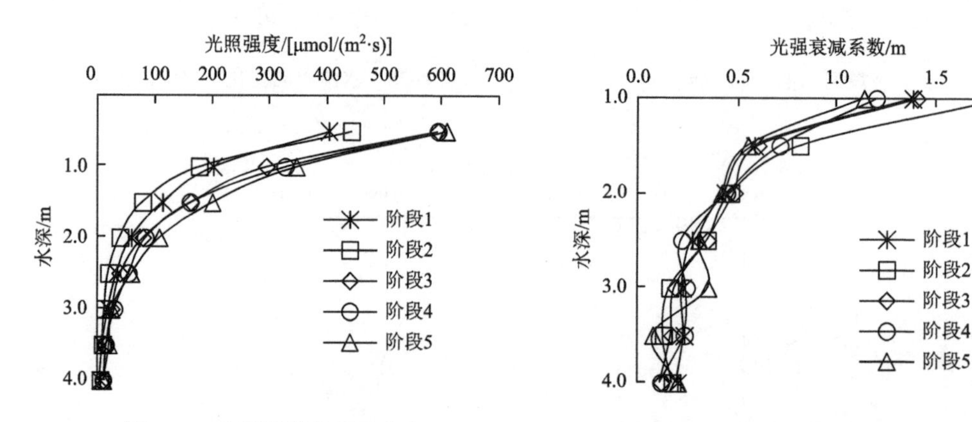

图 6-31　光照强度的垂向分布

图 6-32　光强衰减系数的垂向分布

水下光强的衰减一般由水体背景消光和 Chl-a 浓度及悬浮泥沙消光作用组成，香溪河水体除汛期外一般含沙量极低，见图 6-33，2007 年 9 月 26 日的测量数据表明垂向悬移质含沙浓度一般不超过 0.05 mg/m³，悬移质的消光作用可忽略，本小节拟合 Chl-a 垂向浓度与水下光强衰减系数的关系式，结果表明两者之间呈一定线性关系，但影响 Chl-a 浓度的因素很复杂，拟合公式的相关系数仅为 0.45。拟合公式为

$$K_e = 0.1643 + 0.0058C_{Chl} \tag{6-123}$$

式中：K_e 为水下消光系数（m^{-1}）；C_{Chl} 为 Chl-a 浓度（mg/m^3）。

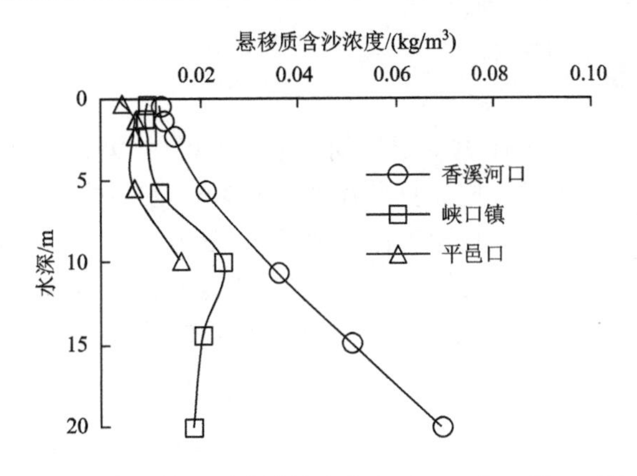

图 6-33　实测悬移质含沙浓度分布（2007 年 9 月 26 日）

垂向 Chl-a 浓度与水下消光系数的线性关系明显，见图 6-34。由式（6-123）计算得到垂向分布的光强对水藻增加的限制因子，见图 6-35，水下光照强度对水藻增殖的限制作用非常明显。

水生植物的演变与多种营养物质有关，同时营养物质的存在形式与水体中的悬移质泥沙也有密切关系。香溪河道中的氮磷主要以 TP 和 TN 的形式存在（李凤清　等，2008），因为香溪河水体的含沙浓度很低，本小节计算中不考虑泥沙与 TP、TN 的相互吸附作用，这样模型得到简化，提高了水华过程模拟的计算效率。

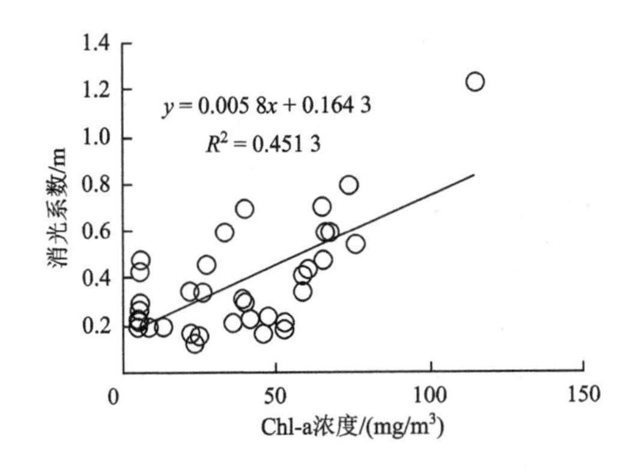

图 6-34　消光系数与 Chl-a 浓度关系拟合

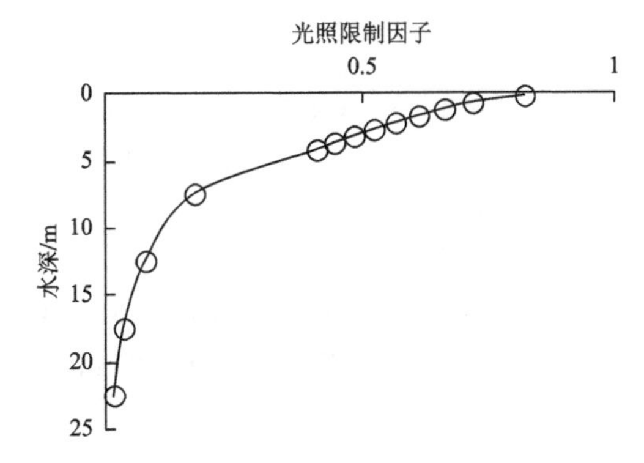

图 6-35　光照限制因子的垂向分布

6.9.3　耦合模型率定结果分析

三维水质模型的率定计算采用 2007 年 9 月 25 日～10 月 8 日水华发生期间（共 13 天）的实测数据，验证计算采用 2008 年 6 月 6 日～7 月 11 日水华发生期间（共 35 天）的实测数据。模型计算边界条件设置与第 4 章的平面二维水质模拟边界条件设置相同，具体设置可参考第 4 章的详细介绍。香溪河中 XX10 和 XX05 的日变化的实测浓度过程作为香溪河进口和高岚河进口 TP、TN 和 Chl-a 浓度的边界条件。

1. 率定结果分析

对于 2007 年 9 月 25 日～10 月 8 日期间发生的水华，收集了 1 次/天的水质测量数据，采用以上监测数据对模型中的一些计算参数进行了率定。水质模型的计算结果对水藻最大生长率、藻类沉降速度、呼吸作用速率比较敏感（Wu et al.，2009；Chao et al.，2007；Wang et al.，2007），因此首先对以上敏感参数进行率定，其他不敏感参数参考相关研究文献的取值（王玲玲 等，2009；Jørgensen，2008；杨正健 等，2008），其中的水温限制因子和水下光照强度限制因子计算的相关参数采用 2007 年 2～5 月的峡口镇测点的测量数据进行拟合给出，见图 6-36。

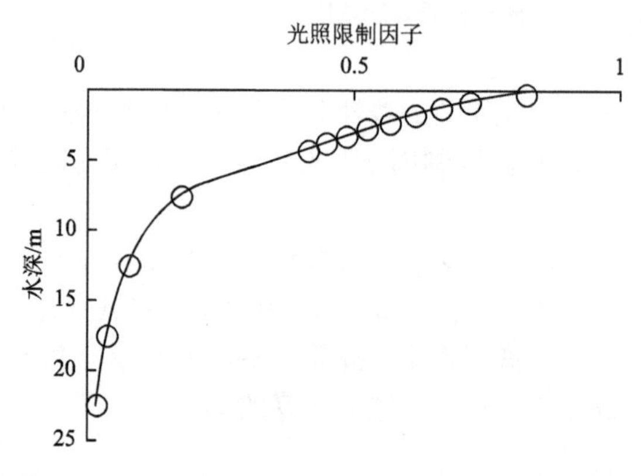

图 6-36　2007 年 2～5 月的峡口镇测点的测量结果

TP、TN 和 Chl-a 浓度在 8 个测点上率定计算结果与实测数据的对比，包括沿程浓度空间分布对比和测点的时间浓度变化对比。

在香溪河上游接近入口的河段，由于污染物的输移受到水动力条件及进口浓度边界的影响较明显，TP、TN 的计算值与实测值符合较好，见图 6-37 和图 6-38。三间、贾家店的 TP 浓度在 10 月 2 日之前缓慢增长，10 月 2 日达到峰值 0.08 mg/L，之后浓度不断下降，至 10 月 5 日 TP 浓度维持在 0.04 mg/L，峡口镇的 TP 计算浓度在 9 月 30 日达到峰值

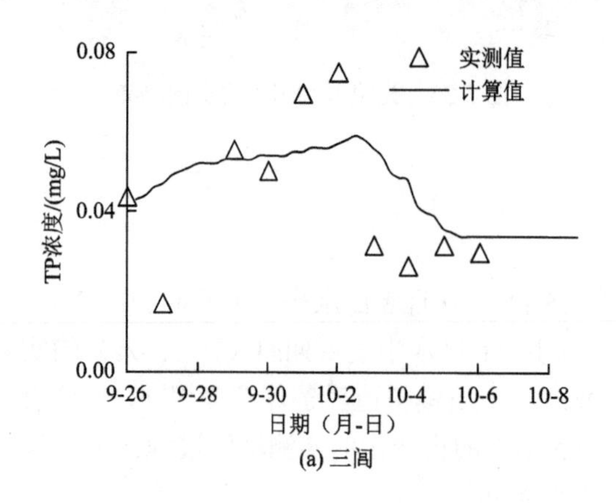

(a) 三间

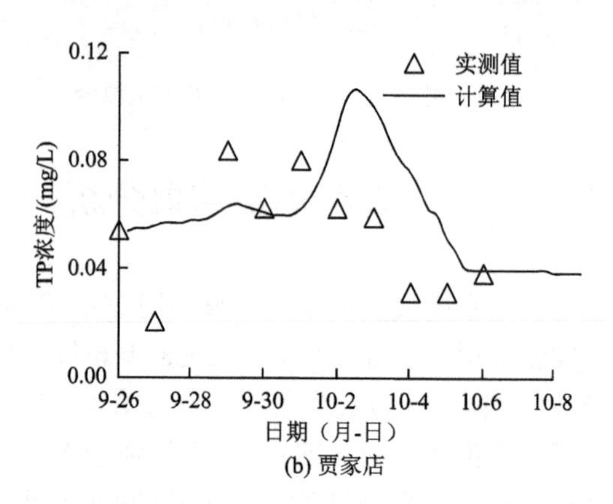

(b) 贾家店

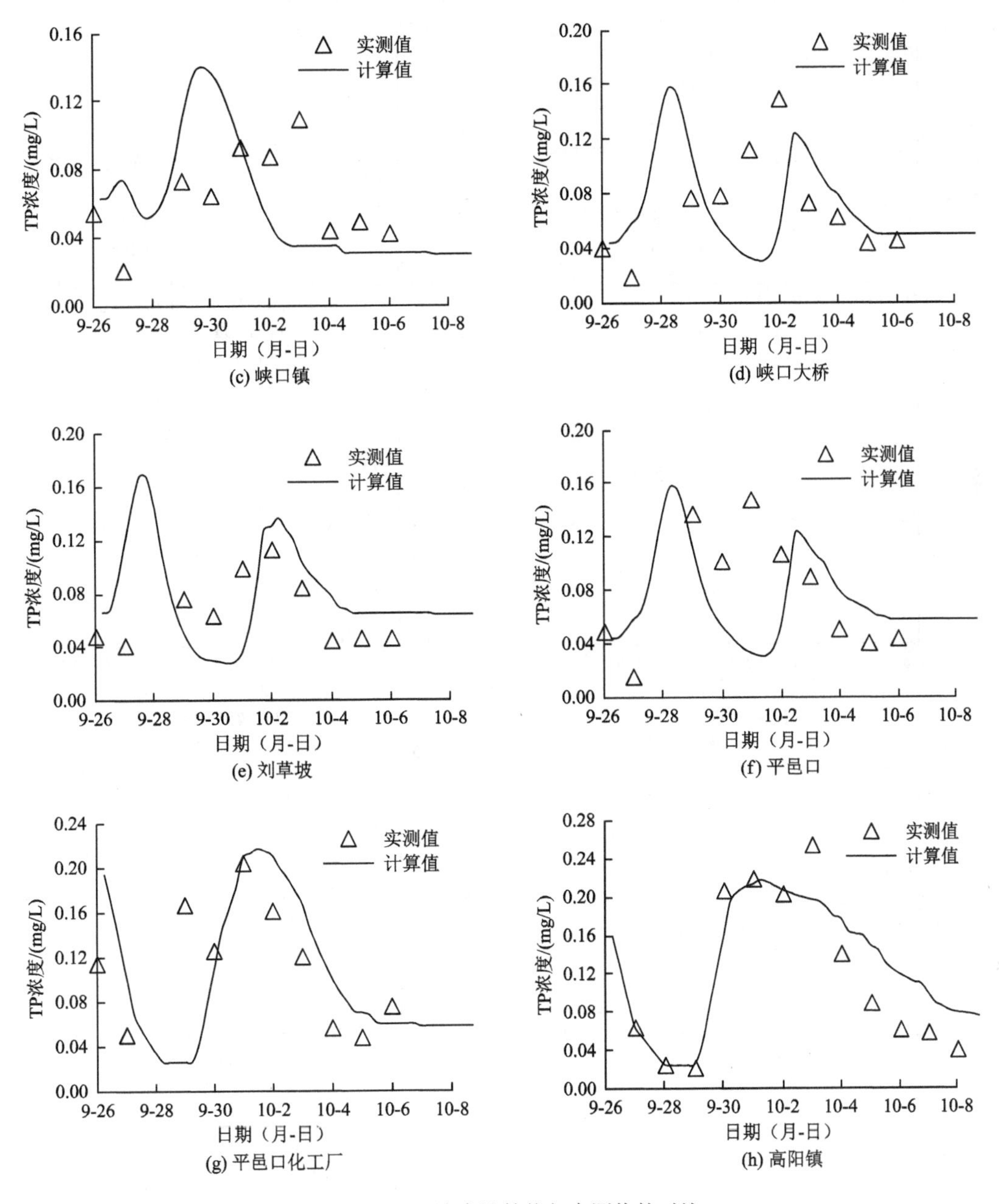

图 6-37　TP 浓度计算值与实测值的对比

0.14 mg/L 后不断下降至 10 月 2 日稳定在 0.04 mg/L。峡口大桥、刘草坡和平邑口的 TP 浓度计算值出现两个峰值，分别在 9 月 28 日达到 0.16 mg/L 和 10 月 3 日达到 0.12 mg/L。10 月 3 日以后 TP 浓度持续下降。平邑口化工厂和高阳镇离计算进口最近，TP 浓度计算值与实测值符合较好，9 月 28 日 TP 浓度达最小值约 0.02 mg/L，在 10 月 3 日达峰值约 0.2 mg/L。

TN 浓度在三闾至峡口镇河段计算值变化很小，实测值在 0.5～1.0 mg/L 范围内波动，无明显的变化规律。而上游同样受进口边界影响，平邑口、平邑口化工厂、高阳

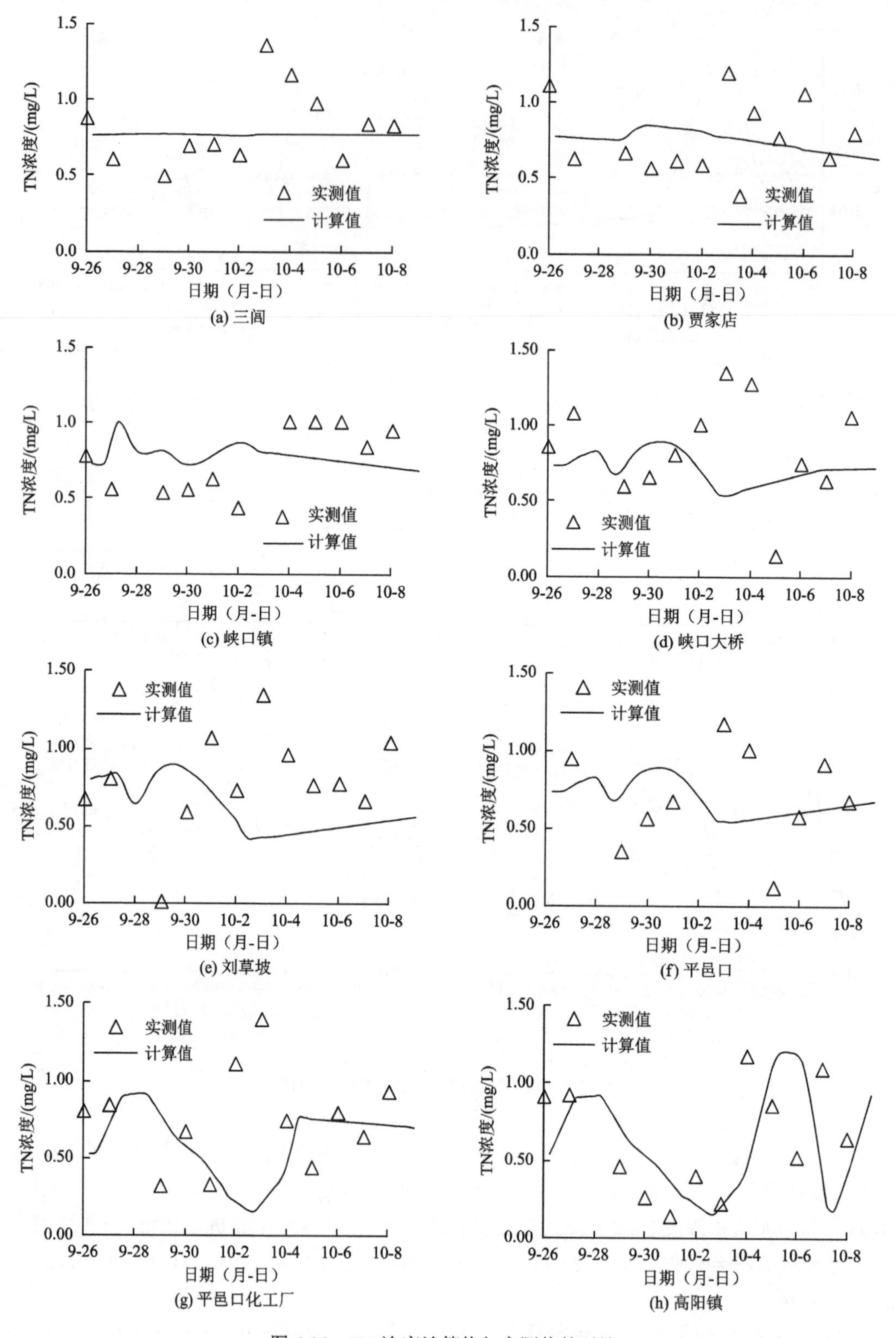

图 6-38　TN 浓度计算值与实测值的对比

镇的 TN 浓度在 10 月 2 日降至最低后逐渐增加，由于受到蓝藻吸收空气中的氮元素后死亡分解而导致外源性的氮干扰，造成 TN 浓度的变化规律没有 TP 浓度的变化规律明显。

从三闾至高阳镇，Chl-a 计算值与实测值的变化趋势符合良好，见图 6-39，模拟结果可以反映水华期间水藻不断增殖的趋势，秭归至平邑口化工厂的模拟表明从 9 月 28 日开始，水体中 Chl-a 浓度不断升高，从 10 mg/m^3 增加到 50 mg/m^3，而平邑口以上河段叶绿素 a 浓度甚至在 10 月 2 日以后达到 60～80 mg/m^3，高阳镇测点的 Chl-a 浓度在 10 月 3 日以后逐渐减小至 30 mg/m^3。我国学者一般将水体中 Chl-a 浓度高于 30 mg/m^3 或藻类密度达到 20 000 个/mL

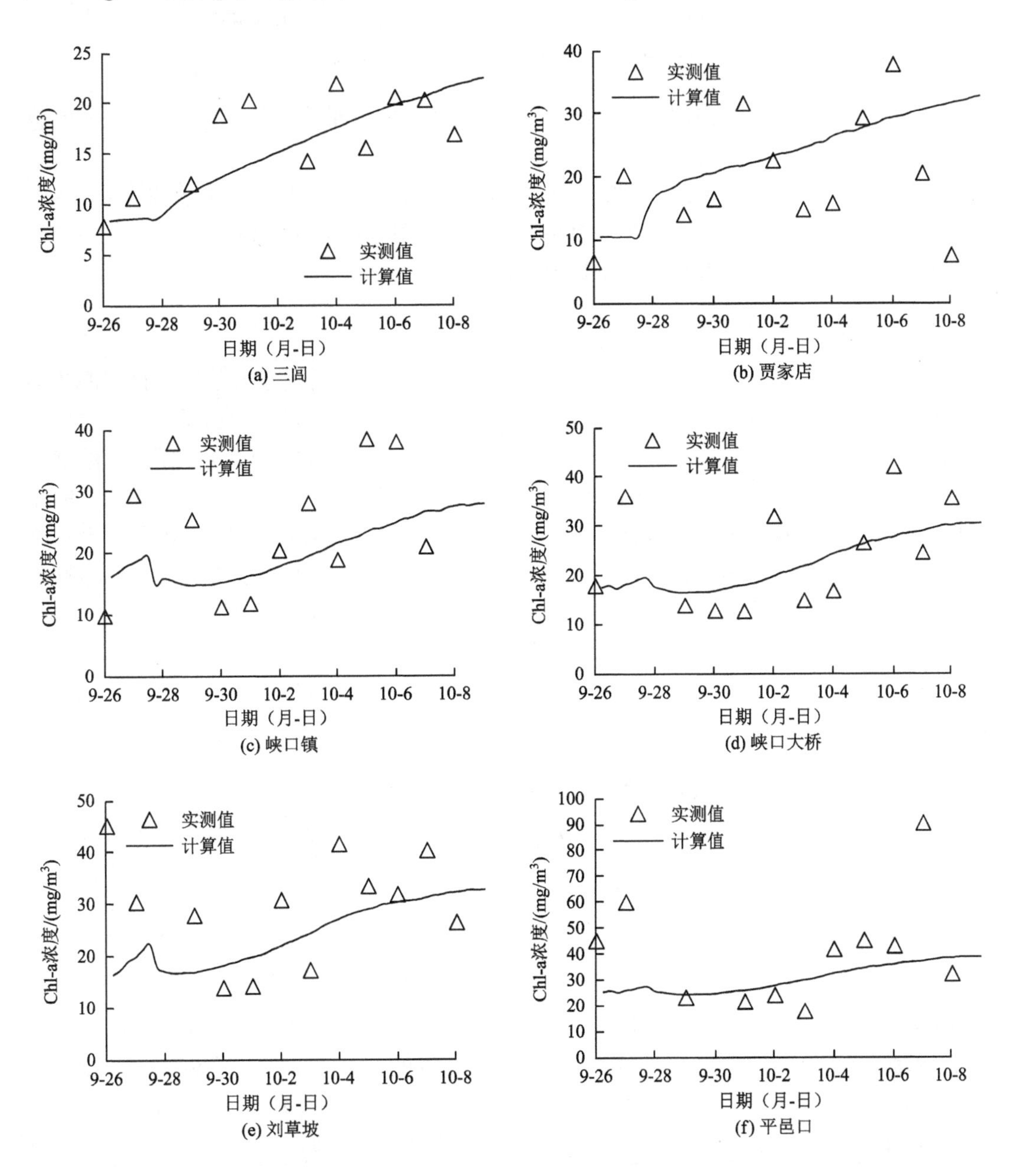

(a) 三闾　(b) 贾家店　(c) 峡口镇　(d) 峡口大桥　(e) 刘草坡　(f) 平邑口

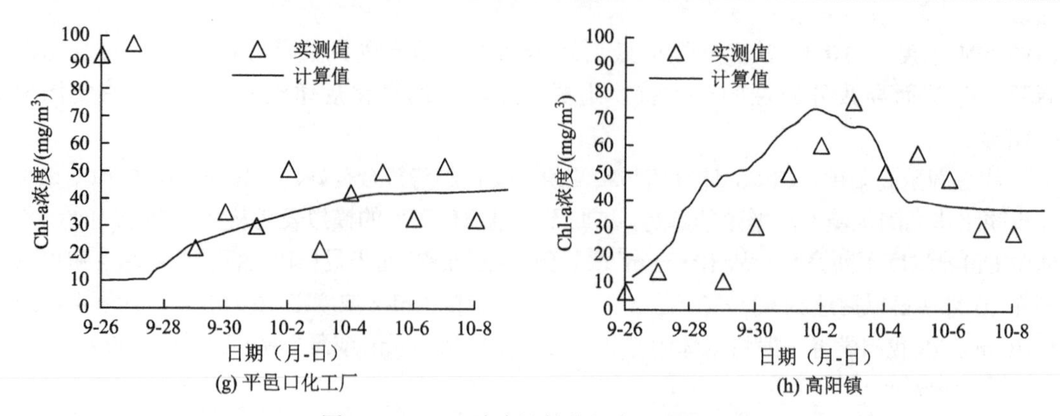

图 6-39　Chl-a 浓度计算值与实测值的对比

看作是水华发生的标准，由此可见香溪河在 9 月 30 日以后即进入水华爆发阶段，发生位置为贾家店至高阳镇河段。

水质模型中没有考虑降雨、气温等气象因素对水华的影响，以及鱼类等的捕食，水藻的消亡仅考虑恒定值的死亡率和与水温相关的呼吸作用分解率，叶绿素浓度的变化主要受水流的对流扩散和若干因素对水藻生长消亡的影响。

2. 沿程浓度分布

对比分析表层 TP、TN 和 Chl-a 浓度的计算值与实测值。沿程方向上 TP、TN 和 Chl-a 的计算浓度与实测浓度值符合较好，TP 和 TN 在接近香溪河口的河段由于流速缓慢导致对流扩散过程不明显，并且受到长江干流水体交换的影响，在香溪河上游河段 TP 浓度一直保持较高的值，维持在 0.2 mg/L，进口浓度过程对其没有明显影响；TN 计算浓度的变化与 TP 的相似，但实测数据由于受到水藻固氮等外界输入的影响，TN 的沿程分布实测值较 TP 的分布分散。由于在香溪河上游营养物质浓度较高，并且水深较浅，营养物质和光照因子限制作用不大，导致上游 Chl-a 浓度的增值较下游明显，主要集中在 20～35 km 的河段，计算值与实测值的空间分布规律符合良好。

率定期内的营养物质浓度均达到水华发生的临界条件，$C_{TP} \geqslant 0.02$ mg/L，$C_{TN} \geqslant 0.2$ mg/L（Zheng，2005）。水华数学模型中的计算参数的率定结果见表 6-4。

表 6-4　富营养化数学模型计算参数值率定

参数定义	符号	单位	取值范围	取值	参考文献
TN 在 20℃下的通量	J_{TN}^{0}	g/(m²·d)	定值	0.05	Liu et al.，2008
TP 在 20℃下的通量	J_{TP}^{0}	g/(m²·d)	定值	0.01	Liu et al.，2008
TN 在 20℃下的衰减率	K_{TN}^{0}	d^{-1}	定值	0.032 5	Wang et al.，2007
TP 在 20℃下的衰减率	K_{TP}^{0}	d^{-1}	定值	0.032 5	Wang et al.，2007
温度对衰减率的影响系数	α	℃$^{-1}$	定值	1.047	Wang et al.，2007
水藻的最大生长率	P_{mx}	d^{-1}	0.2～3.0	2.0	Jørgensen，1978
水体背景消光系数	K_0	m^{-1}	数据拟合	0.164 3	—

续表

参数定义	符号	单位	取值范围	取值	参考文献
水藻的饱和光强	I_m	lx/d	7 000～15 000	10 000	邓春光，2007
水藻吸收总氮的半饱和系数	K_{mN}	mg/L	0.01～0.30	0.3	邓春光，2007
水藻最佳生长温度	T_m	℃	20～30	25	Jørgensen，1978
水藻吸收总磷的半饱和系数	K_{mP}	mg/L	0.001～0.050	0.02	邓春光，2007
最适宜生长温度以下时的影响系数	KTg_1		定值	0.006	Jørgensen，1978
最适宜生长温度以上时的影响系数	KTg_2		定值	0.008	Jørgensen，1978
水藻的呼吸分解率	k_{pr}	d^{-1}	0.055～0.170	0.125	Jørgensen，1979
水藻的死亡率	k_{pd}	d^{-1}	0.005～0.100	0.08	Jørgensen，1979
温度修正系数	θ_{pr}		1.02～1.14	1.068	Bowie et al.，1985
水藻的沉降速率	w_S	m/d	定值	0.001 5	Chao et al.，2007

6.9.4　率定期的物质输移质量变化

研究河流整体的氮、磷负荷及浮游植物生长之间的相互作用和关系是水华形成机理的主要途径，氮和磷一般被认为是水藻生长所需的主要营养元素，由于氮气能被一些蓝绿藻吸收，此过程称为氮的固定，而空气中存在大量氮气，因此，氮元素一般不是淡水水华发生的限制性营养元素，磷是一种在生物和非生物组分内循环的营养物质，水藻生长所需的磷的化学形式主要是正磷酸根离子，因此，淡水中藻类生长的限制常常是因为缺少能被藻类吸收的磷元素。

国际上一般认为 TP 和 TN 的浓度如果分别超过 0.02 mg/L 和 0.2 mg/L 时，水体即进入富营养化水平，有暴发水华的可能（秦伯强，2011），但这一研究结论是由富营养化湖泊的水质指标统计得出的，并不能用作判定所有湖泊和河流富营养化状态的指标。Schindler（1977）最早提出采用氮磷质量比作为研究氮磷营养盐与蓝藻水华的关系，Schindler 认为低氮磷比有利于固氮蓝藻在水体中形成优势种，而 Smith（1983）指出 TN、TP 质量比大于 29 时，蓝藻倾向于减少，根据李比希生长限制最小值理论（Jørgensen，1979）：水生植物生长取决于外界提供给水环境中营养物质最少的一种，浮游植物主要由 C、H、O、N、P、Si 组成，以质量计，$m_C:m_N:m_P=40:7:1$，被称为 Redfield 比，通常用来指示这三种对浮游植物生长最重要的营养物质，如果 $m_N:m_P$ 比值大于 7，P 将是限制因子；如果小于 7，N 将是限制因子，C 很少会成为限制性营养物（Jørgensen，1979）。Rhee 的研究指出，$m_N:m_P>30$ 时会出现 P 的抑制，$m_N:m_P<8$ 时会出现 N 的抑制，$m_N:m_P$ 在 15～16 时为最佳生长需要（韩新芹 等，2006）。之后很多学者支持这一学说并进行了细致研究（Fujimoto et al.，1997；Takamura et al.，1992）。但近年有不少研究者发现，氮磷比与蓝藻水华并无明显关系，如唐汇娟（2002）统计了国内 35 个湖泊的水质指标发现，水体中氮磷比达到 13～35 时也发生了蓝藻水华，与 Smith 的结论不一致。吴世凯等（2005）统计了长江中下游 33 个浅水湖泊的 m_{TN}/m_{TP} 后发现，湖泊营养水平越高，氮磷质量比越

低，并且生长季节氮磷质量比低于非生长季节。可见，氮磷质量比与蓝藻水华的关系只是一种统计关系，并不能说明氮磷元素与蓝藻水华的因果关系，常常不能很好地准确判断水体的营养化状态。

不少研究认为 TN 和 TP 的绝对浓度要比氮磷质量比值更能预测蓝藻水华的发生。如 Hakanson（2007）分析了世界各地 86 个湖泊水体中的总氮和总磷与藻类生物量之间的关系发现，TP 比 TN 能更好地预测水藻的生物量变化；Downing（2001）分析了 99 个湖泊磷浓度与蓝藻水华发生之间的关系，给出了磷浓度与水华发生风险概率的关系，当磷浓度在 0～0.03 mg/L 时，水华发生概率为 0～10%，磷浓度在 0.03～0.07 mg/L 时，水华发生概率增加到 40%，磷浓度达到 0.1 mg/L 时，发生概率增加到 80%左右。Xu 等（2010）针对太湖水华的实验研究表明，水体中磷浓度达到 0.014 mg/L 时能促进蓝藻生长，当磷浓度升高至 0.2 mg/L 时，蓝藻生长不再受到磷的限制作用，氮浓度低于 0.3 mg/L 时，蓝藻不再生长，氮浓度高于 0.8 mg/L 时，蓝藻生长速度减缓，氮不再对蓝藻的生长造成限制作用。

另外，在氮磷浓度较低的水体中也发生过蓝藻水华，例如千岛湖（刘其根，2002）。不同的藻类对氮磷营养物质的需求也不同，例如绿藻倾向于生长于氮磷比较高的条件下，而蓝藻更倾向于生长在低氮浓度下（秦伯强，2011）。蓝藻可以吸收空气中的氮，并且河流或湖泊内部的营养盐循环、沉积物—水界面的交换和微生物过程等都能使水藻增殖所需的营养物质得到补充或再生，而不必依赖于外界的输入。营养物质的输入方式对蓝藻水华的发生也有影响，如果营养物质断断续续地供应可能导致一些浮游藻类的死亡。因此，关于氮磷营养物质和蓝藻水华之间的关系较为复杂，本小节将基于香溪水华的生态动力学模拟，来研究香溪河中总氮和总磷的绝对浓度及 m_{TN}/m_{TP} 质量比与水藻生物量之间的关系。

首先，分析 2007 年 9 月至 10 月期间 TN、TP 的浓度变化与水藻生物量（Chl-a 浓度）的关系。如图 6-37，11 个测点的总磷浓度都在 0.04～0.12 mg/L 变化，在 10 月 1 日左右达到峰值，香溪河上游 TP 浓度较高，如高阳镇在 10 月 1 日的 TP 浓度达到 0.25 mg/L；而 TN 浓度的变化幅度较大且无明显规律，变化范围在 0.5～1.5 mg/L。远超过国际公认的富营养化状态标准的 0.02 mg/L（TP）和 0.2 mg/L（TN）。由 Downing（2001）的研究结论可见，以 TP 浓度来考虑，水华发生的风险概率在 40%～80%，由 Xu（2010）的研究结论可见，TN 的浓度已超过 0.3 mg/L，很长时间内甚至超过 0.8 mg/L，氮不会对水藻生长造成限制作用，而 TP 的浓度处于促进水藻生长的范围，且低于 0.15 mg/L，有可能限制水藻的生长。

然后，计算分析香溪库湾内水体中 TP、TN 和 Chl-a 输移总质量的变化过程，以及 TN 和 TP 质量比的变化，见图 6-40。2007 年 9～10 月的水华模拟结果表明：香溪河道中 TP 的输移质量在 18 400～19 200 kg 变化，TN 的输移质量在 28 200～29 200 kg 变化，而 Chl-a 的输移质量在 9 月 25 日～10 月 1 日期间增长幅度较大，在 10 月 1 日达到峰值 15 000 kg，反映出水藻的大量繁殖，之后有缓慢下降趋势（图 6-38）。水藻繁殖过程中大量吸收水体中的磷元素，导致水体中 TP 浓度的下降，在 9 月 30 日香溪河道水体中的 TP 浓度降至最低，而 Chl-a 浓度最高，即水藻生长达到顶峰。之后水体中 TP、TN 浓度均持续增加，使 Chl-a 浓度保持在较高的值，没有对水藻增殖造成限制影响。整个过程中 TN 没有对水藻的生长起到限制作用。

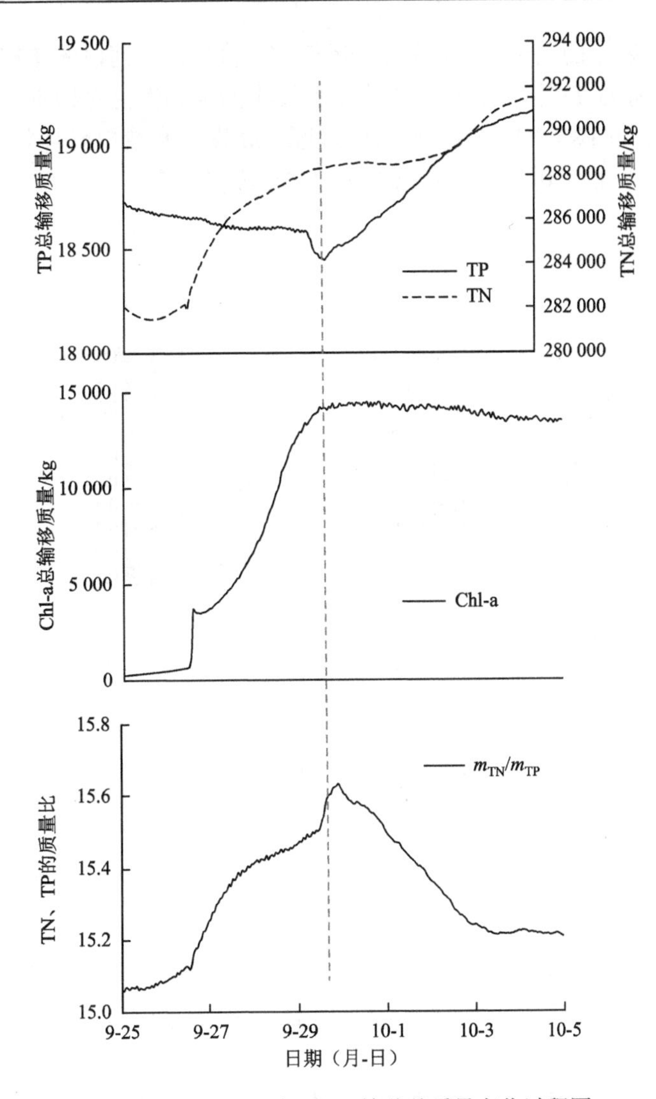

图 6-40　TP、TN 和 Chl-a 输移总质量变化过程图

2005 年香溪河水华期间的监测数据分析表明氮磷比均在 7 以下，氮为营养物质限制因子（韩新芹 等，2006），而 2009 年三峡水库蓄水至 175 m 后香溪河水质的监测数据表明氮磷质量比均值达到 12（谭路 等，2010）。本小节对 2007 年 9 月水华期间，香溪河道内的 TP、TN 和 Chl-a 输移总质量的计算结果表明，氮磷质量比在 15.1～15.6 波动，处于水藻生长的最佳状态。

由以上分析可得出结论：2007 年的秋季水华发生过程中氮不是限制性营养物质，氮磷比处于促进水藻生长的状态，至 9 月 30 日后磷成为限制水藻继续繁殖的因子，但由于外源供应充足，TP 的限制作用不明显。并且近年来香溪河水华发生的限制性营养物质从氮元素限制向磷限制在转变。

在 2007 年 9 月 25 日时 TP 在香溪河上游入口附近河段浓度值较高，见图 6-41（a），主要原因是河道水体受长江干流顶托倒灌，TP 向上游运动聚集，无法排出库湾，如果考虑上游一些磷矿和磷化工厂向水体排放废水污染物，将使局部河段的 TP 浓度更高，促使水华发生；香溪下游的 TP 浓度较低，成为水华发生的限制性营养物质。TN 的空间分布差异较 TP 的明显，见图 6-41（b），平邑口附近、高岚河及峡口至秭归河段 TN 浓度较高，均在 0.7 mg/L 以上，其中高岚河由于入口 TN 浓度较高，成为香溪河水体中 TN 的重要来源。

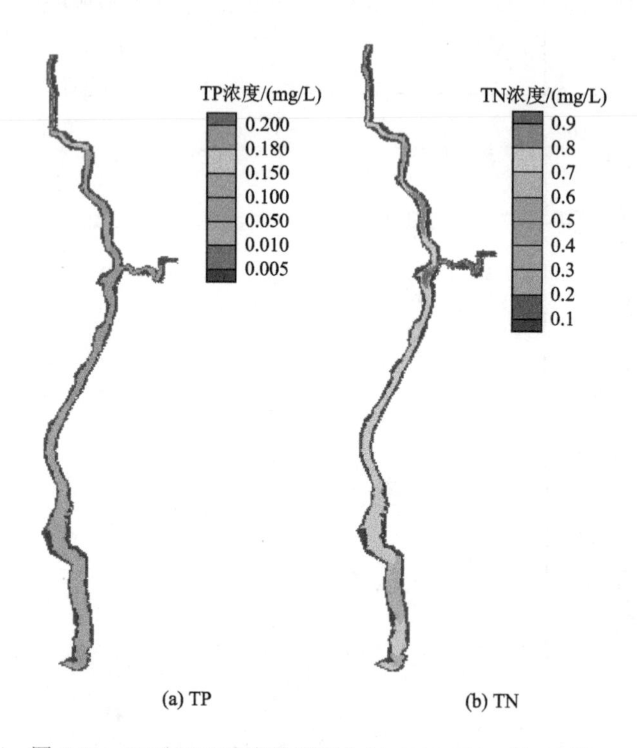

图 6-41　TP 和 TN 浓度的平面分布（2007 年 9 月 26 日）

香溪河道上游由于水深较浅，表层和底层的 Chl-a 浓度差别较小，在下游随着水深增大，表层 Chl-a 浓度明显比底层要大，见图 6-42，因为靠近河流边岸附近的水深较浅，Chl-a 在靠近河流边岸附近浓度较大。在峡口镇及高岚河局部 Chl-a 浓度值较高，因为此河段的 TN 和 TP 浓度均偏高，为水藻生长提供充分营养物质来源。

水质模型中考虑了光照、水温等在垂向上的分布对水藻生长的限制影响后，可以模拟 Chl-a 浓度在水深方向上的分层现象。但目前缺少率定期和验证期内测点上垂向 Chl-a 浓度的测量数据，还无法对模拟结果进行验证。

截取 2007 年 9 月 26 日计算区域平邑口、峡口镇和秭归三个测点的河道横断面可以看出，Chl-a 的计算浓度在考虑了光照度、水温等的垂向分布后，在水深方向产生明显分层，Chl-a 浓度主要集中于表层水体，而底层 Chl-a 浓度均在 2 mg/m^3 以下（图 6-43）。

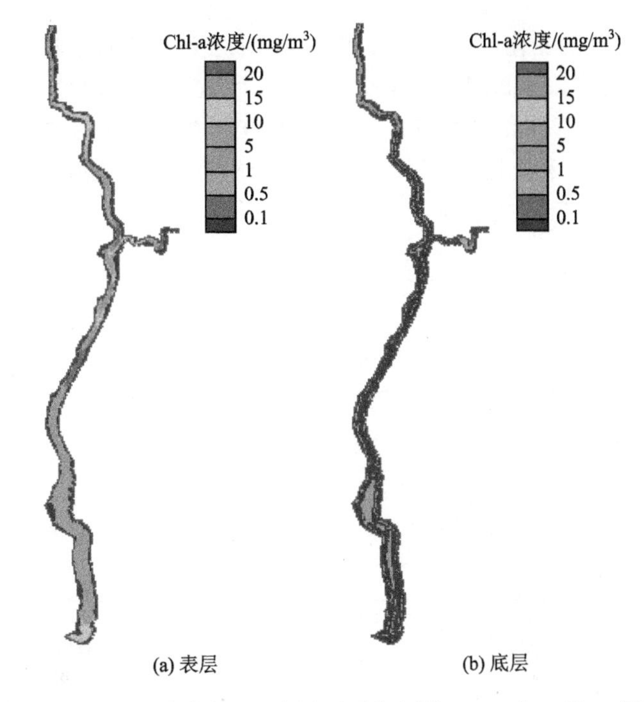

图 6-42　Chl-a 浓度表层和底层平面分布图（2007 年 9 月 26 日）

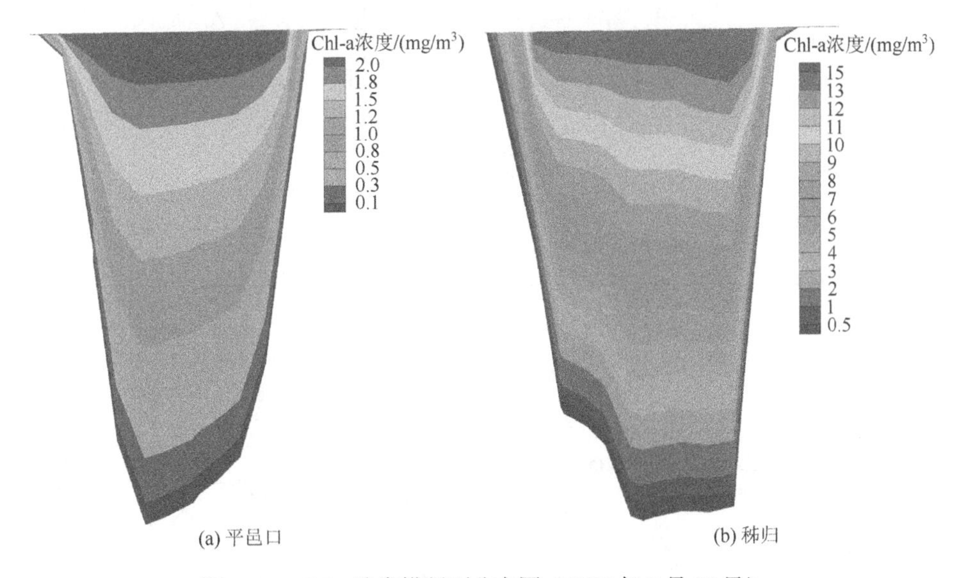

图 6-43　Chl-a 浓度横断面分布图（2007 年 9 月 26 日）

6.9.5　耦合模型验证结果分析

以下是 TP、TN 和 Chl-a 浓度的计算结果与实测值的对比验证，可见模型可以在一定的精度范围内复演香溪河水华的发展过程，具体分析如下。

8 个测点的 TP 浓度计算值与实测值的对比，见图 6-44，由图可见，模型的计算值变化能够反映出实际浓度的变化趋势。三闾测点 TP 浓度计算值有不断上升趋势，TP 浓度可达 0.15 mg/L；官庄坪和三闾测点的 TP 浓度在 6 月 26 日达到峰值 0.16 mg/L，贾家店、峡口镇、峡口大桥、刘草坡和平邑口 5 个测点的 TP 浓度在 6 月 20 日达到峰值 0.3～0.4 mg/L；平邑口化工厂和高阳镇两个测点的 TP 浓度受进口浓度的影响显著，在 6 月 13 日达峰值约 0.6 mg/L 后持续下降。

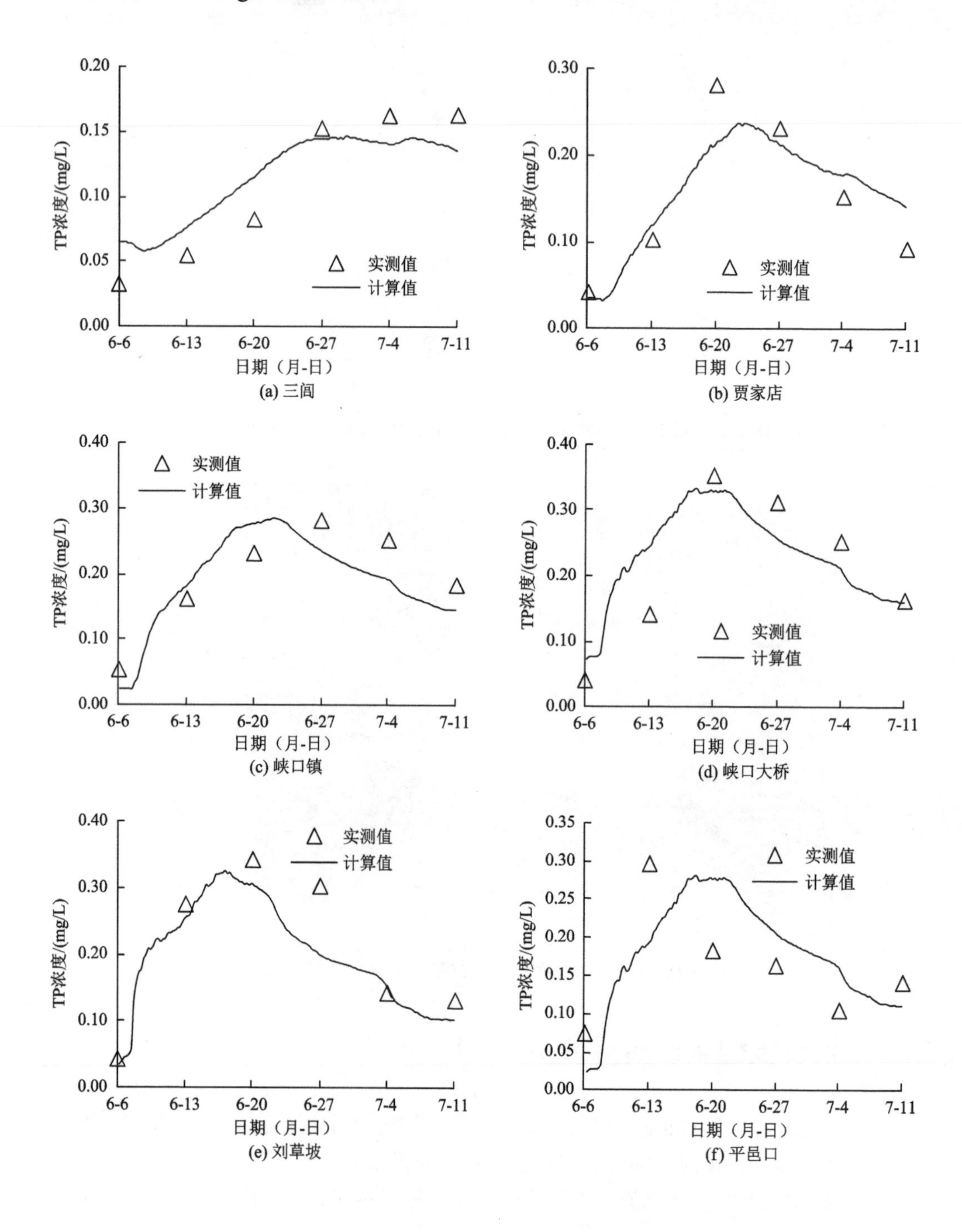

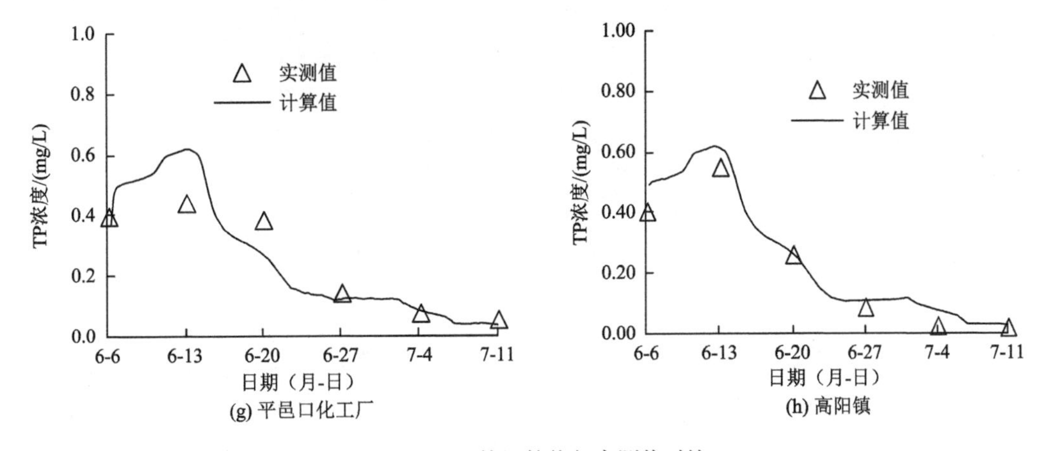

图 6-44　TP 的计算值与实测值对比

TN 的浓度计算值在三闾测点的变化不大，见图 6-45，维持在 1.5 mg/L，三闾、贾家店测点的 TN 浓度有下降的趋势；贾家店、峡口镇、峡口大桥、刘草坡和平邑口的 TN 浓度在 6 月 6 日～6 月 25 日期间持续下降至 1.0 mg/L 左右，6 月 25 日～7 月 4 日保持稳定，之后 TN 浓度开始不断上升；平邑口化工厂和高阳镇的 TN 浓度受兴山进口浓度影响，在 7 月 4 日之前一直保持较低的浓度值，之后浓度上升。各点的 TN 浓度计算值与实测值符合良好。

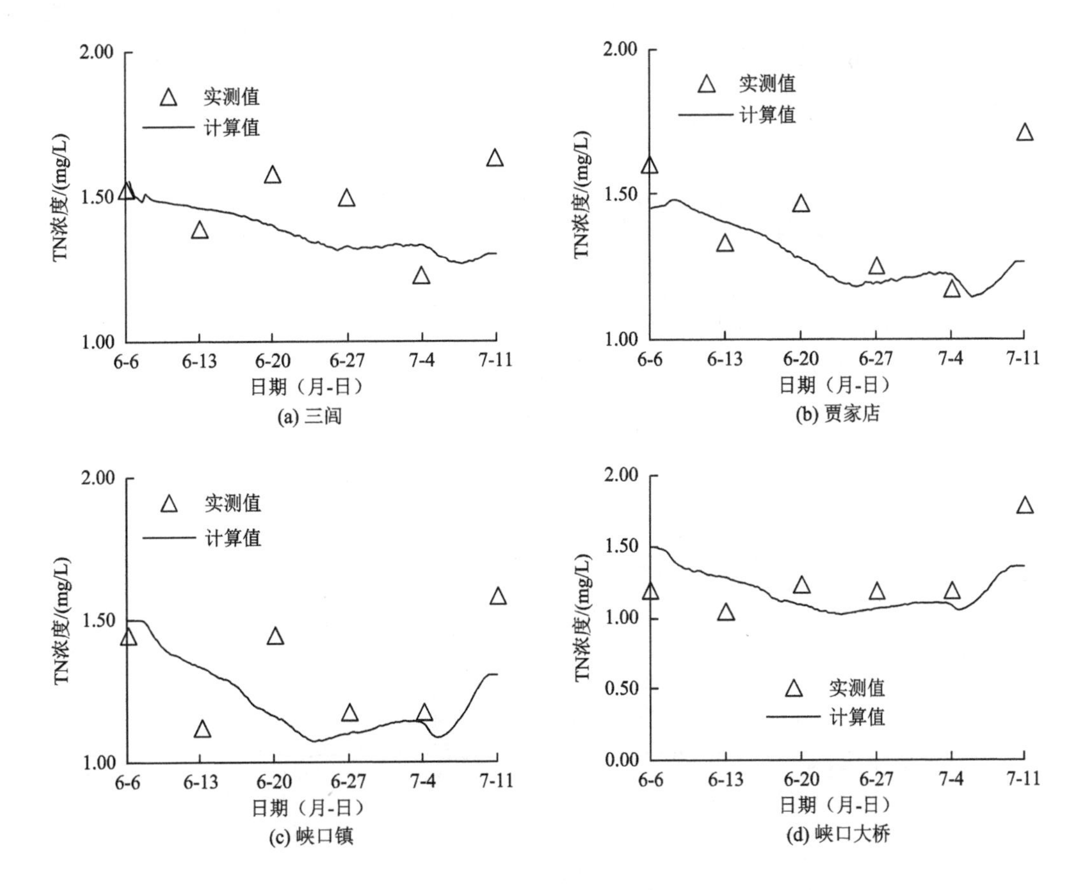

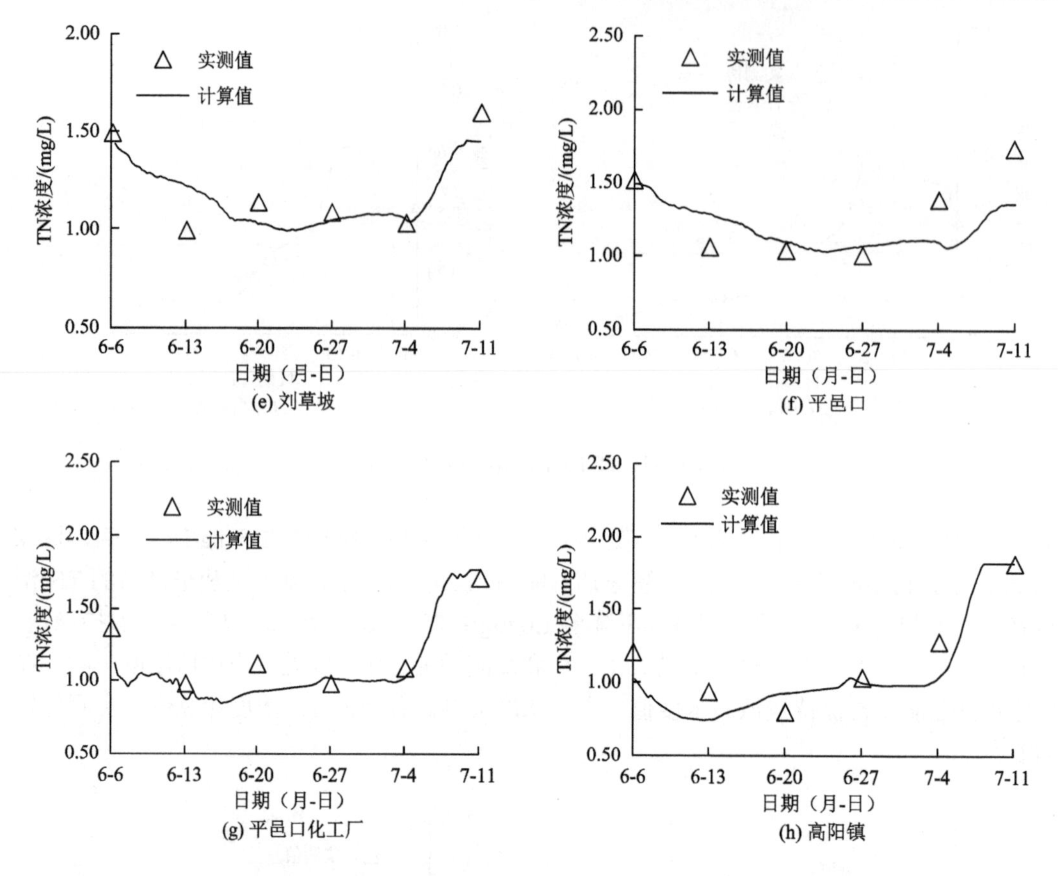

图 6-45　TN 的计算值与实测值对比

Chl-a 浓度计算值受对流扩散及生态源项的影响，见图 6-46，不同河段的变化趋势不同，贾家店至平邑口各测点的 Chl-a 浓度计算值在 7 月 4 日之前持续增长，7 月 4 日后有下降趋势，平邑口化工厂和高阳镇的计算值较实测值偏小。三闾至高阳镇河段的 Chl-a 浓度均在 30 mg/m^3 以上，处于水华发生状态，尤其是处于上游的平邑口化工厂和高阳镇测点处 Chl-a 浓度可达到 60 mg/m^3，属于水华较严重的河段。

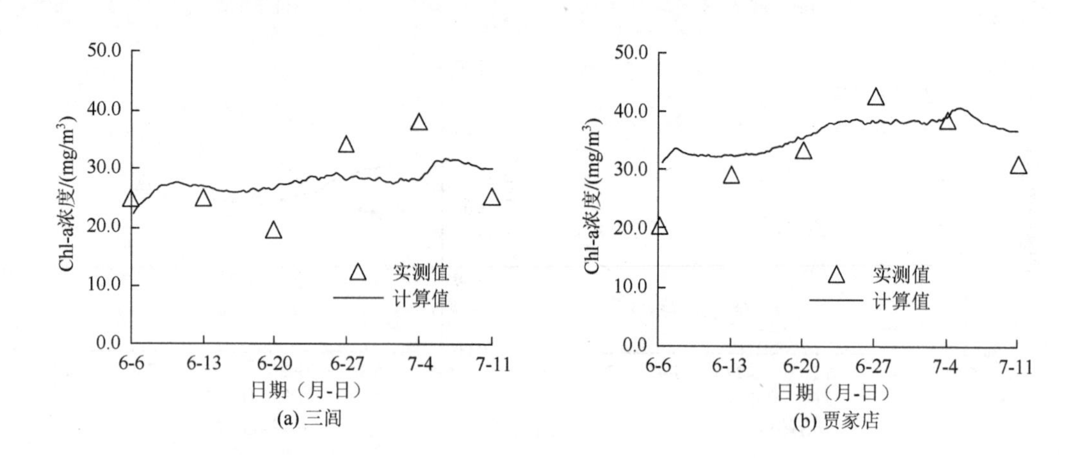

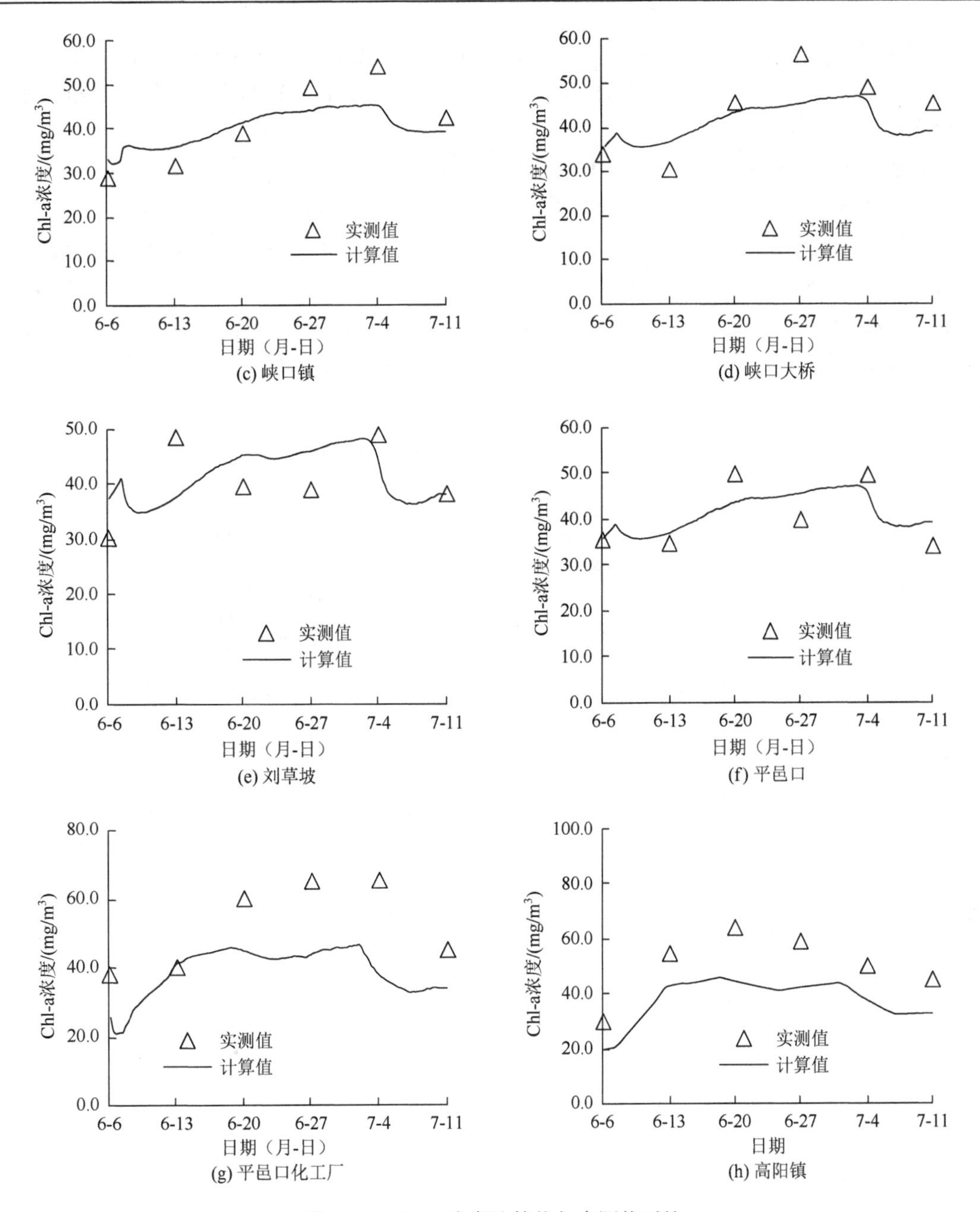

(c) 峡口镇
(d) 峡口大桥
(e) 刘草坡
(f) 平邑口
(g) 平邑口化工厂
(h) 高阳镇

图 6-46　Chl-a 浓度计算值与实测值对比

由以上计算结果表明：从营养物质的浓度和水藻生物量来看，2008 年 6 月的水华较 2007 年 9 月水华的发生程度要严重。

6.9.6　验证期的物质输移质量变化

由以上的模拟和实测的香溪河内的污染物浓度值可见，此次水华发生期间香溪水体中

TP 和 TN 的浓度偏高，TP 浓度在 0.05～0.2 mg/L，其中贾家店至高阳镇河段的 TP 浓度可达到 0.3 mg/L，TN 浓度的变化平稳，在 1.0～1.5 mg/L。TN、TP 的浓度远超过水华发生的营养物质浓度阈值。

验证期内 TP 和 TN 及 Chl-a 输移质量的计算表明，见图 6-47，在 2008 年 6 月 14 日 TP 和 TN 的总质量交点处，Chl-a 的质量达最低点 8 350 kg，可能是因为在 6 月 14 日之前水藻生长吸收大量的 TP，之前 TP 的供应处于上升阶段，但仍然成为水藻增殖的限制性营养元素，此时 TN 和 TP 的质量比约为 11，之后水体中 TN 的含量不断下降，TN 逐渐成为水藻增殖的限制因素，在 7 月 4 日左右，Chl-a 质量有一个局部的下降过程。从 7 月 5 日开始，虽然 TN 质量上升，但 TP 质量处于下降过程，Chl-a 质量也有所下降，表明此时 TP

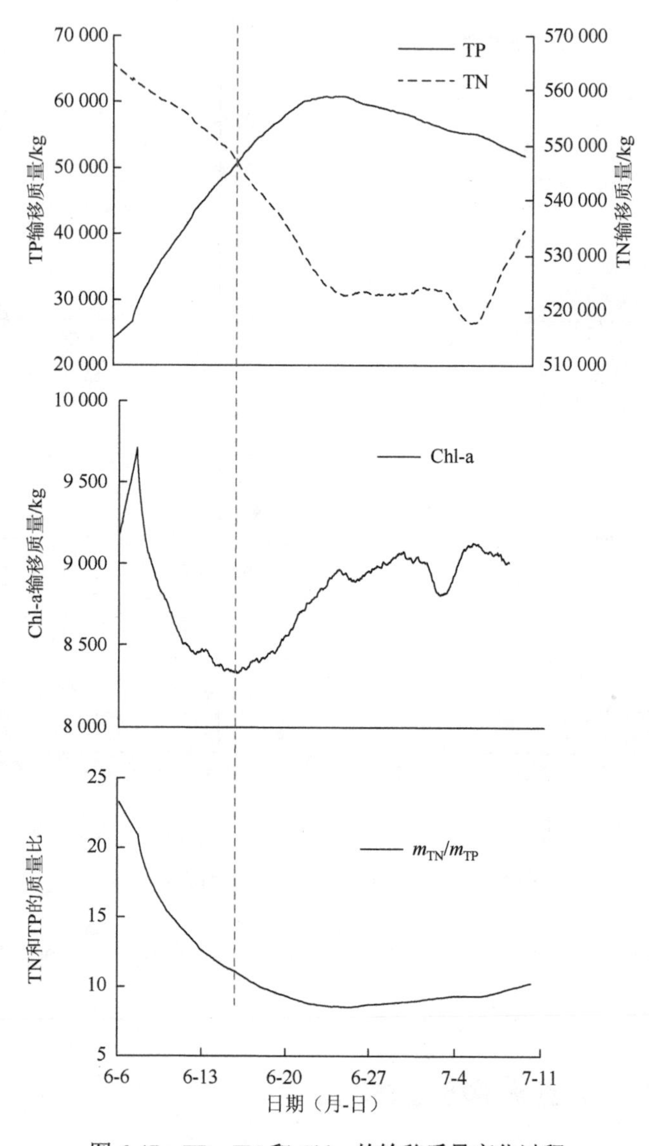

图 6-47　TP、TN 和 Chl-a 的输移质量变化过程

又限制了水藻的进一步增殖。可见，尽管 TP 和 TN 的浓度远超过水藻繁殖所需的最低营养物质浓度，但短时间内水藻大量繁殖，需要吸收大量的营养物质，水体中营养物质的下降，仍然引起某些营养物质的短缺，此外也不能忽视其他营养元素，如硅、锰、钾等，尽管需要的量较少，但对维持水藻细胞正常的生理功能也很重要。

以上分析表明，在一次水藻大量增殖的过程中，由于受到水体中营养物质浓度供应限制的变化，水藻的增殖是一个动态的过程，而不同的阶段水藻增殖的限制营养元素不断地变化，虽然 TN 和 TP 的质量比在 6 月 6 日～7 月 11 日期间均处于 10 以上，但并非总是 TP 是限制因子，与以往的文献研究结论（基于单点测量数据的静态分析）有所不同。并且率定期和验证期的水藻生物量变化与氮磷营养物质浓度变化的相互关系表现也不同。

模拟结果表明，水藻吸收水体中的营养物质是一个很复杂的过程，并非所有形式的氮和磷都能直接用于水藻生长；营养物质被吸收也与水藻细胞内营养物质的浓度有关，存在一个平衡状态；氮磷浓度较高的情况下也有可能限制水藻的大量繁殖（Jørgensen et al., 2008）。因此，研究氮磷营养物质与水藻生长的关系需要综合考虑营养物质的浓度、氮磷质量比及水藻繁殖的动态过程等因素。

6.9.7　计算误差分析

对水质模型率定计算和验证计算误差进行分析，计算 TP、TN 和 Chl-a 浓度的计算值与实测值之间的 Nash-Sutcliffe 效率系数（E_{NS}）和相关系数（r^2）。

Nash-Sutcliffe 效率系数（E_{NS}）和相关系数（r^2）的计算公式如下：

$$E_{\mathrm{NS}}=1-\frac{\sum_{i=1}^{n}(O_i-P_i)^2}{\sum_{i=1}^{n}(O_i-\bar{O})^2} \tag{6-124}$$

$$r^2=\left[\frac{\sum_{i=1}^{n}(O_i-\bar{O})(P_i-\bar{P})}{\sqrt{\sum_{i=1}^{n}(O_i-\bar{O})^2}\sqrt{\sum_{i=1}^{n}(P_i-\bar{P})^2}}\right]^2 \tag{6-125}$$

式中：O_i、P_i 分别为测点的浓度实测值和计算值；$\bar{O}$、$\bar{P}$ 分别为实测浓度和计算浓度的平均值。

率定期的误差计算结果见图 6-48，选作率定河段内的 8 个测点的计算精度较高，E_{NS} 在 0.5 以上，r^2 均在 0.6 以上。峡口镇 TP 的计算误差较大，是因为高岚河污染物入汇的影响考虑不够全面。TN 的计算精度普遍较 TP 的低，是因为 TN 受水藻吸收空气中氮元素造成的外源性干扰在模型中未考虑。总体来说，本数学模型可以模拟复杂河道中在水位变化较大的情况下发展较快的香溪河水质的演变过程。

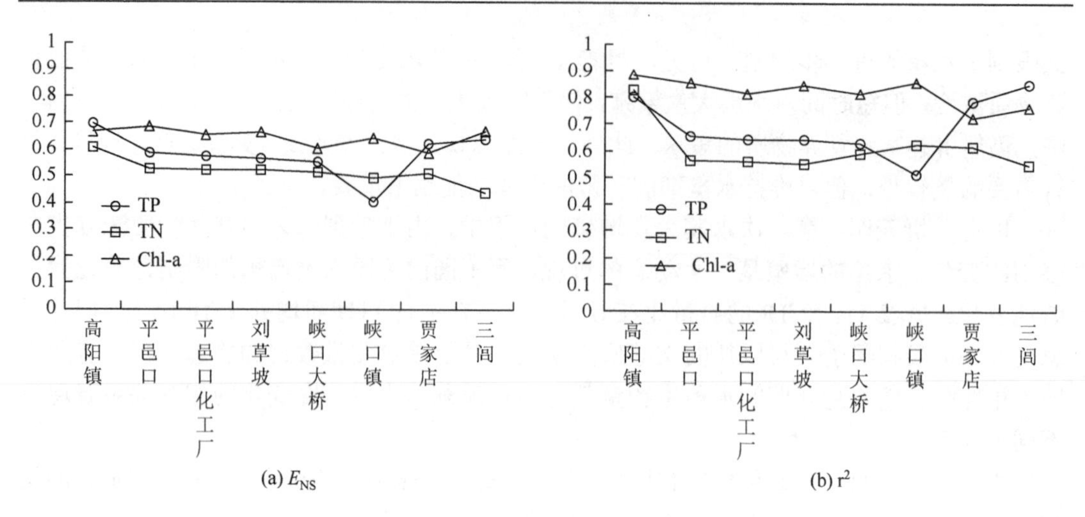

图 6-48　率定计算误差计算

6.9.8　香溪库湾水华防治工程措施探讨

基于以上经过率定和验证的水华过程模拟的数学模型，探讨香溪河水华防治的工程措施。如图 6-49，三峡水库在春季的 3～4 月，蓄水一般从 165 m 逐渐下降至 155 m，进入夏季汛期后将维持在 145 m 的汛限水位。

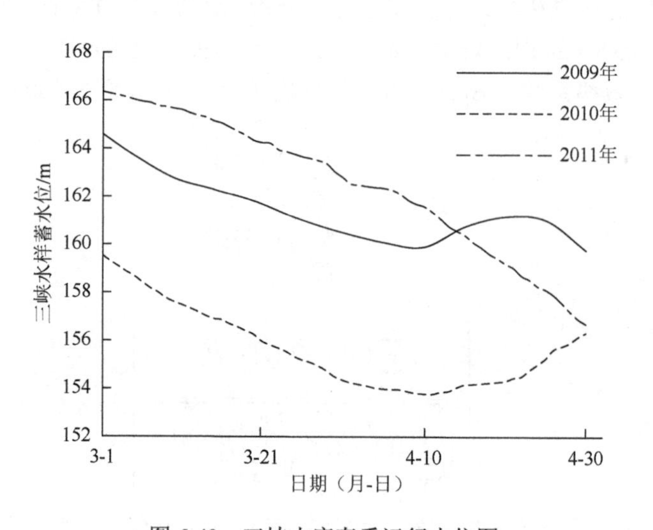

图 6-49　三峡水库春季运行水位图

香溪河在春季发生水华的频率最大，见图 6-50，但此期间除短时暴雨导致的流量增大外，香溪河在春季的流量较小，平均流量 40 m³/s，为增大香溪河上游流速及水流对污染物的输移和净化作用，建议在香溪河上游的高阳镇（河底高程 150 m）修建子水库，可拦蓄一定水量。采用平面二维数学模型计算进口流量 40 m³/s 下，175 m、165 m、160 m、155 m 出口水位下香溪河兴山至高阳、高阳至峡口、峡口至香溪河口三段河段及高岚河的库容。数学模型计算结果表明：蓄水位从 175 m 降至 155 m 时大约有 1 200 万 m^3 的可利用库容，而高岚河的可利用库容十分有限，见表 6-5。

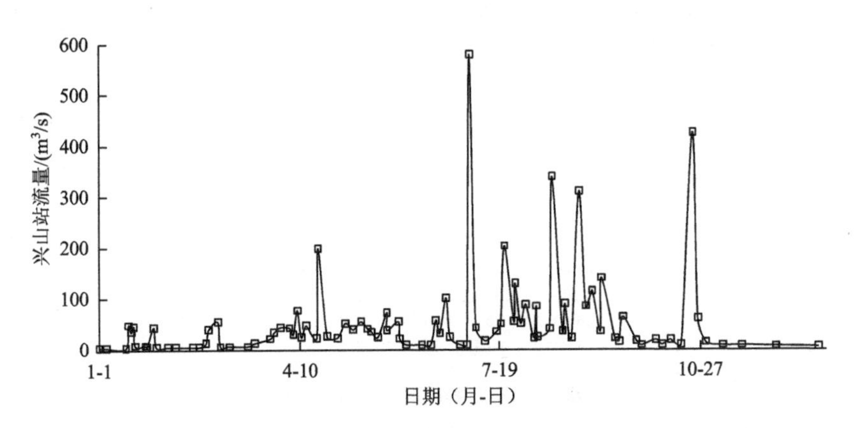

图 6-50　兴山站观测流量（2008 年）

表 6-5 不同蓄水位时各段河道的计算库容　（单位：亿 m^3）

各段河道	175 m	165 m	160 m	155 m
兴山至高阳	0.152 914	0.062 137	0.026 103	0.005 341
高阳至峡口	5.620 499	4.672 321	4.225 412	3.797 255
峡口至河口	6.890 791	5.493 384	4.852 004	4.255 241
高岚河	0.002 335	0.001 585	0.001 019	0.000 56

值得强调的是，本工程方案的实施是在高阳镇河段施工，可利用当地材料，并且水深较浅，工程容易实现。另外此河段蓄水只在三峡水库泄水阶段进行，不会对其他时段的河流水质造成影响。因此，建议在高阳镇建坝，在水华发生期间集中下泄所蓄水量对水华发生过程进行抑制，下面对各流量方案的治理效果进行模拟研究。

自然流量采用香溪河兴山站记录流量的多年平均值 40 m^3/s（方案 1），1 200 万 m^3 的库容在 33.33 h 内泄完，兴山站流量可以达到 100 m^3/s（方案 2），在 16.67 h 内泄完，兴山站流量可以达到 200 m^3/s（方案 3）。在香溪河口水位保持 155 m 不变的情况下，数值模拟研究不同生态流量调度方案下库湾内的 TP、TN 和 Chl-a 的变化情况，流量进口边界条件设置见图 6-51。为排除 TP 和 TN 浓度因子对 Chl-a 演变的影响，TP 和 TN 的初始计算浓度分别设置为 0.05 mg/L 和 0.5 mg/L，进口浓度也为恒定的 0.05 mg/L 和 0.5 mg/L，其他气象因素值也保持不变。

重点研究水动力条件对水华的抑制作用和下泄流量的 Chl-a 浓度对库湾内水华发生后 Chl-a 的稀释两种作用，计算分两种情况进行。

（1）保持与库湾浓度相同的 Chl-a 进口浓度，研究水动力条件对水华的抑制作用。

（2）进口 Chl-a 浓度设置为库湾 Chl-a 浓度的 1/5，研究水动力条件和稀释两种作用的综合效果。

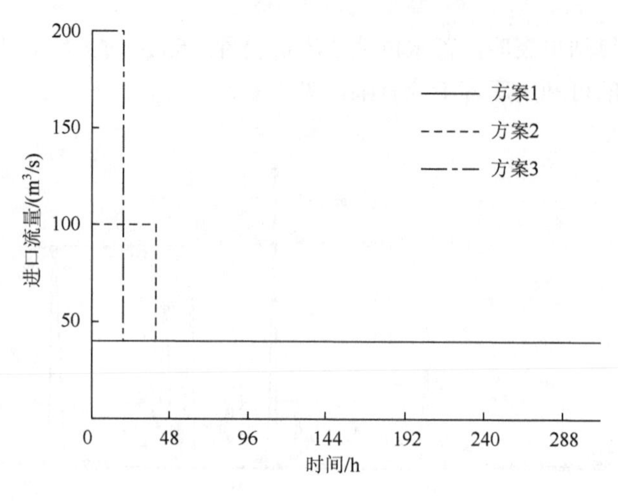

图 6-51　各方案的高阳镇流量过程

1. 水动力条件对香溪库湾 Chl-a 浓度演变的影响作用研究

实施大流量下泄方案后可明显抑制香溪库湾内的水华发生，见图 6-52。但方案 2 在后期的治理效果逐渐消失，与自然流量的方案 1 差别不大，方案 3 的效果最显著，原因是流速增大对水生植物生长的抑制及水流搬运的综合作用，使 Chl-a 浓度峰值的位置向下游推移。因此推荐方案 3 的水华防治工程方案。

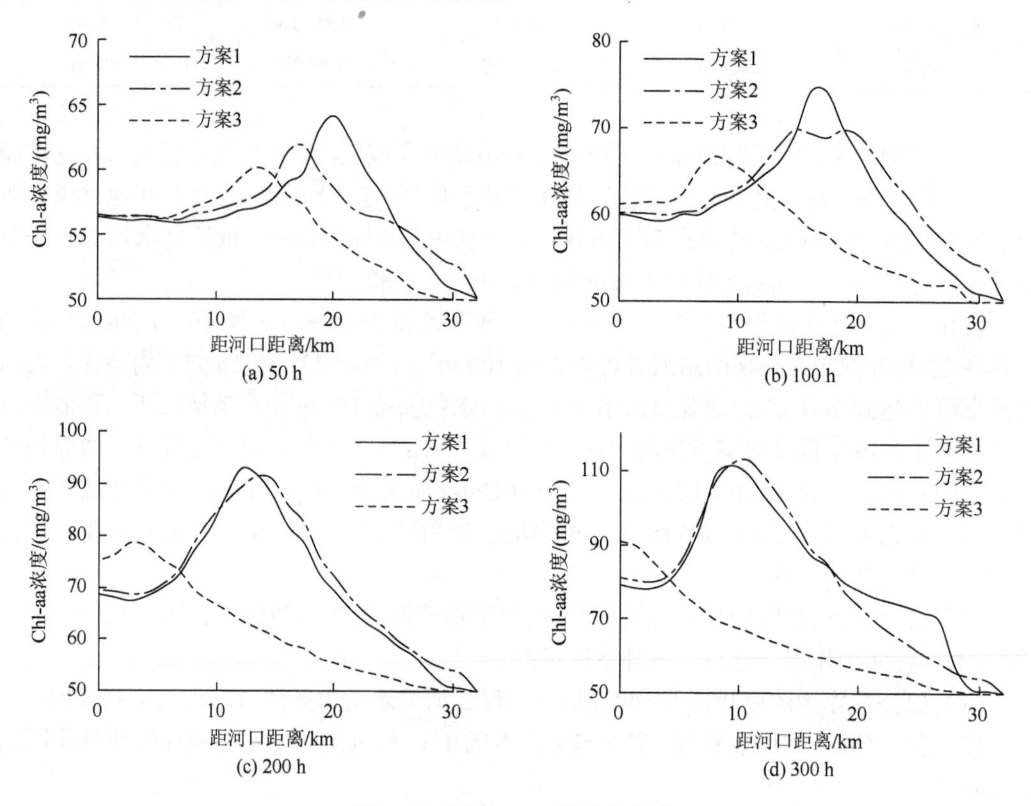

图 6-52　沿程 Chl-a 浓度的变化

不考虑流速的限制作用时 Chl-a 的浓度值较考虑流速因子的限制作用时在上游河段明显偏大，见图 6-53，说明流速限制作用是模拟河流水华不可缺少的因素。可见，本模型对河流水华发生过程的模拟具有较强的针对性。

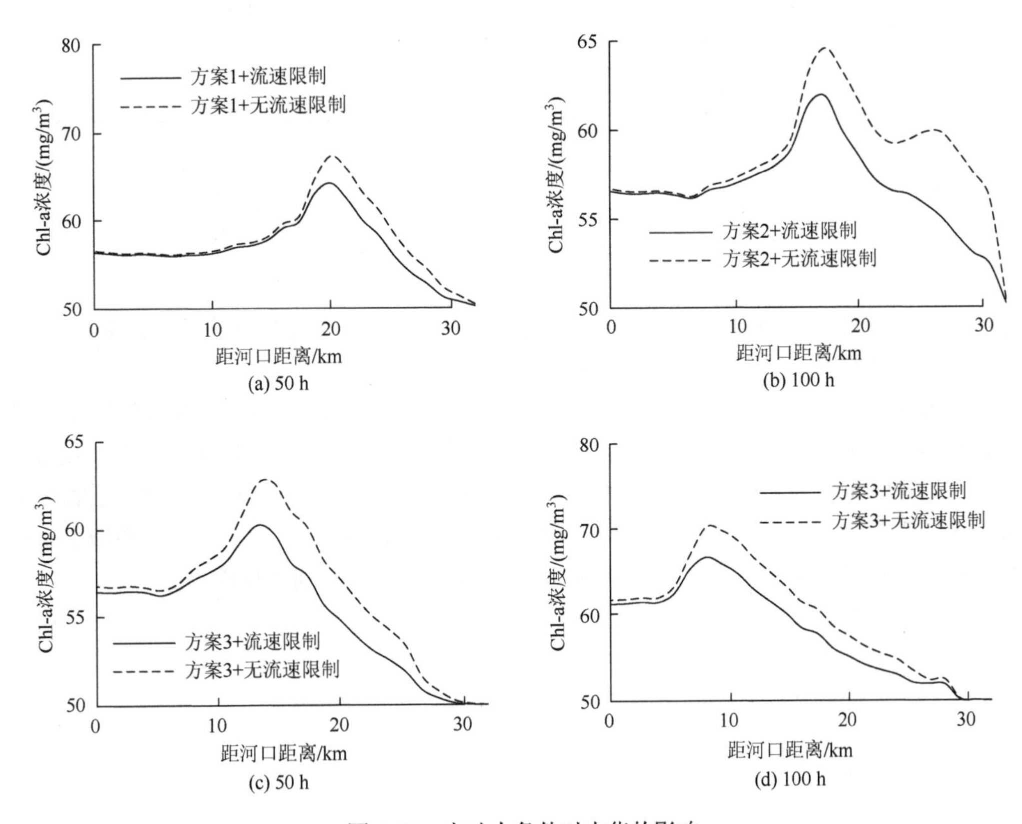

图 6-53　水动力条件对水华的影响

2. 进口 Chl-a 浓度对库湾内叶绿素的稀释作用

稀释作用下的沿程 Chl-a 浓度变化，见图 6-54，在进口边界 Chl-a 浓度仅为库湾内初始浓度的 1/5 的情况下，对库湾内的 Chl-a 浓度的稀释作用很明显，方案 3 的大流量泄

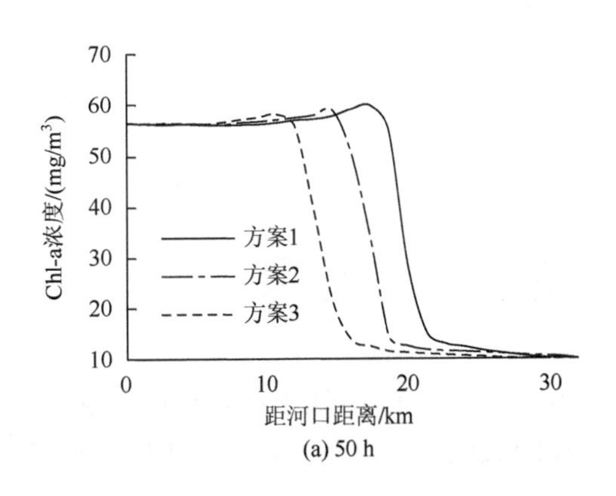

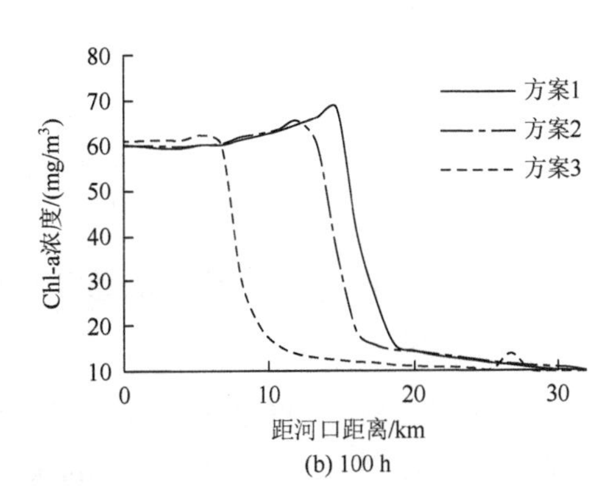

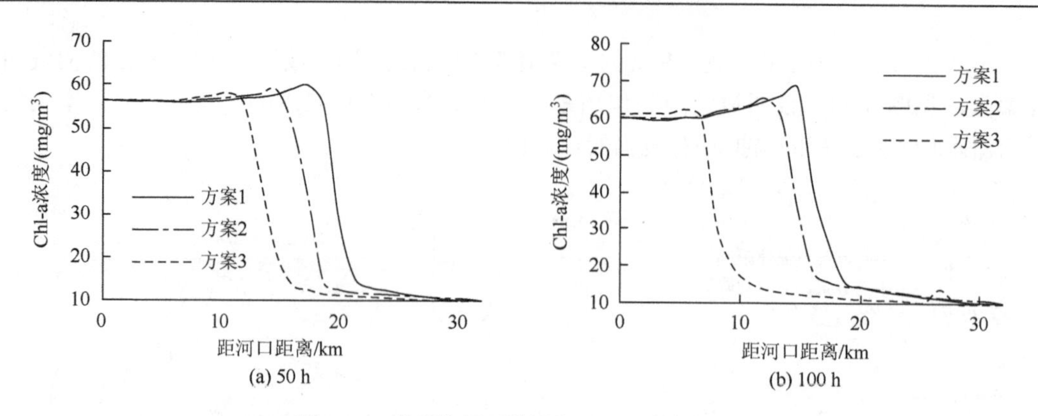

图 6-54　稀释作用下的沿程 Chl-a 浓度变化

流时在 200 h 以后几乎将库湾内的叶绿素浓度降至 10 mg/m^3。香溪河下游在模拟期间 Chl-a 浓度同时在继续增长，但增长幅度远比稀释作用要小。

三种方案下的沿程 Chl-a 浓度分布（50 h），见图 6-55，较低的进口 Chl-a 浓度对库湾内 Chl-a 浓度的稀释作用非常明显，在较大流量的方案 3 的情况下的稀释作用尤其明显。水流流速对 Chl-a 增值的限制作用相对于稀释作用很小，可以忽略不计。因此，在香溪河上游，特别是在新县城古夫镇，加强生活污水或工业污水的管理，减少过多的梯级小水电开发，改善上游的水质条件将对抑制香溪河下游水华的发生起到明显作用。

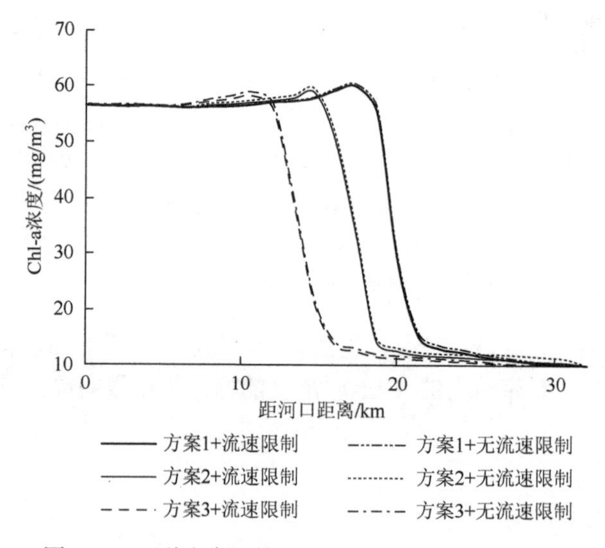

图 6-55　三种方案下的沿程 Chl-a 浓度分布（50 h）

6.10　耦合模型在三峡库区的应用

自 2003 年以来，三峡水库开始大量蓄水（Stone，2008），三峡水库和长江上游的梯级水库阻碍了自然水道，三峡水库蓄水降低了长江的流速和自净能力。由于回水效应，支流尤其如此，近年来在三峡水库的支流中引起了许多水质问题（Zhou et al.，2015；Liu et al.，2012；Yang et al.，2010）。支流中的水体几乎静止，与化工厂释放的污染物混合，导致浮游藻类迅速繁殖，包括硅藻和蓝绿藻，在短时间内爆发被称为水华（Zheng et al.，2010；Ye et al.，2006）。

近年来，对三峡水库及其支流开展了许多数值模拟研究，如一维（Huang et al.，2015；Wang et al.，2009）、垂向二维（Ma et al.，2015；Dai et al.，2013）、三维（Li et al.，2014，2012）及分布式水文模型的非点污染模拟（Hormann et al.，2009）。一维模型只能给出河流纵向浅水运动及水质信息，垂向二维模型可以考虑沿河道纵向剖面的物理变量循环及影响水体中浮游植物生长的重要因素，但不能模拟横断面上的物理变量演变。水生生态系统演变具有明显的三维特征（Xu et al.，2009），因此，三维模型被认为是描述三峡水库中生态系统动态演化过程的必要工具（Li et al.，2014）。此外，长江干流与支流之间的质量交换频繁（Ma et al.，2015）同时存在水库上层水与河床沉积物孔隙水之间的物质交换（Huang et al.，2015），都会影响三峡水库水质。到目前为止，关于三峡水库水质研究结论多来自现场观测数据分析（Ji et al.，2010；Xu et al.，2009），流域尺度的物质输移通量（Zhou et al.，2015），三峡水库水质状态变量的高精度时空演化及水流-空气-沉积物-污染物-浮游植物之间的相互耦合作用仍然没有被清楚地理解。因此，应该利用耦合多介质的三维动力学模型研究三峡水库浮游藻类的时空演变过程，指导水质改善措施的制定。

6.10.1　湖北省境内三峡库区概况

三峡水库位于中国湖北省和重庆市境内，总回水长度约 670 km，本小节针对湖北省境内的库区开展研究，本河段存在数条发生不同程度水华的支流，见图 6-56。其中，香溪河是三峡库区的一级支流，在 2003～2009 年发生水华期间，现场观测了较密观测点的水质变化数据（Xu et al.，2009）。另外，其他支流（例如清水河、童庄河等）等许多支流也都发生了水华，但这些支流没有可靠的水文数据，且流量较小（Ma et al.，2015），因此，所有支流除香溪河以外，均被视为封闭的库湾，没有入流边界。

在以往的研究中，往往没有考虑长江干流与支流的水体交换和局部水动力条件的影响（Li et al.，2014，2012）。在本小节研究中，将重点考虑干支流的水体和物质交换，以及局部的湍流条件对水华的影响。整个模拟区域将包括长江干流和数条支流，干流和支流分别设置了 11 个和 6 个观测站，用于观察水华期间的水质状态变量变化（Yang et al.，2010），见图 6-57。研究区域内还有 5 个水文站和两个气象站（兴山站和宜昌站），为耦合模拟提供了必要的输入数据。

6.10.2　模型设置

1. 地形与网格划分

采用高分辨率（栅格尺寸 10 m）的水下数字地形，见图 6-57，可更精细地判别水路

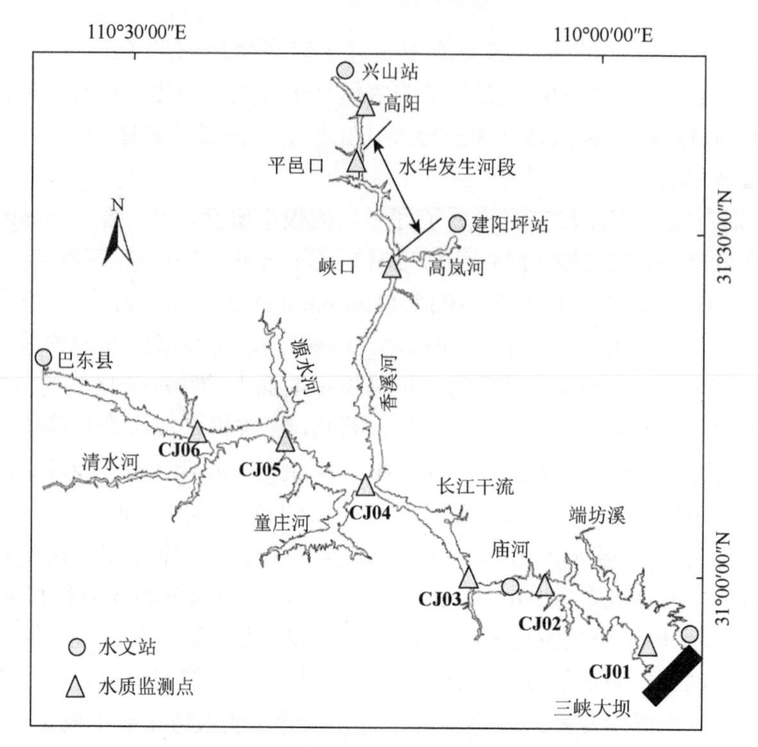

图 6-56　湖北省境内三峡库区研究示意图

CJ01～CJ06 分别为长江干流的 6 个水质监测点名称

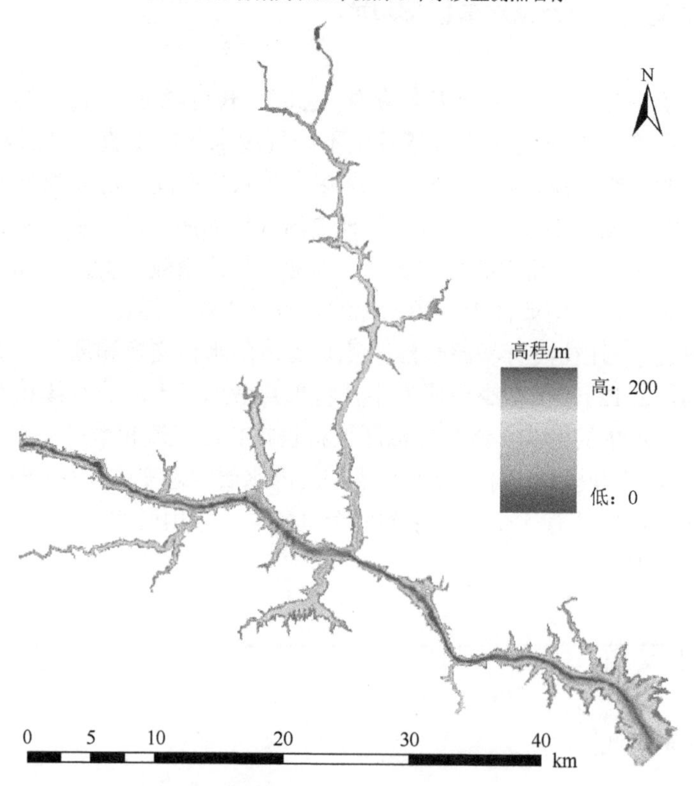

图 6-57　高分辨率的三峡库区 DEM（栅格尺寸 10 m）

边界、更精确的河道地形。卫星图片可清晰地分辨出三峡库区的各条不同长度的支流，包括三峡大坝附近的几条较小的溪流及香溪河上游的白沙河和古夫河、中游的高岚河均能很好地反映出来。

计算边界识别与水质监测点见图 6-58，卫星图片能精细地分辨出水陆边界，类似于分形图形。计算区域内有三个主要控制性水文站，三峡大学沿香溪河、高岚河和童庄河布置了 13 个水质监测点，用于监测水华发生期间的水流与水质相关指标参数。另外，由于采用了高分辨率的 DEM 地形，可以非常精确地识别水陆边界，可提高水动力模拟精度，尤其是在潜水区域。

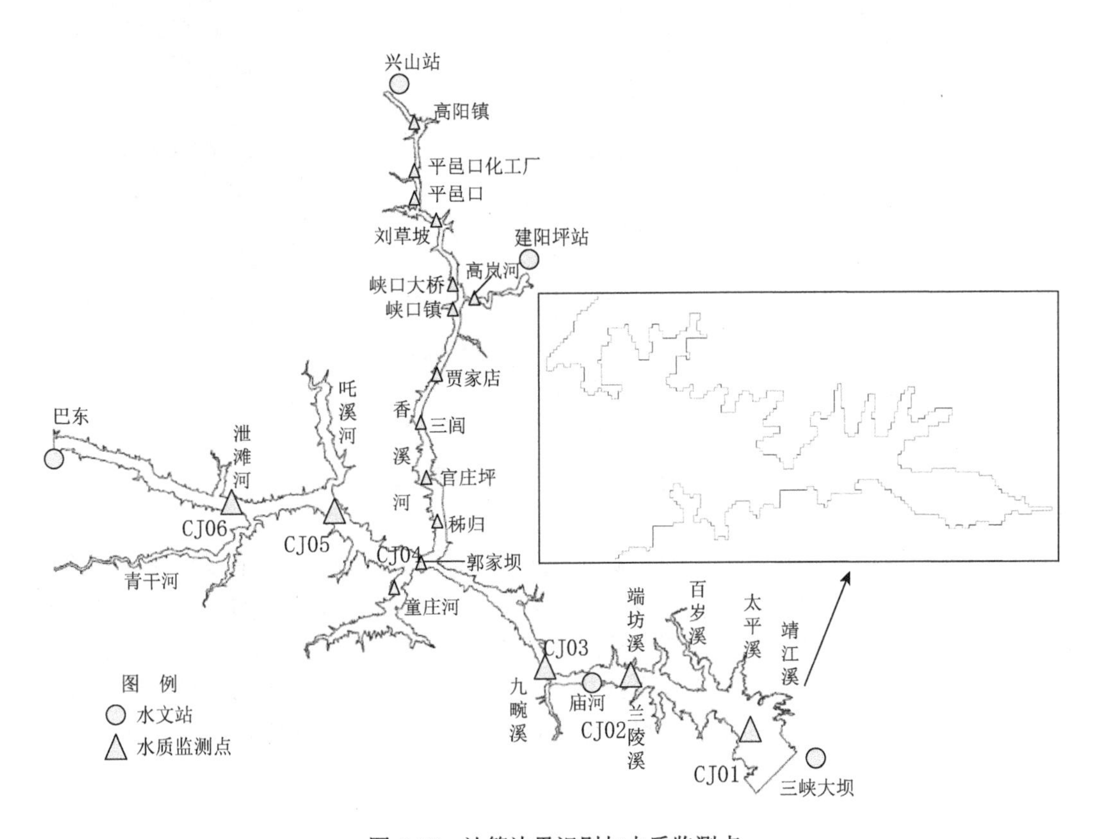

图 6-58　计算边界识别与水质监测点

长江三峡库区包括长江主流和支流，三维模拟区域离散化为 122 988 个三角形非结构化网格和 30 个纯 s 坐标垂向坐标分层，这将形成近 369 万个棱柱控制体。计算网格及计算边界条件，见图 6-59，结合高分辨率地识别水陆边界和设置较细的网格尺寸，划分的三角形非结构网格可以精细离散很小的支流，这样可以尽可能地保证网格插值地形表征真实的河道地形。

由于划分的网格很细，导致计算量很大，这需要通过并行计算实现三峡水库高时空分辨率的水动力和水质模拟。通过 SELFE 模型的 MPI 并行化来计算不同节点之间的通信，这样可以在大型计算集群实施模拟。根据 CFL 条件，计算时间步长设定为 1.0 s。

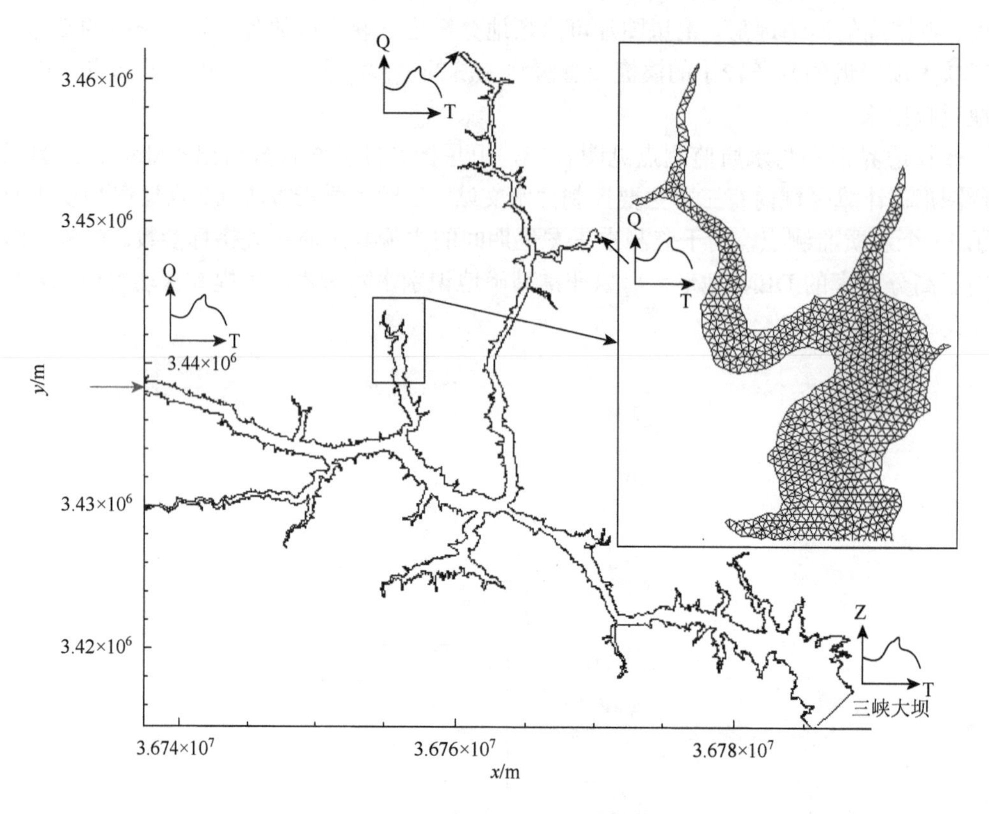

图 6-59　计算网格及计算边界条件

精细的网格尺寸和相对较短的时间步长实现时空高精度地模拟长江干流与支流汇流区局部涡旋结构和污染物浓度场，以及对浮游藻类水华动力过程的影响，并且保证计算稳定性。另外，尽管 SELFE 模型的水动力和水质模块实现了并行化，但底泥的生化反应模块仍为串行计算，而底泥生化反应模块的计算时间步可长于水动力计算时间步，因此其计算量影响不大。最终，模拟一个月的水质过程需要计算耗时大约 5 天（启用 4 个进程）。

2. 边界条件及驱动力设置

三峡水库在发生水华期间的非恒定入流和污染物汇入过程，以及现场水流和水质观测数据，作为数值模拟的边界条件和初始条件，巴东站、兴山站和建阳坪站作为入口，大坝的水位波动作为出口边界条件。在中国气象数据共享服务系统下载了兴山和宜昌气象观测站记录的天气数据，该观测数据用于水质模拟中的气象驱动输入，因为这些气象因素促发了水华，如图 6-60，香溪河流域气象站记录的气象数据也是输入文件。此外，降水会降低气温，从而抑制浮游植物生长，浮游藻类繁殖与气象条件之间关系密切，这在以往的研究中已被观察和分析（Li et al.，2011；Zhang et al.，2011；Hormann et al.，2009），本小节将对这些过程进行深入探讨。

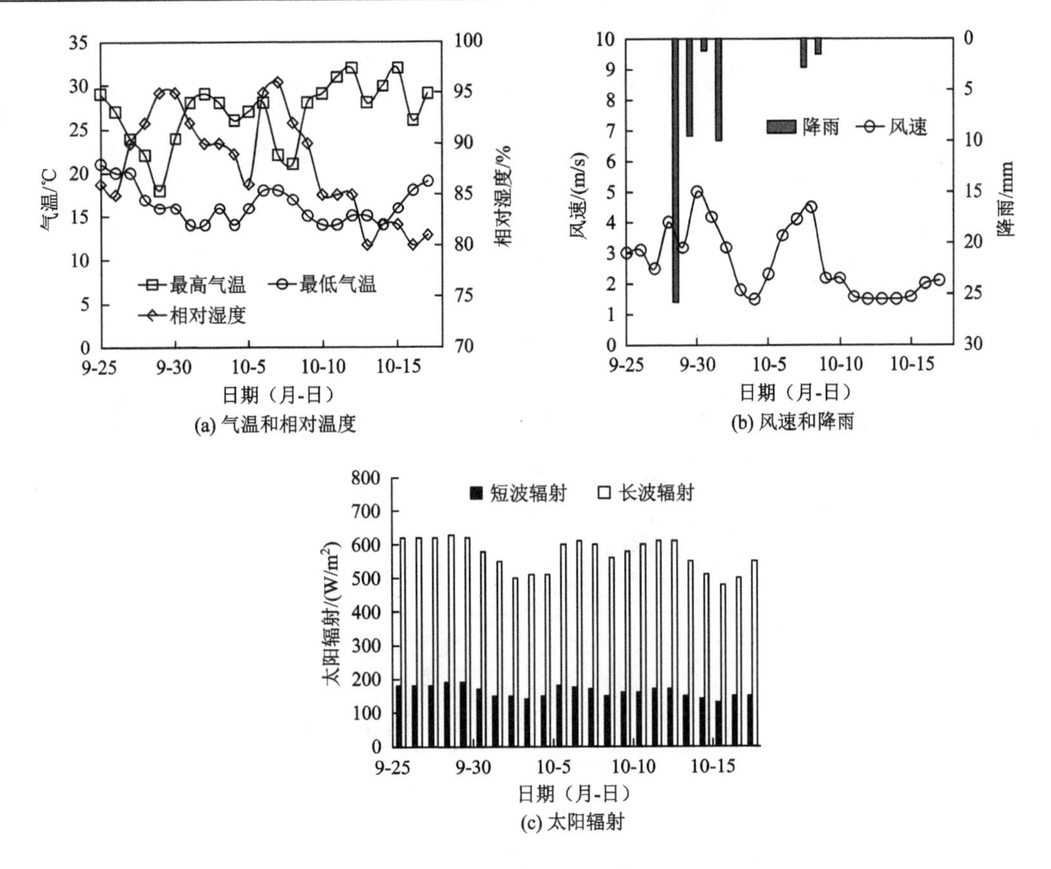

图 6-60　兴山气象站的实测气象数据

6.10.3　模型率定

1. 水动力

由于错综复杂的水流方向，香溪河支流与长江汇合处的流场复杂，影响支流中的悬浮物，污染物和浮游植物的输移［图 6-61（a）］。此外，在图 6-61（a）中可以观察到长江干流与香溪河汇流处形成的涡旋。在水华期间使用声学多普勒海流剖面仪（acoustic Doppler current profiler，ADCP）测量流速（Ma et al.，2015；Ji et al.，2011）用于验证水动力计算的精度。峡口测量和计算的流速对比表明，在水华期间水体几乎是静止的，流速一般小于 0.005 m/s［图 6-61（b）］。此外，水面附近的纵向流速为正，而水深 10 m 时为负，这表明表面水体流向下游，而在河床附近向上游运动，与此前已用 ADCP 观测到的水流结构相同（Ji et al.，2011）。CJ04 处的流速在 0.2～0.3 m/s［图 6-61（c）］，而横向流速约为 –0.05 m/s，表明在三峡水库蓄水期间，干流水流进入香溪河支流。此外，长江流量相对较大时，增加了浮游植物的对流输送，可保持良好水质。相比之下，支流中几乎静态的水动力条件是导致浮游藻类繁殖的主要因素。SELFE 模型可以模拟三峡库区中复杂的三维水动力场，为水质模拟提供准确的水动力条件输入。

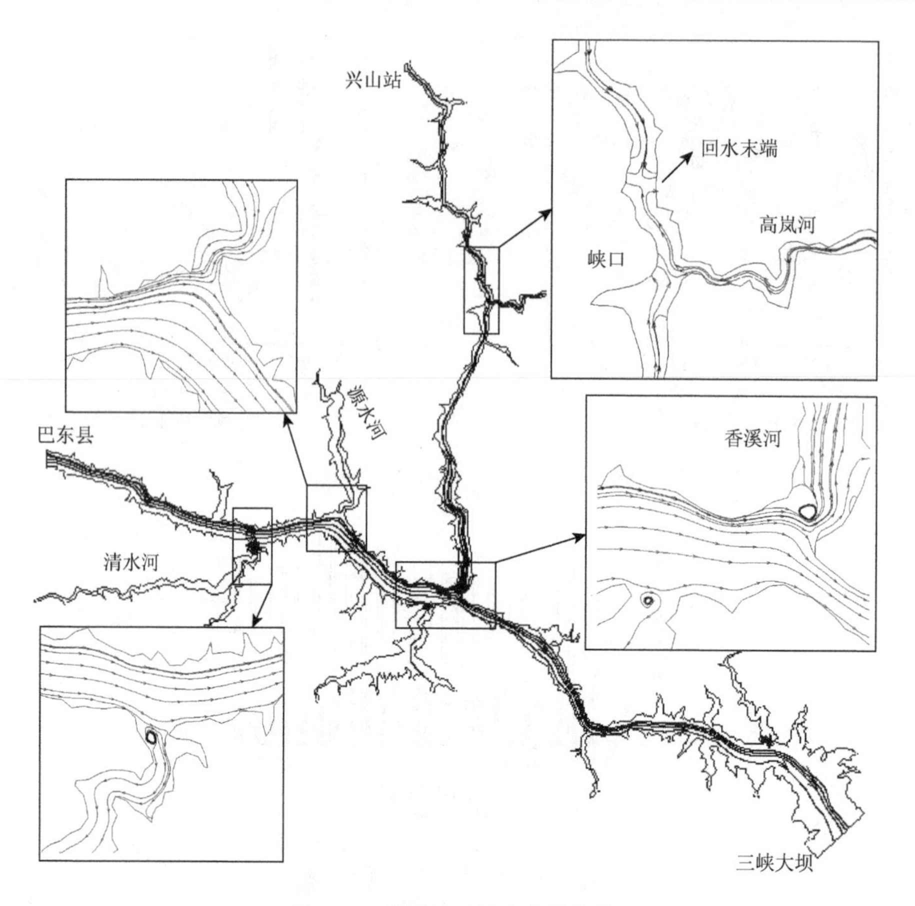

图 6-61　模拟的三峡水库的流线

三峡库区的流场图见图 6-62(a)，由图中可以看出：长江干流的流速可以达到 0.3 m/s，尽管较天然河道的水流流速（–1.0 m/s）下降了很多，但其自净能力足以保证长江干流的水质；而香溪河支流的流速很小，几乎为静止水体，在长江干流与香溪河支流的交汇处，流速梯度较大，此处的水动力场非常复杂，见图 6-62（b）。

本小节开展了三峡库区，包括长江干流和诸多支流的高精度的数值模拟。尽管三维可视化的数据量很大，图 6-63 还是给出了三峡库区的纵向流速 u 的三维空间分布。可以看出：在长江干流最大流速达 0.3 m/s，而在较宽阔的河段流速 u 低于 0.1 m/s；由于受三峡水库蓄水位的顶托，库区的支流流域均非常小。基于三维可视化，可以进行切片展示，可进一步分析水流的内部三维结构可视化和流体力学相关分析。

在三峡水库的蓄水阶段和泄水阶段，分别给出长江干支流的流线，用于展示干支流交汇口门处涡旋的二维和三维结构，见图 6-64。如图 6-64（a）和图 6-64（b），在水面处可形成清晰的涡旋，涡旋的旋转方向与三峡水库蓄水密切相关，蓄水时可形成逆时针的涡旋，但三峡水库泄水时，支流水流向下流出与长江水体发生掺混，如图 6-64（b），流线较为混乱。如图 6-64（c）和图 6-64（d），可看出在三峡水库蓄水时，形成了清晰的三维漏斗状的螺旋流，而泄水时的流线比较混乱，与二维流线的分析结果符合。

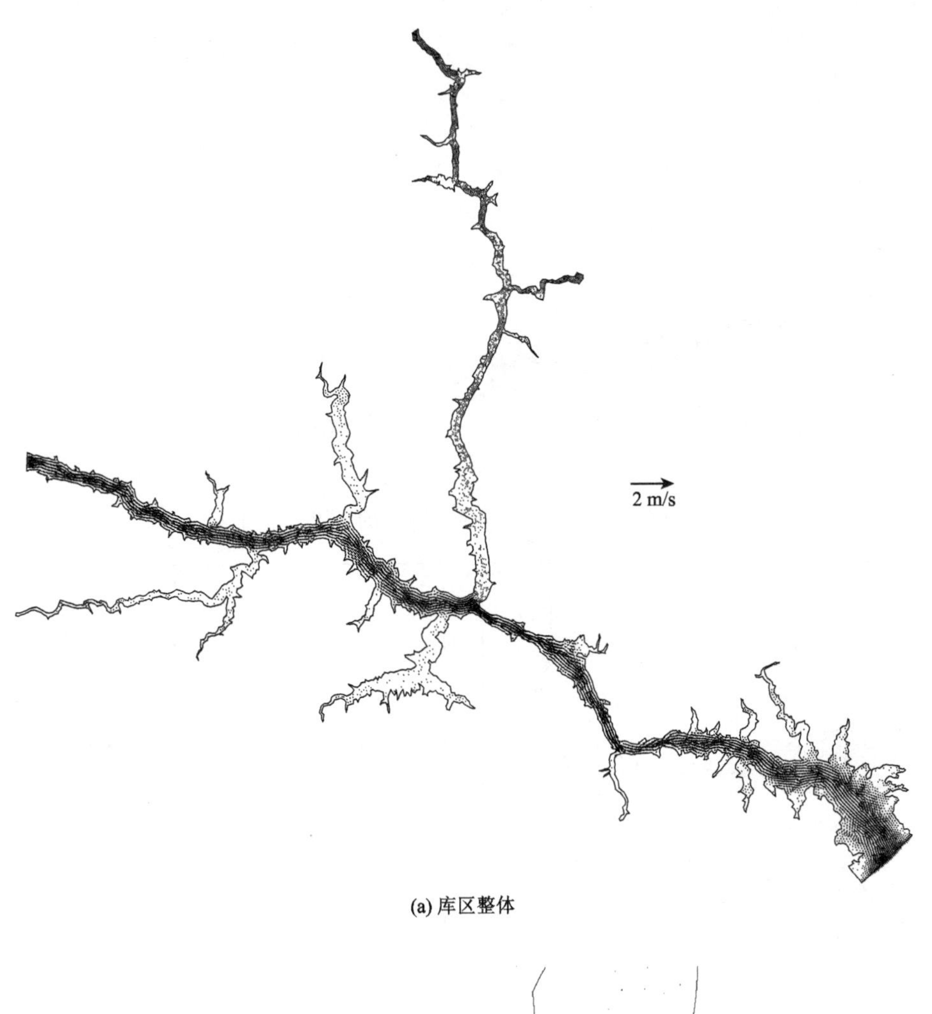

(a) 库区整体

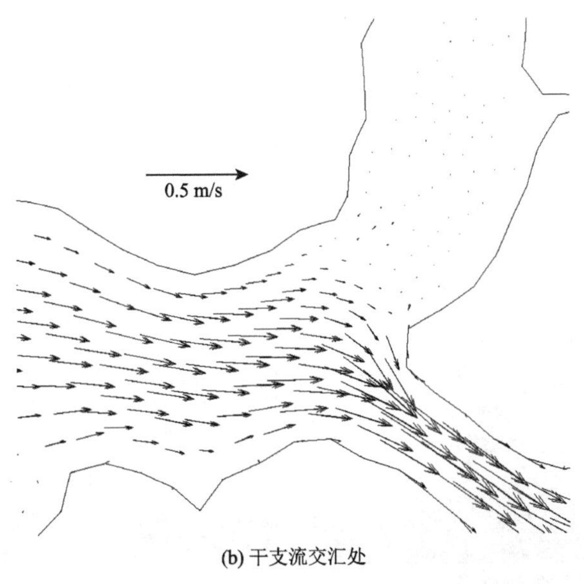

(b) 干支流交汇处

图 6-62　三峡库区流场

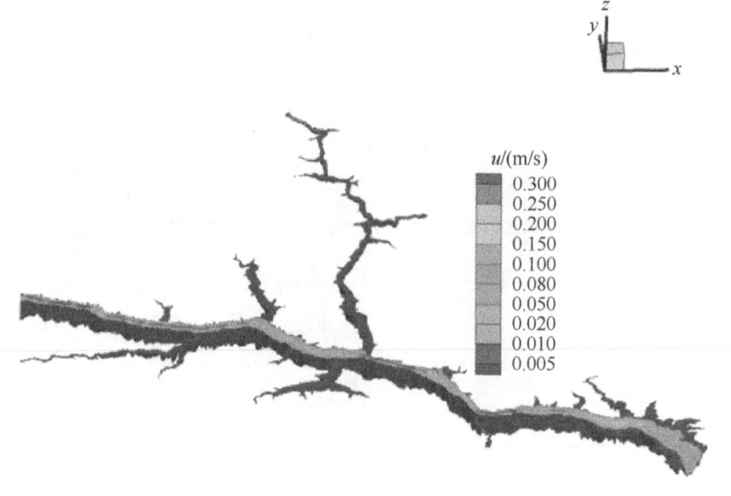

图 6-63　三峡库区纵向流速 u 的三维分布图

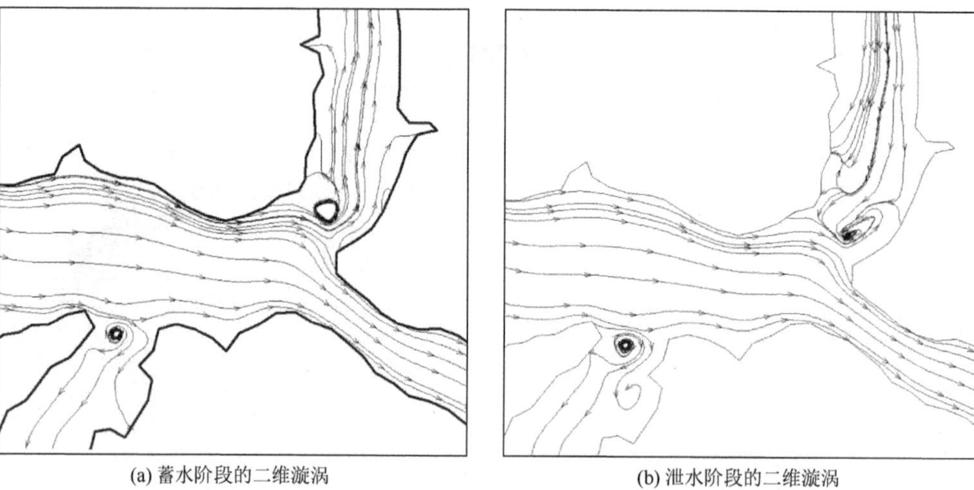

(a) 蓄水阶段的二维旋涡　　(b) 泄水阶段的二维旋涡

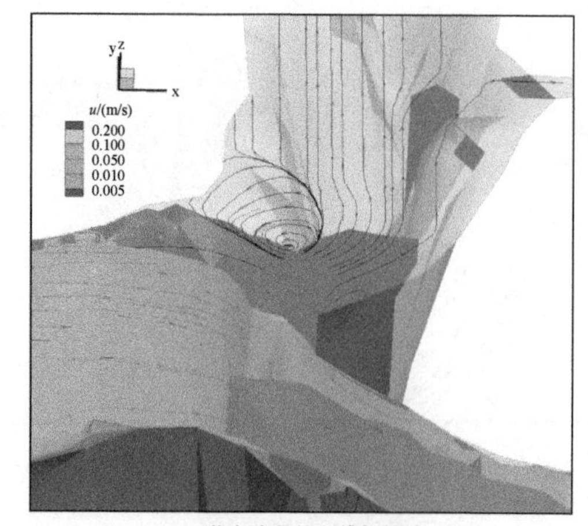

(c) 蓄水阶段的三维螺旋流

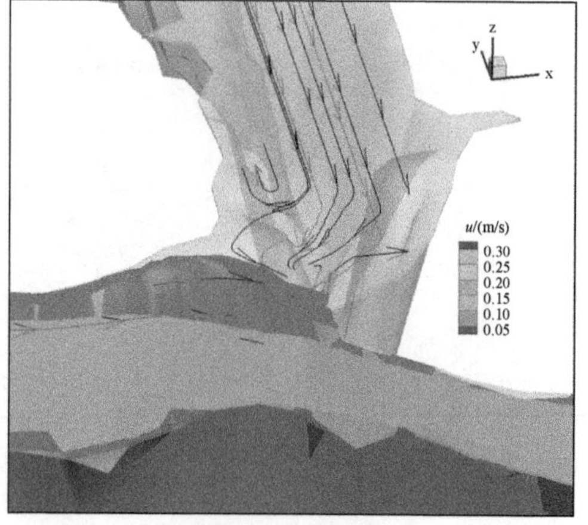

(d) 泄水阶段的三维螺旋流

图 6-64　长江干流与香溪河交汇处的螺旋流

形成三维螺旋流需要一定的地形和水流条件，见图 6-65，三峡库区的长江干流与支流具备了这样的条件。首先，长江干流的流速较大，约 0.2～0.3 m/s，而支流的流速较小，低于 0.01 m/s，并且支流口门处的河岸凸向河道中心，起到一定的挑流作用（类似于丁坝），这样就形成三维螺旋流。但是，由于支流流速很小，形成的螺旋流并不显著，基于现场观测数据（ADCP 观测）的流体可视化，并不能发现这一流动现象（Ma et al.，2015；Ji et al.，2011）。

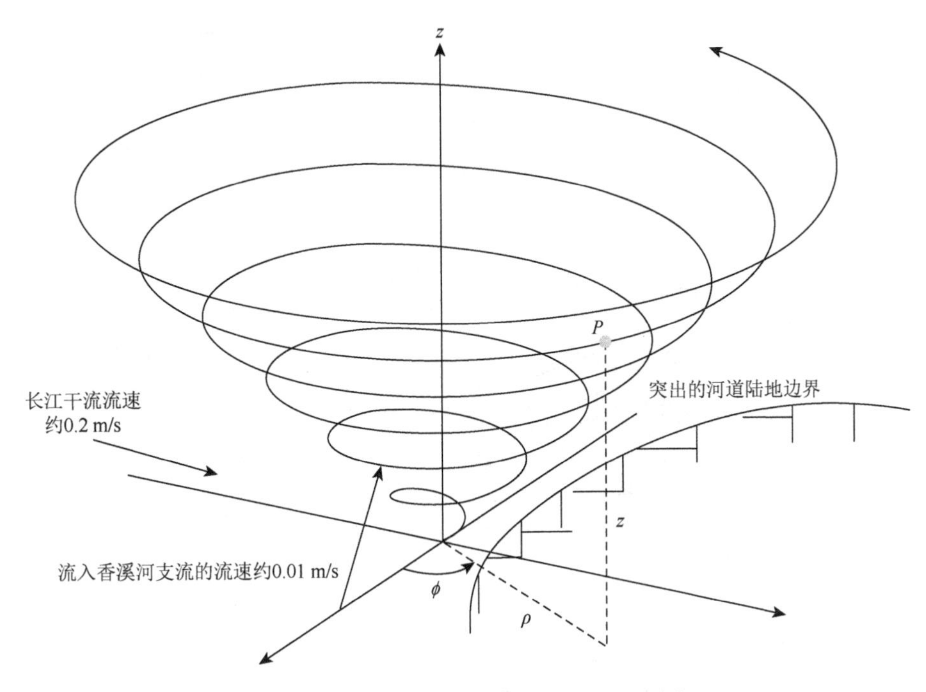

图 6-65　交汇处立体螺旋流的解释示意图

结合现场观测和高分辨率的数值模拟，可以勾画出长江三峡库区内干支流的水动力和标量输移模式。香溪河库湾的水流运动受到三峡大坝水位调节的影响，将产生长江干流与支流的水体及营养物质的交换。当三峡水库蓄水时，见图 6-66（a），长江干流水体倒灌入香溪河，进入库湾的水流沿着河床和水体表面附近流动，而中间层水体向下游流动，形成异重流现象，并且在香溪河口形成逆时针的立面环流；当三峡水库泄水时，见图 6-66（b），香溪库湾的水流整体向下游流动，并在河口处形成顺时针的立面环流。以上水流现象与水体垂向的温度分层有关（余真真，2011），水温分层均发生在香溪河下游及三峡库区水深较大（h＞10 m）处，且在特定时段（每年 3～6 月）。

2. 营养物质

选择峡口和高阳的 NH_4 和 PO_4 观测数据率定水质模型，显示复演香溪河支流水华过程的准确性。峡口测点的 PO_4 和 NH_4 浓度分别从接近零的数值增加到 0.04 mg/L 和 1.60 mg/L，见图 6-67（a）和（b）。峡口的 NH_4 浓度在 2007 年 10 月 14 日开始下降［图 6-67（b）］，

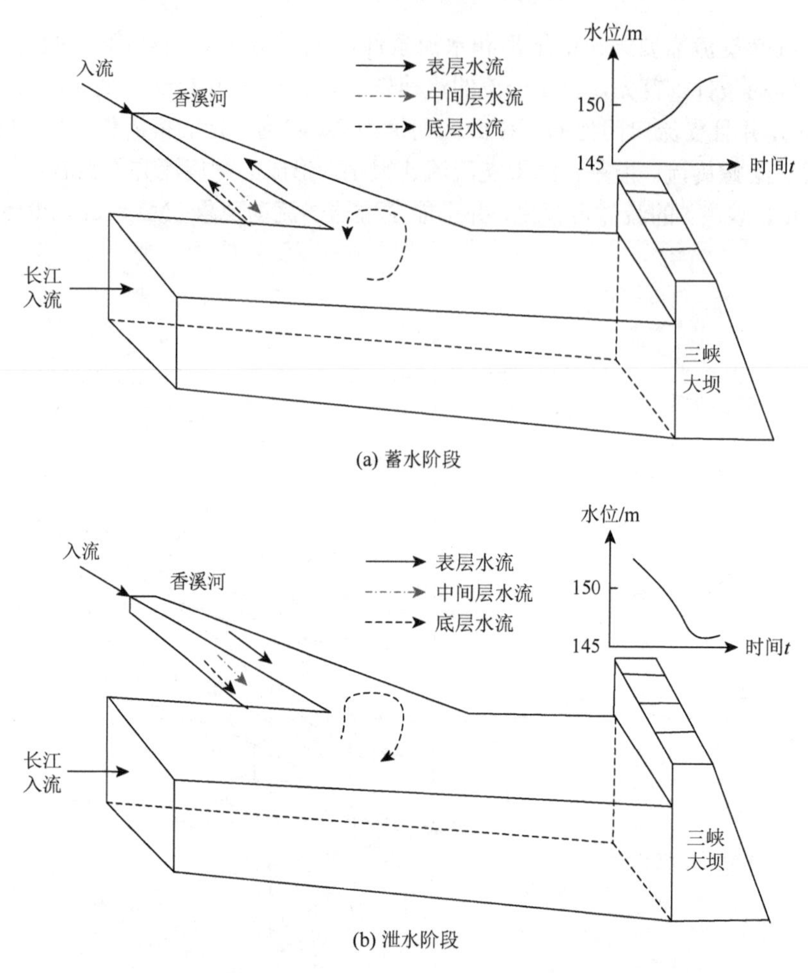

图 6-66　长江干流与库区支流的水流运动及交换模式示意图

而高阳测点 NH_4 浓度的变化过程[图 6-67（d）]与 PO_4 浓度的变化过程类似[图 6-67（c）]。高阳的营养物质浓度波动幅度大于峡口营养物质，值得一提的是，受浮游植物生物量日变化的影响，营养物质浓度高频率的变化无法通过实测数据观察到，这是因为观测频率较低（每天一次），而数学模型可观测到此现象。

3. 浮游藻类生物量（Chl-a）

Chl-a 浓度可用于表征浮游植物生物量以诊断水华事件。将耦合模型的计算结果与 ELCIRC-WASP 6.0（Li et al.，2012）的计算结果进行比较，以揭示 SELFE-EWASP 的优缺点。由图 6-68（a）和图 6-68（b）可以看出：复杂耦合模型更准确地复演了 Chl-a 的变化过程，包括峰值和发生时间及 Chl-a 的浓度波动，对高阳和峡口的 PO_4 和 NH_4 变化做出响应。另外，高阳和峡口的 Chl-a 浓度分别在 2007 年 10 月 7 日和 10 月 5 日达到最大值，表明浮游植物迅速繁殖。图 6-68 显示了 Chl-a 和营养物质的浓度日变化，数值模拟结果还需要通过更频繁的野外观察检查，而 ELCIRC-WASP 6.0 不能模拟 Chl-a 的高频波动，太阳辐射影响浮游植物的光合作用（Li et al.，2012）。

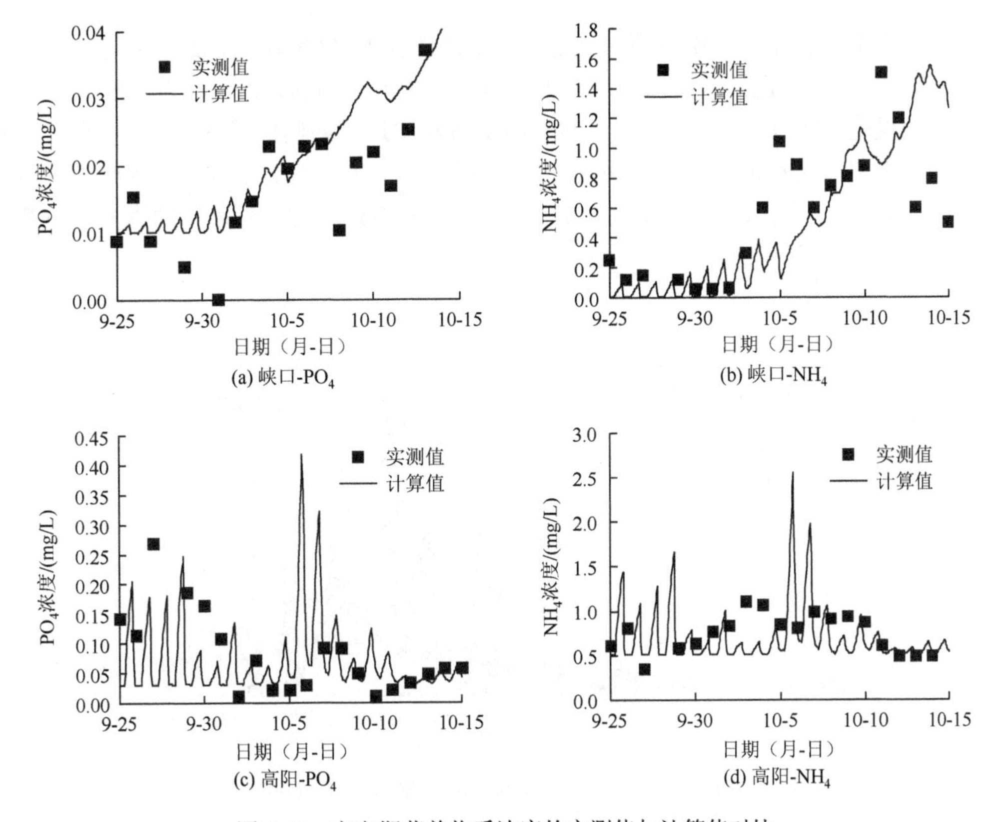

(a) 峡口-PO_4　(b) 峡口-NH_4

(c) 高阳-PO_4　(d) 高阳-NH_4

图 6-67　率定期营养物质浓度的实测值与计算值对比

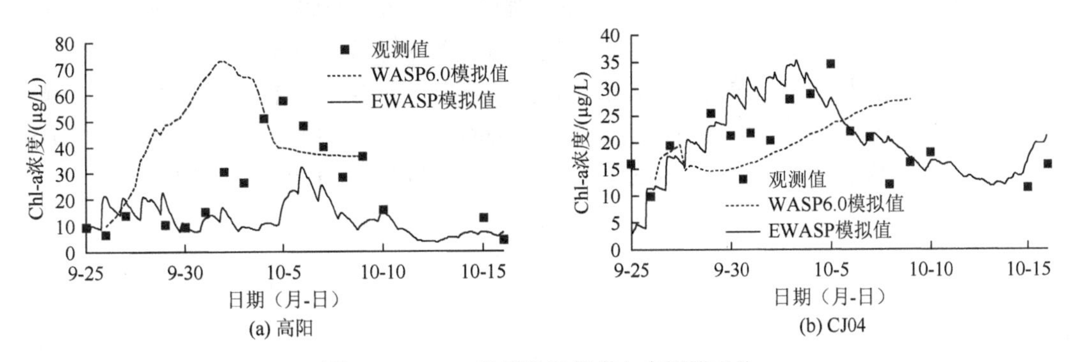

(a) 高阳　(b) CJ04

图 6-68　Chl-a 浓度的计算值与实测值对比

目前对包括香溪河支流和长江干流在内的三峡库区水质演变和浮游植物生物量进行了两种频率的野外现场观测，包括低采样频率的长时间观测，见图 6-69，本小节中，每月一次，并持续一年；而短持续时间观察，采样频率高。长时间观测有助于了解三峡水库水质的季节变化，短时间观测可以了解水华的动力过程，水华过程从暴发到结束通常持续不到两个月。可以看到：5～9 月（中国的夏季），经常发生浮游藻类大量繁殖，因此集中研究了支流水华的动力过程（Liu et al.，2012；Ji et al.，2010）。另一方面，由于在如此多的观测点进行水质观测，工作量巨大，另外由于水库陡坡造成的监测困难，不得不承认在长时间的现场观测频率不足。同时，一些研究人员使用一年或更长时间的观测数据来验证他们的模型，使用了一维或横向平均的二维水质模型（Ma et al.，2015），如CE-QUAL-W2 模型，他们的模拟当中，支流与长江干流之间的入汇点位置和汇入水体深度必须人为设定（Ma et al.，2015），这将影响支流水质过程的模拟精度。本书模型可以对几条支流河口附近的局部螺旋流和涡旋进行精细模拟。因此，综合考虑现有的野外观测数据和模型计算量，观测数据结合高分时空辨率模拟，将有助于深入理解三峡水库主流和支流的流场和水质特征。

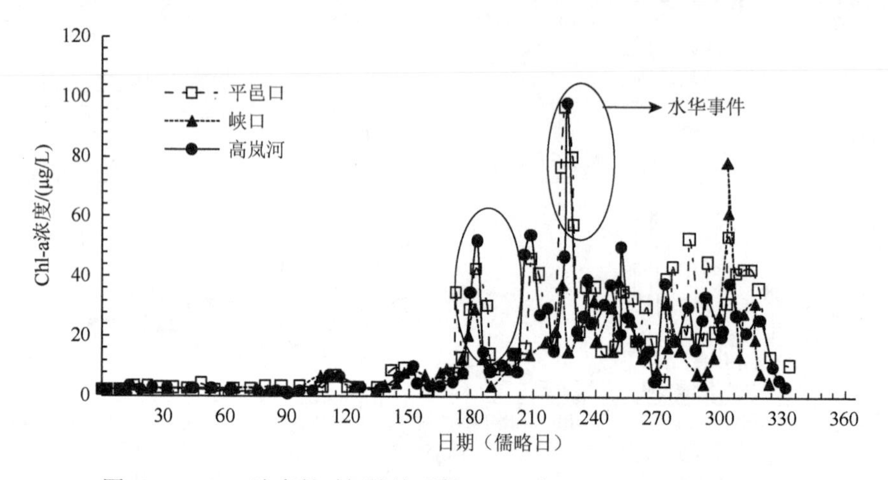

图 6-69　Chl-a 浓度长时间持续观测（2008 年 10 月～2009 年 9 月）

浮游植物生物量的垂直分布主要受水下光强的控制，水下光强是由短波和长波太阳辐照度决定的。由于水、悬浮沉积物和浮游植物的遮光效应导致水下光强衰减，水下光强度随水深快速衰减，导致浮游植物生物量的垂直分布差异（图 6-70）。模拟的 Chl-a 浓度与峡口的采样数据吻合良好，反映了水面附近浮游植物的快速生长，而由于光照不足，在 10 m 深度 Chl-a 浓度降低至零。此外，水面下最大 Chl-a 浓度出现在 1 m 左右（图 6-70），表明

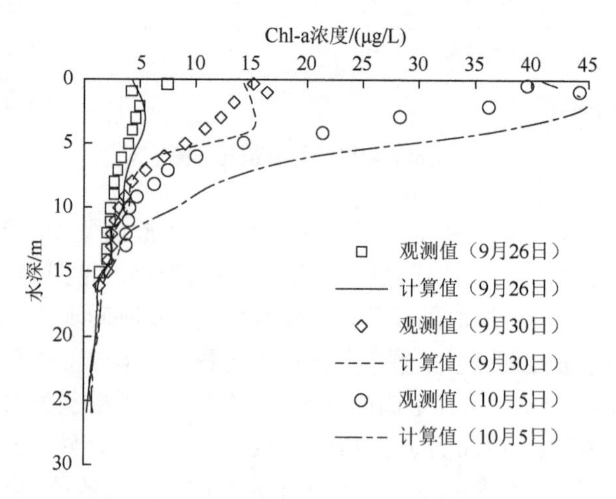

图 6-70　峡口镇测点的 Chl-a 浓度的垂直分布

水面处的过饱和光强度限制了浮游植物生长，由于在水深方向上设置的采样点不足，现场观察数据不能反映出这种现象，这是数学模型的优势所在。

6.10.4　模型验证

经过率定的 SELFE-WASP 耦合模型，需要采用 2008 年 6 月 10 日～7 月 3 日的水华发生期间的实测数据验证耦合模型。总体而言，营养物质和 Chl-a 浓度的波动表现出与率定期内相似的昼夜变化规律（图 6-71）。高阳测点水面处 PO_4 和 NH_4 浓度分别增加到 0.6 mg/L 和 1.8 mg/L［图 6-71（a）和图 6-71（b）］；PO_4 和 NH_4 的浓度于 2008 年 6 月

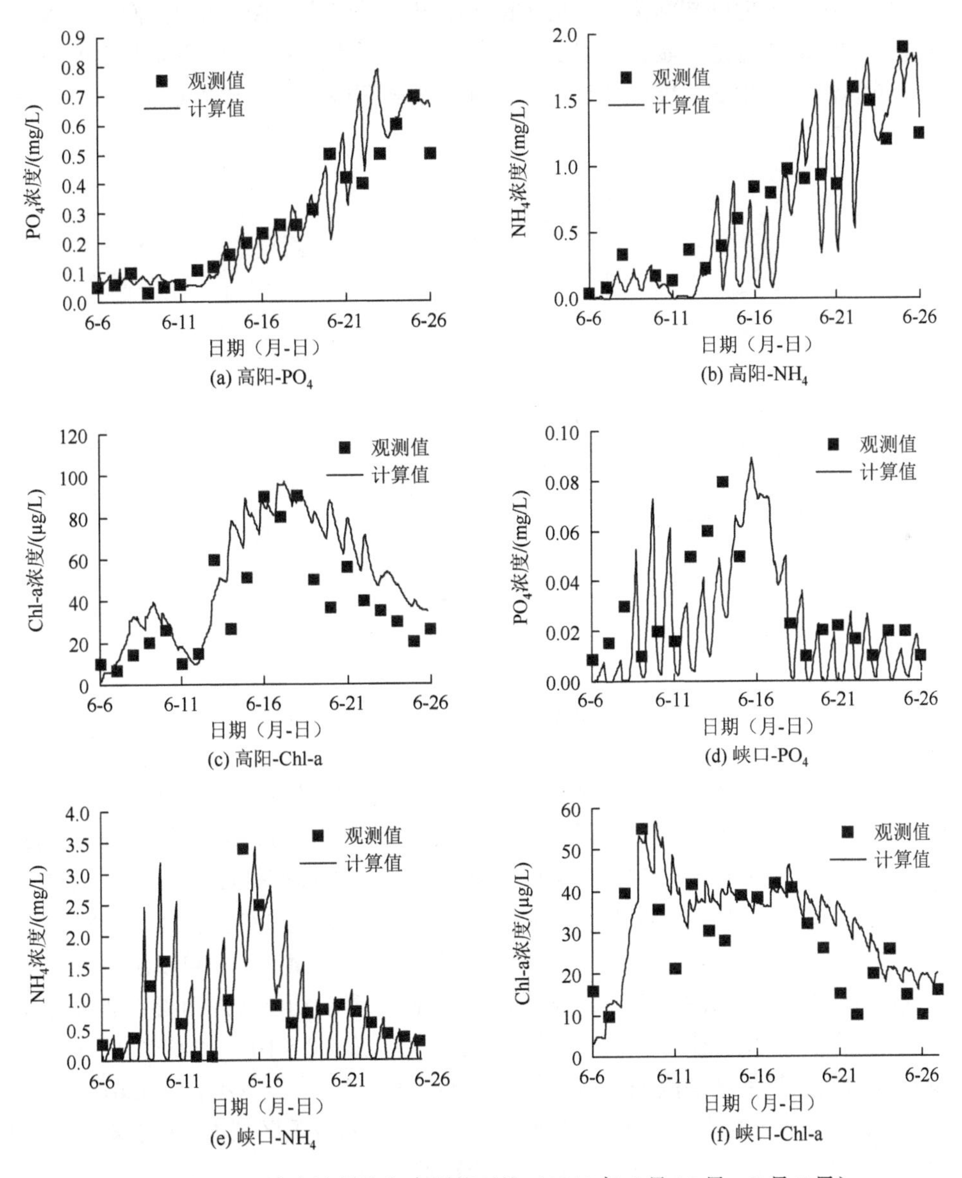

图 6-71　Chl-a 浓度计算值与实测值对比（2008 年 6 月 10 日～7 月 3 日）

20 日在峡口测点处达到最大值［图 6-71（d）和图 6-71（e）］。营养物质受到水面附近浮游植物生物量日变化的影响，而深水区的营养物质主要受水流输移和生化反应的影响。最大 Chl-a 浓度发生在 6 月 23 日的高阳测点和 2008 年 6 月 16 日的峡口测点［图 6-71（c）和图 6-71（f）］。不同的输移机制和水华发生的时间都表明：香溪河支流的水质更易受局部污染物负荷的影响。计算结果与现场监测的营养物质浓度和 Chl-a 浓度一致，表明经参数率定后的耦合模型能够在空间和时间上重现三峡水库的水华动力学过程。

图 6-72 显示了三峡库区的 Chl-a 浓度的平面分布，可以在大多数支流中观测到水华事件，特别是在香溪河支流最为严重。最严重的水华发生位置位于图 6-72（a）中香溪河支流的中游，这与现场观察到的三峡水库蓄水回水尾部的位置一致，如图 6-65（a）所示。此外，在浅水区，水面处与河床附近的 Chl-a 浓度差异较小（图 6-61），而在深水区则水面和底层的 Chl-a 浓度差异显著［图 6-72（b）］，这是因为衰减的水下光照强度不能支持深水区中浮游藻类的生长，仅有少量的浮游藻类细胞沉降消解，导致 Chl-a 浓度很低，甚至没有。

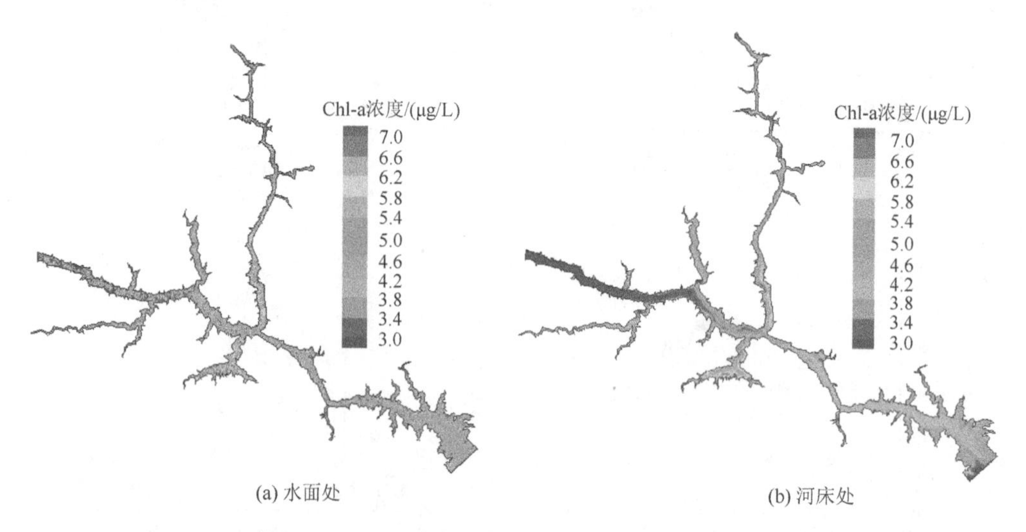

(a) 水面处　　(b) 河床处

图 6-72　Chl-a 浓度平面分布（2007 年 9 月 28 日）

使用后处理程序，可以方便地提取三峡库区三维空间上标量和矢量的分布数据。在长江干流和香溪河支流提取了若干剖面，见图 6-73，用于显示水华期间的若干标量浓度的时空演变。可见，高分辨率的时空数值模拟可以非常方便地考察水华动力过程的演变。

图 6-73 显示的长江干流的分析剖面有 A-A 剖面，以及 C-C 剖面等。长江干流的紊动动能（TKE）与混掺长度（ML）的剖面分布图，见图 6-74，由图可以清楚地观察到近河床的活跃运动状态。如图 6-74（a）和图 6-74（b），紊动动能在进口处以非恒定过程输入，在水体中产生分布范围大小不一的紊动动能分布，在 2.0×10^{-4}～2.6×10^{-3} m^2/s^2 变化，而混掺长度的变化与紊动动能的相似，如图 6-74（c）和图 6-74（d），在 0.01～1.00 m 变化。总体来说，紊动动能与混掺长度都集中于河床附近的有限区域内，是上覆水体与底泥之间物质交换的活跃区，并且有利于河床泥沙输移。

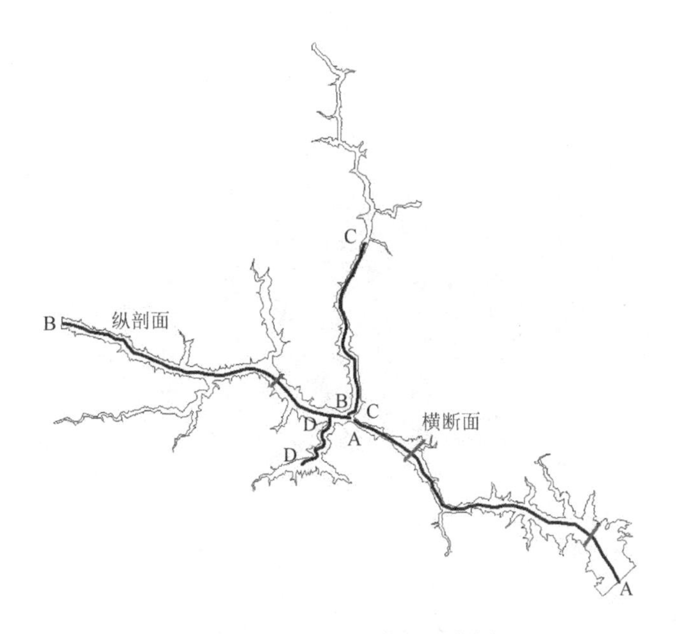

图 6-73　提取剖面位置示意图

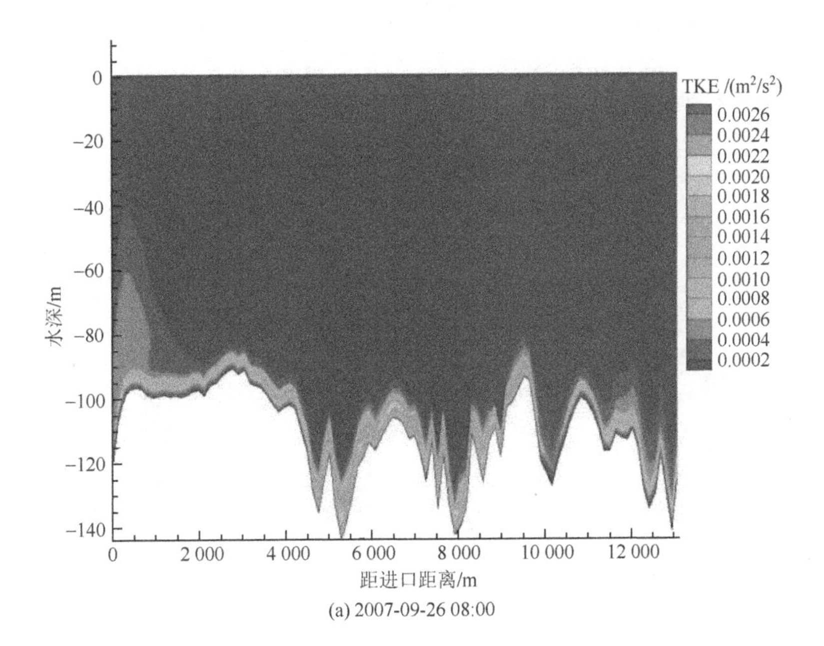

(a) 2007-09-26 08:00

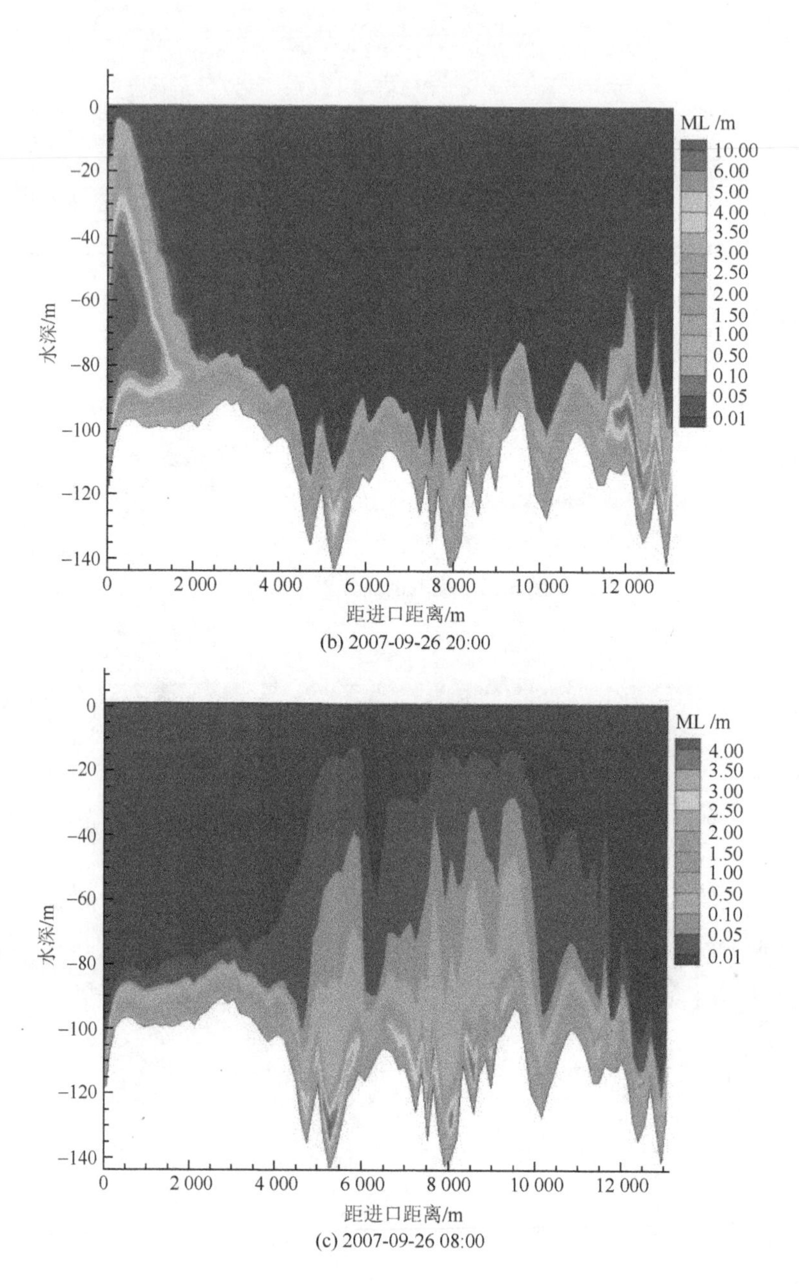

(b) 2007-09-26 20:00

(c) 2007-09-26 08:00

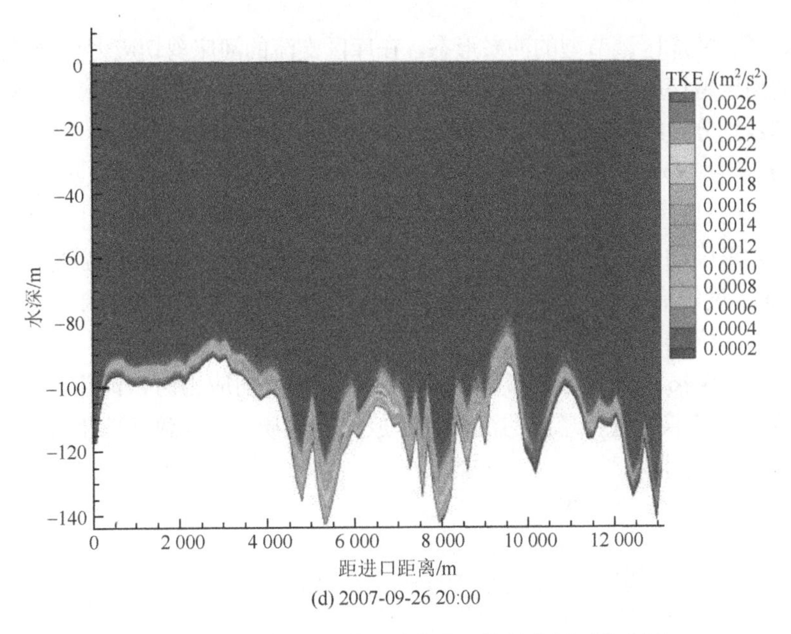

(d) 2007-09-26 20:00

图 6-74　长江干流的紊动动能和混掺长度剖面分布图

图 6-75 显示了某一时刻三峡库区河床的剪切应力（taub）分布，可以看出在长江干流较为宽阔的河段，河床剪切应力较低，约 0.001～0.005 N/m^2，而在较为狭窄的河段，如西陵峡和巴东附近，河床剪切力较大，可达 0.01 N/m^2。河床剪切应力是底泥运动的决定因

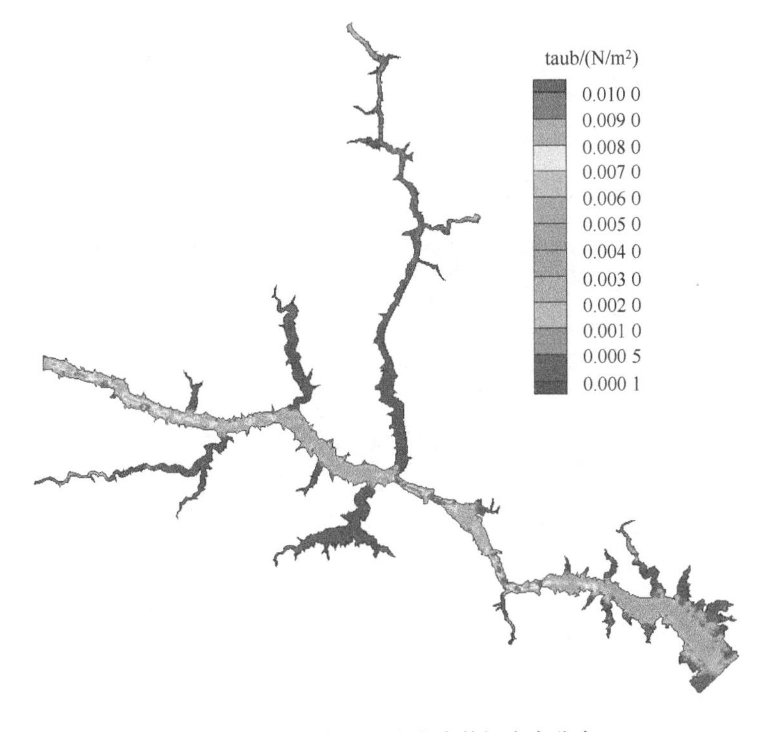

图 6-75　三峡库区河床水流剪切应力分布

子，这就形成了三峡库区藕节型的冲淤形态。在库区支流的河床剪切应力普遍很低，仅在入口浅水区域的河床剪切应力较为明显。因此，库区支流的河床演变不明显。上述模拟分析结果与现场勘测数据分析结果符合，定量的河床冲淤模拟需要采用泥沙输移与河床演变模块。

香溪河支流中 PO_4 和 Chl-a 浓度的垂直分布均显示出明显分层，见图 6-76（a）和图 6-76（b），但在长江干流没有明显差异［图 6-76（c）和图 6-76（d）］。2007 年 9 月 26 日 Chl-a 和 PO_4 浓度的垂直分布表明：由于活跃的光合作用和充足的浮游藻类生长所需要的 PO_4，Chl-a 浓度较高，而 PO_4 浓度较低，见图 6-76（b）和图 6-76（d）。同时，香溪河支流中的 Chl-a 浓度达到最大值 50 μg/L，高于长江干流中的 Chl-a 浓度（＜20 μg/L），见图 6-76（a）和图 6-76（c）。当底部剪切应力达到临界剪切应力时，河床上覆水与沉积物之间发生营养物质交换，重新悬浮的沉积物释放营养物质后，导致河床附近的 PO_4 浓度相对较高。

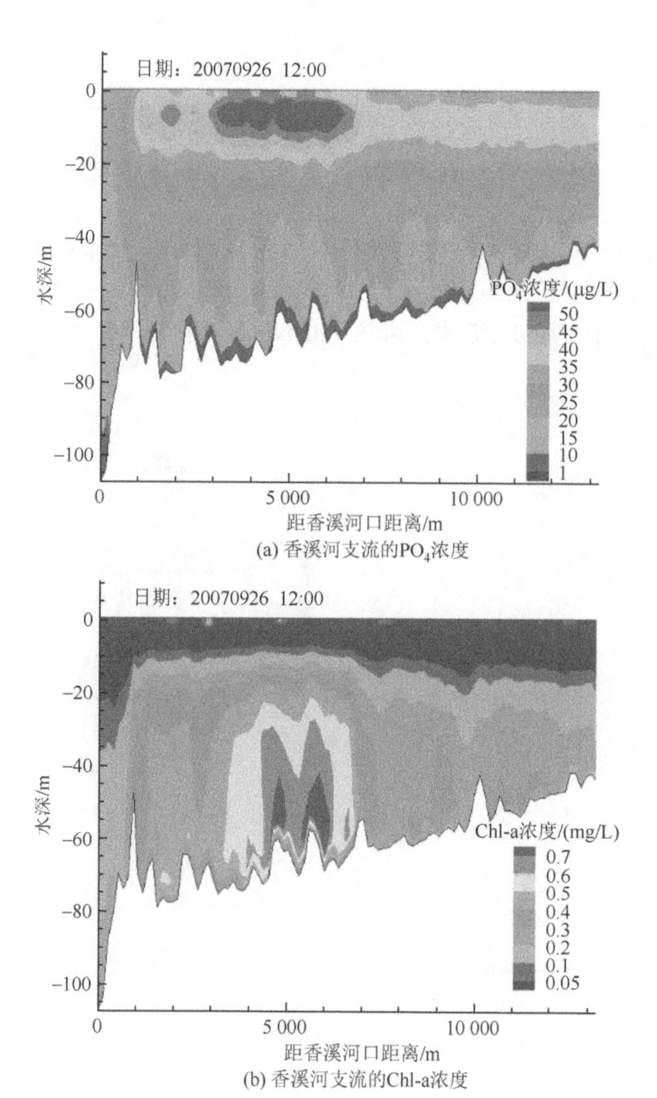

(a) 香溪河支流的 PO_4 浓度

(b) 香溪河支流的Chl-a浓度

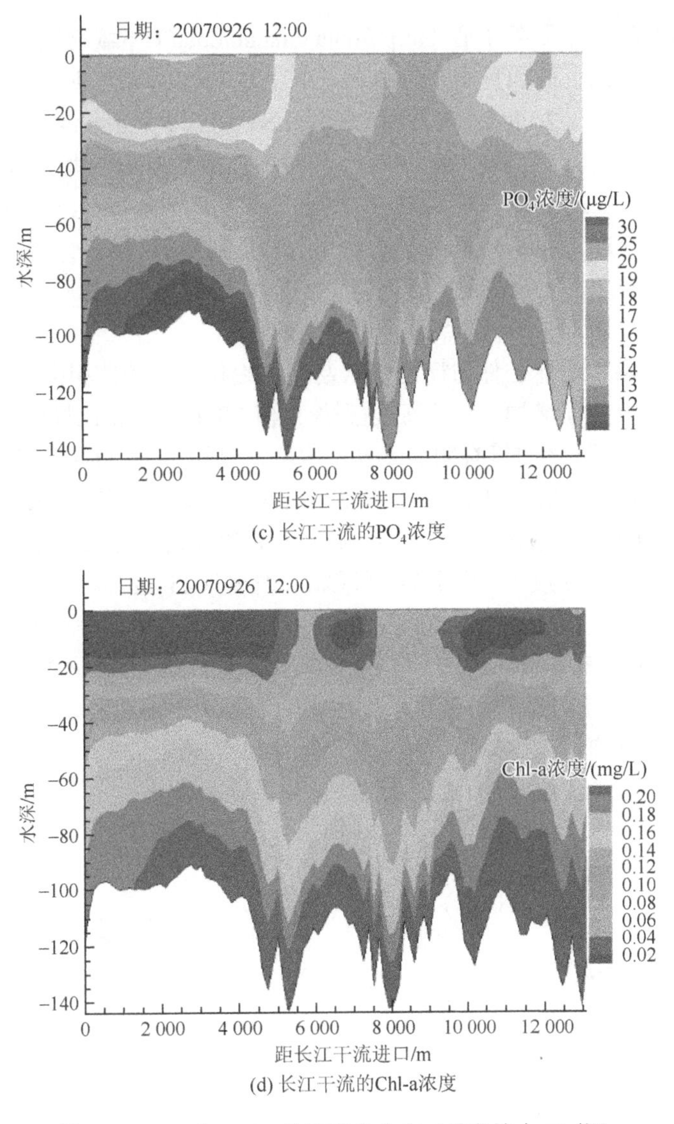

(c) 长江干流的PO_4浓度

(d) 长江干流的Chl-a浓度

图 6-76　PO_4和 Chl-a 浓度垂向分布（垂向放大 10 倍）

6.10.5　气候变化背景下的三峡水库水质变化趋势探讨

三峡水库的运行影响水质演变过程，特别短期内的水位波动、流量和污染物输入进入支流的负荷，这在以往的数值模拟和敏感性分析中得到了大量研究（Huang et al.，2015；Ma et al.，2015；Li et al.，2014；Dai et al.，2013）。从长远来看，政府间气候变化专门委员会（IPCC）报告（http://www.ipcc.ch/report/ar5/syr/）指出：气候变化和全球变暖趋势可能会影响局部地区水体的物理或化学过程。一些研究人员通过改变水温来探究影响藻类繁殖的变化趋势（Trolle et al.，2014；Wang et al.，2012；Vilhena et al.，2010）。本小节研究中，应用 SELFE-EWASP 耦合模型评估全球变暖背景下，增加地表温度（LST），探讨对三峡水库水质演变的影响。

从中国气象数据共享服务中心（http://data.cma.cn/data/）下载得到1924～2011年连续记录的宜昌站LST。最大值和夏季（6～9月）的平均LST异常表明：除1974～1995年之外，异常值均大于0 ℃。20世纪50年代以前，LST增长率达到0.4 ℃/10 a～0.9 ℃/10 a，21世纪LST增长率保持在0.7 ℃/10 a左右，相对增加率为每10 a增加5%～10%。高LST导致地表水温升高，为三峡水库中蓝绿藻的生长提供了有利条件（Xu et al.，2009；Ye et al.，2006）。因此，将LST作为水质模型的输入，相对标准模拟工况，预测工况中输入的LST分别减少2%、5%和10%，分别称为工况-1、工况-2和工况-3。然后，观察香溪河支流的高阳、峡口和长江干流的CJ04测点的Chl-a浓度变化。

所有工况的初始和边界条件与模型率定期的初始和边界条件相同。高阳测点的Chl-a浓度在整个模拟期内持续增加，15天后达到最大值70 μg/L，相比标准工况，工况-1，情景-2和情景-3在第12天之前没有明显差异，浓度差异较小。Chl-a浓度在第12天后达到5 μg/L，见图6-77（a）。峡口处的Chl-a浓度在第6天达到最大值50 μg/L，大于第8天最大值30 μg/L，表明Chl-a浓度提前2天达到峰值。与标准工况中浓度从25 μg/L降至10 μg/L相比，见图6-77（b），导致12天后持续高Chl-a浓度（25 μg/L）。在第14天以前，长江干流CJ04测点处没有明显的Chl-a浓度差异，并且LST增加，使第14天后Chl-a浓度降低到图6-77（c）中非常有限的水平。影响干支流水质的机制明显不同，流速非常低（<0.01 m/s）的支流中，水热结构对藻类生长的影响明显大于流量相对较高的长江干流。自净能力高的水流可以抑制藻类繁殖。香溪河上游存在有梯级水库，拦截了大量的水流和沉积物（Hormann et al.，2009），因此，从梯级水库释放的冷水

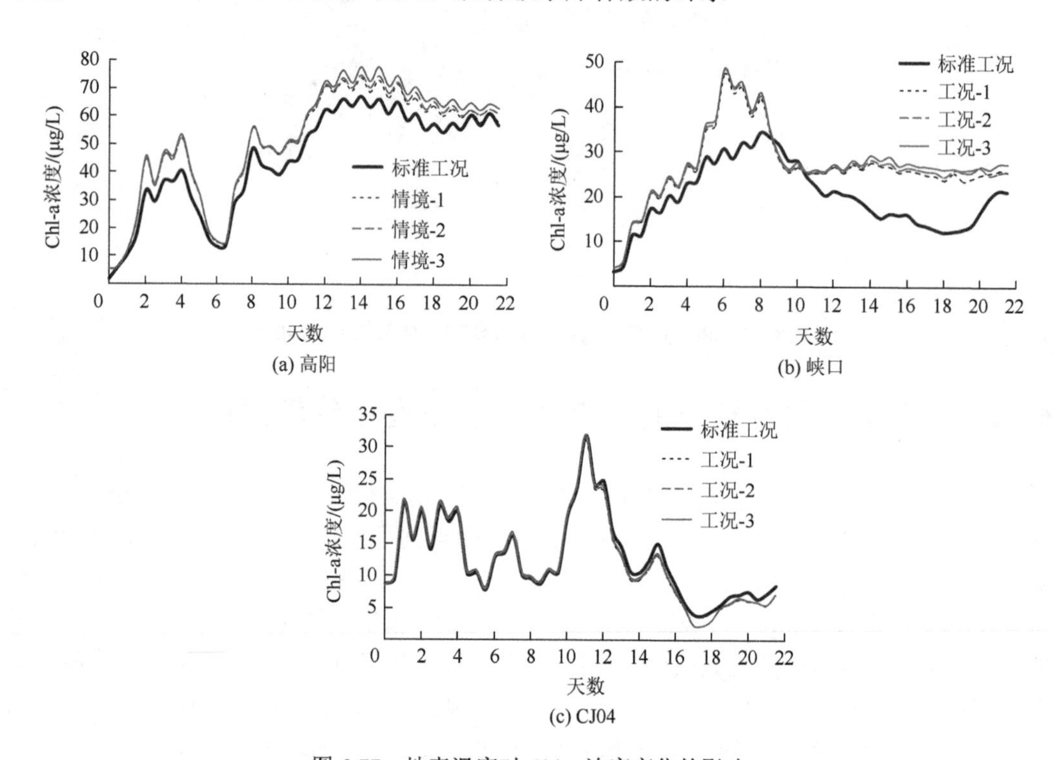

图6-77　地表温度对Chl-a浓度变化的影响

可以抑制香溪河上游和中游的水华（Xu et al.，2009），其作用机制可以由以上场景分析给出。同时，释放的水流通常伴随有较高的悬浮泥沙浓度，也会增加水体的遮光效应，在一定程度上可抑制水华发生（Li et al.，2014）。

6.10.6　多介质耦合模拟

以三峡水库近坝库区段（从巴东到三峡大坝，以及众多支流）为例，水体部分的模拟采用作者在三维非结构网格水流-物质输移模型 SELFE 基础及结合 WASP 水质模拟原理开发的三峡水库水生态模型，与底泥生物化学模型 CANDI 耦合模拟，在水体与底泥交接面上实现"静态模式"下的双向耦合模拟，见图 6-78。综合考虑模型计算量和计算精度，也可实施"动态模式"下的单向耦合模拟，水体底部信息传递给底泥模型，见图 6-79。

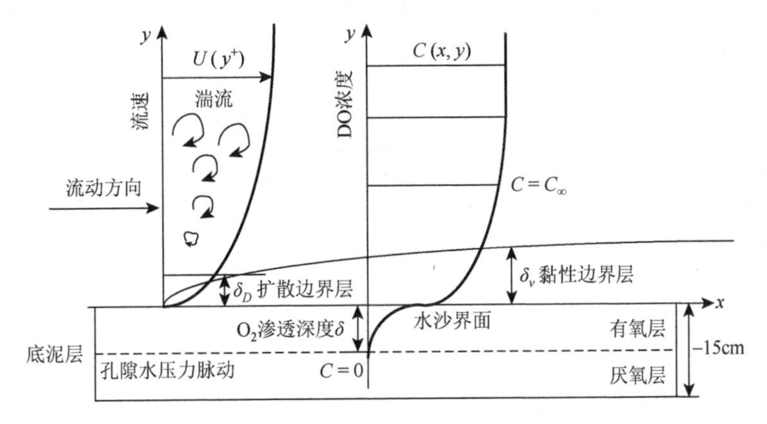

图 6-78　上覆水体与底泥的双向耦合模拟示意图

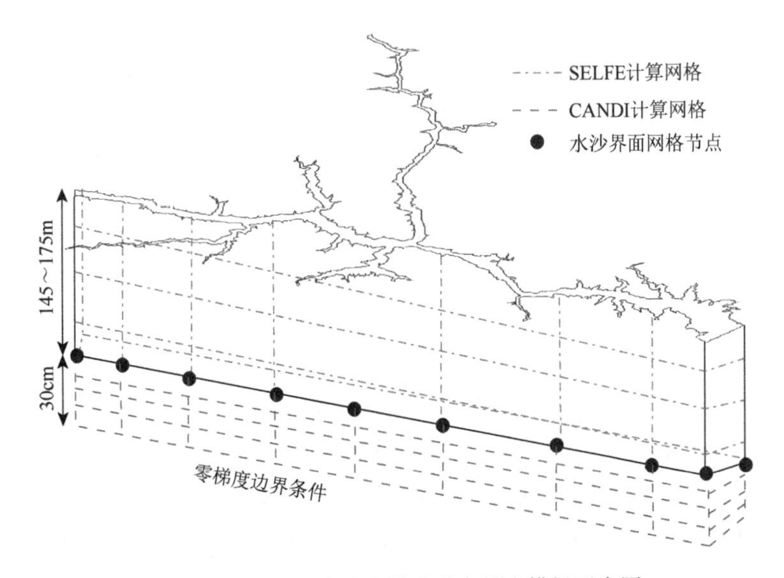

图 6-79　三峡水库动态模式单向耦合模拟示意图

一些三峡水库水质动态模式单向耦合模拟的计算结果及分析如下。

1. 模型参数取值

由于底泥埋深、其中的孔隙水运动及化学反应的时空尺度均较上覆水的时空循环及反应要慢，因此，SELFE-WASP 耦合模型与 CANDI 模型采用单向的松散耦合方式，即将 SELFE-WASP 模拟得到的底层水流及水质变量值（例如模拟 1 天后的结果），作为 CANDI 模型的输入（模型可选择是否考虑上覆水与底泥表层的交换）。

CANDI 模型中的计算参数应该根据三峡水库底泥的取样测试分析来设置，但目前缺少此方面的钻孔取样分析数据。因此，主要参考 CAEDYM-CANDI 手册及 CANDI 论文中的海岸带环境下的参数设置，作为三峡水库底泥生化过程及上覆水体水质水生态系统之间相互影响的初步研究。

其中，一些工况计算涉及的关键参数取值见表 6-6，表中不列出 CANDI 模型中生化反应的标准参数（Luff et al.，2004，2000）。

表 6-6　CANDI 模型计算参数取值列表

参数	符号	工况 1（标准）	工况 2	工况 3	单位
生物扰动强度	DB_0	0.01	0.01	0.01	cm^2/a
生物扰动厚度	X_1	2.0	2.0	2.0	cm
生物扰动厚度	X_2	3.0	3.0	3.0	cm
与上覆水交换系数	α_0	30.0	30.0	30.0	a^{-1}
与上覆水交换厚度	X_I	10.0	10.0	10.0	cm
底泥埋深速率	w_{00}	0.3	0.03	0.003	cm/a
底泥表层孔隙度	P_0	0.877	0.877	0.877	-
底泥底层孔隙度	P_{00}	0.726	0.726	0.726	-
孔隙度衰减系数	BP	0.074	0.074	0.074	-
模拟的底泥厚度	X_L	15.0	15.0	15.0	cm
模拟底泥分层数	N_p	100	100	100	层
模拟天数	N_d	31	31	31	d
水沙界面分子扩散厚度	DB_s	0.1	0.1	0.1	cm

2. 边界条件设置

对于底泥计算的上部边界条件，由于 CANDI 模型需要输入的一些化学物质浓度的种类较多，如 SO_4、H_2S、Mn、Fe、CO_2、CH_4 等的浓度，目前只能参考一些已有的关于三峡水库底泥的取样分析数据和文献，CANDI 模型输入参数取值见表 6-7。应注意到：CANDI 模型中的化学物质浓度单位为 mmol/L，需要根据各种化学物质的分子量将 SELFE-WASP 模型的输出变量值转换。

表 6-7　CANDI 模型底泥表层输入的变量值（$Z=Z_0$）

变量	输入值	单位	说明
水温	SELFE 输出值	℃	
压力	SELFE 输出值	atm	根据水深换算
盐度	0.01	ppt	淡水的盐度很低
SO_4 浓度	0.01	mmol/L	可根据盐度计算
O_2 浓度	WASP 输出值	mg/L	
NO_3 浓度	WASP 输出值	mg/L	
PO_4 浓度	WASP 输出值	mg/L	
NH_4 浓度	WASP 输出值	mg/L	
H_2S 浓度	0.0	mmol/L	
Mn^{2+}浓度	0.0	mmol/L	
Fe^{2+}浓度	0.0	mmol/L	
CO_2 浓度	0.1	mmol/L	
CH_4 浓度	0.01	mmol/L	
Ca 浓度	0.0	mmol/L	

CANDI 模型还需要设置底泥底部边界条件，本模拟选择设置已知浓度的边界条件。如果是底泥很薄，底部接触基岩，可以设置为零梯度边界条件。CANDI 模型的边界条件设置见表 6-8。

表 6-8　CANDI 模型底泥底部边界化学物质浓度设置（$Z=Z_L$）

变量	输入值	单位	说明
SO_4 浓度	0.003	mmol/L	
O_2 浓度	0.0	mmol/L	底部厌氧环境
NO_3 浓度	0.01	mmol/L	
PO_4 浓度	0.0	mmol/L	
NH_4 浓度	0.0	mmol/L	
H_2S 浓度	0.03	mmol/L	
Mn^{2+}浓度	0.07	mmol/L	取值均参考文献（Luff et al.，2004，2000）
Fe^{2+}浓度	0.1	mmol/L	
CO_2 浓度	0.5	mmol/L	
CH_4 浓度	10.0	mmol/L	
Ca 浓度	1.2	mmol/L	

3. 模拟结果分析

通过初步的几组工况计算表明：底泥的埋深速率和底泥上下部边界浓度（特别是 CO_2 和 CH_4 的浓度），均对底泥垂向上的化学物质浓度分布计算结果影响很大。因此，需要对三峡水库近坝区域的底泥化学物质浓度进行仔细测量和研究分析。

1）底泥各层化学物质浓度分布

三组不同底泥埋深速率的工况计算，在于说明底泥埋深对底泥生化过程的影响，针对三峡水库底泥与水质的耦合精确模拟，需要现场和实验室测量结合进行。给出底泥埋深速率为 0.3 cm/a 情况下长江干流 CJ04 测点处的 O_2、CH_4 和 CO_2 浓度随埋深的分布变化，见图 6-80，O_2 浓度从表层的 80.0 mg/L 至埋深 3 cm 处降低到零，衰减速率较快，而 CH_4 含量从 3 cm 埋深处开始产生，随后逐渐增大，至埋深 15 cm 处达到 120.0 mg/L 的浓度，CO_2 含量在埋深 3 cm 以上的底泥层浓度增加至 20.0 mg/L，之后增加过程缓慢，最终至埋深 15 cm 处 CO_2 浓度达到 21 mg/L。

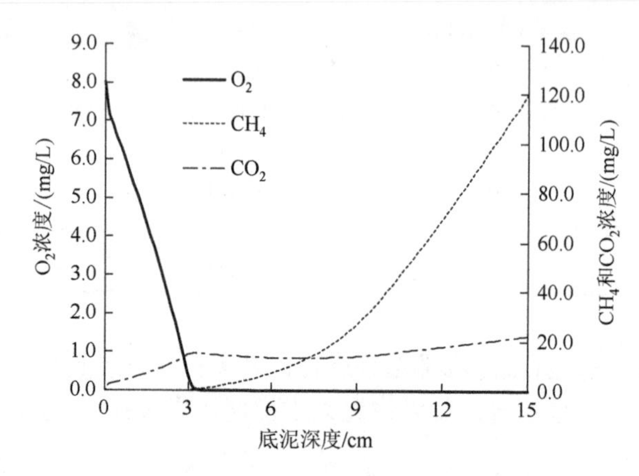

图 6-80　长江 CJ01 测点计算的底泥垂向组分浓度分布

垂向网格分层分别设置为 30 层、100 层和 300 层，在 CJ01 测点分别做 O_2 和 CH_4 浓度的垂向分布曲线，见图 6-81，模拟结果表明：网格分辨率整体对浓度计算值影响不大，但在水沙界面处和底泥底层附近，网格分辨率对浓度计算值有较明显影响。总体来说，底泥层分 100 层计算可满足计算精度要求。

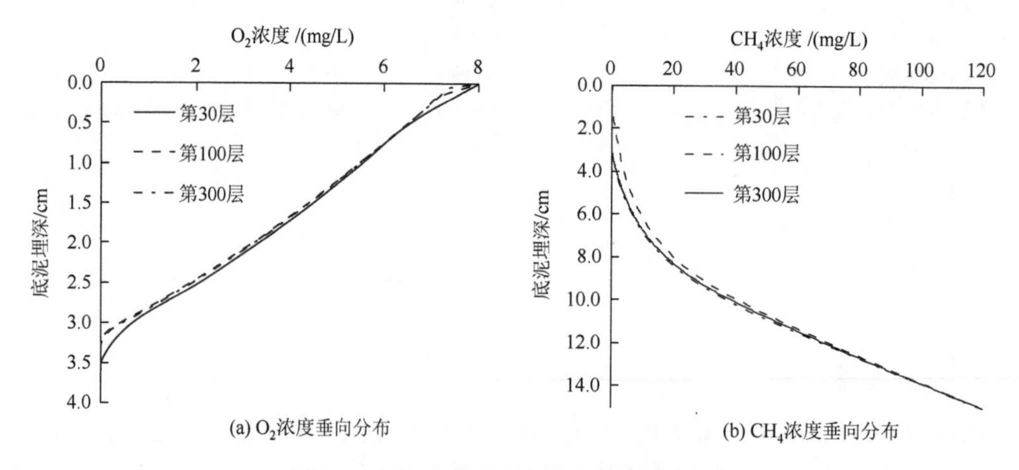

(a) O_2浓度垂向分布　　(b) CH_4浓度垂向分布

图 6-81　垂向网格分辨率对计算结果的影响

当模拟不同天数后，垂向浓度分布随时间变化见图 6-82，底泥底层中的氧与甲烷含量将趋于稳定。如图 6-82（a），在测点 CJ04 处，在不同的时刻，O_2浓度降低至零值的深度不同，在模拟 31 天和 365 天后，零 O_2浓度的底泥深度分别为 2.6 cm 和 3.2 cm；如图 6-82（b），CH_4浓度在垂向埋深方向是逐渐增大的，但增加速率随深度逐渐放缓，这表明在埋深方向的厌氧反应速率是下降的，但产生的 CH_4浓度却是逐渐增大的。

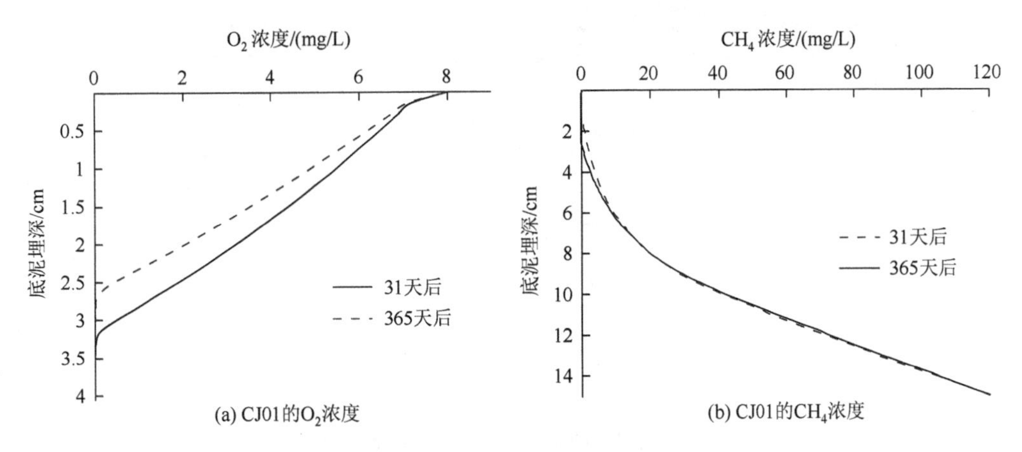

图 6-82　垂向浓度分布随时间变化

底泥埋深方向上的各种状态变量的空间分布图，见图 6-83，本小节仅给出 O_2浓度和 CH_4浓度的分布图。可以发现：向埋深方向，O_2浓度逐渐降低，而 CH_4浓度逐渐增加。如图 6-83（a），O_2在香溪河支流和长江干流模拟河段的上端及三峡大坝附近的水域浓度较高，可达到 7.0 mg/L 以上，而香溪河口附近的 O_2浓度较低；如图 6-83（b），CH_4的浓

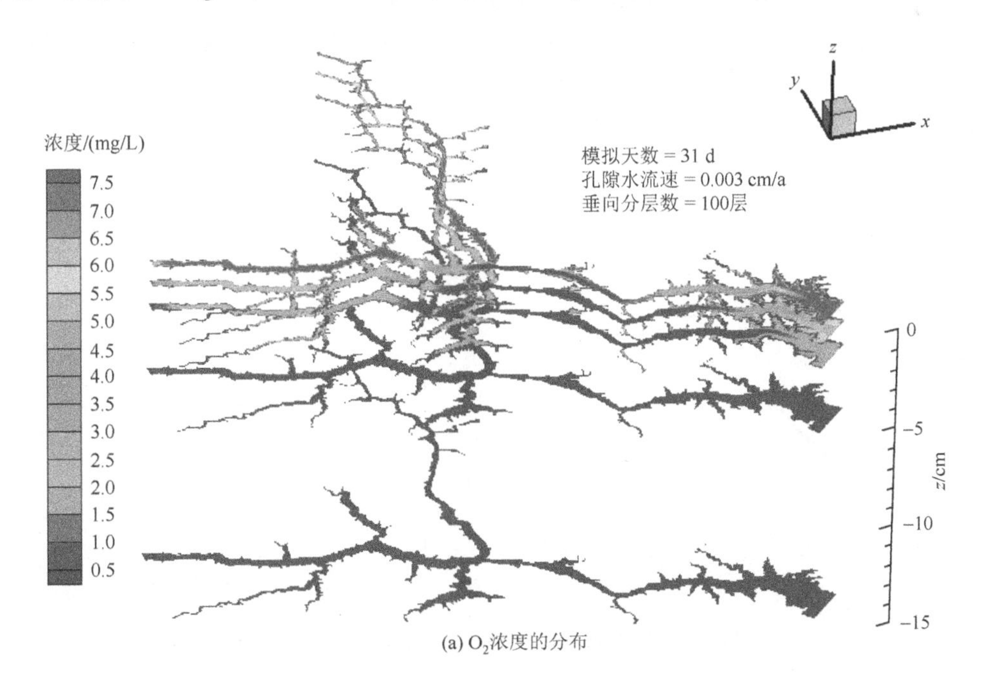

(a) O_2浓度的分布

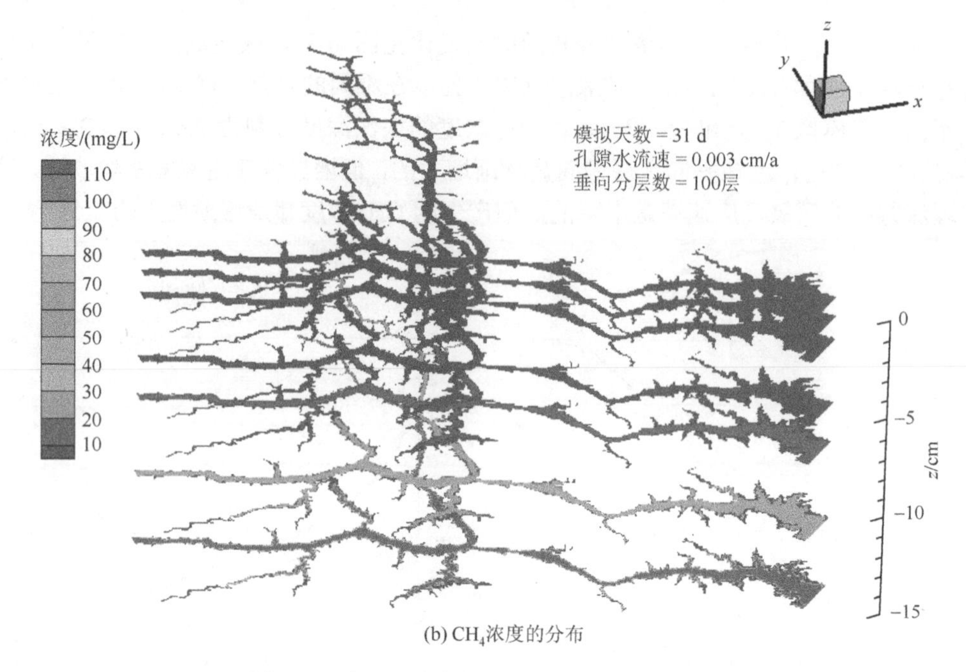

(b) CH_4浓度的分布

图 6-83　底泥孔隙水中的 O_2 和 CH_4 浓度分布图

间分布较为均匀，直到垂向埋深 10 cm 以下才具有一定的 CH_4 浓度，在 10 cm 埋深处的 CH_4 浓度达到 50 mg/L，在 15 cm 埋深处的 CH_4 浓度达到 100 mg/L 以上，增加速率较快。

2）底泥各层有机质氧化反应速率

不同时间段，底泥中各层的碳氧化速率也发生了变化，见图 6-84。如图 6-84（a），底泥埋深方向上，CH_4 的氧化反应速率首先迅速增大，在 3.5 cm 处，达到峰值，约 0.4 mmol/a，然后又迅速降低，最终稳定在一个较低的水平，约 0.02 mmol/a，不同时刻的氧化反应速率的变化规律是相似的；而如图 6-84（b），氧化反应中 O_2 的衰减速率变化规律是，随着深度增大，衰减速率是逐渐减小的，最终维持在 3.0～3.5 mmol/a。

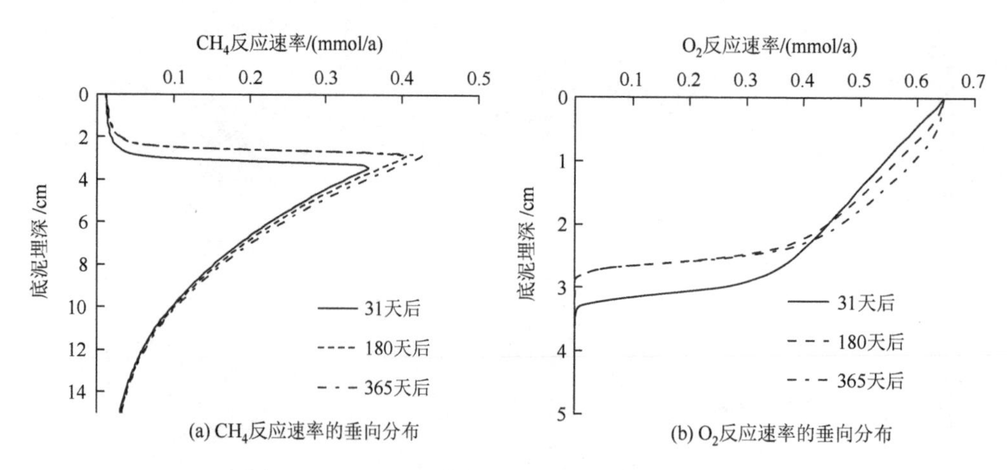

(a) CH_4反应速率的垂向分布　　(b) O_2反应速率的垂向分布

图 6-84　CJ01 测点底泥中状态变量的氧化速率分布

从三峡库区底泥的表层中氧化反应速率来看，见图 6-85（a），CH_4 的氧化反应速率最快的位置是在香溪河与长江干流交汇处附近（西陵峡），在 0.2～0.5 mmol/a，其他河段的 CH_4 的氧化反应很慢；如图 6-85（b），在模拟区域内，除西陵峡区段的耗氧速率相对较低外（约 0.2～0.4 mmol/a），其他位置的耗氧速率均较大，在 0.6 mmol/a 以上。

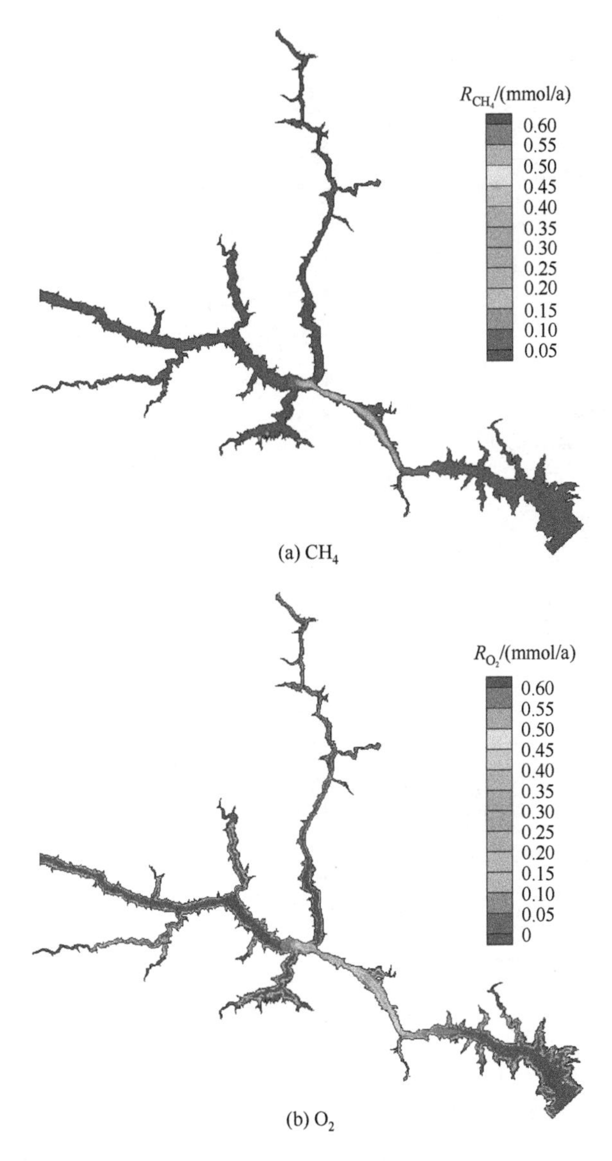

图 6-85　底泥表层的氧化反应速率

图 6-86 显示了 31 天后底泥中的 O_2 和 CH_4 化学反应速率的空间分布状态。如图 6-86（a），在底泥深部约 2 cm 处，O_2 的反应速率已经降低至几乎为零，仅在大坝附近的区域约有 0.2 mmol/a 的值，至 5 cm 处，所有位置的耗氧反应均已停止；如图 6-86（b），在 2～10 cm 底泥深度区段的位置，CH_4 的反应速率最大，表明该分层的 CH_4 浓度最为丰富，是活跃层，

而向上或向下层，CH_4 的化学反应不活跃，西陵峡河段的底泥是一个 CH_4 浓度较为丰富的储藏体。

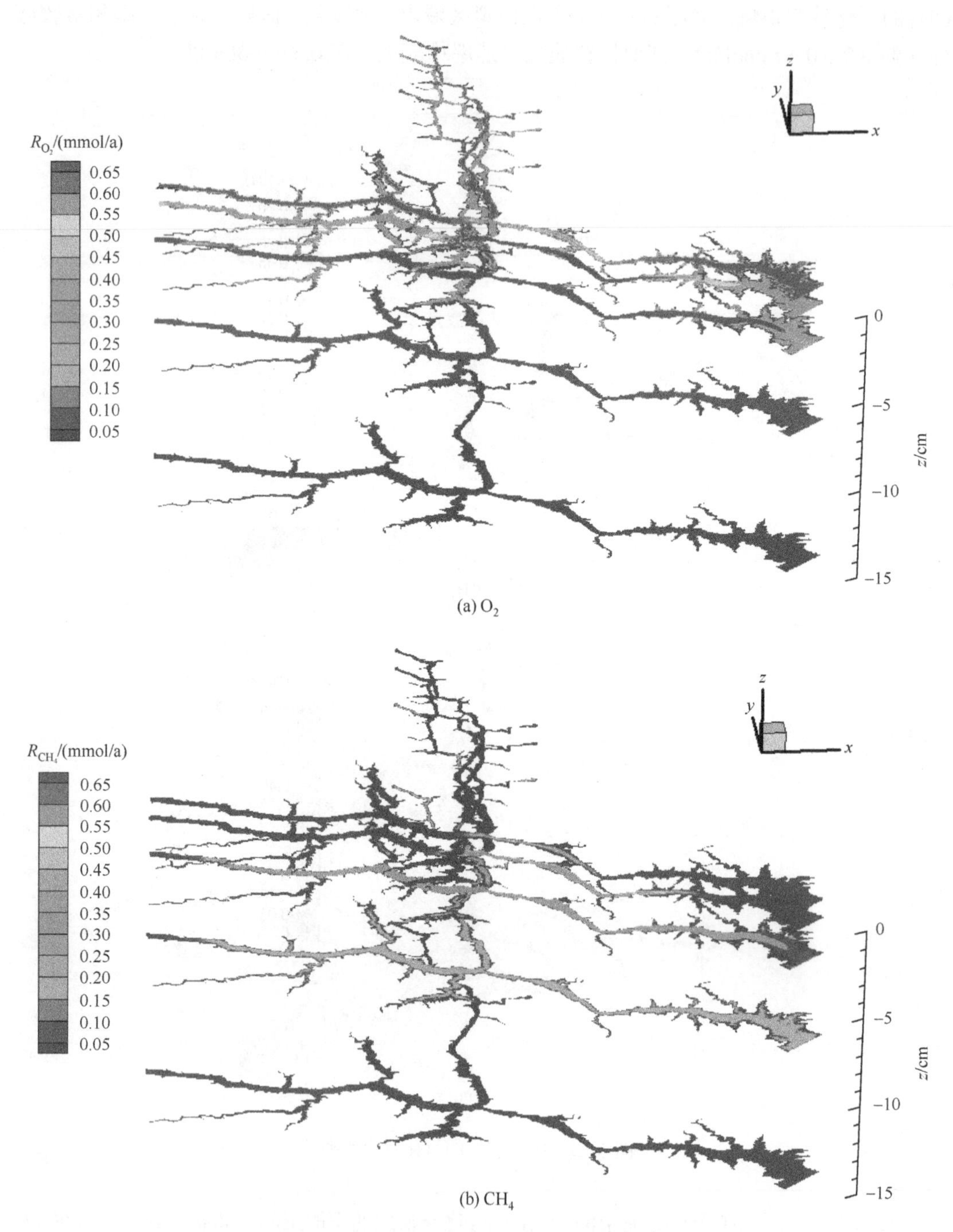

(a) O_2

(b) CH_4

图 6-86　底泥中状态变量的化学反应速率

3）底泥各层碳被不同氧化剂氧化所占的比例

图 6-87 显示了在底泥埋深速率为 0.3 cm/a 和 180 天以后，底泥中有机质氧化反应中，由各部分氧化剂（包括：O_2、CH_4、SO_4、NO_3）氧化及底泥埋深的所占碳百分比平面分布。如图 6-87（a），O_2 引起的氧化反应消耗的碳量在西陵峡最低；如图 6-87（b），CH_4 引起的氧化反应消耗的碳量的分布与 O_2 的完全相反；而 SO_4 引起的碳消耗量所占的比重不大，但在长江干流河段的消耗量（<3%）较支流高，其他氧化剂引起的氧化反应消耗的碳量可忽略不计。

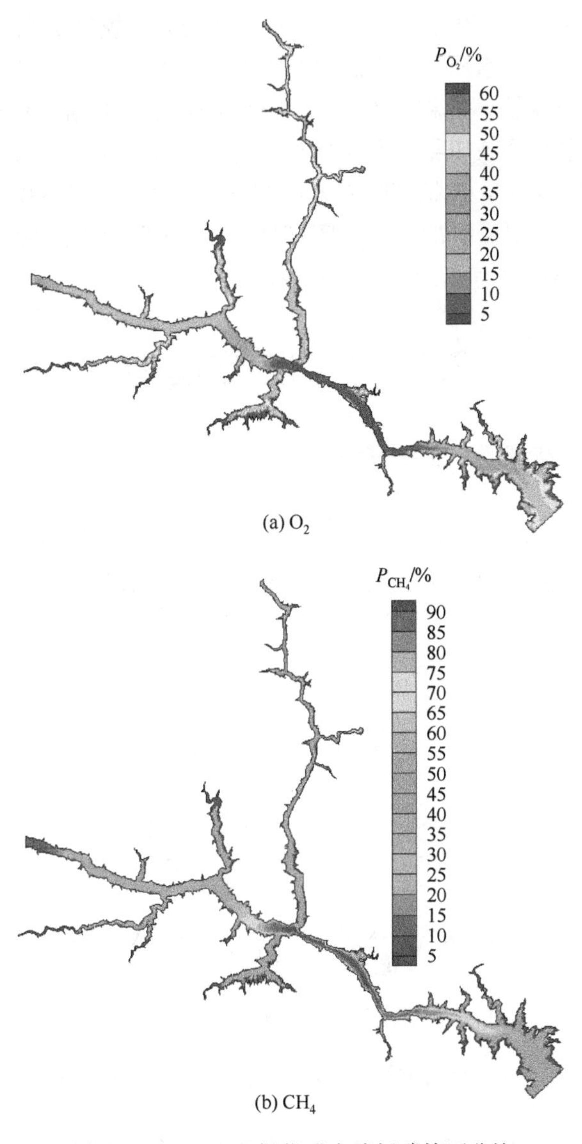

图 6-87　O_2、CH_4 氧化反应消耗碳的百分比

第 7 章　并行化高阶湍流模型原理及应用

目前，研究者已开发了很多海洋动力学数学模型用于计算近海或海洋的水流、泥沙、温度营养物质浓度场等的时空演变，而海洋动力学模型较河流动力学模型需要考虑的因素更多，如科氏力、斜压力项、动水压力等，应用海洋动力学模型研究河流中的水流运动及物质输移（包括泥沙输移、水质、水生态等）取得了不少成果。海洋动力学模型一般求解 Navier-Stokes 方程及标量输移方程，根据压力项的考虑又可分为静水压力模式和动水模式（动水压力模式）。这些模型或以结构网格的模式开发，或以非结构网格模式开发。采用的数值离散方法也有很大差异，包括有限差分法有限单元法、有限体积法等。可见，基于成熟的水动力学模型，采用更高阶的紊流封闭模型，可用来研究天然复杂河道中的复杂紊流结构，开发新工具，目前具有成熟可靠的条件。

7.1　水动力学模型

7.1.1　静水压力模式的控制方程

SELFE 模型采用静水压力和 Boussinesq 假定求解 Navier-Stokes 方程，求解的变量有：自由水位高程和三维流速。笛卡儿坐标系下的控制方程形式为

$$\nabla \cdot \boldsymbol{u} + \frac{\partial w}{\partial z} = 0 \tag{7-1}$$

$$\frac{\partial \eta}{\partial t} + \nabla \cdot \int_{-h}^{\eta} \boldsymbol{u} \mathrm{d}z = 0 \tag{7-2}$$

$$\frac{D\boldsymbol{u}}{Dt} = \boldsymbol{f} - g\nabla\eta + \frac{\partial}{\partial z}\left(\nu \frac{\partial \boldsymbol{u}}{\partial z}\right) \tag{7-3}$$

$$\boldsymbol{f} = -f \times \boldsymbol{u} - \frac{1}{\rho_0}\nabla p_A - \frac{g}{\rho_0}\int_z^{\eta} \nabla\rho \mathrm{d}\zeta + \nabla \cdot (\mu \nabla \boldsymbol{u}) \tag{7-4}$$

式中：(x, y) 为水平向笛卡儿坐标（m）；z 为垂向坐标（向上为正，m）；∇ 为散度算子 $\left(\frac{\partial}{\partial x}, \frac{\partial}{\partial y}\right)$；$t$ 为时间（s）；η 为自由液面高程（m）；h 为水深（m）；$\boldsymbol{u}$ 为水平流速矢量，分量为 u、v（m/s）；w 为垂向流速（m/s）；f 为科氏力系数（s^{-1}）；g 为重力加速度（m/s^2）；ρ_0 为清水密度，标准密度为 1 000 kg/m^3；p_A 为自由水面处的大气压强（N/m^2）；ν 为垂向黏性系数（m^2/s）；μ 为水平向黏性系数（m^2/s）。

SELFE 模型的数值计算方法考虑了数值求解的计算效率和精度。该模型采用有限单元法和有限体积法求解 NS（Navier-Stokes）方程组；采用半隐格式求解微分方程组；同时求解连续方程和动量方程［式（7-2）和式（7-3）]，该方法降低 CFL 稳定性条件的限制；SELFE 模型通过底部边界层采用非耦合方式求解连续方程和动量方程［式（7-2）和式（7-3）]；SELFE 模型采用欧拉-拉格朗日法（ELM）和有限体积法的迎风格式离散动量方程中的对流项，迎风格式可保证质量守恒。

第 6 章基于 ELCIRC 模型开发了耦合水质模型，ELCIRC 模型可以成功地模拟海峡中咸水入侵的现象，但计算结果低估了咸水入侵的范围，见图 7-1，为此 SELFE 模型的研发目的是为了更精确地模拟复杂的水动力场和物质浓度场，并保持如 ELCIRC 模型相当的计算效率和健壮性。同时，SELFE 模型也是采用非结构网格模式开发，回避了网格正交性对计算结果精度的影响的问题，垂向上采用 z 坐标和 s 坐标相结合的混合坐标系统，使 SELFE 模型跟踪复杂地形的能力更强。因此，本章的高阶湍流模型将基于 SELFE 模型开发。

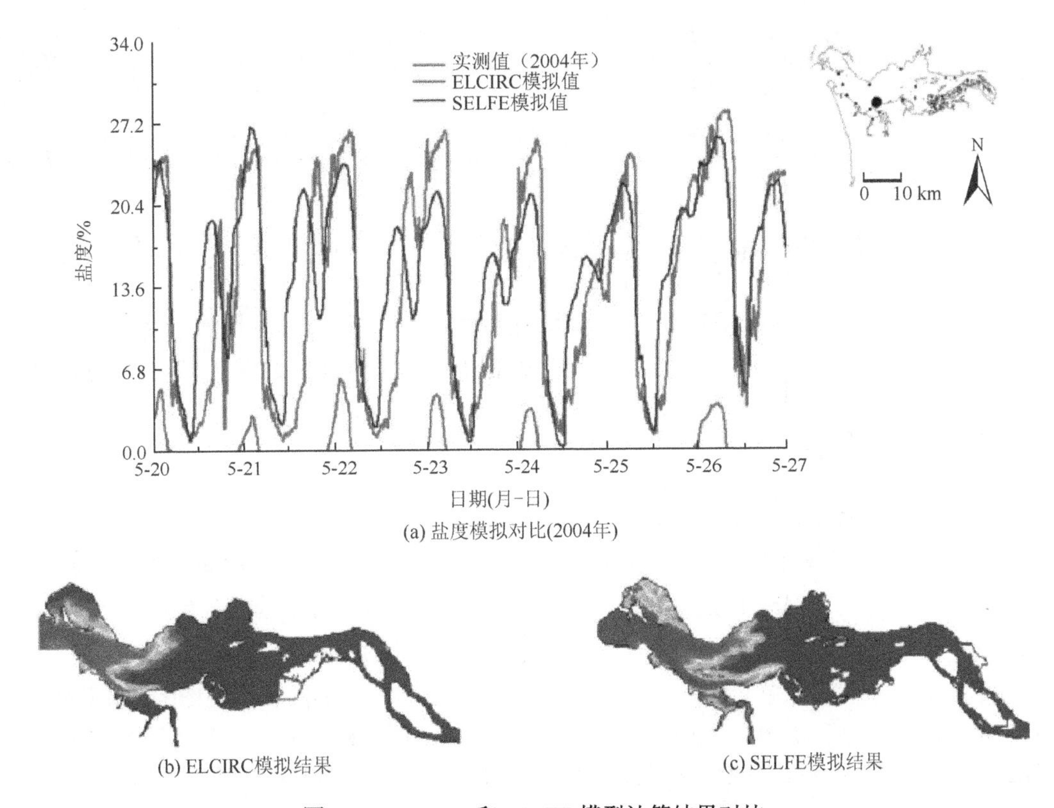

(a) 盐度模拟对比(2004年)

(b) ELCIRC模拟结果

(c) SELFE模拟结果

图 7-1　ELCIRC 和 SELFE 模型计算结果对比

SELFE 模型的开发是为了解决 ELCIRC 模型的一些缺陷，对比 ELCIRC 模型，SELFE 模型的改进之处包括三个方面。

（1）ELCIRC 模型采用有限体积法，在求解沿水深积分的连续方程的自由水位时采用的是常数的形状函数，难以求解一阶导数项（如科氏力项），造成较大的数值计算误差（Zhang et al.，2004）；

（2）ELCIRC 模型中采用有限差分法对网格正交性要求较高，而非结构网格难以保证网格的正交性，很大程度上影响模拟计算精度（计算不收敛）；

（3）ELCIRC 模型在垂向上采用 z 坐标系，产生阶梯状底层网格，不能精确模拟河床边界层的物理过程。

SELFE 模型采用一般形式的 Galerkin 有限单元法，并采用线性形状函数最小化计算残差，解决了上述的前两个问题，SELFE 模型采用垂向上的 s-z 混合坐标系解决了上述的第三个问题，可以模拟水深从米到数千米量级范围变化的复杂地形（如比降大的山区河流和河口-海洋系统）。

7.1.2 动水压力模式的控制方程

非守恒形式的三维动量方程如下：

$$\frac{\partial u}{\partial t}+u\frac{\partial u}{\partial x}+v\frac{\partial u}{\partial y}+w\frac{\partial u}{\partial z}=fv-\frac{1}{\rho_0}\frac{\partial p}{\partial x}+K_{\mathrm{mh}}\left(\frac{\partial^2 u}{\partial x^2}+\frac{\partial^2 u}{\partial y^2}\right)+\frac{\partial}{\partial z}\left(K_{\mathrm{mv}}\frac{\partial u}{\partial z}\right) \quad (7\text{-}5)$$

$$\frac{\partial v}{\partial t}+u\frac{\partial v}{\partial x}+v\frac{\partial v}{\partial y}+w\frac{\partial v}{\partial z}=-fu-\frac{1}{\rho_0}\frac{\partial p}{\partial y}+K_{\mathrm{mh}}\left(\frac{\partial^2 v}{\partial x^2}+\frac{\partial^2 v}{\partial y^2}\right)+\frac{\partial}{\partial z}\left(K_{\mathrm{mv}}\frac{\partial v}{\partial z}\right) \quad (7\text{-}6)$$

$$\frac{\partial w}{\partial t}+u\frac{\partial w}{\partial x}+v\frac{\partial w}{\partial y}+w\frac{\partial w}{\partial z}=-\frac{1}{\rho_0}\frac{\partial p}{\partial z}+K_{\mathrm{mh}}\left(\frac{\partial^2 w}{\partial x^2}+\frac{\partial^2 w}{\partial y^2}\right)+\frac{\partial}{\partial z}\left(K_{\mathrm{mv}}\frac{\partial w}{\partial z}\right)-\frac{\rho}{\rho_0}g \quad (7\text{-}7)$$

式中：K_{mh} 和 K_{mv} 分别为水平和垂向的紊动扩散系数，需要使用紊流封闭方程计算；其他变量参考式（7-1）～式（7-4）。另外，动量方程中的压力项计算参考 7.7.2 小节的介绍。

7.1.3 物理变量存储

计算区域水平维度上可采用三角形网格，四边形网格或二者结合的混合网格离散，垂向分为若干层，采用 z 坐标，自下而上编号。第 k 层的层厚（k-1 层和 k 层间的距离）为 Δz_k，半层间距为 $\Delta z_{k+1/2}=(\Delta z_k+\Delta z_{k+1})/2$。采用垂向 z 坐标的优势是垂向分层可以为不等厚度，垂向分层具有灵活性，缺点是当水深变化较大时需要分很多层而增大了计算量。

在每个三维棱柱体单元中，单元水深认为是常数，取三边水深的最大值。基于侧边、单元和节点的层厚互不相同，Δz 只表示侧边层厚，Δz 加下标“e”“p”表示单元和节点的层厚，介绍控制方程离散公式时使用到的符号：N_p 为水平网格顶部节点个数；N_v 为垂向网格层数；N_e 为水平网格单元个数；N_s 为水平网格侧边个数；$\mathrm{js}(i,j)[j=1,\cdots,34\mathrm{i}(i)]$ 为单元侧边；$\mathrm{i34}(i)$ 为 i 单元的侧边数；$\mathrm{is}(i,j)\ (i=1,2)$ 为公共侧边 j 的两个单元；$\mathrm{ip}(i,j)(i=1,2)$ 为侧边 j 的两个端点；l_j 为边 j 的长度；P_i 为单元 i 的面积；δ_j 为公共侧边 j 的两个单元中心距离；$m_j(m_j^e,m_j^p)$ 为侧边（单元，节点）j 的底层号；$M_j(M_j^e,M_j^p)$ 为侧边（单元，节点）j 的自由表面层号。

离散单元示意图（以三角形单元为例），见图 7-2，分别存储单元节点号和边号为 nm 和 js。单元局部坐标转换以单元外法线方向为正，见图 7-3。

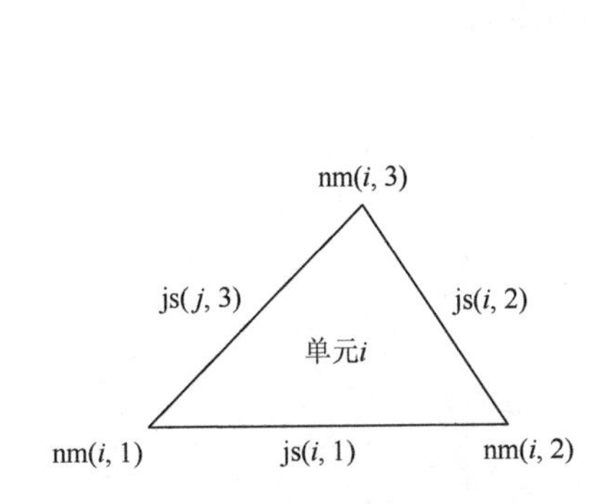

图 7-2　水平控制单元示意图

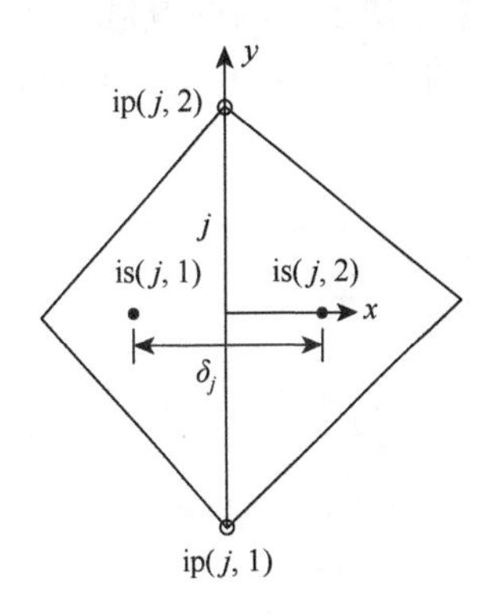

图 7-3　单元局部坐标变换示意图

1. 静水压力模式的变量存储

图 7-4 显示了计算变量在单元棱柱体的存储位置：水位位于单元中心，相对每个单元为常数值；水平流速的法向和切向分量在棱柱侧面的中心，垂向流速 w 在每个垂向分层的中心处；紊流模型计算中的紊动动能和紊动耗散位于控制体底边的中心处；物质浓度在单元体的侧面和侧边中心分别存储。

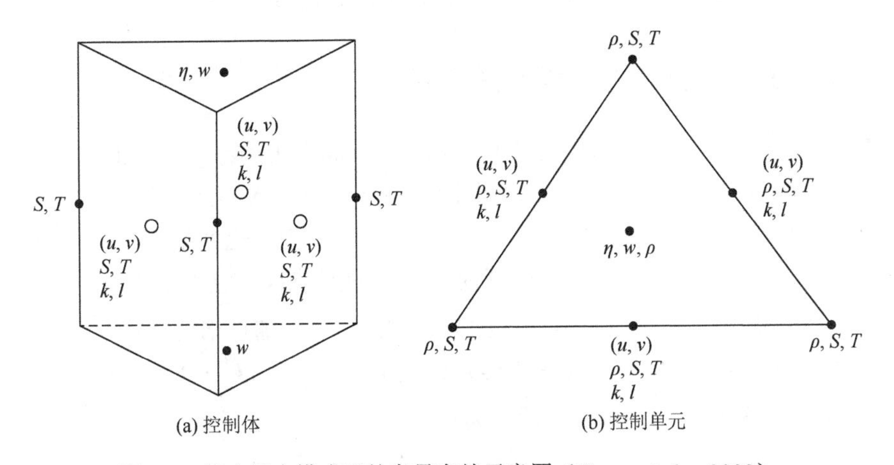

图 7-4　静水压力模式下的变量存储示意图（Zhang et al.，2008）

u、v、w 分别为三维流速；ρ 为水密度；S 和 T 分别为盐度和水温；k 和 l 分别为紊动动能和混掺长度；η 为水位波动

2. 动水压力模式的变量存储

动水压强模式的 SELFE 模型的变量存储位置与文献（胡德超，2009）的变量存储相似，见图 7-5（b）。SELFE 模型的自由水位高程定义在单元节点处［与图 7-5（b）中所示的定义位置不同］，水平向流速 u、v、紊流封闭方程的紊动动能 k 和通用长度尺寸变量 Ψ 定义在单元边的中点处，垂向流速 w、动水压力 q 定义在单元的中心处。采用有限单元法

（线性形状函数）求解自由水位高程和流速，求解流速时线性形状函数仅用于特征线根部的差值计算，采用有限体积法求解其他变量。物质输移方程中的营养物质浓度和温度变量的存储位置取决于采用的数值算法，当采用迎风格式时，标量存储在棱柱体的中心处，当采用 ELM 格式时，在单元节点和边的中点处均可存储标量变量。

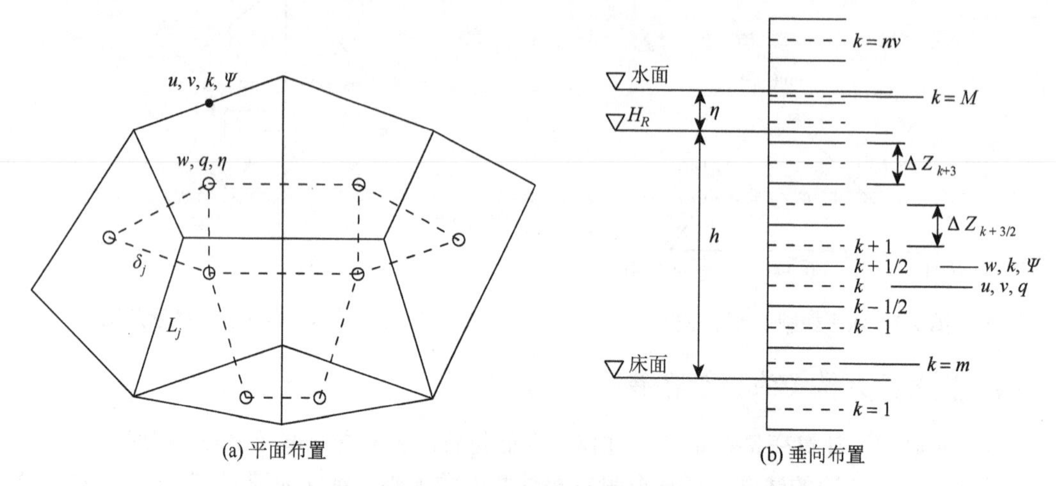

图 7-5　动水压力模式下的变量存储示意图（胡德超，2009）

7.2　垂向坐标系统

7.2.1　垂向 s–z 坐标系统构成及转换

SELFE 模型水平向采用非结构三角网格离散，垂向上采用地形跟踪的 s 坐标和部分 z 坐标的混合网格。具有地形跟踪功能的 s 坐标（Song et al.，1994）位于 z 坐标分层的上面（图 7-6），s 坐标和 z 坐标的分界线位于第 k^z 层（$z=-h_s$）。也就是说，垂向的地形跟踪至最大水深 h_s。自由水面在整个计算区域内（所有的湿节点）位于第 N_z 层（所有湿网格节点），但底层网格标记 k^b 随空间变化，因为底部的 z 分层随地形变化产生阶梯状计算单元。一般情况下 $k^b \leqslant k^z$，当局部水深 $h \leqslant h_s$ 时有 $k^b = k^z$。当 $k^b = k^z = 1$ 时并且 h_s 大于计算区域内的最大水深时，为“纯 s 坐标”离散。

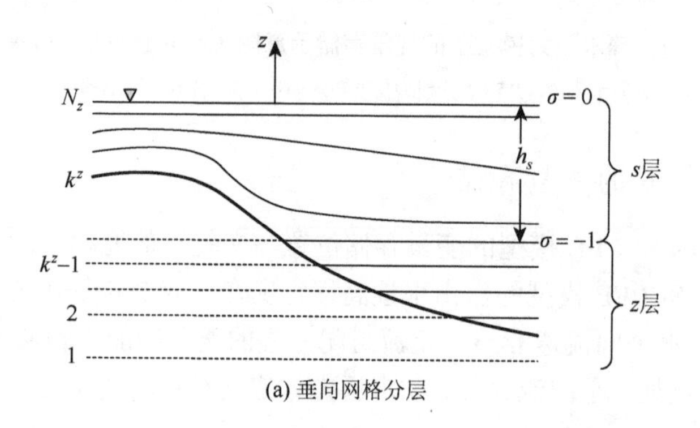

(a) 垂向网格分层

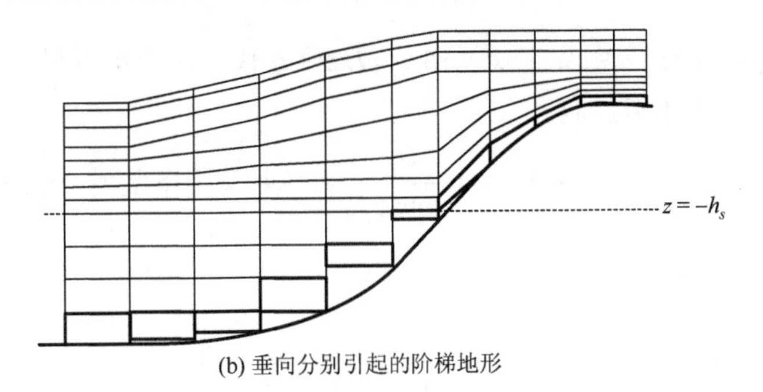

(b) 垂向分别引起的阶梯地形

图 7-6　*s-z* 混合垂向网格坐标系统（Zhang et al.，2008）

s 坐标和 *z* 坐标之间的转化关系如下：

$$\begin{cases} z=\eta(1+\sigma)+h_c\sigma+(\tilde{h}-h_c)C(\sigma), \quad -1\leqslant\sigma\leqslant 0 \\ C(\sigma)=(1-\theta_b)\dfrac{\sinh(\theta_f\sigma)}{\sinh(\theta_f)}+\theta_b\dfrac{\tanh[\theta_f(\sigma+1/2)]-\tanh(\theta_f/2)}{2\tanh(\theta_f/2)}, \quad 0\leqslant\theta_b\leqslant 1; \quad 0<\theta_f\leqslant 20 \end{cases} \tag{7-8}$$

式中：$\tilde{h}=\min(h,h_s)$ 是一个限制水深；h_c 是一个正数，表示需要求解的底层或表层的厚度；θ_b 和 θ_f 是决定接近底层和表层的垂向网格分辨率的常数。当 $\theta_f\to 0$，*s* 坐标将退化为传统的 σ 坐标：

$$z=\bar{H}\sigma+\eta \tag{7-9}$$

式中：$\bar{H}=\tilde{h}+\eta$ 为限制总水深。

当 $\theta_f\gg 1$ 时边界分辨率越高，坐标转换变得更加非线性。如果 $\theta_b\to 0$ 仅表层分解，底层不分解，而如果 $\theta_b\to 1$ 表层和底层均分解。当表层和底层的物理过程都很重要的时候（如河口区域模拟），需要选择后者，这是 *s* 坐标较 σ 坐标有优势的地方。但 *s* 坐标在潜水的区域将变无效，从 $z'(\sigma)>0$ 推导出有效 *s* 坐标转换的限制条件：

$$\begin{cases} \bar{H}>h_0 \\ \tilde{h}>h_c \\ \eta>-h_c-(\tilde{h}-h_c)\dfrac{\theta_f}{\sinh(\theta_f)} \end{cases} \tag{7-10}$$

限制式（7-10）中第一个条件决定了计算节点必须是“湿”节点，h_0 为计算最小水深。对于湿节点，当 $\tilde{h}\leqslant h_c$（水深过浅）或 $\eta\leqslant -h_c-(\tilde{h}-h_c)\dfrac{\theta_f}{\sinh(\theta_f)}$（水面降低至某一数值）*s* 坐标会退化。出现以上情况时，坐标转换式（7-8）将变成非单调函数。需要用 σ 坐标（所有水深上均有效）取代 *s* 坐标。需要从 *s* 坐标过渡到 σ 坐标，采用以下策略保证光滑过渡：

（1）当$\tilde{h} \leqslant h_c$，坐标转换式（7-8）由$z = \bar{H}\sigma + \eta$代替，当$\tilde{h} \to h_c^+$，s 坐标接近σ坐标，因此从潜水至深水平滑过渡。

（2）当$\tilde{h} > h_c$，而$\eta \leqslant -h_c - (\tilde{h} - h_c)\dfrac{\theta_f}{\sinh(\theta_f)}$，这种情况下采用“最近有效设置”，即

$$\begin{cases} \bar{\sigma} = \dfrac{\bar{z} - \bar{\eta}}{\tilde{h} + \bar{\eta}} \\ \bar{\eta} = \beta\left[-h_c - (\tilde{h} - h_c)\dfrac{\theta_f}{\sinh(\theta_f)}\right] \\ \bar{z} = \bar{\eta}(1+\sigma) + h_c\sigma + (\tilde{h} - h_c)C(\sigma) \end{cases} \tag{7-11}$$

式中：$\beta = 0.98$为安全系数。实际应用中，如果设定足够大的h_c（$h_c > 5$ m）值将不会遇到此情况，因此，计算应用时建议取较大的h_c值。

7.2.2 垂向 *s-z* 坐标系统下的数值离散

垂向采用混合坐标系统将引出方程在哪个坐标系统中求解的问题。SELFE 模型中所有的方程在未做转换的 *z* 坐标上求解，只采用 *s* 坐标生成垂向网格和计算水平向导数（如水平黏度项），原因是上述的坐标转换的退化问题。垂向坐标系统的自由处理使垂向混合坐标系统更易实施。

严格地说，当自由水面波动时上层的 *s* 分层（在原来的 *z* 空间中）也随之变化，每一时间步的计算后，所有变量都需要重新插值到更新后的新的垂向网格上去。只要自由水面在一个时间步内的波动值远比最小分层厚度要小，*s* 分层在每一时间步内的移动影响是可忽略的。由于线性插值容易引起数值耗散而高阶插值容易引起数值扩散，SELFE 模型中不做网格更新后的变量插值计算，在 *z* 坐标模型中也做了这样的忽略，其中顶层也随时间而变化。

SELFE 模型中一些部分需要做任意点的三维空间插值计算，如特征线根部的插值（逆向跟踪），单元边上的流速向节点的转换。水平向插值一般在 *z* 平面上进行（不是在 *s* 平面上）。这种方法带来在底部和自由水面处计算精度的问题。因此，SELFE 模型中可选择在转换后的 *s* 空间中（没有 *z* 分层，纯 *s* 区域，$h \leqslant h_s$）进行插值计算，这种方法在地形变化较快的浅水区域计算精度较在 z 空间中的插值精度更好。

7.3 控制方程的数值离散

7.3.1 连续方程离散

本小节模型只求解沿水深积分的连续方程和水平向的动量方程，不求解垂向的动量方程，求解过程中采用基于单元和边的局部坐标系统。如图 7-3，局部坐标系统(x, y)的 x 轴至边j的中心处指向单元外向$(j,1)$。局部坐标变化并不改变动量方程的形式，但此时仅代表局部法向和切向动量的守恒，由此可求解法向和切向流速 u、v。

采用半隐式 θ 控制体积法求解连续方程，对于控制单元 i，连续方程可离散为

$$
\begin{aligned}
&P_i(\eta_i^{n+1}-\eta_i^n)+\theta\Delta t\sum_{l=1}^{\mathrm{i34}(i)} s_{i,l}l_{\mathrm{jsj}}\sum_{k=m_{\mathrm{jsj}}}^{M_{\mathrm{jsj}}}\Delta z_{\mathrm{jsj},k}^n u_{\mathrm{jsj},k}^{n+1} \\
&\quad+(1-\theta)\Delta t\sum_{l=1}^{\mathrm{i34}(i)} s_{i,l}l_{\mathrm{jsj}}\sum_{k=m_{\mathrm{jsj}}}^{M_{\mathrm{jsj}}}\Delta z_{\mathrm{jsj},k}^n u_{\mathrm{jsj},k}^n=0,\quad i=1,\cdots,N_e
\end{aligned}
\tag{7-12}
$$

式中：θ 为时间离散项的隐式因子；$\mathrm{jsj}=\mathrm{js}(i,l)$，方向函数 $s_{i,l}$ 为

$$
s_{i,l}=\frac{\mathrm{is}(\mathrm{jsj},1)+\mathrm{is}(\mathrm{jsj},2)-2i}{\mathrm{is}(\mathrm{jsj},2)-\mathrm{is}(\mathrm{jsj},1)}
\tag{7-13}
$$

7.3.2　水平动量方程离散

在网格单元的边 j 上，水平法向动量方程可离散为

$$
\begin{aligned}
\Delta z_{j,k}^n(u_{j,k}^{n+1}-u_{j,k}^*)=&-\Delta z_{j,k}^n\frac{g\Delta t}{\delta_j}[\theta(\eta_{\mathrm{is}(j,2)}^{n+1}-\eta_{\mathrm{is}(j,1)}^n) \\
&+(1-\theta)(\eta_{\mathrm{is}(j,2)}^n-\eta_{\mathrm{is}(j,1)}^n)]-\Delta z_{j,k}^n\frac{g\Delta t}{\rho_0\delta_j}\left\{\sum_{l=k}^{M_j}\Delta z_l^n[\rho_{\mathrm{is}(j,2),l}^n-\rho_{\mathrm{is}(j,1),l}^n]\right. \\
&\left.-\frac{\Delta z_{j,k}^n}{2}[\rho_{\mathrm{is}(j,2),k}^n-\rho_{\mathrm{is}(j,1),k}^n]\right\} \\
&+\Delta t\left[(K_{\mathrm{mv}})_{j,k}\frac{u_{j,k+1}^{n+1}-u_{j,k}^{n+1}}{\Delta z_{j,k+1/2}^n}-(K_{\mathrm{mv}})_{j,k-1}\frac{u_{j,k}^{n+1}-u_{j,k-1}^{n+1}}{\Delta z_{j,k-1/2}^n}\right], \\
&j=1,\cdots,N_s;\quad k=m_j,\cdots,M_j
\end{aligned}
\tag{7-14}
$$

式中：u 为法向流速；$u_{j,k}^*$ 为在时间步 n 时特征线根部的逆向跟踪值。

水平切向动量方程的离散形式与法向动量方程的离散形式相同。离散后的连续方程和动量方程可以写成如下的矩阵形式：

$$
A_j^n U_j^{n+1}=G_j^n-\theta g\frac{\Delta t}{\delta_j}[\eta_{\mathrm{is}(j,2)}^{n+1}-\eta_{\mathrm{is}(j,1)}^{n+1}]\Delta z_j^n
\tag{7-15}
$$

$$
A_j^n V_j^{n+1}=F_j^n-\theta g\frac{\Delta t}{l_j}[\overline{\eta}_{\mathrm{ip}(j,2)}^{n+1}-\overline{\eta}_{\mathrm{ip}(j,1)}^{n+1}]\Delta z_j^n
\tag{7-16}
$$

$$
\begin{aligned}
\eta_i^{n+1}=\eta_j^n&-\frac{\theta\Delta t}{P_i}\sum_{l=1}^{\mathrm{i34}(i)} s_{i,l}l_{\mathrm{jsj}}(\Delta z_{\mathrm{jsj}}^n)^T U_{\mathrm{jsj}}^{n+1} \\
&-\frac{(1-\theta)\Delta t}{P_i}\sum_{l=1}^{\mathrm{i34}(i)} s_{i,l}l_{\mathrm{jsj}}(\Delta z_{\mathrm{jsj}}^n)^T U_{\mathrm{jsj}}^n
\end{aligned}
\tag{7-17}
$$

式中：G_j^n、F_j^n 为所有显示项的向量。U_j^{n+1} 和 V_j^{n+1} 的形式如下：

$$\begin{cases} U_j^{n+1} = \begin{bmatrix} u_{j,M_j}^{n+1} \\ \cdots \\ u_{j,m_j}^{n+1} \end{bmatrix} \\ V_j^{n+1} = \begin{bmatrix} v_{j,M_j}^{n+1} \\ \cdots \\ v_{j,m_j}^{n+1} \end{bmatrix} \\ \Delta z_j^n = \begin{bmatrix} \Delta z_{j,M_j}^n \\ \cdots \\ \Delta z_{j,m_j}^n \end{bmatrix} \end{cases} \tag{7-18}$$

矩阵 **A** 为三对角阵，很容易求逆，因此法向流速可表示为

$$U_j^{n+1} = (A_j^n)^{-1} G_j^n - \theta g \frac{\Delta t}{\delta_j} [\eta_{\mathrm{is}(j,2)}^{n+1} - \eta_{\mathrm{is}(j,1)}^{n+1}] (A_j^n)^{-1} \Delta z_j^n \tag{7-19}$$

将式（7-19）代入式（7-17），得到所有单元的计算水位值（$1 \leqslant i \leqslant N_e$）：

$$\begin{aligned} \eta_i^{n+1} - \frac{g\theta^2 \Delta t^2}{P_i} \sum_{l=1}^{\mathrm{i34}(i)} \frac{s_{i,l} l_{\mathrm{jsj}}}{\delta_{\mathrm{jsj}}} (\Delta z_{\mathrm{jsj}}^n)^{\mathrm{T}} (A_{\mathrm{jsj}}^n)^{-1} \Delta z_{\mathrm{jsj}}^n [\eta_{\mathrm{is(jsj,2)}}^{n+1} - \eta_{\mathrm{is(jsj,1)}}^{n+1}] \\ = \eta_j^n - \frac{(1-\theta)\Delta t}{P_i} \sum_{l=1}^{\mathrm{i34}(i)} s_{i,l} l_{\mathrm{jsj}} (\Delta z_{\mathrm{jsj}}^n)^{\mathrm{T}} U_{\mathrm{jsj}}^n \\ - \frac{\theta \Delta t}{P_i} \sum_{l=1}^{\mathrm{i34}(i)} s_{i,l} l_{\mathrm{jsj}} (\Delta z_{\mathrm{jsj}}^n)^{\mathrm{T}} (A_{\mathrm{jsj}}^n)^{-1} G_{\mathrm{jsj}}^n \end{aligned} \tag{7-20}$$

以上离散公式的系数矩阵为对称正定矩阵，可用雅克比共轭梯度法求解。

求得水位值以后，可以根据式（7-19）求得法向流速和式（7-16）求得切向流速。

7.3.3　垂向动量方程离散

SELFE 模型中垂向流速不是通过求解垂向动量方程得到，而是利用有限体积法求解三维连续方程得到垂向流速计算式（7-21），本计算方法具有严格符合质量守恒的优点。

$$w_{i,k}^{n+1} = w_{i,k-1}^{n+1} - \frac{1}{P_i} \sum_{l=1}^{\mathrm{i34}(i)} s_{i,l} l_{\mathrm{jsj}} \Delta z_{\mathrm{jsj},k}^n u_{\mathrm{jsj},k}^{n+1} k = m_i^e, \cdots, M_i^e \tag{7-21}$$

基于有限体积法计算垂向流速的方法存在以下问题。

（1）垂向流速求解过程只需要底部边界条件 $w_{i,m_i^e-1}^{n+1} = 0$。一般的计算中，垂向流速相对于水平流速小很多，但对垂向温度、浓度的分层有重要影响。若过分估计了垂向流速会导致分层流变为混合流。因为垂向流速是由水平流速计算“派生”出来的流速，因此水平

流速的计算误差肯能会造成较大的数值振荡，实际应用表明合理的时间步长选择可避免这个问题（Zhang et al.，2004）。

（2）垂向流速将由河床底部向自由水面进行求解，需要用到底部边界条件，即底部的法向流速为零$[\boldsymbol{n}\cdot(u,v,w)=0]$。在自由水面处计算得到的垂向流速 w 与水面变化的边界条件之间的不一致造成局部控制体质量不守恒，因为是在 z 坐标下求解连续方程，该误差可忽略不计。

7.3.4　物质输移方程离散

SELFE 模型中可选择采用 ELM 和迎风格式求解物质输移方程。

1. 采用 ELM 求解法，但忽略了质量守恒

浓度在节点和垂向分层的中间点上采用有限体积法求解，ELM 中需要做插值运算，插值算法的阶数对计算精度影响很大，当采用线性插值时容易引起数值耗散，为减小数值耗散，SELFE 模型中采用了单元分裂和二次方插值算法。

2. 一阶迎风格式

尽管 ELM 计算效率很好，但没有考虑质量守恒。而迎风格式可保证计算的质量守恒。迎风求解法中浓度变量在棱柱中心处定义（i, k），三角形棱柱体有 5 个面，定义顶层和底层单元面的面积为 $\overline{S}_{i,k}$ 和 $\overline{S}_{i,k-1}$，其他三个侧面的面积为 $\overline{P}_{\mathrm{jsj},k}$，物质输移方程的离散形式为

$$\begin{aligned}&T_{i,k}^{n+1}V_{i,k}^{n}+\Delta t(u_n)_{i,k}^{n+1}\overline{S}_{i,k}T_{\mathrm{up}(i,k)}^{n+1}+\Delta t(u_n)_{i,k-1}^{n+1}\overline{S}_{i,k-1}T_{\mathrm{up}(i,k-1)}^{n+1}\\&=\Delta tA_i\left[\kappa_{i,k}^{n}\frac{T_{i,k+1}^{n+1}-T_{i,k}^{n+1}}{\Delta z_{i,k+1/2}^{n}}-\kappa_{i,k-1}^{n}\frac{T_{i,k}^{n+1}-T_{i,k-1}^{n+1}}{\Delta z_{i,k-1/2}^{n}}\right]\\&\quad+V_{i,k}^{n}(T_{i,k}^{n}+\Delta\cdot\Delta t)-\Delta t\sum_{l=1}^{3}q_l^{n+1}T_{\mathrm{up}(\mathrm{jsj},k)}^{n},\quad k=k^b+1,\cdots,N_z\end{aligned}\tag{7-22}$$

式中：up（）代表迎风格式项；$V_{i,k}$ 为棱柱体体积；u_n 为外法向流速；$\mathrm{jsj}=js(i,l)$ 为三条边；$q_l^{n+1}=P_{\mathrm{jsj},k}(u_n)_{\mathrm{jsj},k}^{n+1}$ 为三个水平对流通量；κ 为物质输移方程的紊动扩散系数（$\mathrm{m^2/s}$）。

为保证迎风格式的稳定性，需要进行 Courant 数限制：

$$\Delta t\leqslant\frac{V_{i,k}}{\sum_{j\in s^+}|q_j|}\tag{7-23}$$

式中：s^+表示所有出流的棱柱体的水平方向面。方程式（7-22）中的左手边的垂向对流通量采用显式计算，式（7-23）的分母包括顶层和底层的出流面，但当在顶层和底层的出流面上的对流通量采用隐式求解时，s^+将不包括顶层和底层的面，这时可忽略对流通量计算的严格稳定限制。式（7-23）的稳定限制条件可能过于严格，因此，在一个时间步长 Δt 内进行进一步的分步计算 $\Delta t/\mathrm{nsub}$。求解受到初始条件和边界条件的最大值和最小值的限

制，迎风格式可保证质量守恒和最大值原则，因此较 ELM 有优势。为进一步减小数值扩散，SELFE 模型中还采用了高阶的有限体积 TVD 格式。

SELFE 模型采用有限单元法在节点处沿垂向求解紊流封闭方程。采用隐格式求解封闭方程中的混掺项和耗散项，但紊动动能产生项和浮力项可选择使用显格式或隐格式进行求解，这取决于各自的贡献率大小。紊流封闭方程中的对流项相对其他各项较小，SELFE 模型中忽略了对流项的作用。

7.3.5 水平黏性项计算

动量方程及物质输移方程中的水平扩散项与其他各项比通常为小量，有时可忽略不计，如 ELCIRC 模型代码中未考虑水平扩散项。河流模拟标量输移时，水平扩散项不可忽略；另外，许多环流模式依靠显格式处理水平黏性项和扩散项来消除数值振荡，也有利用滤波的方法来抑制次网格噪声。无论采用显格式还是隐格式来离散扩散项，目的都是为了消除数值振荡。因此，在 ELCIRC 模型中增加了水平扩散项，采用 Samagorinsky 方法计算水平扩散项：

$$K_{\mathrm{mh}}=C\Delta x\Delta y\sqrt{\left(\frac{\partial u}{\partial z}\right)^2+\frac{1}{2}\left(\frac{\partial u}{\partial z}+\frac{\partial v}{\partial z}\right)^2+\left(\frac{\partial v}{\partial z}\right)^2} \tag{7-24}$$

式中：C 为常数，通常取 0.1～0.2。

可见，当流速梯度很小时，K_{mh} 也变得非常小，与实际相符合。

SELFE 模型也忽略了物质输移方程中的水平扩散项，因为 ELM 或迎风格式本身的数值扩散足以消除高频的数值震荡（Zhang et al.，2004）。SELFE 模型选择性地计算或不计算水平黏性项，因为 ELM 的数值扩散或 Shapiro 过滤均可有效减小数值振荡。也可采用下式计算水平黏性项，对应于 I^n 中的部分为

$$\begin{gathered}\int_\Omega \nabla\phi_i\cdot\hat{G}'\mathrm{d}\Omega=\Delta t\nabla\phi_i\\ \cdot\int_\Omega\left[\int_{-h}^{\eta}\nabla\cdot(\mu\nabla\boldsymbol{u})\,\mathrm{d}z-\chi\Delta t\nabla\cdot(\mu\nabla\boldsymbol{u}_b)\right]\mathrm{d}\Omega=\Delta t\nabla\phi_i\\ \cdot\left[\int_{S_{\mathrm{bs}}}\mu\boldsymbol{n}\cdot\nabla\boldsymbol{u}\mathrm{d}S_{\mathrm{bs}}-\bar{\chi}\Delta t\int_{S'}\mu\boldsymbol{n}\cdot\nabla\boldsymbol{u}_b\mathrm{d}S'_{\mathrm{bs}}\right]\end{gathered} \tag{7-25}$$

式中：$\bar{\chi}$ 表示 χ 的平均值；S'_{bs} 为节点 i 周围插值计算区域的边界；S_{bs} 为由河床到水面之间节点周围进行插值计算域的外表面面积。

在 z 坐标平面内计算上式中 $\nabla\boldsymbol{u}$ 梯度项，可采用下式计算：

$$\left.\frac{\partial\boldsymbol{u}}{\partial x}\right|_z=\left.\frac{\partial\boldsymbol{u}}{\partial x}\right|_\sigma-\frac{\partial\boldsymbol{u}}{\partial z}\frac{\partial z}{\partial x} \tag{7-26}$$

水平黏性系数 μ 一般取常值或由 Smagorinsky 模型计算得到。但是由于式（7-22）中对流项的主要截断误差项，SELFE 模型采用下面的另一种方法计算水平黏性系数

$$\mu=\gamma\frac{A}{\Delta t} \tag{7-27}$$

式中：A 为单元面积；γ 为无量纲参数，考虑稳定性，一般取 $\gamma\leqslant 0.5$。

7.3.6　对流项离散

SELFE 模型采用 ELM 处理动量方程和物质输送方程中的对流项。ELM 的基本原理是：采取在特征线根部插值的方法，在 $n+1$ 时层在时间和三维空间上向后跟踪流体质点（虚拟粒子）找到 n 时层的初始位置。水流运动动量方程的离散计算，将对流和扩散分为两部分进行求解（分裂计算模式），对于对流项采用沿特征线逆向跟踪法计算（如图），扩散项和方程源项均统一为一项，采用有限差分法进行求解。分裂计算模式的好处是可以根据各自的数学和物理特性选择合适的数值求解方法。分步求解的过程如下。

（1）求解对流项：$\dfrac{u_{\mathrm{bt}}-u^n}{\Delta t}+\mathrm{ADV}=0$，即 $u_{\mathrm{bt}}=u^n-\Delta t\cdot\mathrm{ADV}$，ADV 代表对流项。

（2）求得 u_{bt} 后，计算动量方程的其他各项部分，$\mathrm{RHS}=\dfrac{u^{n+1}-u_{\mathrm{bt}}}{\Delta t}$，RHS 代表除去对流项以外的其他各项。

为避免受 Courant 数的限制，水流计算动量方程的求解将对流项包括在全导数中计算，采用 ELM 求解方程组，作为该方法的一部分，可以从 n+1 时层沿特征线逆向跟踪到初始状态，见图 7-7。对动量方程做逆向跟踪计算，动量方程的逆向跟踪是从侧面中心开始。计算需要进行三维求解，从时间步 $n+1$ 到 n，采用以下特征线方程：

$$\frac{\mathrm{d}x_i}{\mathrm{d}t}=u_i^m(x_1,x_2,x_3,t),\quad i=1,2,3 \tag{7-28}$$

式中：m 表示时间步或表示 $n+1$ 和 n 时层之间的线性插值。因此，可预先求得流场。

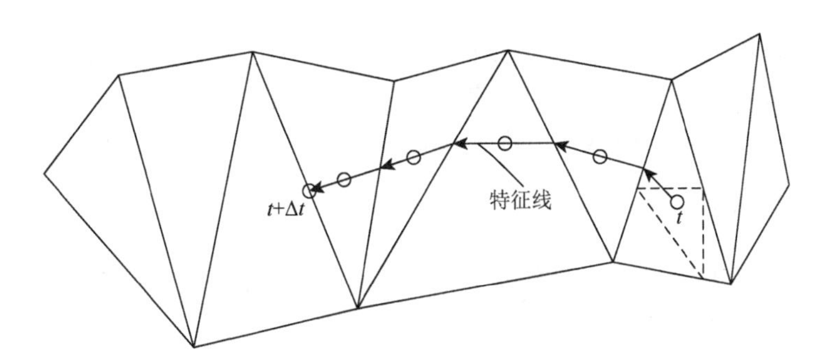

图 7-7　特征线逆向跟踪算法示意图

逆向跟踪计算采用式（7-28）的欧拉积分形式，可保证计算精度和效率，并可解决时间步长的限制问题。缺点是线性内插会引入数值扩散问题，胡德超（2009）对这一问题进行了研究，并指出时间步长对水流模拟结果存在影响，推荐了新的插值算法和可调节的时间步长以解决这个问题。

在 SELFE 模型中，逆向跟踪算法可采用欧拉方法或计算精度更高但计算量较大的 5 阶龙格库塔法。后一种方法对于物质质量守恒要求较高，因为跟踪计算误差会影响质量守恒。

ELM 中采用的插值算法的阶数决定了截断误差是扩散型的还是耗散型的，采用线性插值计算流速，插值计算是利用三角形单元三个节点处的流速在特征线根部进行。一维空间上，ELM 跟踪计算引起的扩散型截断误差，其主要项为

$$\varepsilon_1=\frac{\nu_*'}{2\Delta t}(x_i+1-x_*)(x_*-x_i)=\frac{\Delta x^2}{2\Delta t}\nu_*'[C_u]\{1-[C_u]\}\,|\,\varepsilon_1\,|\leqslant\frac{\Delta x^2}{8\Delta t}\,|\,\nu_*''\,| \tag{7-29}$$

式中：v 为流速的解析解；$x=x_*$ 为特征线根部的位置，$[x_i,x_{i+1}]$ 为特征线根部的插值计算区间；$[C_u]$为 Courant 数 $C_u=v\Delta t/\Delta x$ 的小数部分。

因为在特征线根部插值计算区间内的两个计算节点上的流速是由加权平均计算得到，因此也存在截断误差，其主要项为

$$\varepsilon_2=\frac{\Delta x^2}{8\Delta t}\nu_*'' \tag{7-30}$$

以上两个截断误差 ε_1 和 ε_2 的量级相同。

式（7-30）中的数值扩散误差可由 Courant 数进行控制，当$[C_u]$=0 时，误差控制失效；当 $C_u\geqslant 1$时，数值计算精度达到最高；当 Courant 数较小时，数值扩散误差将变得非常大，该种情况下需要采用较大的计算时间步长和较小的网格尺寸。数值扩散误差也可以使用 Shapiro 过滤后的 ELM 计算得到不连续节点流速进行控制。

物质输移方程中的对流项也可以采用 ELM 处理，但插值计算采用线性插值的话会引起过量的扩散误差，因此，一般采用二次插值以减小扩散误差。

7.3.7　边界条件施加

动量方程的垂向边界条件（特别是河床或海床底部边界条件），在使用 SELFE 模型进行模拟时起到重要作用，因为其中包含有未知流速。SELFE 模型求解微分方程组时采用底部边界条件非耦合求解自由水位方程式（7-2）和动量方程式（7-3）。

1. 水面边界条件

水面处考虑风应力作用，由风力引起的表面剪切应力和水体表面的 Reynolds 应力平衡（Zhang et al.，2004）：

$$\nu\frac{\partial u}{\partial z}=\tau_W,\quad z=\eta \tag{7-31}$$

水面边界条件可表示为

$$\rho_0 K_{\mathrm{mv}}\left(\frac{\partial u}{\partial z},\frac{\partial v}{\partial z}\right)_s=(\tau_{W_x},\tau_{W_y}) \tag{7-32}$$

式中：τ_{W_x},τ_{W_y} 分别为水平 x、y 方向上的风应力，由下式计算得

$$(\tau_{W_x},\tau_{W_y})=\rho_a C_{Ds}\,|W|\,(W_x-u_s,W_y-v_s) \tag{7-33}$$

式中：ρ_a 为空气密度，一般取 1.293 kg/m^3；W、W_x、W_y 为水面以上垂直高度 10 m 处的合风速及其在 x、y 方向的分量；u_s、v_s 分别为表层水流在 x、y 方向的流速分量；C_{Ds} 为风力拖拽系数，采用下式计算：

$$C_{Ds}=10^{-3}(A_{W1}+A_{W2}|W|),\quad W_{\text{low}}\leqslant|W|\leqslant W_{\text{high}} \tag{7-34}$$

式中：W_{low}、W_{high} 为适用范围的下限和上限；A_{W1}、A_{W2} 为相应的常数，此时 A_{W1}、A_{W2} 的取值分别为 0.61 和 0.063；W_{low}、W_{high} 一般取 6 m/s 和 50 m/s。

2. 河床底部边界条件

因为一般的海洋动力学模型都不能很好地求解底部边界层，通常在河床或海床处采用无滑移边界条件（$u=w=0$），SELFE 模型采用内部 Reynolds 应力和底部摩阻应力相平衡的方式处理：

$$\nu\frac{\partial u}{\partial z}=\tau_b,\quad z=-h \tag{7-35}$$

底部应力 τ_b 的表达式形式取决于采用的边界层类型。而 SELFE 模型的数值方法，可应用于其他类型的底部边界层（如层流边界层），该种边界处理方法在海洋动力学模型中广泛应用。

式（7-35）中的底部应力 τ_b 为

$$\tau_b=C_D|\boldsymbol{u}_b|\boldsymbol{u}_b \tag{7-36}$$

河床底部边界层顶部的流速与边界层外的流速相等。底部边界层内的水流流速符合对数型公式：

$$u=\frac{\ln[(z+h)/z_0]}{\ln(\delta_b/z_0)}\boldsymbol{u}_b,\quad z_0-h\leqslant z\leqslant\delta_b-h \tag{7-37}$$

式中：δ_b 为底部计算单元的厚度（假设 SELFE 模型中底层单元完全包含在边界层内）；z_0 为底部粗糙高度；$\boldsymbol{u}_b$ 为底部计算单元顶层的实际流速。

由式（7-37）可得到底部边界层内部的 Reynolds 剪切应力

$$\nu\frac{\partial \boldsymbol{u}}{\partial z}=\frac{\nu}{(z+h)\ln(\delta_b/z_0)}\boldsymbol{u}_b \tag{7-38}$$

应用紊流封闭理论方程，即可得到稳定函数、紊动动能和混掺长度计算式：

$$\begin{cases}S_m=g_2\\ k=\dfrac{1}{2}B_1^{1/3}C_D|\boldsymbol{u}_b|^2\\ l=\kappa_0(z+h)\end{cases} \tag{7-39}$$

式中：g_2 和 B_1 为常数，且 $g_2B_1^{1/3}=1$。

因此，边界层内的 Reynolds 剪切应力为

$$\nu\frac{\partial u}{\partial z}=\frac{\kappa_0}{\ln(\delta_b/z_0)}C_D^{1/2}|\boldsymbol{u}_b|\boldsymbol{u}_b,\quad z_0-h\leqslant z\leqslant\delta_b-h \tag{7-40}$$

拖拽系数由式（7-37）、式（7-38）和式（7-40）计算得

$$C_D = \left(\frac{1}{\kappa_0} \ln \frac{\delta_b}{z_0} \right)^{-2} \tag{7-41}$$

式（7-41）将用于下面的河床边界条件的施加。河床底部边界条件为河床摩擦力，河床摩擦力与内部 Reynolds 应力平衡，边界条件可表示为

$$\rho_0 K_{\text{mv}} \left(\frac{\partial u}{\partial z}, \frac{\partial v}{\partial z} \right)_b = (\tau_{bx}, \tau_{by}) \tag{7-42}$$

式中：τ_{bx}、τ_{by} 为床面的摩擦剪切应力，形式如下：

$$(\tau_{bx}, \tau_{by}) = \rho_0 C_{Db} \sqrt{u_b^2 + v_b^2} (u_b, v_b) \tag{7-43}$$

式中：u_b、v_b 为近底流速；C_{Db} 为摩阻系数，计算公式为

$$C_{Db} = \max \left\{ \left[\frac{1}{\kappa} \ln \left(\frac{\delta_b}{k_s} \right) \right]^{-2}, C_{Db\min} \right\} \tag{7-44}$$

式中：δ_b 为底层网格高度的一半；k_s 为底部粗糙高度；$C_{Db\min}$ 为摩擦系数的最小值，一般深水取 0.002 5，浅水取 0.007 5。

3. 开边界和陆地边界条件

开边界采用 Dirichlet 边界条件（给定值）或 Neumann 边界条件（零梯度），具体为：进口边界给流量过程，出口边界给水位变幅过程，固壁边界采用有滑移无穿透边界条件。

4. 干湿边界条件

干湿边界处采用常用的虚拟水深法处理，垂向采用 z 坐标系统，可进行不等分层厚度的垂向网格剖分，当分层为一层时，模型将自动退化为沿水深积分平均的平面二维模型。采用垂向 σ 坐标系能很好地反映复杂地形，当水深尺度变化较大时需要采用 σ 坐标减小垂向的分层数以避免过大的计算量，但 σ 坐标转换会带来插值误差等问题。

7.4 紊流封闭模型

雷诺时均化的 Navier-Stokes 方程即求解流速的时均值和脉动值，脉动流速的求解即为雷诺应力的求解，采用经验和半经验的关系式来求解雷诺应力以封闭雷诺时均化的方程组。Boussinesq 将雷诺应力与时均流速变率联系起来，当时均流速变率求得后，通过求解紊动黏性系数方程来封闭 Navier-Stokes 方程求解相应变量值。根据为求解紊动黏性系数需要引入的附加紊动变量个数（如紊动动能、紊动耗散系数等），紊流封闭模型可分为零方程模型、一方程模型和双方程模型，ELCIRC 模型中包含零方程和双方程紊流模型（Zhang et al.，2004）。

7.4.1　零方程模型

零方程模型为采用经验公式计算紊动黏性系数ν_t，不需要求解附加的微分方程，雷诺应力由紊动黏性系数与当地时均流动参数的代数关系确定。零方程模型在模拟河口物质输移方面效果较好，且计算量小，ELCIRC 模型即采用此模型，在该模型中垂向紊动黏性系数K_{mv}和物质输移方程的垂向扩散系数K_v定义为反映密度差引起浮力效应的 Richardson 数的函数形式，Richardson 数定义为

$$Ri = N^2 / M^2 \tag{7-45}$$

式中：$M^2 = \left(\frac{\partial u}{\partial z}\right)^2 + \left(\frac{\partial v}{\partial z}\right)^2$，$N^2 = \left(\frac{\partial u}{\partial z}\right)^2 + \left(\frac{\partial v}{\partial z}\right)^2$，为 Brunt-Vassala 频率。

该表达式中的分子部分反映水平流速垂向梯度作用，分母部分反映密度分层的浮力影响，Richardson 数反映了这两种物理作用的相对强弱程度。动量方程中的垂向紊动黏性系数K_{mv}和物质输移方程中的垂向紊动扩散系数K_v的计算公式分别为

$$K_{\mathrm{mv}} = \frac{\nu_0}{(1+5Ri)^2} + \nu_b \tag{7-46}$$

$$K_v = \frac{K_{\mathrm{mv}}}{1+5Ri} + K_b \tag{7-47}$$

式中：ν_0、ν_b、K_b为常数，Pacanowski 和 Philander 建议取值分别为$\nu_0 = 5\times10^{-3}$、$\nu_b = 10^{-4}$和$K_b = 10^{-5}\mathrm{m}^2/\mathrm{s}$。

7.4.2　双方程模型

近几十年发展的双方程紊流封闭模型有很多种形式，这些模型一般都包含有k方程，仅第二个紊动特征变量不同，如 ELCIRC 模型包含有 Mellor-Yamada 模型、k-ε 模型、k-ω 模型三种紊流封闭模型。Umlauf 等（2003）将这些双方程模型在形式上统一，提出 GLS（Generic Length Scale）模型概念。GLS 模型由标准的紊动动能k和紊动尺度变量ψ方程组成，紊动尺度变量定义为：$\psi = (c_\mu^0)^p k^m l^n$，其中$m$、$n$、$p$取不同值时，GLS 模型即转化为$k$-$kl$、$k$-ε、$k$-$\omega$ 和 Umlauf-Burchard 等常规的双方程模型，其中 Mellor-Yamada 模型不是严格地符合 GLS 模型的形式，因此将 Mellor-Yamada 模型类推为k-kl 模型（Mellor-Yamada 模型的第二个紊动特征变量为紊动动能乘以混掺长度），GLS 模型计算参数，见表 7-1。

GLS 模型的控制方程包括反映紊动动能输运、产生和耗散的k方程和紊动尺度变量ψ方程，如下：

$$\frac{\mathrm{d}k}{\mathrm{d}t} = \frac{\partial}{\partial z}\left(\nu_k \frac{\partial k}{\partial z}\right) + K_{\mathrm{mv}}M^2 + K_v N^2 - \varepsilon \tag{7-48}$$

$$\frac{\mathrm{d}\psi}{\mathrm{d}t}=\frac{\partial}{\partial z}\left(\nu_\psi\frac{\partial\psi}{\partial z}\right)+\frac{\psi}{k}(c_{\psi1}K_{\mathrm{mv}}M^2+c_{\psi3}K_\nu N^2-\sigma_{\psi2}F_w\varepsilon) \tag{7-49}$$

式中：$c_{\psi1}$、$c_{\psi2}$和$c_{\psi3}$为模型参数，见表 7-1；F_w为壁面函数；M和N为剪切力和浮力；ε为紊动耗散率。M和N的定义与零方程模型相同。ψ和ε的形式为

$$\psi=(c_\mu^0)^p k^m l^n \tag{7-50}$$

$$\varepsilon=(c_\mu^0)^3 k^{1.5+m/n}\psi^{-1/n} \tag{7-51}$$

式中：m、n、p取值见表 7-1；l为混掺长度；c_μ^0为常数，采用 Kantha 和 Clayson 稳定函数时取 0.5544。

表 7-1　GLS 封闭模型的参数

模型	ψ	p	m	n	σ_k	σ_ψ	$\sigma_{\psi1}$	$\sigma_{\psi2}$	$c_{\psi3}^+$	$c_{\psi3}^-$	F_w
k-ε	ε	3	1.5	−1	1.0	1.3	1.44	1.92	1.0	−0.629	1
k-kl	kl	0	1	1	1.96	1.96	0.9	0.5	1.0	0.9	式（7-52）
k-ω	$\sqrt{k}/l$	−1	0.5	−1	2.0	2.0	0.555	0.833	1.0	−0.642	1
Umlauf-Burchard	$k/l^{2/3}$	2	1	−0.67	0.8	0.8	1	1.22	1.0	0.05	1

注：表中$c_{\psi3}^+$为不稳定分层的浮力因子；$c_{\psi3}^-$为稳定分层的浮力因子，$c_{\psi3}^-$的计算中考虑了 Kantha-Clayson 稳定函数的选择

k-kl 模型（Mellor-Yamada 模型）的壁面函数F_w采用下式计算：

$$F_w=1+1.33\left(\frac{l}{kd_b}\right)^2+0.25\left(\frac{l}{kd_s}\right)^2 \tag{7-52}$$

式中：$k=0.4$ 为卡门系数；d_b 和 d_s 分别为到水底和水面的距离，$d_b=z-(z_{\mathrm{ini}}-h)$，$d_s=z_{ini}+\eta-z$。

变量K_{mv}和K_ν与k、l的关系成为稳定函数，形式如下：

$$\begin{cases}K_{\mathrm{mv}}=c_\mu^{k1/2}l\\ K_\nu=c_\mu'^{k1/2}l\end{cases} \tag{7-53}$$

$$\begin{cases}\nu_k=\dfrac{K_{\mathrm{mv}}}{\sigma_k}\\ \nu_\psi=\dfrac{K_{\mathrm{mv}}}{\sigma_\psi}\end{cases} \tag{7-54}$$

式中：σ_k、σ_ψ为施密特数，见表 7-1；ν_k、ν_ψ为垂向紊动扩散；$c_\mu=\sqrt{2}s_m$，$c'_\mu=\sqrt{2}s_h$，s_m、s_h即为稳定函数。

可使用两种稳定函数。Galperin 稳定函数和 Kantha-Clayson 稳定函数。

（1）Galperin 稳定函数的形式如下：

$$s_m = \frac{0.393 - 3.086G_h}{(1-34.67G_h)(1-6.127G_h)} \tag{7-55}$$

$$s_h = \frac{0.493\,9}{1-34.676G_h} \tag{7-56}$$

式中：G_h 为浮力因子，式中常数是根据 Mellor-Yamada 实验率定得到。

（2）Kantha-Clayson 在 Galperin 工作的基础上进一步扩展，得到 Kantha-Clayson 稳定函数的形式如下：

$$s_m = \frac{0.392 + 17.07 s_h G_h}{1-6.127G_h} \tag{7-57}$$

$$s_h = \frac{0.493\,9}{1-30.19G_h} \tag{7-58}$$

使用稳定函数时，为保持数值计算稳定要对浮力因子 G_h 加以限制：

$$G_h = \min\left[G_{h0}, \max\left(-0.28, \frac{N^2 l^2}{2k}\right)\right], \quad G_{h0} = 0.023\,3 \tag{7-59}$$

7.4.3 湍流模型数值离散

紊动动能 k 和混掺长度 l 在侧面中心和半层水平线上定义，k 方程的离散形式与输移方程类似，忽略了水平向对流后，推导出的方程是垂向一维的，不需要做逆向跟踪计算。

$$\begin{aligned}\Delta z_{j,k}^n k_{j,k}^{n+1} = \Delta t\left[(K_{\mathrm{mv}})_{j,k}\frac{k_{j,k+1}^{n+1} - k_{j,k}^{n+1}}{\Delta z_{j,k+1/2}^n} - (K_{\mathrm{mv}})_{j,k-1}\frac{k_{i,k}^{n+1} - k_{i,k-1}^{n+1}}{\Delta z_{j,k-1/2}^n}\right] + \Delta t[K_{\mathrm{mv}}N^2 \\ -(c_\mu^0)^3 k^{1/2}\psi^{-1}]_{j,k}^n, \quad j=1,\cdots,N_s, k=m_j,\cdots,M_j\end{aligned} \tag{7-60}$$

紊动尺度变量 ψ 的离散，根据 Warner 等（2005）的观点，分两个步骤来计算保证数值稳定，根据标记来确定是采用显示还是隐式格式。紊动尺度变量 ψ 方程可写为

$$\begin{aligned}\Delta z_{j,k}^n(\psi_{j,k}^{n+1} - \psi_{j,k}^n) = \Delta t\left[(\nu_\psi)_{j,k}^n\frac{\psi_{j,k+1}^{n+1} - \psi_{j,k}^{n+1}}{\Delta z_{j,k+1/2}^n} - (\nu_\psi)_{j,k-1}^n\frac{\psi_{j,k}^{n+1} - \psi_{j,k-1}^{n+1}}{\Delta z_{j,k-1/2}^n}\right] \\ + M - \Delta t \Delta z_{j,k}^n c_{\psi 2}[F_w (c_\mu^0)^3 k^{1/2} l^{-1}]_{j,k}^n \psi_{j,k}^{n+1}, \quad j=1,\cdots,N_s, k=m_j,\cdots,M_j\end{aligned} \tag{7-61}$$

式中：

$$M = \begin{cases}\Delta t \Delta z_{j,k}^n (c_{\psi 1}K_{\mathrm{mv}}M^2 + c_{\psi 3}K_{\mathrm{mv}}N^2)_{j,k}^n \dfrac{\psi_{j,k}^{n+1}}{k_{j,k}^n}, & M \leqslant 0 \\ \Delta t \Delta z_{j,k}^n (c_{\psi 1}K_{\mathrm{mv}}M^2 + c_{\psi 3}K_{\mathrm{mv}}N^2)_{j,k}^n \dfrac{\psi_{j,k}^{n}}{k_{j,k}^n}, & M > 0\end{cases} \tag{7-62}$$

然后，施加如下的通量形式的边界条件。

k 方程和 ψ 方程求解的边界条件为

$$\begin{cases} \nu_k \dfrac{\partial k}{\partial z}\bigg|_s = 0(\text{自由水面}) \\ \nu_k \dfrac{\partial k}{\partial z}\bigg|_b = 0(\text{河床}) \end{cases} \tag{7-63}$$

$$\begin{cases} \nu_\psi \dfrac{\partial k}{\partial z}\bigg|_s = -kn\nu_\psi \dfrac{\psi}{l}(\text{自由水面}) \\ \nu_\psi \dfrac{\partial k}{\partial z}\bigg|_b = -kn\nu_\psi \dfrac{\psi}{l}(\text{河床}) \end{cases} \tag{7-64}$$

只有在计算出上述的 k 和 ψ 后方可计算下述初始边界条件，自由水面处的紊动动能 k 定义为摩阻流速 u_* 的函数形式：

$$u_* = \frac{16.6^{2/3}}{2} u_*^2 = \frac{16.6^{2/3}}{2} K_{\mathrm{mv}} \sqrt{\left(\frac{\partial u}{\partial x}\right)^2 + \left(\frac{\partial v}{\partial y}\right)^2} \tag{7-65}$$

自由水面或河床处的紊动尺度变量 ψ 由水面或河床处的混掺长度 l 按照式（7-66）计算得

$$\begin{cases} l = \kappa_0 d_b \text{或} l = \kappa_0 d_s \\ k = \dfrac{1}{2} B_1^{2/3} \,|\, \tau_b \,|^2 \end{cases} \tag{7-66}$$

式中：τ_b 为河床处的摩擦应力；κ_0 为 Von Karman 常数，取值 0.4；B_1 为系数；d_b 和 d_s 分别为到达河床或自由水面的距离。

7.4.4 高阶壁面湍流模型

分离涡模型（detached eddy simualtion，DES）是在近壁区采用雷诺时均（reynolds averaged navier-stonkcs，RANS）方程，在对数流区使用大涡模拟（large eddy simulation，LES）模型的混合紊流模型。DES 模型是基于动水压力模式的三维非结构网格 SELFE 模型开发的（Zhang et al.，2008），该模型已广泛应用于从小溪流到海洋的跨尺度水动力现象的研究（Zhang et al.，2016）。平面三角形非结构化网格和垂直混合 s-z 坐标系，可较好地跟踪不规则边界线和地形。动水压力模式下的 SELFE 模型的水位波动方程和动量方程见 7.1.2 小节的介绍。

针对 DES 模拟对数值算法的要求，仍然采用 ELM 离散动量方程中的对流项，以缓解 CFL 条件对计算时间步长的限制；ELM 中的逆向跟踪插值使用 Kriging 插值算法，以控制 ELM 离散的数值扩散和色散（Danilov，2013）；使用反距离插值法（inverse distance weight，IDW）计算特征线根部的流速，这样可在不引入人工黏度或过滤计算的情况下提高数值稳定性，这非常适合求解浅水淹没问题，例如海岸带或河岸浅滩的淹没过程（Le-Roux et al.，2005）；同时，选择二阶精度的 TVD 格式离散动量方程中的其他各项，因为 TVD 格式可以确保质量守恒，这意味着可以准确捕捉大的速度梯度（Fringer et al.，2006）。

计算三维流速时，应计算涡黏度系数 ν_t。首先，在求解连续性方程、动量方程和水位波动方程，得到临时速度和水位波动。然后，建立了速度与动水压力之间的关系，求解三维泊松方程，得到了动水压力。由于河床和弯道水流引起的流场变化会引起动水，通过河床附近的正负压力波动影响泥沙输移和河床演变（Kang et al.，2009；Zedleret al.，2004）。三维速度和压力耦合可以更准确地描述黄陵庙弯道中的湍流特性。关于动水计算的详细过程可参考第 6 章的相关章节。最后，离散方程组采用雅可比共轭梯度法求解。

所有物理变量均存储于三角网格节点或单元，见图 7-8（a）。DES 模拟的入口边界条件由实测流速加上随机生成的符合高斯概率分布的随机流速（u',v',w'）组成，形成类似湍流随机脉动的三维流速$(\overline{u},\overline{v},\overline{w})$（Rodi et al.，2013）。涡黏度系数 v_t 是 DES 模型中最重

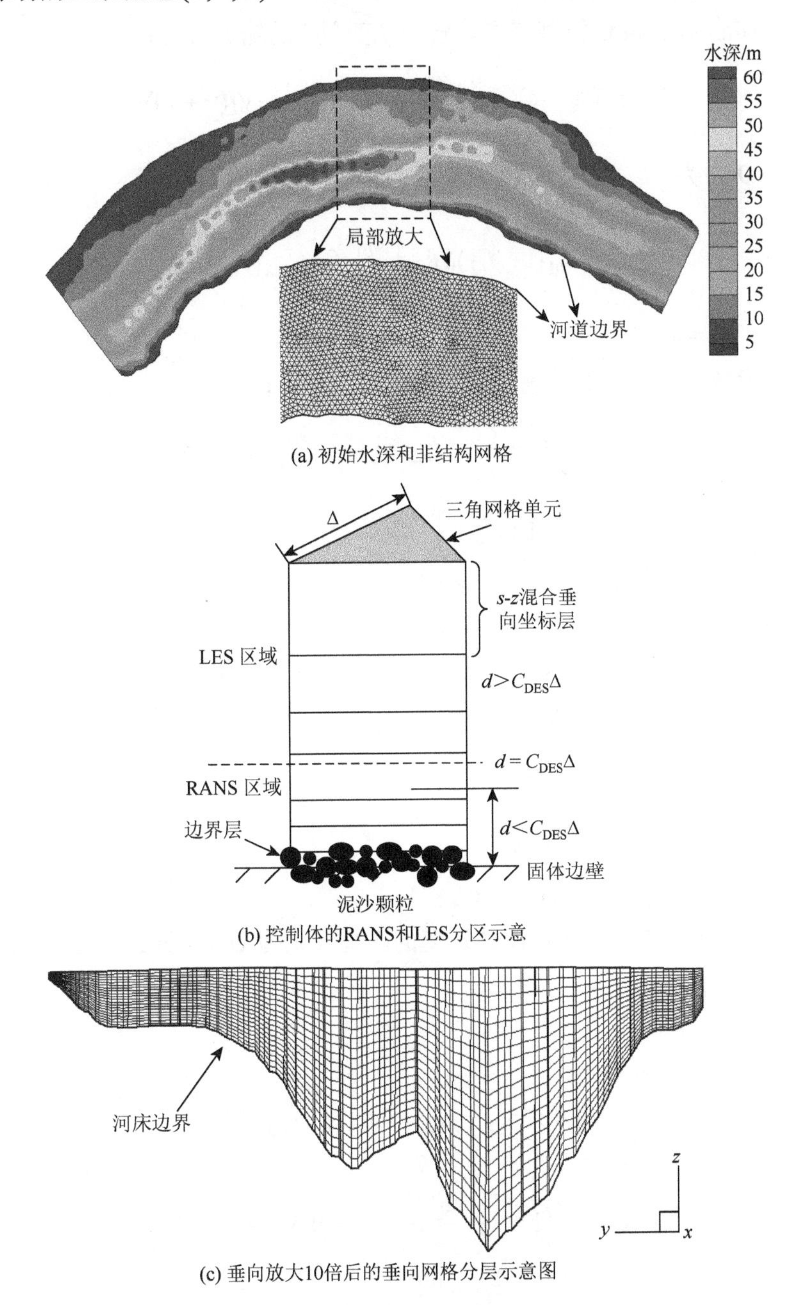

图 7-8　平面网格与垂向坐标示意图

要的变量，可使用通用长度尺度海洋湍流模型（GLS 模型）计算（Umlauf et al.，2003）。但是，GLS 模型是针对海洋湍流问题开发的。

本小节将基于 Spalart-Allmaras 模型（Georgi et al.，2005）和 k-ω-SST 模型计算涡黏性系数（Menter，2010），下面介绍 DES 模型的基本原理和控制方程。

1. Spalart-Allmaras 模型

标准的 Spalart-Allmaras 模型需要求解一个变量 $\tilde{\nu}$ 的输运方程：

$$\partial_t \tilde{\nu} + \boldsymbol{u} \cdot \nabla \tilde{\nu} = Q(\tilde{\nu}) + \frac{c_{b2}}{c_{b3}} \nabla \tilde{\nu} \cdot \nabla \tilde{\nu} + \frac{1}{c_{b3}} \nabla [(\nu + \tilde{\nu}) \nabla \tilde{\nu}] \tag{7-67}$$

上式中的源项 $Q(\tilde{\nu})$ 为

$$Q(\tilde{\nu}) = c_{b1}(1 - f_{t2}) \tilde{S} \tilde{\nu} + \left(\frac{c_{b1}}{\kappa^2} f_{t2} - c_{w1} f_w \right) \left(\frac{\tilde{\nu}}{d} \right)^2 \tag{7-68}$$

涡黏性系数为：$\nu_t = \tilde{\nu} f_{v1}$。

模型中的衰减函数、附加关系式和其他项定义如下：

$$\begin{cases} f_{v1} = \dfrac{\chi^3}{\chi^3 + c_{v1}^3}, \quad f_{v2} = 1 - \dfrac{\chi}{1 + \chi f_{v1}}, \quad \chi = \dfrac{\tilde{\nu}}{\nu} \\ f_w = g \left[\dfrac{1 + c_{w3}^6}{g^6 + c_{w3}^6} \right]^{1/6} \\ g = r + c_{w2}(r^6 - r) \\ r = \dfrac{\tilde{\nu}}{\tilde{S} \kappa^2 d^2} \\ \tilde{S} = S + \dfrac{\tilde{\nu}}{\kappa^2 d^2} f_{v2} \\ S = \sqrt{2 S_{ij} S_{ij}} \\ f_{t2} = c_{t3} \exp(-c_{t4} \chi^2) \end{cases} \tag{7-69}$$

式中：d 为计算网格节点距离最近固体边壁的距离；κ 为 von Karman 常数，应变速率张量 $S_{ij} = \dfrac{1}{2} \left(\dfrac{\partial u_i}{\partial x_j} + \dfrac{\partial u_j}{\partial x_i} \right)$。

模型的封闭常数取值为

$$\begin{cases} c_{b1} = 0.1355, \quad c_{b2} = 0.622, \quad c_{b3} = 2/3 \\ c_{v1} = 7.1 \\ c_{w1} = \dfrac{c_{b1}}{\kappa^2} + \dfrac{1 + c_{b2}}{c_{b3}}, \quad c_{w2} = 0.3, \quad c_{w3} = 2 \\ c_{t3} = 1.2, \quad c_{t4} = 0.5 \end{cases} \tag{7-70}$$

边界条件：

壁面边界条件：$\tilde{\nu}=0$，入口边界（远场）：$\tilde{\nu}_{\text{farfield}}=3\nu_{\infty}\sim5\nu_{\infty}$

2. k-ω-SST 模型

k-ω-SST 模型在固体边壁附近区域采用 k-ω 模型，在远离固体边界的自由剪切区域采用高雷诺数的 k-ε 模型。因此，k-ω-SST 模型可以通过加权系数综合两种湍流模型，在逆压力梯度边界层内限制涡黏性系数来实现湍流模拟，见图 7-8（b）。

不可压缩流体的 k-ω-SST 模型中，紊动能（turbulence kinematic energy，TKE）k 和紊动频率 ω 的输运方程：

$$\frac{\partial k}{\partial t}+\frac{\partial(u_i k)}{\partial x_i}-\frac{\partial}{\partial x_i}\left[(\nu+\sigma_k\nu_t)\frac{\partial k}{\partial x_i}\right]=P_k-D_k \tag{7-71}$$

$$\frac{\partial\omega}{\partial t}+\frac{\partial(u_i\omega)}{\partial x_i}-\frac{\partial}{\partial x_i}\left[(\nu+\sigma_{\omega1}\nu_t)\frac{\partial\omega}{\partial x_i}\right]=\frac{\alpha}{\nu_t}P_k-\beta\omega^2+2(1-F_1)\frac{\sigma_{w2}}{\omega}\frac{\partial k}{\partial x_i}\frac{\partial\omega}{\partial x_i} \tag{7-72}$$

式中：P_k 和 D_k 分别是湍动能的产生和耗散项；F_1 和 F_2 是混合函数；σ_k、β、$\sigma_{\omega1}$、σ_{w2} 和 α 均为经验常数。

紊动能产生项 P_k 在 k-ω-SST 模型的修订版中添加了限制项（Menter，2010），可以防止滞流区域内湍动能的积累，计算式如下：

$$P_k=\min(\tilde{P}_k,10\beta^*k\omega) \tag{7-73}$$

$$\tilde{P}_k=\nu_t\frac{\partial U_i}{\partial x_j}\left(\frac{\partial U_i}{\partial x_j}+\frac{\partial U_j}{\partial x_i}\right) \tag{7-74}$$

$$D_k=-\beta^*k\omega \tag{7-75}$$

混合函数 F_1 和 F_2 采用下式计算：

$$F_1=\tanh\left\{\min\left[\max\left(\frac{\sqrt{k}}{\beta^*\omega d},\frac{500\nu}{d^2\omega}\right),\quad\frac{4\rho\sigma_{\omega2}k}{CD_{k\omega}d^2}\right]\right\}^4 \tag{7-76}$$

$$F_2=\tanh\left[\max\left(\frac{2\sqrt{k}}{\beta^*\omega d},\quad\frac{500\nu}{d^2\omega}\right)\right]^2 \tag{7-77}$$

$$\mathrm{CD}_{k\omega}=\max\left(2\rho\sigma_{\omega2}\frac{1}{\omega}\frac{\partial k}{\partial x_i}\frac{\partial\omega}{\partial x_i},\quad10^{-10}\right) \tag{7-78}$$

$$\alpha=\alpha_1F_1+\alpha_2(1-F_1) \tag{7-79}$$

式中：d 是网格节点到固体边界的最近距离（m）；α 是将固体边壁附近的 k-ε 模型（$\alpha=0$）切换到自由剪切层区域的 k-ω 模型（$\alpha=1$）的权重系数。其他的经验常数值可以在相关参考文献中找到（Menter，2010；Menter，1994）。

最后，涡黏性系数 ν_t 可以计算如下：

$$\nu_t=\frac{a_1k}{\max(a_1\omega,S_{\text{SSY}}\cdot F_2)} \tag{7-80}$$

式中：S_{SSY} 是应变率不变量，$S_{\text{SSY}}=\sqrt{2S_{ij}S_{ij}}$；$a_1=0.31$。

2003 年版 SST 模型对 1994 年版 SST 模型进行了修正，包括：①用应变率 S_{SST} 代替了涡量；②限制项中用 10 代替 20。

边界条件。

（1）固体边壁边界条件：$k_{wall}=0$，$\omega_{wall}=10\dfrac{6\nu}{\beta_1(\Delta d_1)^2}$。

（2）入口边界（远场）：$k_{farfield}=\dfrac{10^{-5}U_{farfield}^2}{\mathrm{Re}_L}\sim\dfrac{10^{-1}U_{farfield}^2}{\mathrm{Re}_L}$，$\omega_{farfield}=\dfrac{U_{farfield}}{L}\sim\dfrac{10U_{farfield}}{L}$。

针对 Spalart-Allmaras 模型和 k-ω-SST 模型均有很多种变种，如考虑流线弯曲或流体旋转效应等（Smirnov，2008），都是为了解决边界层层流向外区湍流转变物理现象时所做的努力，在此不再赘述。

（3）建立 DES 模型。

距固体边壁的最近距离 d 是实施 DES 模拟的关键变量，见图 7-8（b）。最近距离 d 应在 RANS 和 LES 区域中以不同方式计算得到。为了能够建立 DES 模拟的 SST 模型，Strelets（2001）重新定义了湍流长度尺度如下：

$$d_{RANS}=k^{1/2}/(\beta^*\omega) \tag{7-81}$$

LES 湍流长度尺度定义为（Rodi et al.，2013）

$$d_{LES}=C_{DES}\varDelta \tag{7-82}$$

$$\bar{d}=\min(d_{RANS},d_{LES}) \tag{7-83}$$

式中：$\varDelta$ 是三个方向（x，y 和 z）的局部最大网格间距；C_{DES} 是 DES 模型参数，$\bar{d}$ 是 DES 模型中使用的距离参数，$\bar{d}$ 代替 RANS 版本 SST 模型中的 d。

局部最大网格间距 $\varDelta$ 决定了 DES 模拟的最小湍流尺度，可以取三角形单元边长与混合 s-z 垂直网格分层厚度的最大值［图 7-8（b）］。DES 模型中使用的平面非结构网格和垂直地形跟踪坐标系可以模拟自然河流中涡分辨率的湍流结构［图 7-8（c）］。

如图 7-8（b），式（7-83）的作用就是：在 $d<C_{DES}\varDelta$ 区域，SST 模型以 RANS 模型计算，而在远离固体边壁的区域（$d>C_{DES}\Delta$）以亚格子应力（sub-grid-stress，SGS）的 LES 模型计算。关于 RANS-LES 模式转换的数学原理可参考文献（Rodi et al.，2013）。在标准的 DES 模拟中，与固体边壁平衡的临近网格间距至少与边界层厚度相当，这样 RANS 模型在整个边界层内才是有效的。

为推导出 DES 模型，式（7-71）和式（7-72）中的耗散项 D_k 修改为 $D_{DES}^k=\rho k^{3/2}/d_{DES}$。对 SST 模型的 k-ε 模型和 k-ω 模型分区分别率定计算 C_{DES}。然后，这些计算值使用混合函数 F_1 计算得到 DES 的参数：

$$C_{DES}=(1-F_1)C_{DES}^{k-\varepsilon}+F_1C_{DES}^{k-\omega} \tag{7-84}$$

因为在大部分的流动区域 DES 模拟都以 LES 模式做计算［图 7-8（b）］，因此 k-ε 模式计算对 DES 模拟精度至关重要。同时，在实际应用中，靠近河床的第一层网格厚度一般大于边界层厚度，并受泥沙颗粒影响［图 7-8（b)］。Strelets（2001）建议如下取值：$C_{\text{DES}}^{k-\varepsilon}=0.61$和$C_{\text{DES}}^{k-\omega}=0.78$，本研究使用该取值。

在河床处，湍动能 k 设置为 0。对于粗糙床面：

$$\omega=\begin{cases}2500\nu/(\mathrm{k}_s)^2, & k_s^+\leqslant 25\\ 100u_*/k_s, & k_s^+>25\end{cases} \tag{7-85}$$

式中：u_*为摩阻流速；k_s为粗糙高度，$k_s^+=u_*k_s/\nu$。在河床床面处，粗糙高度k_s可取床沙中值粒径d_{50}。

上述的 SST 湍流模型已使用很多实验数据进行了验证（Georgi et al.，2005），本章将在 SELFE 模型框架内实施 SST 模型，我们认为采用基于以上 SST 模型开发的 DES 模型来模拟研究黄陵庙弯道湍流是可靠的。

7.5 动水压力

7.5.1 正压模式下的控制方程离散

SELFE 模型首先求解正压模式下的方程式（7-5）～式（7-7），在下一时间步长求解物质输移方程和紊流封闭方程，也就是说动量方程中的正压压力梯度项是采用显格式求解。当采用静水压力假设时，垂向流速 w 是在由方程（7-7）求解得到水平向流速后根据棱柱体内的水量平衡求解。对时间项采用半隐格式离散并结合垂向边界条件方程，离散求解自由波动方程和动量方程，如下：

$$\frac{\eta^{n+1}-\eta^n}{\Delta t}+\theta\nabla\cdot\int_{-h}^{\eta}U^{n+1}\mathrm{d}z+(1-\theta)\nabla\cdot\int_{-h}^{\eta}U^n\mathrm{d}z=0 \tag{7-86}$$

$$\frac{\boldsymbol{u}^{n+1}-\boldsymbol{u}^n}{\Delta t}=\boldsymbol{f}^n-g\theta\nabla\eta^{n+1}-g(1-\theta)\nabla\eta^n+\frac{\partial}{\partial z}\left(\nu^n\frac{\partial\boldsymbol{u}^{n+1}}{\partial z}\right) \tag{7-87}$$

$$\begin{cases}\nu^n\dfrac{\partial\boldsymbol{u}^{n+1}}{\partial z}=\tau_w^{n+1}, & z=\eta^n\\ \nu^n\dfrac{\partial\boldsymbol{u}^{n+1}}{\partial z}=\chi^nU_b^{n+1}, & z=-h\end{cases} \tag{7-88}$$

式中：上标表示时间层，隐格式因子$1/2\leqslant\theta<1$，$\boldsymbol{u}*(x,y,z,t^n)$为采用 ELM 向后轨迹跟踪得到的流速值，$\chi^n=C_D|\boldsymbol{u}_b^n|$。

方程式（7-86）中第二项和第三项的自由水位采用显格式求解，式（7-86）的 Galerkin 加权余量离散的弱形式如下：

$$\begin{aligned}&\int_\Omega \phi_i \frac{\eta_i^{n+1}-\eta_i^n}{\Delta t}\mathrm{d}\Omega+\theta\Big(-\int_\Omega \nabla\phi_i U_i^{n+1}\mathrm{d}\Omega\\&+\int_{\Gamma_v}\phi_i \hat{U}_{\text{normal}}^{n+1}\mathrm{d}\Gamma_v+\int_{\bar{\Gamma}_v}\phi_i U_{\text{normal}}^{n+1}\mathrm{d}\bar{\Gamma}_v\Big)\\&+(1-\theta)\Big(-\int_\Omega \nabla\phi_i\cdot U_i^n\mathrm{d}\Omega+\int_\Gamma \phi_i U_{\text{normal}}^n\mathrm{d}\Gamma\Big)=0,\quad i=1,\cdots,N_p\end{aligned} \tag{7-89}$$

式中：N_p 为节点总数；$\Gamma\equiv\Gamma_v+\bar{\Gamma}_v$ 为求解域 Ω 的边界，Γ_v 对应于定义开边界条件的边界单元；$\boldsymbol{U}=\int_{-h}^{\eta}\boldsymbol{u}\mathrm{d}z$ 为沿水深积分平均的流速矢量；$\boldsymbol{U}_{\text{normal}}^n$ 和 $\boldsymbol{U}_{\text{normal}}^{n+1}$ 为沿边界处的法向流速分量；$\hat{U}_{\text{normal}}^{n+1}$ 为沿边界法向的边界条件。SELFE 模型中使用线性形状函数，因此，ϕ_i 为传统的帽函数形式。

沿垂向对动量方程式（7-87）进行积分，有

$$U^{n+1}=G^n-g\theta H^n\Delta t\nabla\eta^{n+1}-\chi^n\Delta t U_b^{n+1} \tag{7-90}$$

$$G^n=U_*+\Delta t[F^n+\tau_w^{n+1}-g(1-\theta)H^n\nabla\eta^n] \tag{7-91}$$

$$\begin{cases}H^n=h+\eta^n\\F^n=\int_{-h}^{\eta^n}f\,\mathrm{d}z\\U_*=\int_{-h}^{\eta^n}u_*\mathrm{d}z\end{cases} \tag{7-92}$$

式（7-90）没有进行垂向的离散求解，仅为式（7-87）的解析积分式。

为消除式（7-90）中的未知量 $\boldsymbol{u}_b^{n+1}$，需要在底部单元的顶层位置离散动量方程，即在 $z=\delta_b-h$ 的位置：

$$\frac{\boldsymbol{u}_b^{n+1}-\boldsymbol{u}_{*b}}{\Delta t}=\boldsymbol{f}_b^n-g\theta\nabla\eta^{n+1}-g(1-\theta)\nabla\eta^n+\frac{\partial}{\partial z}\left(\nu^n\frac{\partial\boldsymbol{u}^{n+1}}{\partial z}\right),\quad z=\delta b-h \tag{7-93}$$

另外，因为底部边界层中没有黏性项（式 7-88），底层流速可采用下式求解：

$$\boldsymbol{u}_b^{n+1}=\hat{f}_b^n-g\theta\nabla\eta^{n+1} \tag{7-94}$$

其中

$$\hat{f}_b^n=\boldsymbol{u}_{*b}+\boldsymbol{f}_b^n\Delta t-g\Delta t(1-\theta)\nabla\eta^n \tag{7-95}$$

尽管式（7-94）看起来没有垂向黏性项，但在 $\boldsymbol{u}_{*b}$ 和科氏力项 $\boldsymbol{f}_b^n$ 中存在黏性。将式（7-94）代入式（7-91），可得

$$U^{n+1}=\hat{G}^n-g\theta\hat{H}^n\Delta t\nabla\eta^{n+1} \tag{7-96}$$

其中

$$\begin{cases}\hat{G}^n=G^n-\chi^n\Delta t\,\hat{f}_b^n\\\hat{H}^n=H^n-\chi^n\Delta t\end{cases} \tag{7-97}$$

从式（7-97）可以发现：由于底部摩擦力作用，总水深减小了（数值意义上），减小幅度与阻力系数和底层流速大小相关。

为了简化，SELFE 模型采用显格式求解科氏力项，Wicker 等（1998）指出：显示求解科氏力项可引入阻尼现象，即好像阻力变大了。SELFE 模型也可以采用隐格式求解科氏力项，在这种情况下，式（7-96）中的水平流速分量 u 和 v 将存在耦合作用，但采用式（7-96）也可同时求解水平流速分量。

由于 SELFE 模型采用线性形状函数求解自由水位高程和水平流速分量 u 和 v，流速分量求解是在得到自由水位高程后，根据动量方程分别独立求解 u 和 v。这就意味着科氏力起到了比较重要的作用，这与 ELCIRC 模型有很大的不同。

最后将式（7-96）代入式（7-92）即可得到仅含有自由水位高程 η 的方程式：

$$\begin{aligned}&\int_{\Omega}(\phi_i\eta^{n+1}+g\theta^2\Delta t^2\hat{H}^n\nabla\phi_i\cdot\nabla\eta^{n+1})\mathrm{d}\Omega-g\theta^2\Delta t^2\\&\times\int_{\bar{\Gamma}_v}\phi_i\hat{H}^n\frac{\partial\eta^{n+1}}{\partial n}\mathrm{d}\bar{\Gamma}_v+\theta\Delta t\int_{\Gamma_v}\phi_i\hat{U}_{\mathrm{normal}}^{n+1}\mathrm{d}\Gamma_v=I^n\end{aligned}\tag{7-98}$$

式中：I^n 包含一些显格式项：

$$\begin{aligned}I^n=&\int_{\Omega}[\phi_i\eta^n+(1-\theta)\Delta t\nabla\phi_i\cdot U_i^n+\theta\Delta t\nabla\phi_i\cdot\hat{G}^n]\mathrm{d}\Omega\\&-(1-\theta)\Delta t\int_{\Gamma}\phi_iU_{\mathrm{normal}}^n\mathrm{d}\Gamma-\theta\Delta t\int_{\Gamma_v}\phi_i^n\cdot\hat{G}^n\mathrm{d}\bar{\Gamma}_v\end{aligned}\tag{7-99}$$

根据有限单元法的基本求解步骤，首先需要采用合适的本质边界条件（Dirchlet 边界）和自然边界条件（Riemann 边界）在计算节点上求解式（7-98）得到自由水位高程。如果采用本质边界条件，则不需要对 $\bar{\Gamma}$ 进行积分计算，采用自然边界条件对式（7-98）左手边的 Γ_v 进行积分计算。由式（7-98）离散得到的系数矩阵为稀疏对称矩阵，如果限定由摩阻引起的水深减小值 $\bar{H}^n\geqslant0$，则离散的系数矩阵为正定矩阵，该矩阵可采用预处理共轭梯度法进行有效率的求解。

在求解得到自由水位高程后，SELFE 模型沿垂向水柱在单元边的中点处求解动量方程式。采用半隐格式的有限单元法求解，隐格式处理压力梯度项和垂向黏性项，其他各项采用显格式处理：

$$\begin{aligned}&\int_{-h}^{\eta}\gamma_k\left[\boldsymbol{u}-\Delta t\frac{\partial}{\partial z}\left(\nu\frac{\partial\vec{u}}{\partial z}\right)\right]_{j,k}^{n+1}\mathrm{d}z\\&=\int_{-h}^{\eta}\gamma_k\{\boldsymbol{u}_*+\Delta t[\boldsymbol{f}_{j,k}^n-g\theta\nabla\eta_j^{n+1}-g(1-\theta)\nabla\eta_j^n]\}\mathrm{d}z\end{aligned}\tag{7-100}$$

式中：$\gamma_k(z)$ 为垂向的帽函数。

隐格式处理的两项（压力梯度项和垂向黏性项）需要施加最严格的稳定性限制条件。正压压力梯度项和水平黏性项采用显格式处理，只需要施加一般的稳定性限制条件。

在求解得到所有单元边上的流速值后，ELM 离散对流项还需要计算节点处的流速值：水平向上采用节点周围单元边的流速加权平均得到，垂向上采用合适的插值算法得到。ELM 中采用加权平均或由最小二乘法拟合得到计算节点处流速的方法会引入数值扩散的问题，因为只有 ELM 的逆向跟踪和插值需要用到节点处的流速，而其他部分的计算不需要节点处的流速值。加权平均计算得到节点流速在每个计算单元内由三条边上的流速采用线性形状函数计算得到，该方法又会产生数值振荡的问题，SELFE 模型采用 Shapiro 过滤法消除误差，最大程度地降低数值求解对真实物理现象的扭曲。

在静水压力模式下垂向流速 w 由三角形棱柱体内的水量平衡计算得到，垂向流速在河床或海床坡度较大时，将是一个重要的物理量，会产生动水压力的情况。另外，静水压力模式下计算垂向流速 w 的方法也会造成一些数值计算的问题，见 7.3.3 小节的介绍。因此，需要采用动水压力模式求解三维动量方程。

7.5.2　斜压模式下的控制方程离散

斜压模式对海洋动力学模型的垂向坐标提出一定要求，因为所有采用地形跟踪坐标的海洋动力学模型都会遇到静水压力不一致的问题，这是由于地形跟踪坐标不符合地球重力势造成的。一些研究者采用在 z 坐标系下求解斜压力梯度项或利用更高阶数的数值格式求解，这些方法仅对一些理想算例有效，但算例中没有实际情况下的混掺现象，仅与一些解析解符合良好。SELFE 中在垂向上采用 s-z 混合坐标系可有效减小静水压力不一致的问题，因为深水区的垂向网格采用 z 坐标，符合地球重力势，在很大一部分水深上（z 坐标系下）不会有静压不一致的问题，SELFE 模型在靠近水面附近的 s 坐标系内采用以下方法计算斜压力梯度：①垂向采用三次样条插值计算密度梯度；②在靠近河床和水面附近区域采用内插计算，而不是外推计算。以上两种方法可得到较理想的计算结果。

假设网格分布均匀可以得到理想的模型稳定性限制条件分析，由于 ELCIRC 模型和 SELFE 模型的离散系数矩阵结构相同，因此，稳定性限制条件相同。但是，斜压模式对动力学模型的稳定性限制比正压模式下的稳定性限制条件有所不同，正压模式的稳定性限制条件见 7.3.4 小节和 7.3.6 小节的介绍。斜压模式下，当半隐格式因子$1/2 \leqslant \theta < 1$时，模型计算精度最高，斜压项和水平黏性项的显格式离散对计算时间步长和网格尺寸产生稳定性限制。SELFE 模型的斜压项稳定性条件如下（Zhang et al.，2004）：

$$\frac{\Delta t\sqrt{g'h}}{\Delta_{xy}} \leqslant 1 \tag{7-101}$$

$$g' = g\frac{\Delta\rho}{\rho_0} \tag{7-102}$$

式中：g' 为由于密度分层引起的重力加速度减小值。

水平黏性项的稳定性与局部扩散系数有关：

$$\frac{\mu\Delta t}{\Delta_{xy}^2} \leqslant \frac{1}{2} \tag{7-103}$$

注意式（7-101）和式（7-103）的限制作用比 CFL 条件的限制作用要弱。式（7-101）中有内部波速项，其幅度至少比表面波速要小一个量级，因此 SELFE 模型可以使用更大的计算时间步长值。

另外，采用迎风格式求解物质输移方程时需要施加额外的稳定性限制，因此必须采用较小的时间步长值求解物质输移方程。

7.5.3　动水压力模式下的动量方程离散

动水压力模式下的动量方程见 7.1.2 小节的介绍。当不能忽略垂向水流运动情况时，动量方程中的压强将由静水压强、斜压力项和动水压强三部分构成：

$$p = g\int_{z}^{Z_{\text{ini}}+\eta}\rho_0 \mathrm{d}z + g\int_{z}^{Z_{\text{ini}}+\eta}(\rho-\rho_0)\mathrm{d}z + \rho_0 q \tag{7-104}$$

式中：q 为动水压强（$\mathrm{m^2/s^2}$）。斜压项在海洋模型中由于咸水存在很明显的密度差而不可忽略，在河流计算中由于水体密度差异很小可以被忽略。

因此，三维动量方程中的压力梯度项可写为

$$\begin{cases} -\dfrac{1}{\rho_0}\dfrac{\partial p}{\partial x} = -g\dfrac{\partial \eta}{\partial x} - \dfrac{g}{\rho_0}\displaystyle\int_{z}^{Z_{\text{ini}}+\eta}\dfrac{\partial \rho}{\partial x}\mathrm{d}z - \dfrac{\partial q}{\partial x} \\ -\dfrac{1}{\rho_0}\dfrac{\partial p}{\partial y} = -g\dfrac{\partial \eta}{\partial y} - \dfrac{g}{\rho_0}\displaystyle\int_{z}^{Z_{\text{ini}}+\eta}\dfrac{\partial \rho}{\partial y}\mathrm{d}z - \dfrac{\partial q}{\partial y} \\ -\dfrac{1}{\rho_0}\dfrac{\partial p}{\partial z} = -\dfrac{g}{\rho_0}\displaystyle\int_{z}^{Z_{\text{ini}}+\eta}\dfrac{\partial \rho}{\partial z}\mathrm{d}z - \dfrac{\partial q}{\partial z} = \dfrac{\rho}{\rho_0}g - \dfrac{\partial q}{\partial z} \end{cases} \tag{7-105}$$

将上式代入三维动量方程组，可得到考虑动水压强的新的动量方程：

$$\begin{cases} \dfrac{\mathrm{d}u}{\mathrm{d}t} = fv - g\dfrac{\partial \eta}{\partial x} - \dfrac{g}{\rho_0}\displaystyle\int_{z}^{Z_{\text{ini}}+\eta}\dfrac{\partial \rho}{\partial x}\mathrm{d}z + K_{\text{mh}}\left(\dfrac{\partial^2 u}{\partial x^2}+\dfrac{\partial^2 u}{\partial y^2}\right) + \dfrac{\partial}{\partial z}\left(K_{\text{mv}}\dfrac{\partial u}{\partial z}\right) - \dfrac{\partial q}{\partial x} \\ \dfrac{\mathrm{d}v}{\mathrm{d}t} = -fu - g\dfrac{\partial \eta}{\partial y} - \dfrac{g}{\rho_0}\displaystyle\int_{z}^{Z_{\text{ini}}+\eta}\dfrac{\partial \rho}{\partial x}\mathrm{d}z + K_{\text{mh}}\left(\dfrac{\partial^2 v}{\partial x^2}+\dfrac{\partial^2 v}{\partial y^2}\right) + \dfrac{\partial}{\partial z}\left(K_{\text{mv}}\dfrac{\partial v}{\partial z}\right) - \dfrac{\partial q}{\partial y} \\ \dfrac{\mathrm{d}w}{\mathrm{d}t} = K_{\text{mh}}\left(\dfrac{\partial^2 w}{\partial x^2}+\dfrac{\partial^2 w}{\partial y^2}\right) + \dfrac{\partial}{\partial z}\left(K_{\text{mv}}\dfrac{\partial w}{\partial z}\right) - \dfrac{\partial q}{\partial z} \end{cases} \tag{7-106}$$

动水压强下动量方程的离散：

$$A_j^n U_j^{n+1} = G_j^n - \theta_1 g\frac{\Delta t}{\delta_j}[\eta_{\text{is}(j,2)}^{n+1} - \eta_{\text{is}(j,1)}^{n+1}]\Delta z_j^n - \theta_2 \Delta t\frac{q_{\text{is}(j,2),k}^{n+1} - q_{\text{is}(j,1),k}^{n+1}}{\delta_j}\Delta z_{j,k}^n \tag{7-107}$$

$$A_j^n V_j^{n+1} = F_j^n - \theta g\frac{\Delta t}{l_j}[\overline{\eta}_{\text{ip}(j,2)}^{n+1} - \overline{\eta}_{\text{ip}(j,1)}^{n+1}]\Delta z_j^n - \theta_2 \Delta t\frac{q_{\text{ip}(j,2),k}^{n+1} - q_{\text{ip}(j,1),k}^{n+1}}{l_j}\Delta z_{j,k}^n \tag{7-108}$$

$$B_i^n W_i^{n+1} = E_i^n - \theta_2 \Delta t(q_{i,k+1}^{n+1} - q_{i,k}^{n+1}) \tag{7-109}$$

式中：G_j^n、F_j^n、E_i^n 为所有显式项的向量。U_j^{n+1}、V_j^{n+1} 和 W_i^{n+1} 的形式如下：

$$\begin{cases} U_j^{n+1} = \begin{bmatrix} u_{j,M_j}^{n+1} \\ \cdots \\ u_{j,m_j}^{n+1} \end{bmatrix} \\ V_j^{n+1} = \begin{bmatrix} v_{j,M_j}^{n+1} \\ \cdots \\ v_{j,m_j}^{n+1} \end{bmatrix} \\ W_j^{n+1} = \begin{bmatrix} w_{j,M_j+1/2}^{n+1} \\ \cdots \\ w_{j,m_j-1/2}^{n+1} \end{bmatrix} \\ \Delta Z_j^n = \begin{bmatrix} \Delta z_{j,M_j}^n \\ \cdots \\ \Delta z_{j,m_j}^n \end{bmatrix} \end{cases} \tag{7-110}$$

式中：水平向动量方程的系数矩阵相同为 A_j；垂向动量方程的系数矩阵为 B_i。

以上离散公式的系数矩阵为对称正定矩阵，可用雅克比共轭梯度法求解。

由于 θ 隐式因子对模型计算的稳定性和计算精度有明显的影响，一般取值在 0.5～1.0。SELFE 模型中水位和动水压强的计算均采用相同的 θ 隐式因子，但水位 η 计算的隐式因子取决于静水压强步计算中的快速表面重力波影响的强弱，而动水压强 q 的隐式因子取决于垂向的水流运动尺度，胡德超（2008）对于水位 η 和动水压强 q 的计算采用不同的隐式因子，来缓解两者之间的矛盾。

1. 静水压力步计算

首先，计算得到临时计算三维流速和水位：

$$\bar{U}_j^{n+1} = [A_j^n]^{-1} G_j^n - \theta g \frac{\Delta t}{\delta_j} [\bar{\eta}_{\mathrm{is}(j,2)}^{n+1} - \bar{\eta}_{\mathrm{is}(j,1)}^{n+1}][A_j^n]^{-1} \Delta z_j^n \tag{7-111}$$

$$\bar{V}_j^{n+1} = [A_j^n]^{-1} F_j^n - \theta_1 g \frac{\Delta t}{l_j} [\bar{\eta}_{\mathrm{is}(j,2)}^{n+1} - \eta_{\mathrm{is}(j,1)}^{n+1}][A_j^n]^{-1} \Delta z_j^n \tag{7-112}$$

$$\bar{W}_i^{n+1} = [B_i^n]^{-1} E_i^n \tag{7-113}$$

水位波动方程也采用 θ 半隐式离散求解，离散形式如下：

$$\bar{\eta}_i^{n+1} = \eta_i^n - \frac{\theta_1 \Delta t}{P_i} \sum_{l=1}^{\mathrm{i34}(i)} s_{i,l} l_{\mathrm{jsj}} [\Delta z_{\mathrm{jsj}}^n]^{\mathrm{T}} U_{\mathrm{jsj}}^n - \frac{(1-\theta_1)\Delta t}{P_i} \sum_{l=1}^{\mathrm{i34}(i)} s_{i,l} l_{\mathrm{jsj}} [\Delta z_{\mathrm{jsj}}^n]^{\mathrm{T}} U_{\mathrm{jsj}}^n \tag{7-114}$$

将水平向动量离散公式代入水位波动离散公式，可得水位波动求解的二维泊松方程：

$$
\begin{aligned}
&\overline{\eta}_i^{n+1}-\frac{g\theta_1^2\Delta t^2}{P_i}\sum_{l=1}^{\mathrm{i34}(i)}\frac{s_{i,l}l_{\mathrm{jsj}}}{\delta_{\mathrm{jsj}}}[\Delta z_{\mathrm{jsj}}^n]^T[A_{\mathrm{jsj}}^n]^{-1}\Delta z_{\mathrm{jsj}}^n[\eta_{\mathrm{is(jsj,1)}}^{n+1}-\eta_{\mathrm{is(jsi,1)}}^{n+1}] \\
&=\eta_i^n-\frac{(1-\theta_1)\Delta t}{P_i}\sum_{l=1}^{\mathrm{i34}(i)}s_{i,l}l_{\mathrm{jsj}}[\Delta z_{\mathrm{jsj}}^n]^T\overline{U}_{\mathrm{jsj}}^n-\frac{\theta_1\Delta t}{P_i}\sum_{l=1}^{\mathrm{i34}(i)}s_{i,l}l_{\mathrm{jsj}}[\Delta z_{\mathrm{jsj}}^n]^T[A_{\mathrm{jsj}}^n]^{-1}G_{\mathrm{jsj}}^n
\end{aligned}
\quad (7\text{-}115)
$$

求得临时计算水位波动值 $\overline{\eta}_i^{n+1}$ 后，代入动量方程式(7-106)，计算得出临时流速 $\overline{u}^{n+1}$、$\overline{v}^{n+1}$。

垂向流速 $\overline{w}^{n+1}$ 通过连续性方程求出，可保证整体的质量守恒，计算公式如下：

$$
\overline{w}_{i,k}^{n+1}=\overline{w}_{i,k-1}^{n+1}-\frac{1}{P_i}\sum_{l=1}^{\mathrm{i34}(i)}s_{i,l}l_{\mathrm{jsj}}\Delta z_{\mathrm{jsj},k}^n\overline{u}_{\mathrm{jsj},k}^{n+1},\quad k=m_i^e,\cdots,M_i^e \quad (7\text{-}116)
$$

2. 动水压力步计算

在表层和表层以下各层两部分分别进行动水压强值的计算，表层动水压强记为 q_M。假定表面符合静水压强假定，然后利用计算得到的 q_M 对自由水面和各层的动水压强进行修正，修正后的表层动水压强即转化为零，这样计算的动水压强场的物理意义合理，较传统的直接将表层动水压强值设置为零更合理。进行 q_M 修正前的临时计算动水压强记为 $\overline{q}$。

在静水压强步计算得到 $n+1$ 时刻的临时计算流场 $\overline{u}^{n+1}$、$\overline{v}^{n+1}$、$\overline{w}^{n+1}$ 的基础上，利用三维流速与动水压强的隐式关系（式 7-117～式 7-119），计算 $n+1$ 时刻更新后的三维流速值 u^{n+1}、v^{n+1}、w^{n+1}：

$$
u_{j,k}^{n+1}=\overline{u}_{j,k}^{n+1}-\theta_2\Delta t\frac{\overline{q}_{\mathrm{is}(j,2),k}^{n+1}-\overline{q}_{\mathrm{is}(j,1),k}^{n+1}}{\delta_j} \quad (7\text{-}117)
$$

$$
v_{j,k}^{n+1}=\overline{v}_{j,k}^{n+1}-\theta_2\Delta t\frac{\overline{q}_{\mathrm{ip}(j,2),k}^{n+1}-\overline{q}_{\mathrm{ip}(j,1),k}^{n+1}}{l_j} \quad (7\text{-}118)
$$

$$
w_{j,k}^{n+1}=\overline{w}_{j,k+1/2}^{n+1}-\theta_2\Delta t\frac{\overline{q}_{i,k+1}^{n+1}-\overline{q}_{i,k}^{n+1}}{\Delta z_{i,k+1/2}^n} \quad (7\text{-}119)
$$

动水压强步计算中，自由水位波动方程的离散形式如下：

$$
\eta_i^{n+1}=\eta_i^n-\frac{\theta_1\Delta t}{P_i}\sum_{l=1}^{\mathrm{i34}(i)}\left[\mathrm{s}_{i,l}\,l_{\mathrm{jsj}}\sum_{k=m_j}^{M_j}\Delta z_{\mathrm{jsj},k}^n u_{\mathrm{jsj},k}^{n+1}\right]-\frac{(1-\theta_1)\Delta t}{P_i}\sum_{l=1}^{\mathrm{i34}(i)}\left[s_{i,l}l_{\mathrm{jsj}}\sum_{k=m_j}^{M_j}\Delta z_{\mathrm{jsj},k}^n u_{\mathrm{jsj},k}^n\right] \quad (7\text{-}120)
$$

除了自由水面以下的各分层，连续性方程可离散为

$$
\sum_{l=1}^{\mathrm{i34}(i)}s_{i,l}l_{\mathrm{jsj}}\Delta z_{\mathrm{jsj},k}^n u_{\mathrm{jsj},k}^{n+1}+P_i(w_{i,k+1/2}^{n+1}-w_{i,k-1/2}^{n+1})=0,\quad k=m_j,\cdots,M_j \quad (7\text{-}121)
$$

令底层的垂向流速为零，即 $w_{i,m-1/2}^{n+1}=0$，并将式（7-120）代入式（7-121），可得

$$\eta_i^{n+1} = \eta_i^n - \frac{\theta_1 \Delta t}{P_i} \sum_{l=1}^{\text{i34}(i)} [\text{s}_{i,l}\, l_{\text{jsj}} \Delta z_{\text{jsj},M_j}^n u_{\text{jsj},k}^n] + \theta_1 \Delta t w_{i,M_j-1/2}^{n+1} - \frac{(1-\theta_1)\Delta t}{P_i} \sum_{l=1}^{\text{i34}(i)} \left[s_{i,l} l_{\text{jsj}} \sum_{k=m_j}^{M_j} \Delta z_{\text{jsj},k}^n u_{\text{jsj},k}^n \right] \tag{7-122}$$

表层符合静水压强分布假定，则表层压强可由下式计算：

$$q_{i,M_j}^{n+1} = g(\eta_i^{n+1} - z_{M_j}) = g(\overline{\eta}_i^{n+1} - z_{M_j}) + \overline{q}_{i,M_j}^{n+1} \tag{7-123}$$

由式（7-123）可得

$$gP_i\eta_i^{n+1} = P_i\overline{q}_{i,M_j}^{n+1} + gP_i\overline{\eta}_i^{n+1} \tag{7-124}$$

将式（7-124）代入式（7-122），可得

$$\overline{q}_{i,M_j}^{n+1} = g(\eta_i^n - \overline{\eta}_i^{n+1}) - \frac{g\theta_1 \Delta t}{P_i} \sum_{l=1}^{\text{i34}(i)} [\text{s}_{i,l}\, l_{\text{jsj}} \Delta z_{\text{jsj},M_j}^n u_{\text{jsj},M_j}^{n+1}] + g\theta_1 \Delta t w_{i,M_j-1/2}^{n+1} - \frac{g(1-\theta_1)\Delta t}{P_i} \sum_{l=1}^{\text{i34}(i)} \left[s_{i,l} l_{\text{jsj}} \sum_{k=m_j}^{M_j} \Delta z_{\text{jsj},k}^n u_{\text{jsj},k}^n \right] \tag{7-125}$$

将式（7-117）和式（7-119）计算得到的$u_{j,k}^{n+1}$、$w_{j,k}^{n+1}$代入式（7-125）并联立连续性方程离散公式（7-121），可得到表层及表层以下各水层的动水压强计算方程式：

$$\begin{aligned} &\theta_1\theta_2\Delta t^2 \left[\sum_{l=1}^{\text{i34}(i)} l_{\text{jsj}} \Delta z_{\text{jsj},M_j}^n \frac{\overline{q}_{\text{is}(j,2),k}^{n+1} - \overline{q}_{\text{is}(j,1),k}^{n+1}}{\delta_j} + P_i \frac{\overline{q}_{i,M_j}^{n+1} - \overline{q}_{i,M_j-1}^{n+1}}{\Delta z_{i,M_j-1/2}^n} \right] + \frac{P_i}{g} \overline{q}_{i,M_j}^{n+1} \\ &= \theta_1 \Delta t P_i \overline{w}_{i,M_j-1/2}^{n+1} - \theta_1 \Delta t \sum_{l=1}^{\text{i34}(i)} s_{i,l} l_{\text{jsj}} \Delta z_{\text{jsj},M_j}^n \overline{u}_{\text{jsj},k}^{n+1} + P_i(\eta_i^n - \overline{\eta}_i^{n+1}) \\ &\quad - (1-\theta_1)\Delta t \sum_{l=1}^{\text{i34}(i)} \left[s_{i,l} l_{\text{jsj}} \sum_{k=m_j}^{M_j} \Delta z_{\text{jsj},k}^n u_{\text{jsj},k}^n \right] \quad k = M_j \quad (\text{表层}) \end{aligned} \tag{7-126}$$

$$\begin{aligned} &\theta_1\theta_2\Delta t^2 \sum_{l=1}^{\text{i34}(i)} l_{\text{jsj}} \Delta z_{\text{jsj},k}^n \frac{\overline{q}_{\text{is}(j,2),k}^{n+1} - \overline{q}_{\text{is}(j,1),k}^{n+1}}{\delta_j} + P_i \left(\frac{\overline{q}_{i,k}^{n+1} - \overline{q}_{i,k+1}^{n+1}}{\Delta z_{i,k+1/2}^n} + \frac{\overline{q}_{i,k}^{n+1} - \overline{q}_{i,k-1}^{n+1}}{\Delta z_{i,k-1/2}^n} \right) \\ &= \theta_1 \Delta t P_i (\overline{w}_{i,k-1/2}^{n+1} - \overline{w}_{i,k+1/2}^{n+1}) - \theta_1 \Delta t \sum_{l=1}^{\text{i34}(i)} s_{i,l} l_{\text{jsj}} \Delta z_{\text{jsj},k}^n \overline{u}_{\text{jsj},k}^{n+1}, \quad k = m_j, \cdots, M_j - 1 \end{aligned} \tag{7-127}$$

式（7-126）和式（7-127）即为求解动水压强的三维泊松方程。比较静水压强计算步的二维泊松方程和此处的三维泊松方程，可发现：二维水位泊松方程描述的是平面上相邻单元间的水量交换关系，而三维泊松方程描述的是相邻单元体间的动水压强通量的交换关系。二维和三维的泊松方程的系数矩阵均为对称正定稀疏矩阵，严格满足对角占优，方程解唯一，可以用雅克比预处理共轭梯度法求解。

在采用式（7-125）求得 $n+1$ 时刻的临时计算动水压强 $\overline{q}^{n+1}$ 后，代入式（7-117）、式（7-118）求得水平流速 u^{n+1}、v^{n+1}，然后可选择式（7-119）或者式（7-121）计算垂向流速 w^{n+1}，选择式（7-119）计算可严格保证质量守恒。

求得 $n+1$ 时刻的临时计算动水压强 $\overline{q}^{n+1}$ 后，可采用下式对自由水位进行修正：

$$\eta_i^{n+1} = \overline{\eta}_i^{n+1} + \overline{q}_{i,M_j}^{n+1} / g \tag{7-128}$$

表层以下的各水层的总压力可表示为：$q_{i,k}^{n+1} = g(\overline{\eta}_i^{n+1} - z_k) + \overline{q}_{i,k}^{n+1}$ 和 $q_{i,k}^{n+1} = g(\eta_i^{n+1} - z_k) + q_{i,k}^{n+1}$，联立可求得各层动水压强值：

$$q_{i,k}^{n+1} = q_{i,k}^{n+1} - g(\eta_i^{n+1} - \overline{\eta}_i^{n+1}) \tag{7-129}$$

胡德超等（2008）指出这种计算方法有计算水量不守恒的问题，会引起计算精度下降或计算崩溃，并采用了对表层计算动水压强的正值和负值的总和的比值为限制因子，对上述方法进行了修正。

动水压力的求解是基于静水压力进行的，具体计算步骤如下：

（1）读入网格及计算参数数据，初始化模型的一些计算变量；

（2）采用 ELM 计算三维流速，采用紊流模型计算扩散系数；

（3）计算静水压力假设下的动量方程、连续性方程、水位波动方程，求解得出临时计算水位 $\overline{\eta}^{n+1}$ 和临时计算流速 $\overline{u}^{n+1}$、$\overline{v}^{n+1}$ 和 $\overline{w}^{n+1}$；

（4）根据建立的流速与动水压强之间的关系式，联立连续性方程和自由水面方程求解动水压强的三维泊松方程，获得各单元层的临时计算动水压强 $\overline{q}^{n+1}$；

（5）利用临时计算动水压强 $\overline{q}_{n+1}$ 计算得到修正后的 u^{n+1}、v^{n+1} 和 w^{n+1}，并修正各单元层的动水压强得到新时刻的 q^{n+1}；

（6）进一步利用表层动水压强 $\overline{q}_M^{n+1}$ 修正自由水位，计算得到新的水位值 η^{n+1}。

7.6　高阶湍流模型应用

随着近年计算机的计算能力不断提升，基于涡旋分辨率的紊流模拟方法已开始用于天然河流中的湍流结构研究，可作为现场观测数据分辨率不足的补充。本节基于 SELFE 模型框架和 k-ω-SST（剪切应力输移）的紊流封闭模型，开发了分离涡模拟模型。应用 DES 模型模拟长江上游黄陵庙弯道的紊流结构，通过并行计算提高计算效率，平衡 DES 模拟所需要的高计算量。使用 DES 模拟和 ADCP 测量模拟，对比分析了时间 Reynolds 平均速度、湍流强度和雷诺应力等物理变量，显示出 DES 模拟方法较 RANS 模拟方法的优势。

7.6.1　研究区域概况

三峡水库建于长江中游，横跨重庆市和湖北省，自 2003 年开始蓄水，在大坝达到最高蓄水位 175 m，在蓄水区域内形成 660 km 的回水区和 393 亿 m^3 的蓄水量。三峡水库在防洪和水力发电中发挥了关键作用（卢金友 等，2005），这将影响水动力条件，特别是下游航行条件和河流地貌演变，见图 7-9（a）。葛洲坝水库比三峡水库更早建成，这两座大坝共同运行后，两坝间存在许多弯道，威胁到船舶运输安全（Zhang et al.，2007）。因此，应研究影响弯道水流结构和弯道的航运条件，为航道治理提供参考依据。

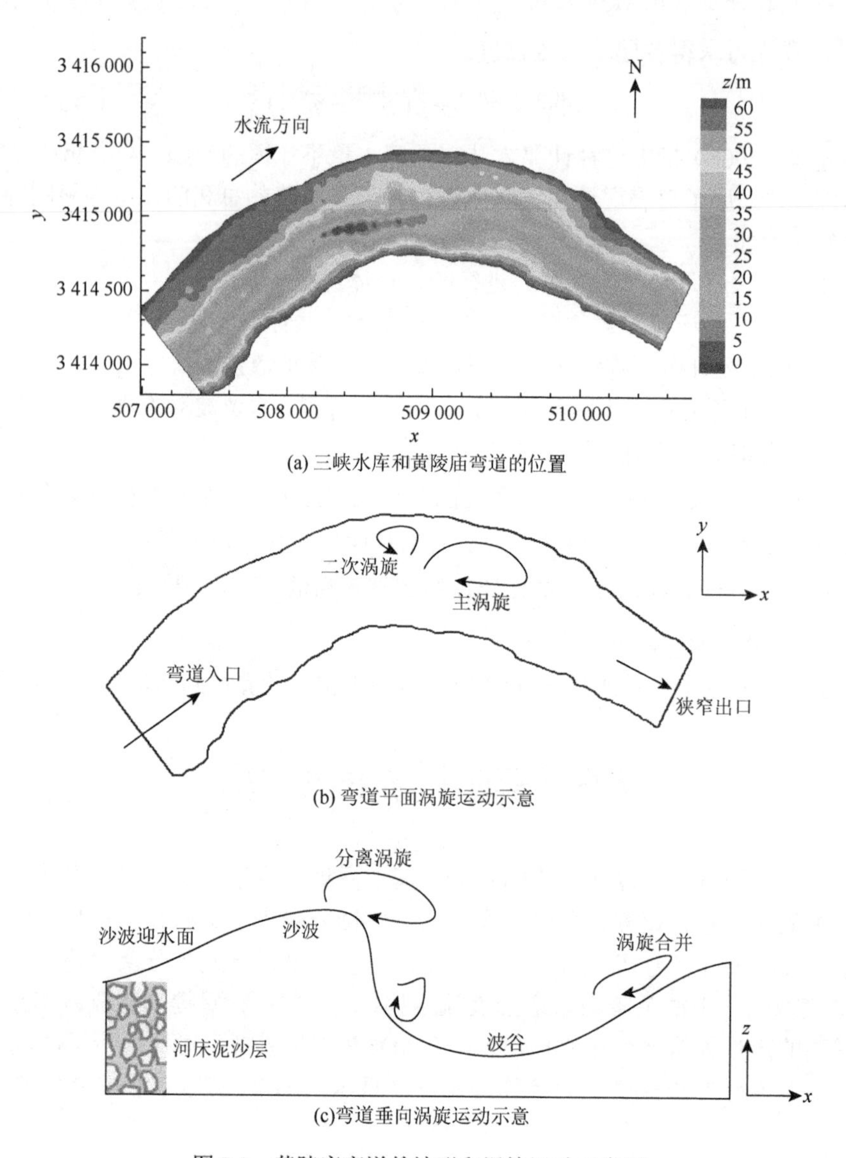

(a) 三峡水库和黄陵庙弯道的位置

(b) 弯道平面涡旋运动示意

(c)弯道垂向涡旋运动示意

图 7-9 黄陵庙弯道的地形和涡旋运动示意图

如图 7-9（a）所示，在三峡大坝下游存在一个名为黄陵庙的弯道，在三峡水库蓄水之前和之后，进行 ADCP 测量，以测量黄陵庙弯道的流速时间序列（卢金友 等，2005；Marsden et al.，2003）。因此，本小节选择黄陵庙弯道作为研究对象。研究者还进行了黄陵庙弯曲湍流的 ADCP 数据分析，确定了测量数据的不确定性、湍流脉动频率和湍动能能谱（Huang，2012）。然而，由于 ADCP 测量仪器在时空分辨率不足，流速脉动、压力脉动及河床地形之间的耦合关系尚未完全了解（Parsons et al.，2013；Huang，2012），近壁涡旋模拟技术可以弥补和补充数据缺陷问题（Rodi et al.，2013；Keylock et al.，2012）。因此，应用高阶湍流模型，如 DES 模型，将有助于理解更多尺度下的湍流结构(Rodi et al.,2013)。目前，应用水动力学模型可以研究不同尺度的湍流结构（Rodi et al.，2013），包括：RANS、DES、LES 和直接数值模拟（direct numerical simulation，DNS），RANS 模型只能提供时间平均的速度信息（Zeng et al.，2008；Ferziger et al.，2002）。DES、LES 和 DNS 可以提供有关速度、湍流强度、雷诺应力和涡度的瞬时波动信息（Rodi et al.，2013；Keylock et al.，2012）。值得注意的是，DES 和 LES 还能够在可接受的计算成本下捕获到湍流能量梯级和相干结构。近年来，随着计算能力逐步提高，越来越多的涡分辨率的计算模型被开发并应用于自然河流的研究（Sotiropoulos，2015）。但是，LES 主要用于模拟实验室或自然界小尺度的溪流湍流（Kang et al.，2011），例如 Khosronejad（2016）使用 LES 模型，借助超级计算机集群，模拟了一条宽 300 m、长 3.2 km 的小溪中的水流和物质输移。到目前为止，对大尺度的天然河流进行 LES 模拟仍然是不现实的，这是因为与 RANS 技术相比，应用 LES 研究天然河流的计算量太大（Sotiropoulos，2015；Keylock et al.，2012；Ferziger and Peric，2002）。DES 是一种混合模拟技术，综合了河床附近的 RANS 模拟和自由剪切流区的 LES 模拟方法及各自的优点（Zhang et al.，2016；Constantinescu et al.，2011），与 LES 模型相比，DES 模型的计算量相对较低。目前，DES 模型已被应用于天然河流湍流的研究，如河道汇流（Constantinescu et al.，2011）、自由表面流（Zhang et al.，2016）和泥沙输移（Alvarez et al.，2017）。DES 模型的研究对象还多半是实验室尺度的水槽试验，而值得注意的是，Alvarez 等（2017）应用 DES 模型研究美国科罗拉多河峡谷弯道的湍流、泥沙输移和浅滩崩塌的动力学过程。可见，借助计算机集群和并行计算技术，应用 DES 模型研究天然河流的湍流及物质输移是可行的。可通过修改 RANS 类型的 Spalart-Allamaras 和 k-ω-SST 模型中湍动能输运方程的特征长度，使特征长度与局部网格尺寸相关，就可以构建 DES 模型。

另外，考虑动水压力的 k-ω-SST 模型已被用于研究弯道水流和泥沙输移问题（Kang et al.，2009；Zeng et al.，2008）。然而，动水压力和一些其他高阶湍流特征变量，包括涡度和螺旋度的相互关系尚未被清楚了解。此外，具有不同几何边界形状的蜿蜒河流对高分辨率的天然河道模拟提出了挑战（Zhang et al.，2016；Zedler et al.，2004）。一般使用结构化网格模型构建高阶湍流模型，可以在结构网格上构建高阶数值格式，用于涡分辨率模拟，但很难跟踪贴近河流、湖泊和海岸线的复杂边界。非结构网格模型在边界跟踪能力方面具有明显优势，垂直地形跟随坐标也跟踪剧烈起伏地形变化（Zhang et al.，2016；Zhang et al.，2008；Song et al.，1994）。与此同时，弯道平面摆动和河床垂向沙波可以在图 7-9（b）和图 7-9（c）看到，在不同流动区域形成分离和重新融合的涡旋，进而导致河流地形发生演变，流体与河床是高度非线性的双向耦合关系（Kang et al.，2009；Zeng et al.，2008；Zedler et al.，2004）。对于上述情况，应该采用平面非结构网格和垂直地形跟随坐标的湍流模型。然而地形跟随坐标会引入压力梯度误差（Danilov，2013），可以通过自适应非结构网格或使用高阶湍流模型，来提高流体模拟精度（Pain et al.，2005）。针对长江天然弯道紊流，本书作者开发了一种涡分辨率模拟的 DES 模型。DES

模型是在 SELFE 模型基础上开发的（Zhang et al.，2008），添加了动水压力模式下的 k-ω-SST 湍流模型（Georgi et al.，2005）。

7.6.2 现场湍流观测

在 2002 年 8～10 月，三峡水库蓄水之前，中国长江水利委员会和美国 RDI 公司合作，使用 Workhorse 型号的 300 kHz 的 ADCP，沿黄陵庙水文观测断面的 4 个固定锚点测量流量和瞬时流速（卢金友，2005）。4 个锚点（编号#1、#2、#3 和#4）与左岸的距离分别为 350 m、510 m、310 m 和 470 m，抛锚点位置示意图见图 7-10。在三种不同河道流量条件（30 000 m^3/s、42 200 m^3/s 和 11 200 m^3/s）下的 ADCP 测量数据，用于 DES 模拟结果验证，观测情况见表 7-2。考虑足够的采样样本容量，三次连续测量时间均持续约 1 h，ADCP 采样时间间隔分别为 2.47 s、2.0 s 和 0.57 s，这里所谓的“瞬时速度”是采样间隔内的时间平均速度。当黄陵庙弯道的出口水位分别保持在 68.26 m、69.44 m 和 68.19 m 时实施 ADCP 测量。根据对数速度分布公式，通过水流条件和泥沙中值直径 d_{50} 计算摩阻流速和 Re 数。

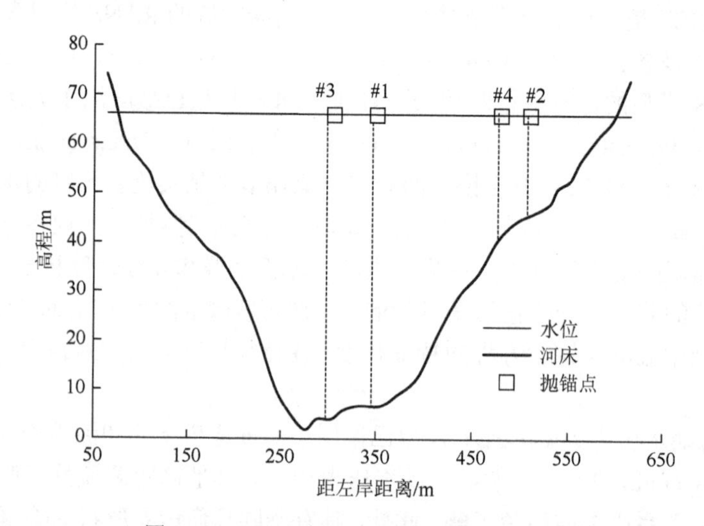

图 7-10　ADCP 航测中抛锚点位置示意图

表 7-2　黄陵庙弯道断面 ADCP 测量参数列表（三峡水库蓄水前）

观测项目	流量 30 000 m^3/s	流量 42 200 m^3/s	流量 11 200 m^3/s
持续观测时间/h	1.07	1.0	1.0
ADCP 采样间隔/s	2.47	2.0	0.57
水位/m	68.26	69.44	68.19
平均水面比降/‰	0.102	0.181	0.019
摩阻流速 u_*/(m/s)	0.185	0.249	0.078
Re/(10^7)	6.3	9.0	2.4
床沙中值粒径 d_{50}/mm	0.355	0.313	0.331

2004年6月20日，在三峡水库蓄水后，使用拖船安装的Channel Master型号的300 kHz ADCP，扫描了黄陵庙水文断面的速度剖面（Huang，2012）。在ADCP测量中，沿黄陵庙断面进行了共6次的航测，ADCP和GPS同时采集了流速和经纬度坐标数据。ADCP测量了黄陵庙断面底部和左右侧部分的流量，基于VMT软件计算了ADCP观测流量为11 476 m^3/s（Parsons et al.，2013）。为使ADCP测量数据有效应保证航船行进速度和稳定性。在ADCP航测中，ADCP侧扫单元数、最小单元尺寸、最大单元尺寸和空白区分别设置为128个、1 m、10 m和1 m。ADCP测量数据通过不确定性分析，去除无效数据进行质量控制（Huang et al.，2015，2012）。黄陵庙弯道的ADCP测量数据可用于验证DES模拟结果，并比较三峡水库蓄水前后的水流特性差异。

7.6.3 网格生成和模型设置

使用Gambit软件（Fluent et al.，2006）生成三角形网格，网格划分的分辨率考虑了ADCP测量设置的格子大小，最后一个靠近河床的垂向网格层厚度设置为0.1 m，逐渐向水面增大网格分层厚度以控制计算量，并跟随地形局部变化，见图7-8（c）。沿水深方向设置了50层，纯s坐标系统，大多数分层集中于河床附近，这样可以通过调整控制垂向混合坐标中的参数来控制DES模拟中的RANS区域的网格分辨率。模拟的河流长度、宽度和水深及初始计算水位分别设置为2500 m、500 m和60 m时，见表7-2，根据河道地形，当使用2 m三角网格单元边长时，模拟区域的计算控制体为4.7×10^7个，计算量相当大。

使用伪随机数方法生成入口边界湍流脉动信息，出口边界条件使用表7-2中的实测水位。河床边界处采用无滑移边界条件。根据式（7-76）和式（7-77），使用河床摩阻流速和床沙中值粒径设置河床边界处的紊动频率ω。初始水位波动和初始速度设定为零。在较短的测量时间内（<1 h），入口流量和出口水位变化不大，水面坡度也很小（<0.2‰）。因此，采用恒定流模拟是合理的。考虑计算网格尺寸和流速的CFL条件，将计算时间步长设定为0.1 s。当紊动能达到稳态时，可以认为河道内的水流已是充分发展的湍流状态，紊动能（TKE）定义为

$$\text{TKE}=\sum_{i=0}^{C_V}u_i^2+v_i^2+w_i^2 \tag{7-130}$$

式中：C_V是模拟区域内的控制体数目。

同时，设置一些监测点来观察计算水位波动值，在可接受的误差范围内（$<10^{-5}$），作为计算收敛的一项指标，也是湍流充分发展的一项考察指标。DES模拟在有128个CPU核心的工作站上运行（Windows Server 2008操作系统，Intel Xeon 2.3 GHz处理器，32 GB内存），执行多计算节点间MPI通信的并行计算。使用不同进程数模拟黄陵庙弯道湍流的计算效率见图7-11，通过数值试验表明：由于通信开销和并行计算效率之间的均衡，采用24个进程进行本研究的模拟取得最优并行计算效率，此时模拟得到一个充分发展的湍流场也至少需要 7 天的机时，才能获取黄陵庙弯道完全发展的湍流。定时输出水位波动η和紊动能TKE，以实时检查模拟结果的准确性。

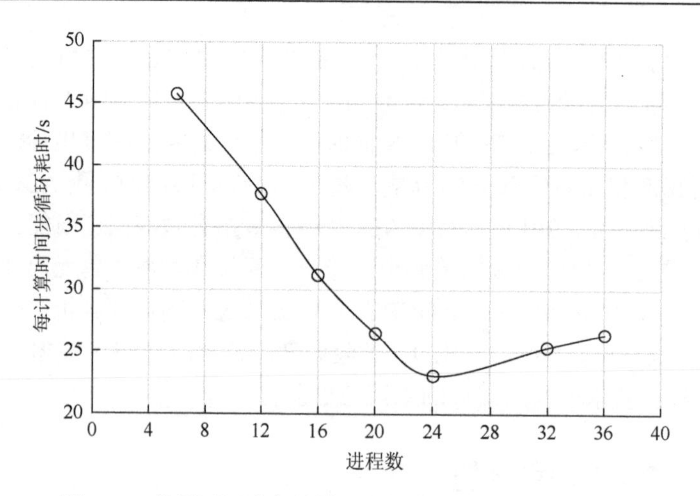

图 7-11 使用不同进程数模拟黄陵庙弯道湍流的计算效率

7.6.4 网格质量和灵敏度分析

网格分辨率和网格质量会影响计算的稳定性和精度，特别是对于 DES 模拟。从式(7-82)和式（7-83）可以看出：网格尺寸决定了 DES 模型中的局部湍流特征长度尺度 Δ，因此应保证足够的网格分辨率来捕获黄陵庙弯道中不同级别的涡旋。本小节使用 3 种三角形单元边长的网格来检查网格分辨率和对计算收敛的影响，分别为 30 m、10 m 和 2 m。提取了流量 30 000 m^3/s 时，观测点#1 处的自由液面处的流向和横向速度，观察网格分辨率对 DES 模拟结果的影响。流速 u 在图 7-12（a）中，在 1.5～2.0 m/s 波动，并且横向速度 v 在 0.8～1.3 m/s 变化，如图 7-12（b），此处使用的是 2 m 网格尺寸。由于垂向流速相对较低，波动范围也很小，此处未显示模拟的垂向速度。最粗网格（30 m）下 DES 模拟的流向和横向速度值偏小，而 10 m 网格的模拟值接近 2 m 网格的模拟值。研究表明：2 m 网格分辨率可以捕捉黄陵庙弯道中的主要尺度涡旋。同时，脉动流速显示出涡旋脉冲（eddy pulsation）的现象，Alvarez 等（2017）的 DES 模拟研究也观察到了该现象，他们使用 DES

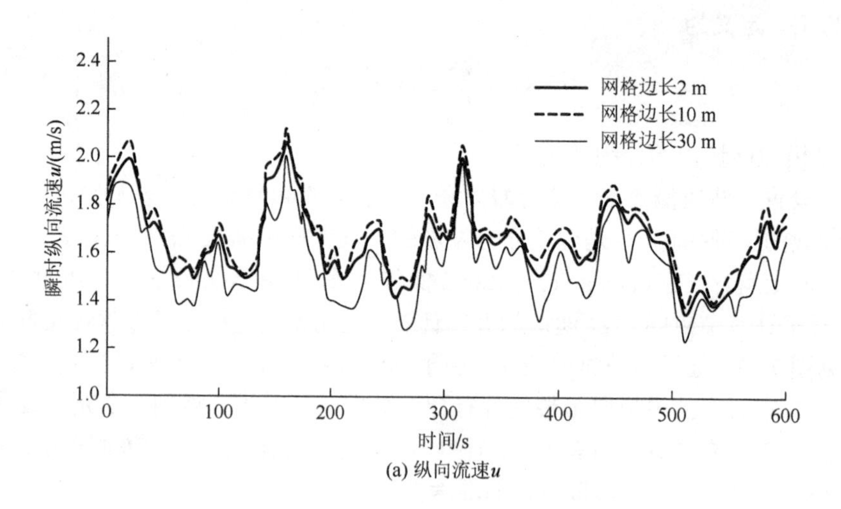

(a) 纵向流速u

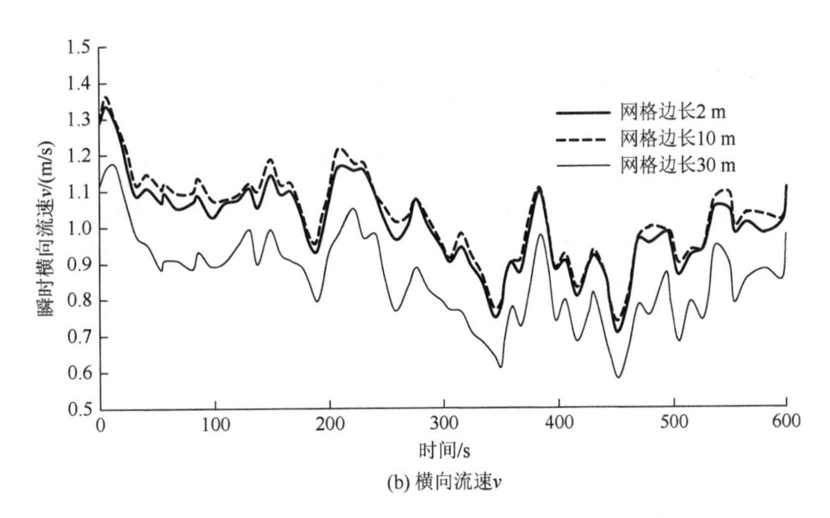

(b) 横向流速v

图 7-12　测点#1 处在 30 000 m^3/s 下模拟的瞬时流速

模型研究美国科罗拉多河急转弯的流场。如图 7-12（a）和图 7-12（b），时间序列表明：纵向流速和横向流速以 100～150 s 间隔低频率循环，频率分析显示了本小节中用于捕获涡旋的网格分辨率是足够的。因此，作者决定在以下研究中使用 2 m 分辨率网格进行 DES 模拟。

由于 DES 模拟中涉及的速度梯度和散度的计算，歪斜形状的三角形单元可能破坏 DES 模拟精度，并且过大的网格单元纵横比会引入与求解椭圆型泊松方程有关的动水压力梯度误差，且使用预处理共轭梯度法求解离散方程时会降低求解收敛速度（Fringer et al.，2006）。因此，应检查包括纵横比和法向偏斜度的网格质量因子。纵横比是最大单元边长的平方与单元面积的比值：$AR = L^2/A$，其中 L 是网格最大边长，A 是单元面积。法向偏斜度是 1 减去两个单元对角线长度比值，其范围在 0～1。本小节检查了 2 m 边长网格的纵横比和偏斜度，分别为 2.2～3.2 和 0.05～0.3。根据 Gambit 手册，纵横比应小于 6，法向偏斜应小于 0.5。如图 7-13（a）和图 7-13（b），可见网格质量足以保证 DES 模拟精度。因此，本小节选择了边长为 2 m 的三角形网格。

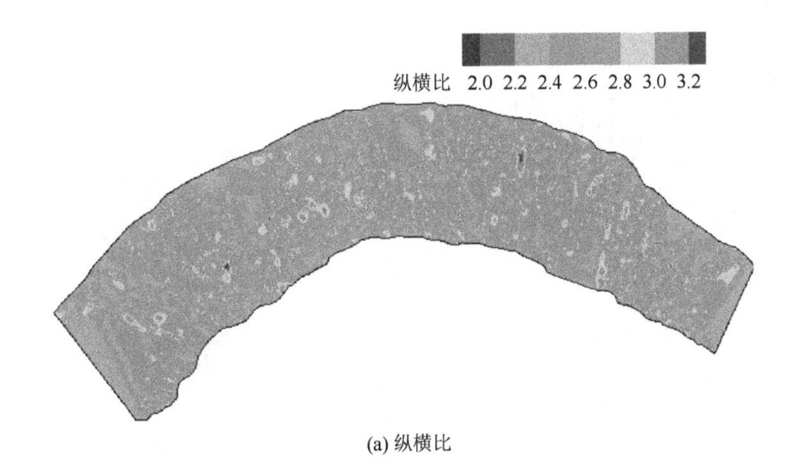

(a) 纵横比

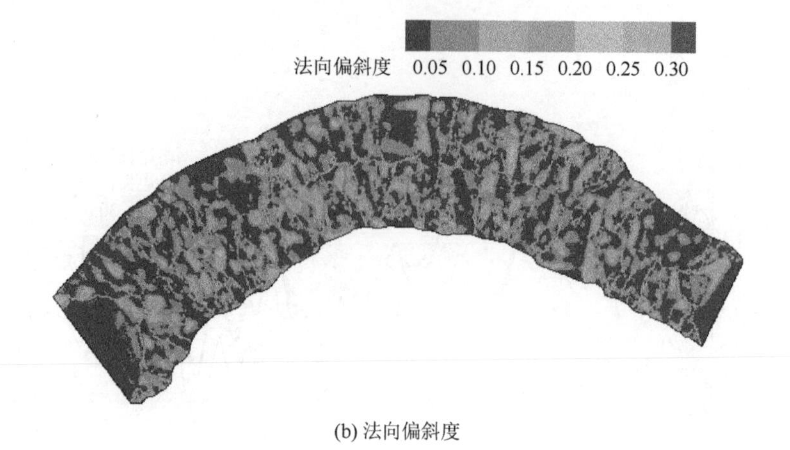

(b) 法向偏斜度

图 7-13　DES 模拟的网格质量检查

7.6.5　湍流时空演变

在湍流达到完全发展状态后，每 1.0 s 输出一次瞬时纵向流速（u）和横向流速（v）。图 7-14（a）和图 7-14（b）显示了#4 点处在流量 11 200 m^3/s 下模拟和实测的流速，时间平均后的纵向和横向流速分别为 0.8 m/s 和 0.1 m/s。模拟和测量的瞬时速度之间的绝对误差和均方根误差分别低于 0.1 m/s 和 0.06 m/s，这与基于统计分析的实测值一致。同时，模拟流速在 0.7 m/s、0.8 m/s 和 0.9 m/s 的重现间隔分别为 20 s、30 s 和 80 s，与实测数据的分析结果一致。但是，模拟的瞬时流向和横向速度的波动范围均比图 7-14（a）和图 7-14（b）中实测值的变化振幅更大，该现象可能是由伪随机数生成入口紊流脉动边界条件引起的（Rodi et al.，2013），伪随机数法生成的三维流速不能满足雷诺应力本构关系，为此应采用合成涡方法改进入口边界信息（Jarrin et al.，2009）。值得注意的是，测量和模拟的瞬时流速波动都受到许多复杂因素的影响，这意味着湍流模型中使用的所有数学方法都只是生成类似湍流的流场，但不是“真实的”湍流，但数值模拟技术可以帮助我们了解有关湍流空间和时间演变的更多细节。

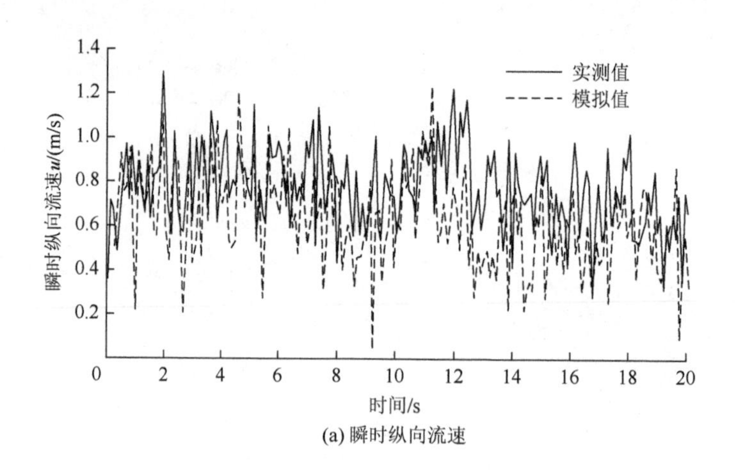

(a) 瞬时纵向流速

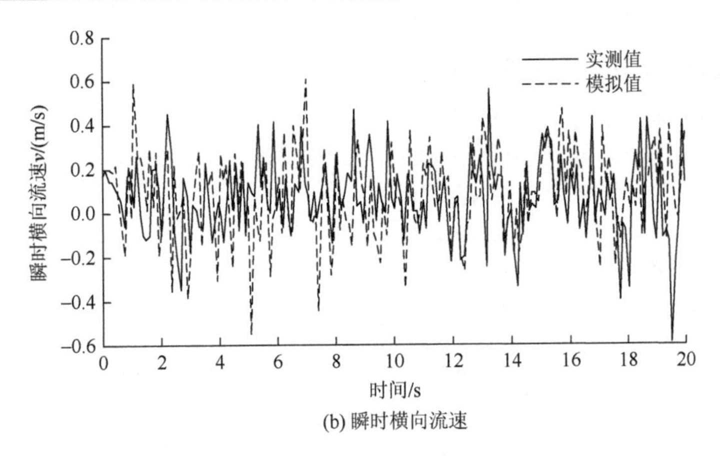

(b) 瞬时横向流速

图 7-14　在流量 11 200 m^3/s 下测点#4 处的瞬时流速时间演变过程

7.6.6　模拟结果验证

应用本研究开发的非结构网格 DES 模型研究黄陵庙弯道的流动特性，分析速度、压力和涡旋的点、面和三维空间分布。将模拟的时间平均速度、湍流强度和雷诺应力与测量数据进行比较，验证 DES 模拟结果。使用 Nash-Sutcliffe（1970）效率系数评估特征变量的模拟精度：

$$\lambda_{\mathrm{NS}} = 1 - \frac{\sum_{i=1}^{n}(X_m - X_c)^2}{\sum_{i=1}^{n}(X_m - \bar{X}_m)^2} \tag{7-131}$$

式中：n 为采样样本容量；X_m 和 X_c 分别是特征变量的实测值和计算值；$\bar{X}_m$ 是测量值的平均值。

1. 时间平均速度

在湍流完全发展后，以 100 s 的持续时间对瞬时速度采样，来计算时间平均流速，ADCP 测量的时间平均速度是由瞬时速度计算得到，在每 10 个格子以 100 s 的周期来计算。在 30 000 m^3/s 和 42 200 m^3/s 的入口流量条件下，在测点#1 和#4 处计算的三维流速与测量数据符合良好，见图 7-15（a）和图 7-15（b）。同时，在相对水深 0.5 下，受无滑移河床边界的作用，纵向流速和横向流速迅速减小。此外，纵向流速和横向流速分别达到了 2.0 m/s 和 1.0 m/s。DES 计算的纵向流速与测量值的符合效果优于 RANS 型的 k-ω 模型。在测点#3 和测点#2，入口流量为 11 200 m^3/s 时，在河床附近，特别是边界层区域，显示了 DES 技术的优势，见图 7-15（c）和图 7-15（d）。同时，计算的纵向流速在位于主流区的测点#3 处，比在距离河岸较近的#4 测点处与测量数据符合的更好，见图 7-15（c）和图 7-15（d）。而具有至少 20 个采样点数的#1 和#2 测点处的 NSE 分别为 0.8 和 0.5，这表明在浅滩附近区域，DES 模拟精度降低，流动条件受植被或模型中未充分考虑的其他某些因素的影响。总体来说，可认为使用 DES 模拟可捕获时间平均流动特征，特别是在近壁区域。

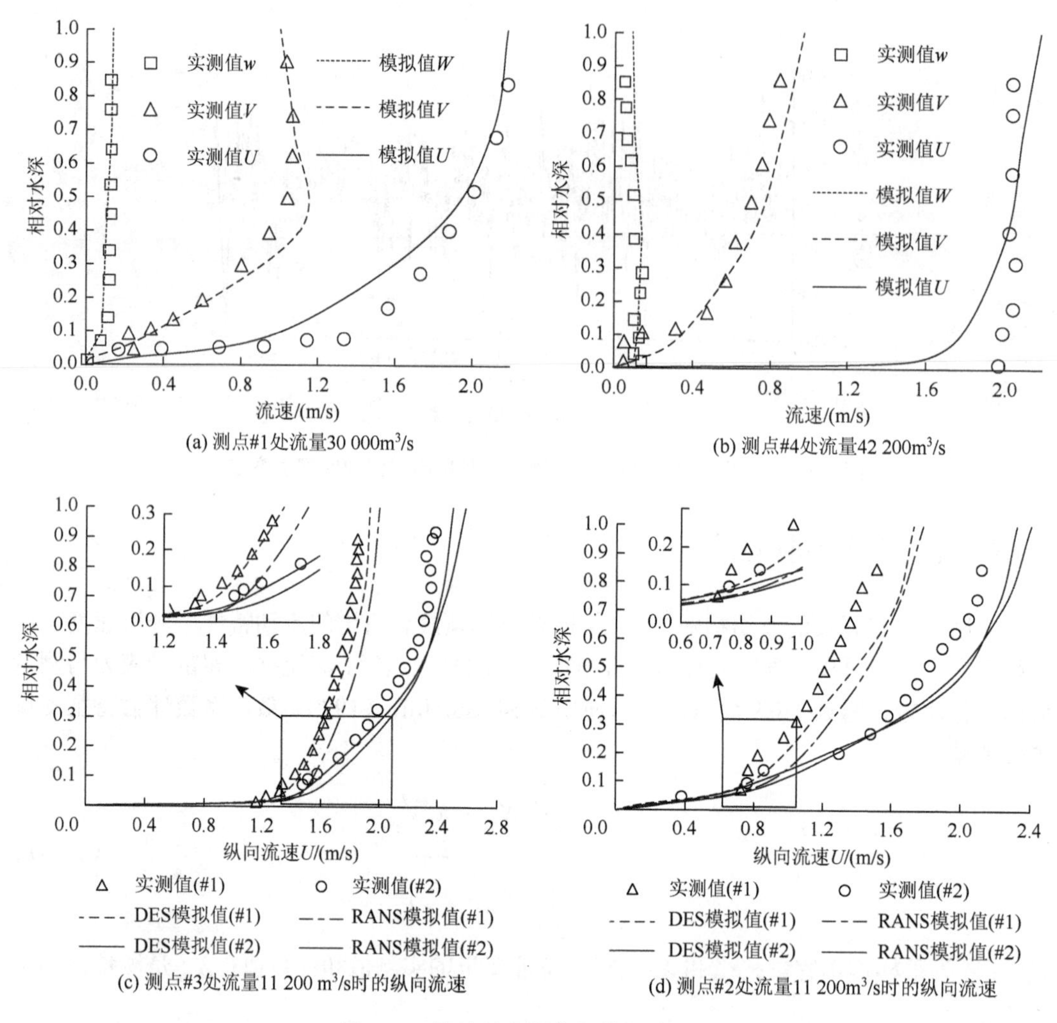

(a) 测点#1处流量30 000m³/s　　(b) 测点#4处流量42 200m³/s

(c) 测点#3处流量11 200 m³/s时的纵向流速　　(d) 测点#2处流量11 200m³/s时的纵向流速

图 7-15　流速的实测值与模拟值对比

2. 湍流强度

紊动强度是脉动速度的均方根，反映了流体的掺混强度，如下计算（Rodi et al., 2013）：

$$\sigma_{u_i}=\sqrt{\overline{u_i'^2}} \tag{7-132}$$

式中：u_i'、σ_{u_i} 分别是 x、y 和 z 方向的脉动流速（m/s）和紊动强度（m^2/s^2）。横线表示时间平均计算。

如图 7-16，纵向湍流强度 σ_u 大于横向和垂向湍流强度（σ_v 和 σ_w），均在相对水深 0.5 的主流区达到最大值。同时，湍流强度在河床附近迅速增加，然后逐渐下降，到相对深度 0.1 后保持稳定水平。σ_v 显示出与 σ_u 类似的变化规律，但 σ_v 小于 σ_u；σ_w 的垂直分布均匀，σ_w 约为 σ_u 和 σ_v 的 1/3～1/4。

计算的湍流强度与近壁区域的测量数据吻合良好，见图 7-16（a）和图 7-16（b），但在远离河床的自由流动区域模拟精度较低，特别是近自由表面附近。增加自由水面附近区域中的垂直网格分层可提高计算精度。#1 测点和#4 测点处湍流强度的 NSE 均小于 0.5，这表明 DES 模拟精度可以接受，但比时间平均速度的计算精度要差。此外，考虑到两次测量中的流量大小差异，位于靠近河床的#4 点处的湍流强度与河道中央处#1 点处的湍流强度相似。可以认为，河床上的沙波地形增强了紊动掺混，浅水区的湍流强度大于深水区的湍流强度，见图 7-9（c）。

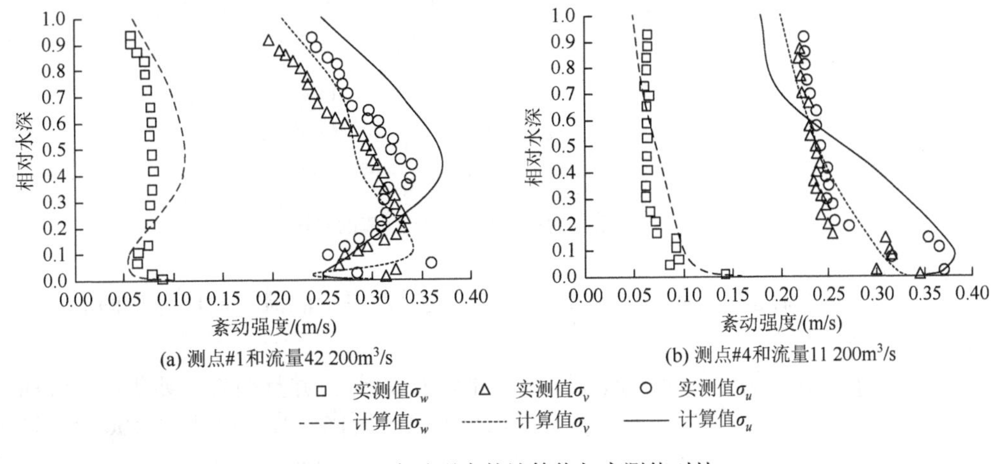

图 7-16　紊动强度的计算值与实测值对比

3. 雷诺应力

雷诺应力是不同流层相干结构交换时产生的剪切力，是二阶张量，计算如下（Rodi et al.，2013）：

$$\tau_{ij} = -\rho\overline{u_i'u_j'} \tag{7-133}$$

式中：当 $i=j$ 时为 τ_{ij} 正应力，否则 τ_{ij} 为剪切应力。

正应力的垂直分布形式类似于湍流强度的垂直分布形式。因此，本节仅考察雷诺应力的垂直分布形式。在#1 测点处，见图 7-17（a），雷诺剪切应力的实测值和计算值，在流量 42 200 m^3/s 时，在相对水深 0.6 以下的区域，都显示出非常分散的分布特征，并且在河床附近显示出正负变化规律。如图 7-17（b），#4 点处的雷诺应力 τ_{xy}/ρ 在河床附近降低至 –0.04 m^2/s^2，然后在相对水深 0.3 以上接近零。鉴于目前可获得的计算能力，不能保证垂向上足够的网格分辨率，即垂向分层数不足，本小节 DES 模拟仍无法准确计算雷诺剪切应力。目前，使用 DES 模型来捕捉高阶湍流物理变量信息仍然非常困难。对于像长江黄陵庙弯道这样大尺度的天然河流，我们仍需努力提高 ADCP 观测和 DES 模拟精度。

7.6.7　动水压力与涡旋

应进一步研究受河床地形影响的流速分布、动水压力和涡旋分布之间的耦合关系。动水压力与垂向流速紧密耦合，垂直速度直接导致了动水压力脉动。同时，动水压力波动会对河床泥沙颗粒产生抽吸作用，进而促进泥沙输移和河床演变（Zeng et al.，2008；Zelder et al.，

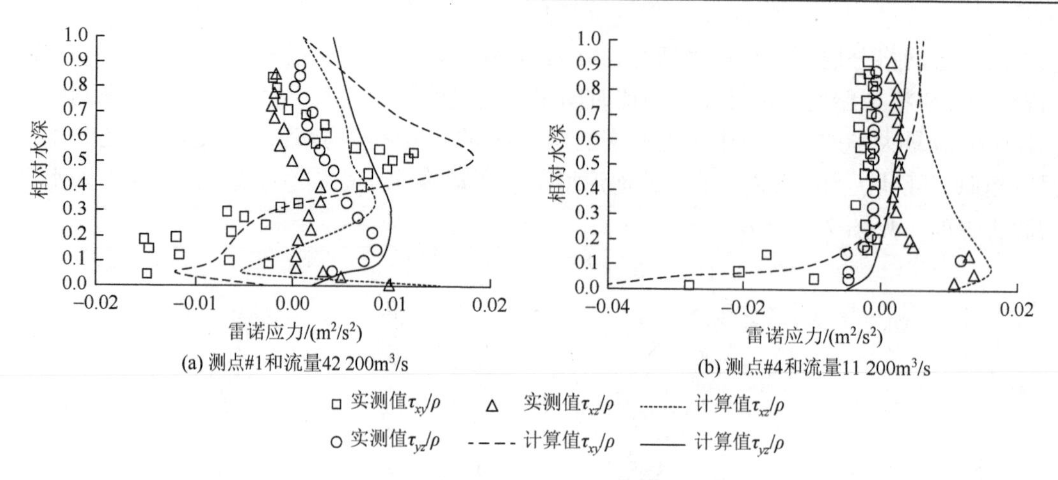

图 7-17　雷诺应力的计算值与实测值的对比

2004）。因此，垂向流速和动水压力波动对河流演变以及揭示湍流与河床地形间的耦合关系具有重要的启示作用。

动水压力平面分布类似于垂向速度分布（此处未显示），并且两者主要集中黄陵庙弯道的深泓区。归一化的动水压力（τ/ρ）在正负值之间变化，峰值可达到 100 Pa，动水压力与河床地形密切相关，见图 7-18（a）。由于出口附近河段收窄，弯道出口附近区域的动水压力逐渐增加，见图 7-9（b）和图 7-18（a），这是因为当河道逐渐变窄时，流速随之增加。如图 7-18（a），入口附近存在不合理的负压是由于采用伪随机数边界湍流信息生成算法引起的，但可以看出，DES 模型在非常有限的区域内就可以控制这种不合理现象，避免影响下游的湍流模拟结果。

除了动水压力，涡度 Ω 也是度量湍流中不同尺度涡旋的重要变量，涡量可以由速度梯度计算得出（Rodi et al.，2013）：

$$\begin{bmatrix}\omega_x\\ \omega_y\\ \omega_z\end{bmatrix}=\begin{bmatrix}\dfrac{\partial w}{\partial y}-\dfrac{\partial v}{\partial z}\\ \dfrac{\partial u}{\partial z}-\dfrac{\partial w}{\partial x}\\ \dfrac{\partial v}{\partial x}-\dfrac{\partial u}{\partial y}\end{bmatrix} \tag{7-134}$$

$$\Omega=\sqrt{\omega_x^2+\omega_y^2+\omega_y^2} \tag{7-135}$$

式中：ω_x、ω_y 和 ω_z 分别为 x、y 和 z 方向的涡度（rad/s）。

如图 7-18（b），在显示河床附近的归一化动水压力和涡度的窗口内，动水压力与涡度表现出相似的分布形式，在沙波顶部形成正压，而在沙波谷底形成负压。同时，如图 7-18（c），涡度分布呈条带形式，最大涡度一般形成于沙波顶部与谷底的过渡区（背水面），涡度的条带结构与动水压力的条纹呈正交关系。该现象表明：局部涡旋结构与河床地形的密切关系，以及动水压力波动可导致涡旋的分离和聚合。另外，由于涡度是由时间平均速度梯度计算得到的，动水压力分布比涡旋分布更均匀。

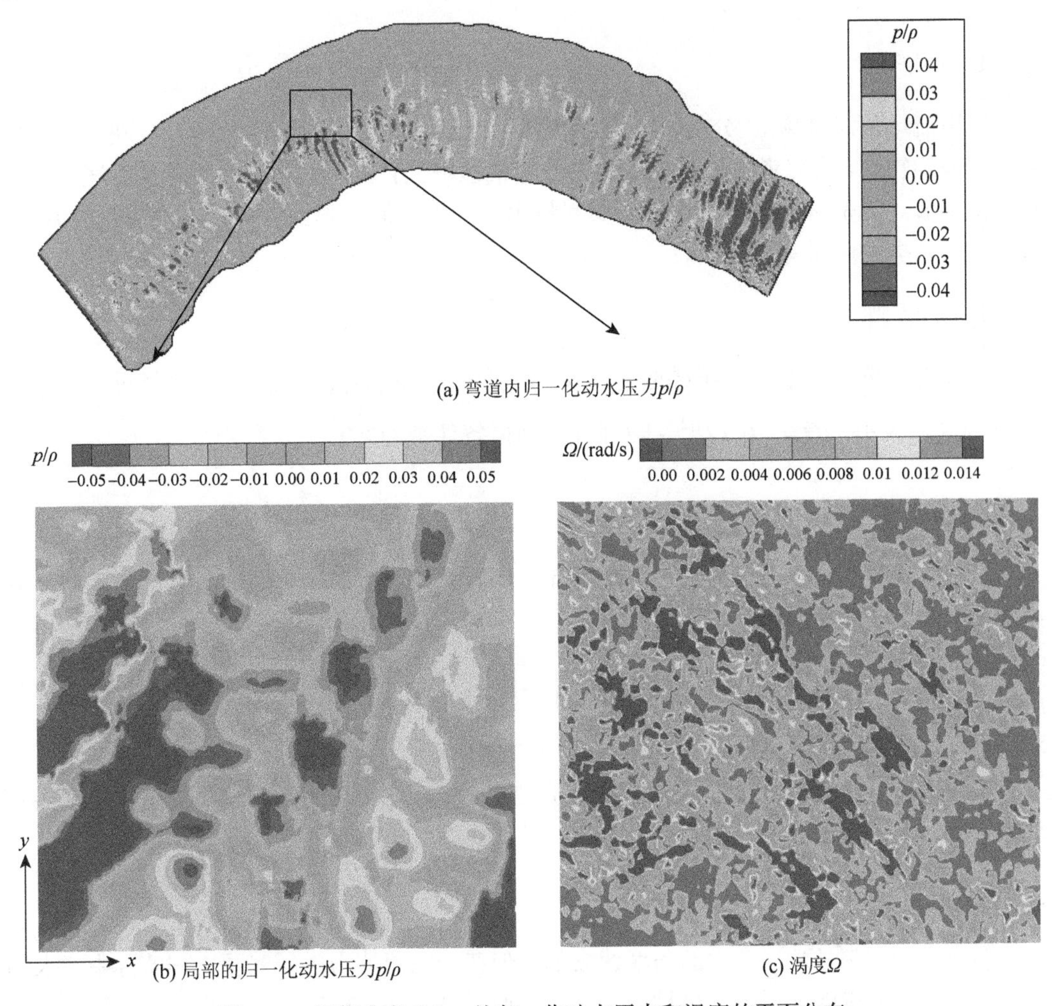

(a) 弯道内归一化动水压力p/ρ

(b) 局部的归一化动水压力p/ρ　　(c) 涡度Ω

图 7-18　河床上方 0.5 m 处归一化动水压力和涡度的平面分布

涡旋结构同时受河床沙波和弯道平面几何边界的影响，因此，本小节尝试使用螺旋度和涡核来可视化黄陵庙弯道中的三维涡旋结构（Ferziger et al.，2002）。螺旋度 Φ 表征流动旋转和沿旋转方向的运动，同时也反映了三维螺旋流的强度和主流方向上的涡旋变形，该指标也可表征物质在紊流中的掺混强度。Bradbrook 等（2001）评估了不对称河道汇流时湍流混合的螺旋度；Wang 等（2015）使用螺旋度分析了嘉陵江与长江汇合处的环流。因此，本小节也尝试使用螺旋度来分析黄陵庙弯道中的涡旋结构。螺旋度 Φ（$\mathrm{m/s^2}$）的计算公式为

$$\Phi = \omega_x \cdot u + \omega_y \cdot v + \omega_z \cdot w \tag{7-136}$$

另外，涡核通常被用于可视化三维紊流结构。涡核提取的算法有很多，例如 ω 准则、Q 准则、Δ 准则和 λ_2 准则等。这些涡提取算法广泛应用实验湍流的涡提取。本小节将应用 λ_2 准则，对黄陵庙弯道的高精度数值模拟三维流场中的涡进行提取分析。下面简要介绍一下 ω 准则、Q 准则、Δ 准则和 λ_2 准则的基本原理与优缺点，涡提取算法的详细评论可参考文献（李震，2014）。

1. ω 准则

采用流场的涡量场 ω 分析，ω 是涡流体微元平均转动角速度的两倍，反映的是流体微元的平均转动，研究者常把流场中集中分布的区域当作旋涡，通过实验测量流速分布也易于得到值。但是对于平行剪切流，其涡量也不为零，但直观上流场并没有旋转的流线，所以这个判据的应用有局限性。

2. Q 准则

Q 准则大量应用于不可压或低压流场涡提取。诊断的是流场涡张量 Ω 超过应变率张量 D 的区域大小，$Q=\frac{1}{2}(\|\Omega\|^2-\|D\|^2)$，判据条件是 $Q>0$。

3. Δ 准则

Δ 准则是定义为：流速梯度 $\nabla \boldsymbol{u}$ 特征值为复数值及流线形状为螺旋或封闭的区域。判据因子 Δ 的计算公式为

$$\Delta=\left(\frac{Q}{3}\right)^3+\left(\frac{R}{2}\right)^2>0 \tag{7-137}$$

式中：R 为流速梯度张量的行列式值，$R=-|\nabla \boldsymbol{u}|$。

在压力 $P=0$ 的不可压缩流体区域上式是有效的。$Q>0$ 的判据比 $\Delta>0$ 的判据要更严格。

4. λ_2 准则

多数涡判据都是从运动学的角度建立的，但在一些流体力学研究及工程实际中，人们还常将低压作为旋涡的标志。这种方法基于的原理是旋涡的旋转会产生离心力，离心力在一些情况下要靠压力梯度来平衡，因此在涡心处造成了低压。Jeong 等（1995）修正了这种低压判别方法，他们分析了在不可压缩情况下，若排除黏性效应和非定常效应后，出现压力截面极小的原因只有转动离心力。将应变率张量 D 和涡张量 Ω 的组合张量 $D^2+\Omega^2$ 的特征值排序后为 $\lambda_1 \geqslant \lambda_2 \geqslant \lambda_3$，认为压力达到截面最小的充要条件是 $\lambda_2<0$，被称为 λ_2 判据。

螺旋度在河床附近在正负值之间交替变化，见图 7-19（a），影响弯道出口附近的自由剪切流动区域。弯道入口右侧存在正值的螺旋度，左岸附近存在负值的螺旋度。如图 7-19（a），正螺旋度在黄陵庙弯道收缩河段内的流动区域中起主导作用。在弯道入口附近的区域形成大尺寸的涡旋，并在弯道中间河段重新调整。当涡旋（核）接近出口时，较大尺寸的涡旋会演变成较小尺寸的涡旋。同时，如图 7-19（b），三维涡核的等值面在河床附近呈现分离和再汇聚的海绵层状结构体，并在弯道出口附近的区域发生集中。涡核的分布与垂向速度和动水压力的分布［图 7-18（a）］和涡量分布［图 7-19（b）］，表现出相似的分布形式。河床附近的涡核跟随沙波变形，这表明涡旋在沙波顶部附近分离并重新附着在沙波谷底附近，如图 7-19（c）。流体可视化结果表明河床形态和涡旋结构密切关系，但还应进一步研究螺旋结构、涡核的物理意义及涡旋结构与局部河床地形之间的定量关系。

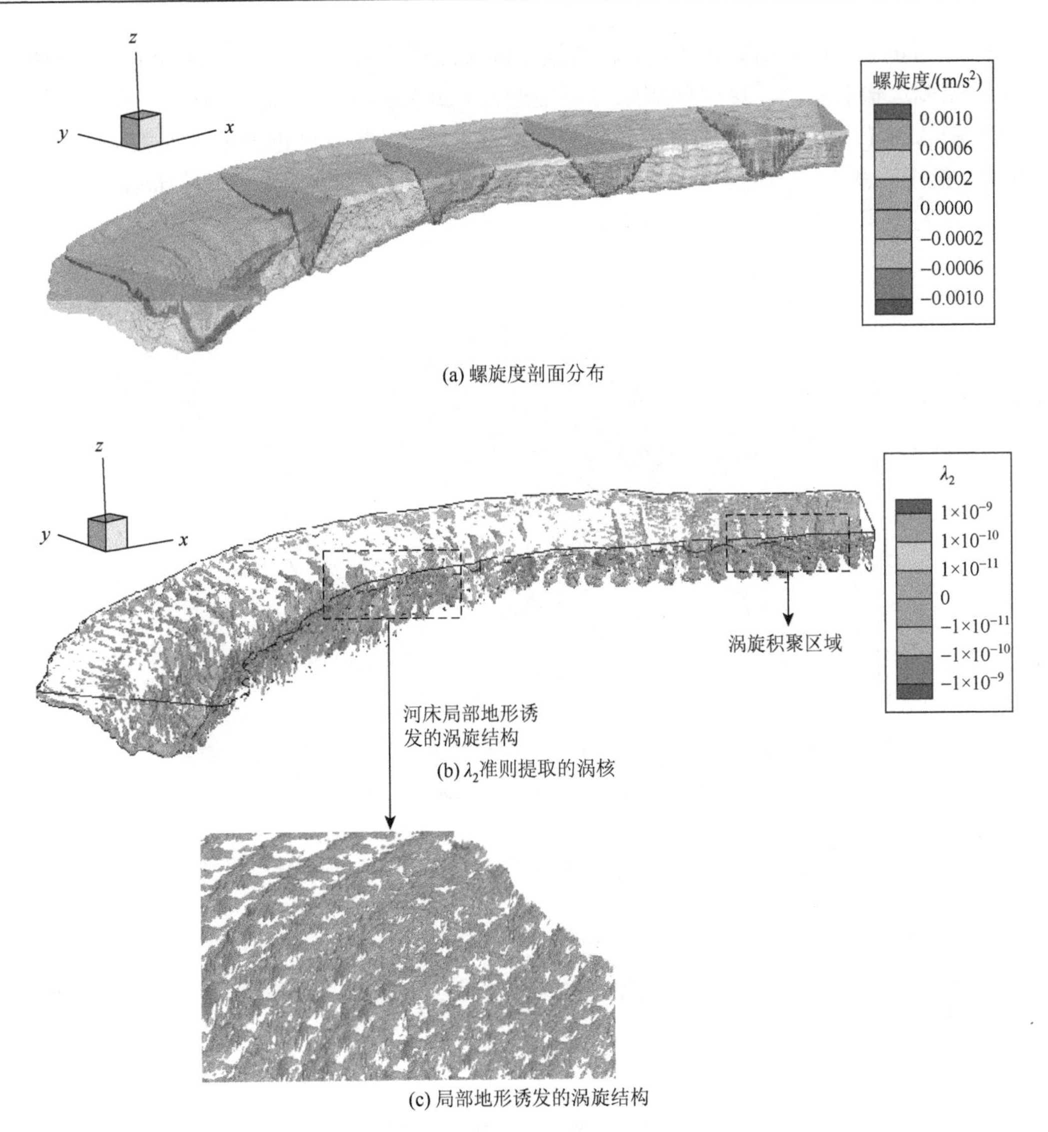

(a) 螺旋度剖面分布

(b) λ_2准则提取的涡核

(c) 局部地形诱发的涡旋结构

图 7-19　黄陵庙弯道内的湍流相干结构（垂向放大 10 倍）

7.6.8　三峡水库蓄水的影响分析

三峡水库拦截了长江上游的洪水，减弱了洪水脉冲效应，可改善下游的航道和水力发电条件（卢金友 等，2005）。2004 年 6 月在三峡水库蓄水后，沿黄陵庙水文剖面进行的船舶跟踪测量不仅可以提供有关湍流结构的信息，还可以提供三峡水库运行调度引起的流量变化及航道条件的改变信息。

使用 VMT 软件绘制了基于 6 次 ADCP 测量的流速分布和矢量图(Parsons et al.，2013)，见图 7-20，表明在黄陵庙断面的中间部位，主流被约束在有限的范围内。黄陵庙弯道的平均宽度接近 500 m，流速大于 0.5 m/s 的区域距离岸边约 100 m，这意味着可通航河宽接近 250 m。同时，在浅水区和河床附近的浅水区域形成了若干较大尺度的涡旋，这会威胁到长江船舶运输的安全，这些区域应尽可能避开。此外，由于考虑了 ADCP 拖船的机动安全性和 ADCP 仪器测量中设置的数据空白区域尺寸，缺失一些剖面的流速数据（Huang，2012）。值得注意的是，受三峡水库调节，自由表面附近的最大流速约 1.5 m/s，而 4 个测点处的最大时间平均流速为 2.2～2.5 m/s。

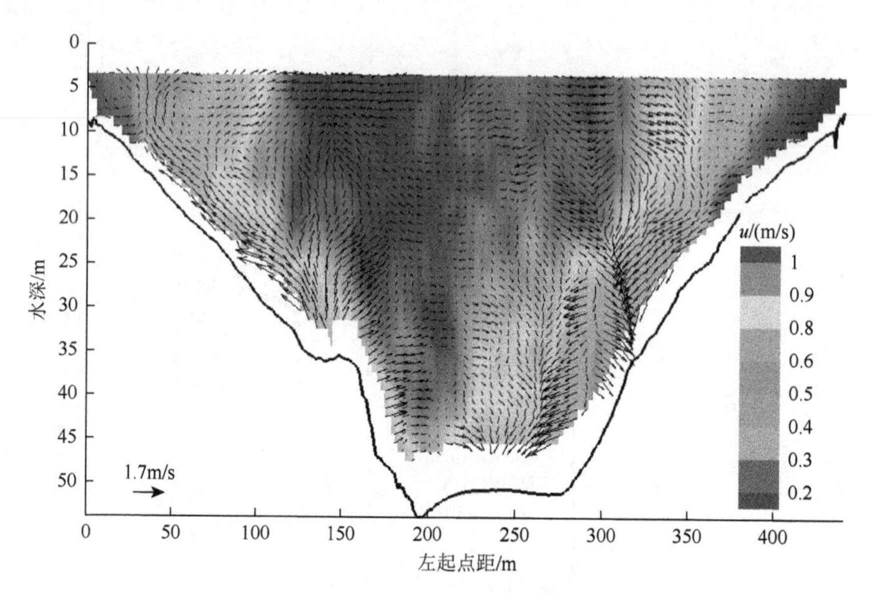

图 7-20　三峡水库蓄水后黄陵庙水文断面的实测纵向流速分布图

深沿度积分平均的流速横向分布，可以反映出三峡水库蓄水前后的主流区域和流速变化，见图 7-21，这比图 7-20 中的速度等值线图更明显地描述了三峡水库对黄陵庙断面流

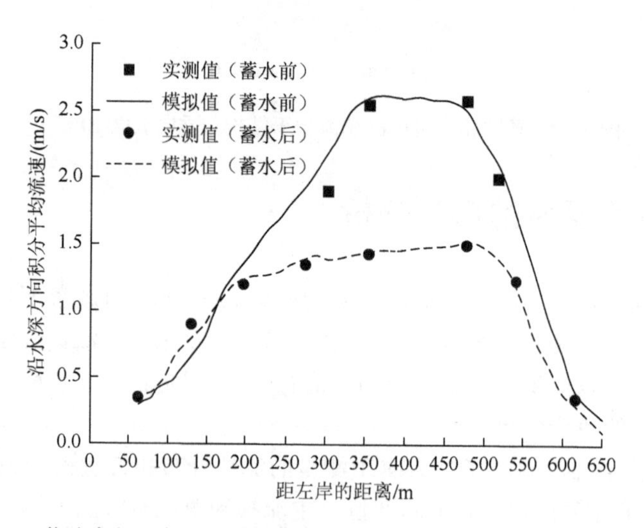

图 7-21　黄陵庙断面在三峡水库蓄水前后的水深方向积分平均流速的对比

速的影响。三峡水库蓄水前的速度剖面显示出明显的不均匀形态，流速从 0.35 m/s 变为 2.60 m/s，而三峡水库蓄水后的速度仅为 0.3～1.2 m/s。导致降速的原因不是三峡水库蓄水，因为两次 ADCP 现场测量的入口边界流量几乎相等（–11 000 m^3/s），该现象是由于位于更下游的葛洲坝水库反调节作用引起。相对岸边浅水区的流速，主流区域并没有明显受到回水顶托的影响。通过两个水库的调度，可以改善两坝间弯道的通航条件，通过改善弯道流速的大小和分布形式，降低航船通过弯道，特别是曲率较大弯道时，改变航向带来的风险。

参 考 文 献

白晓华，胡维平，2006. 太湖水深变化对氮磷浓度和叶绿素浓度的影响[J]. 水科学进展，17（5）：727-732.

陈凯麒，李平衡，密小斌，1999. 温排水对湖泊、水库富营养化影响的数值模拟[J]. 水利学报，1（4）：23-27.

陈永灿，张宝旭，李玉樑，1998. 密云水库富营养化分析与预测[J]. 水利学报，7（1）：13-16.

程根伟，2001. 山区河流准三维水沙输运与河床演变模拟[J]. 山地学报，19（3）：207-212.

崔占峰，张小峰，2005. 分蓄洪区洪水演进的并行计算方法研究[J]. 武汉大学学报（工学版），38（5）：24-29.

邓春光，2007. 三峡库区富营养化研究[M]. 北京：中国环境科学出版社.

丁勇，冯汝辉，何天健，2004. 基于 SSE 的线性方程组并行计算[J]. 交通与计算机，22（1）：41-43.

董廷星，王龙，迟学斌，2009. 二维扩散方程的 GPU 加速[J]. 计算机工程与科学，31（11）：121-127.

窦明，谢平，夏军，等，2002. 南水北调中线工程对汉江水华影响研究[J]. 水科学进展，13（6）：714-718.

范建军，2004. SSE2 指令在代码优化中的关键作用研究[J]. 华中师范大学学报（自然科学版），38（4）：423-426.

傅国伟，1987. 河流水质数学模型及其模拟计算[M]. 北京：中国环境科学出版社.

耿艳芬，王志力，陆永军，2009. 基于无结构网格单元中心有限体积法的二维对流扩散方程离散[J]. 计算物理，26（1）：17-26.

顾丁锡，舒金华，1988. 湖水总磷浓度的数学模拟[J]. 海洋与湖沼，19（5）：447-456.

郭延祥，2010. 并行组合数学模型方式研究及初步应用[D]. 北京：清华大学.

韩新芹，叶麟，徐耀阳，等，2006. 香溪河库湾春季叶绿素浓度动态及其影响因子分析[J]. 水生生物学报，30（1）：89-94.

何子干，RODI W，FROHLICH J，2000. 光滑及粗糙明槽湍流流动大涡模拟[J]. 水动力学研究与进展（A 辑），15（2）：191-201.

胡德超，2009. 三维水沙运动及河床变形数学模型研究[D]. 北京：清华大学.

胡德超，张洪武，钟德钰，2009a. C-D 无结构网格上的三维自由水面非静水压力流动模型 I：算法[J]. 水利学报，40（8）：948-955.

胡德超，张洪武，钟德钰，2009b. C-D 无结构网格上的三维自由水面非静水压力流动模型 II：验证[J]. 水利学报，40（9）：1077-1084.

黄国鲜，周建军，吴伟华，2008. 弯曲河道螺旋流作用下的物质输运三维模拟[J]. 清华大学学报（自然科学版），48（6）：977-982.

黄荣国，张瑾，2001. 复杂三维流动数值模拟的非重叠区域分解法[J]. 水动力学研究与进展（A 辑），16（1）：44-50.

黄真理，李玉粱，李锦秀，等，2004. 三峡水库水环境容量计算[J]. 水利学报（3）：7-15.

纪道斌，刘德富，杨正健，等，2010a. 三峡水库香溪河库湾水动力特性分析[J]. 中国科学：物理学力学天文学，40：101-112.

纪道斌，刘德富，杨正健，等，2010b. 汛末蓄水期香溪河库湾倒灌异重流现象及其对水华的影响[J]. 水利学报，41（6）：691-702.

江春波，安晓谧，张庆海，2002a. 二维浅水流动的有限元并行数值模拟[J]. 水利学报，5：65-68.

江春波，陈立秋，张庆海，2002b. 浅水流动的并行计算[J]. 清华大学学报（自然科学版）(11)：1548-1551.
江春波，安晓谧，2004. 二维非恒定渗流的有限元并行计算[J]. 水科学进展，14（5）：454-457.
江春波，张黎明，陈立秋，2005. 长江涪陵段污染物混合区并行数值模拟[J]. 水力发电学报，24（3）：83-87.
江晓明，李丹勋，王兴奎，2012. 基于黎曼近似解的溃堤洪水一维-二维耦合数学模型[J]. 水科学进展，23（2）：214-221.
金忠青，1987. N-S 方程的数值解和紊流模型[M]. 南京：河海大学出版社.
李继选，2005. 基于有限体积法的二维水流水质模拟及其可视化研究[D]. 合肥：合肥工业大学.
李健，2012. 香溪河水华的数值模拟研究[D]. 北京：清华大学.
李锦秀，禹雪中，辛治国，2005. 三峡库区支流富营养化模型开发研究[J]. 水科学进展，16（6）：777-783.
李褆来，徐学军，陈黎明，等，2010. OpenMP 在水动力数学模型并行计算中的应用[J]. 海洋工程，28（3）：112-117.
李艳红，周华君，时钟，2003. 山区河流平面二维流场的数值模拟[J]. 水科学进展，14（4）：424-429.
李震，张锡文，何枫，2014. 基于速度梯度张量的四元分解对若干涡判据的评价[J]. 物理学报. 63（5）：249-255.
李重荣，王祥三，窦明，2003. 三峡库区香溪河流域污染负荷研究[J]. 武汉大学学报（工学版），36（2）：29-32.
林绍忠，许合伟，2013. 多色 SSOR-PCG 的 MPI 编程实现[J]. 长江科学院院报，30（5）：82-85.
刘丽，沈杰，李洪林，2010. 基于 GPU 的矩阵求逆性能测试和分析[J]. 华东理工大学学报（自然科学版），36（6）：812-817.
刘其根，陈立侨，陈勇，2007. 千岛湖水华发生与富营养化特征分析[J]. 生态科学，21（3）：208-212.
刘玉生，唐宗武，韩梅，等. 1991. 滇池富营养化生态动力学模型及其应用[J]. 环境科学研究，4（6）：1-8.
吕桂霞，沈隆钧，沈智军，2007. 非结构网格上温度扩散方程的能流计算方法[J]. 计算物理，24（4）：379-386.
马超，练继建，2011. 人控调度方案对库区支流水动力和水质的影响机制初探[J]. 天津大学学报，44（3）：202-209.
牛志伟，黄红女，2007. Windows 平台下机群并行编译环境配置[J]. 计算机技术与发展，17（8）：15-18.
欧剑，张行南，左一鸣，等，2009. 一维河网非恒定流数学模型的并行计算[J]. 江苏大学学报（自然科学版），30（5）：518-522.
潘存鸿，林炳尧，毛献忠，2003. 一维浅水流动方程的 Godunov 格式求解[J]. 水科学进展，14(4)：430-436.
彭泽洲，杨天行，梁秀娟，等，2007. 水环境数学模型及其应用[M]. 北京：化学工业出版社.
秦伯强，STEVENS D K，2001. 一个三维水动力学模型及其在水环境中的适用性试验[J]. 水科学进展，12（2）：143-152.
秦伯强，许海，董百丽，2011. 富营养化湖泊治理的理论和实践[M]. 北京：高等教育出版社.
饶群，2001. 大型水体富营养化数学模拟的研究[D]. 南京：河海大学.
谭路，蔡庆华，徐耀阳，等，2010. 三峡水库 175 m 水位试验性蓄水后春季富营养化状态调查及比较[J]. 湿地科学，8（4）：331-338.
谭维炎，2001. 计算水动力学：有限体积法的应用[M]. 北京：清华大学出版社.
唐汇娟，2002. 武汉东湖浮游植物生态学研究[D]. 武汉：中国科学院水生生物研究所.
陶文铨，2001. 数值传热学（第 2 版）. [M]. 西安：西安交通大学出版社.
王船海，曾贤敏，2008. Windows 环境下河网水流多线程并行计算[J]. 河海大学学报（自然科学版），36（1）：30-34.

王皓，傅旭东，孙其诚，2009. 大尺度流域水文并行计算的方法改进[J]. 应用基础与工程科学学报，17（增刊）：1-9.

王健，许明，葛蔚，等，2010. 单相流动数值模拟的SIMPLE 算法在GPU 上的实现[J]. 科学通报，55：1979-1986.

王玲玲，戴会超，蔡庆华，2009a. 河道型水库支流库湾富营养化数值模拟研究[J]. 四川大学学报（工程科学版），41（2）：18-23.

王玲玲，戴会超，蔡庆华，2009b. 香溪河水动力因子与叶绿素a分布的数值预测及相关性研究[J]. 应用基础与工程科学学报，17（5）：652-658.

王敏，王明，杨明，2012. 小浪底水库三维数学模型并行计算研究[J]. 人民黄河，34（5）：25-27.

王志力，耿艳芬，金生，2005. 具有复杂计算域和地形的二维浅水流动数值模拟[J]. 水利学报，36（4）：439-444.

吴世凯，谢平，王松波，等，2005. 长江中下游地区浅水湖泊群中无机氮和TN/TP变化的模式及生物调控机制[J]. 中国科学（地球科学）（S2）：111-120.

吴挺峰，高光，晁建颖，2009. 基于流域富营养化模型的水库水华主要诱发因素及防治对策[J]. 水利学报，40（4）：391-397.

吴相忠，2005. 考虑垂向三维辐射应力的三维水流模型[D]. 天津：天津大学.

吴修广，沈永明，郑永红，等，2003. 非正交曲线坐标下水流和污染物扩散输移的数值计算[J]. 中国工程科学，5（2）：57-61.

谢平，窦明，夏军，2005. 南水北调中线工程不同调水方案下的汉江水华发生概率计算模型[J]. 水利学报，36（6）：727-732.

谢平，夏军，窦明，等，2004a. 南水北调中线工程对汉江中下游水华的影响及对策研究（Ⅰ）：汉江水华发生的关键因子分析[J]. 自然资源学报，19（4）：418-423.

谢平，夏军，窦明，等，2004b. 南水北调中线工程对汉江中下游水华的影响及对策研究（Ⅱ）：汉江水华发生的概率分析与防治对策[J]. 自然资源学报，19（4）：545-549.

徐国斌，王雅萍，马超，2009. 三峡水库调峰运行下的香溪河水动力二维数值模拟[J]. 水资源与水工程学报，20（4）：87-91.

徐明海，2005. 非结构化网格的扩散通量计算方法评价[J]. 工程热物理学报，26（2）：313-315.

徐耀阳，叶麟，韩新芹，等，2006. 香溪河库湾春季水华期间水体光学特征及相关分析[J]. 水生生物学报，30（1）：84-88.

杨冰，蒋杰，应龙，等，2007. 基于GPU的流体动力学模拟[J]. 计算机工程与应用，43（11）：7-10.

杨金艳，2006. ELCIRC模型在长江口的应用[D]. 南京：河海大学.

杨昆仑，宋耀祖，任建勋，2008. 二维传热数值计算程序在图形卡上的实现[J]. 工程热物理学报，29（1）：151-153.

杨明，余欣，姜恺，等，2007. 水动力学数学模型并行计算技术研究及实现[J]. 泥沙研究（3）：1-3.

杨正健，徐耀阳，纪道斌，等，2008. 香溪河库湾春季影响叶绿素a的环境因子[J]. 人民长江，39（5）：33-35.

姚仕明，2006. 三峡葛洲坝通航水流数值模拟及航运调度系统研究[D]. 北京：清华大学.

叶绿，2006. 三峡库区香溪河水华现象发生规律与对策研究[D]. 南京：河海大学.

易雨君，王兆印，张尚弘，2010. 考虑弯道环流影响的平面二维水沙数学模型（Ⅱ）：模型的验证[J]. 水力发电学报，10（1）：133-136.

殷东生，杜正平，陆金甫，2005. 非结构四面体网格上扩散方程的有限体积差分方法[J]. 数值计算与计算机应用，1（2）：92-100.

于守兵，2012. 平面二维非均匀泥沙OpenMP并行计算模型[J]. 水利水电科技进展，32（2）：11-14.

余欣，杨明，王敏，2005. 基于 MPI 的黄河下游二维水沙数学模型并行计算研究[J]. 人民黄河，27（3）：49-53.

余真真，王玲玲，戴会超，等，2011. 三峡水库香溪河库湾水温分布特性研究[J]. 长江流域资源与环境，20（1）：84-89.

张兵，韩景龙，2010. 基于 GPU 和隐式格式的 CFD 并行计算方法[J]. 航空学报，31（2）：249-256.

张大伟，2008. 堤坝溃决水流数学模型及其应用研究[D]. 北京：清华大学.

张敏，蔡庆华，王岚，等，2009. 三峡水库香溪河库湾蓝藻水华生消过程初步研究[J]. 湿地科学，7（3）：230-236.

张文，李晓梅，2001. 利用流 SIMD 扩展加速 3D 曲线网格的流线计算[J]. 计算机学报，24（8）：785-790.

张永祥，陈景秋，文岑，等，2007. 时空守恒元和解元法在山区河流模拟中的应用[J]. 重庆建筑大学学报，29（6）：49-52.

张运林，秦伯强，陈伟民，等，2003. 太湖水体光学衰减系数的分布及其变化特征[J]. 水科学进展，14（4）：447-452.

张运林，秦伯强，陈伟民，等，2004. 太湖水体光学衰减系数的特征及参数化[J]. 海洋与湖沼，35（3）：209-211.

中华人民共和国水利部水文局，2002. 1998 年松花江暴雨洪水[M]. 北京：中国水利水电出版社.

钟德钰，张红武，张俊华，2009. 游荡型河流的平面二维水沙数学模型[J]. 水利学报，40（9）：1040-1047.

周建军，2008. 优化调度改善三峡水库生态环境[J]. 科技导报，26（7）：64-71.

左一鸣，崔广柏，2008. 二维水动力模型的并行计算研究[J]. 水科学进展，19（6）：846-850.

ADAMY K，BOUSQUET A，FAURE S，et al.，2010. A multilevel method for finite volume discretization of the two-dimensional nonlinear shallow-water equations[J]. Ocean modelling，33（1）：235-256.

AHUSBORDE E，GLOCKNER S，2011. A 2D block-structured mesh partitioner for accurate flow simulations on non-rectangular geometries[J]. Computers & fluids，43（1）：2-13.

AI C F，JIN S，2008. Three-dimensional non-hydrostatic model for free-surface flows with unstructured grid[J]. Journal of hydrodynamics，20（1）：108-116.

AI C F，JIN S，2010. Non-hydrostatic finite volume model for non-linear waves interacting with structures[J]. Computers & fluids，39（1）：2090-2100.

ALFRED K J，SHANKAR S，PARDYJAK E R，et al.，2011. Assessment of GPU computational enhancement to a 2D flood model[J]. Environmental modelling and software，26（8）：1009-1016.

ARP C，GOOSEFF M，WURTSBAUGH W，et al. 2006. Surface-water hydrodynamics and regimes of a small mountain stream-lake ecosystem[J]. Journal of hydrology，329（3/4）：500-513.

ARTIOLI Y，BLACKFORD J C，BUTENSCHøN M，et al.，2012.The carbonate system in the North Sea：Sensitivity and validation[J]. Journal of marine systems，102-104：1-13.

BAI L H，JIN S，2009. A conservative coupled flow/transport model with zero mass error[J]. Journal of hydrodynamics，21（2）：166-175.

BAPTISTA A，1987. Solution of advection-dominated transport by Eulerian Lagrangian methods using the backwards method of characteristics[D]. Cambridge：Massachusetts Institute of Technology.

BAPTISTA A M，ZHANG Y L，CHAWLA A，et al.，2005. A cross-scale model for 3D baroclinic circulation in estuary-plume-shelf systems：II. Application to the Columbia River[J]. Continental shelf research，25：935-972.

BATES P D，HORRITT M S，FEWTRELL T J，2010. A simple inertial formulation of the shallow water equations for efficient two-dimensional flood inundation modelling[J]. Journal of hydrology（amsterdam），387（1/2）：33-45.

BEGNUDELLI L，VALIANI A，SANDERS B F，2010. A balanced treatment of secondary currents，turbulence and dispersion in a depth-integrated hydrodynamic and bed deformation model for channel bends[J]. Advances in water resources，33（1）：17-33.

BENKHALDOUN F，ELMAHI I，MOHAMMED S D，2007. Well-balanced finite volume schemes for pollutant transport by shallow water equations on unstructured meshes[J]. Journal of computational physics，226（1）：180-203.

BENKHALDOUN F，ELMAHI I，SEAÏD M，2009. Application of mesh-adaptation for pollutant transport by water flow[J]. Mathematics and computers in simulation，79（12）：3415-3423.

BENSABAT J，ZHOU Q，BEAR J，2000. An adaptive pathline-based particle tracking algorithm for the Eulerian-Lagrangian method[J]. Advances in water resources，23：383-397.

BERMUDEZ A，VAZQUEZ M E，1994. Upwind methods for hyperbolic conservation laws with source terms[J]. Compters and fluids，23（8）：1049-1071.

BERNARD P，BOUDREAU，1996. A method-of-lines code for carbon and nutrient diagenesis in aquatic sediments[J]. Computers & geosciences，22（5）：479-496.

BILGILI A，PRIEHL J，LYNCH D R，et al. 2005. Estuary/ocean exchange and tidal mixing in a Gulf of Maine Estuary：a Lagrangian modelling study[J]. Estuarine coastal shelf science，65（4）：607-624.

BLACKFORD，JCGILBERT F J，2007. pH variability and CO_2 induced acidification in the North Sea [J]. Joural of marine systems，64：229-241.

BOWIE G L，MILLS W B PORCELL D B，et al.，1985. Rates，constants，and kinetics formulations in surface water qualit modeling（2nd edition）[M]. US：Environmental Protection Agency.

BRADBROOK K，2006. JFLOW：a multiscale two-dimensional dynamic flood model[J]. Water and environment，22（2）：79-86.

BRADFORD S F，SANDERS F，2000. Finite-volume model for shallow-water flooding of arbitrary topography[J]. Journal of hydraulic engineering，128（3）：253-262.

BRODTKORB A R，SÆTRA M L，MUSTAFA A. 2012. Efficient shallow water simulations on GPUs：implementation，visualization，verification，and validation[J]. Computers & fluids，55：1-12.

BRUFAU P，GARCIA-NAVARRO P，2003. Unsteady free surface flow simulation over complex topography with a multidimensional upwind technique[J]. Journal of computational physics，186：503-526.

BRUFAU P，VAZQUEZ-CENDON M E，GARCIA-NAVARRO P，2002. A numerical model for the flooding and drying of irregular domains[J]. International journal of numerical mathematic fluids，39：247-275.

CASTRO M J，ORTEGA S，MARC DE LA ASUNCIÓN，et al.，2011. GPU computing for shallow water flow simulation based on finite volume schemes[J]. Comptes rendus-mécanique，339（2/3）：165-184.

CASTROM J，GARCIA-RODRIGUEZJ A，GONZALEZ-VIDA J M，et al.，2008. Solving shallow-water systems in 2D domains using Finite Volume methods and multimedia SSE instructions[J]. Journal of computational and applied mathematics，221：16-32.

CASULLI V，1999. A semi-implicit finite difference method for non-hydrostatic，free-surface flows[J]. International journal for numerical methods in fluids，30（4）：425-440.

CASULLI V，CATTANI E，1994. Stability，accuracy and efficiency of a semi-implicit method for three-dimensional shallow water flow[J]. Computers and mathematics with applications，27：99-112.

CASULLI V，CHENG R T，1992. Semi-implicit finite difference methods for three-dimensional shallow water flow[J]. International journal of numerical methods in fluids，15：629-648.

CASULLI V，STELLING G S，1998. Numerical simulation of 3D quasi-hydrostatic，free-surface flows[J]. Journal of hydraulic engineering，124（7）：678-686.

CASULLI V，WALTERS R A，2000. An unstructured grid，three-dimensional model based on the shallow water equations[J]. International journal for numerical methods in fluids，32：331-348.

CASULLI V，ZANOLLI P，1998. A three-dimensional semi-implicit algorithm for environmental flows on unstructured grids[C]//Institute for Computational Fluid Dynamics Conference on Numerical Methods for Fluid Dynamics VI.

CASULLI V，ZANOLLI P，2002. Semi-implicit numerical modeling of non-hydrostatic free-surface flows for environmental problems[J]. Mathematical and computer modelling，36：1131-1149.

CERCO C F，Cole T，1995. User's guide to the CE-QUAL-ICM：three-dimensional eutrophication model[R]. Technical Report EL-95-1-5. Vicksburg：U. S. Army Corps of Engineers.

CERCO C F，TILLMAN D，HAGY J D，2010. Coupling and comparing a spatially-and temporally-detailed eutrophication model with an ecosystem network model：an initial application to Chesapeake Bay[M]. London：Elsevier Science.

CHANG Y C，1971. Lateral mixing in meandering channels[D]. Iowa：University of Iowa.

CHAO X B，JIA Y F，DOUGLAS SHIELDS Jr F，2007. Numerical modeling of water quality and sediment related processes[J]. Ecological modelling，201：385-397.

CHAUK W，2004. A three-dimensional eutrophication modeling in Tolo Harbour[J]. Applied mathematical modelling，28：849-861.

CHEN D H，CHENW G，ZHANG W M，2012. CUDA-Zero：a framework for porting shared memory GPU applications to multi-GPUs[J]. Science China（information science），55：663-676.

CHEN Q W，TAN K，2009a. Development and application of a two-dimensional water quality model for the Daqinghe River Mouth of the Dianchi Lake[J]. Journal of environmental sciences，21：313-318.

CHEN S N，CHEN X L，PENG Y，et al.，2009b. A mathematical model of the effect of nitrogen and phosphorus on the growth of blue-green algae population[J]. Applied mathematical modelling，33（2）：1097-1106.

CHEN W B，LIU W C，KIMURA N，et al.，2010. Particle release transport in Danshuei River estuarine system and adjacent coastal ocean：a modeling assessment[J]. Environmental monitoring and assessment，168（1/2/3/4）：407-428.

CHENG H P，CHENG J R，YEH G T，1996. A particle tracking technique for the Lagrangian Eulerian finite element method in multi-dimensions[J]. International journal for numerical methods in engineering，39：1115-1136.

CHRISTIAN J，MANFRED K，2011. Free surface flow simulations on GPGPUs using the LBM[J]. Computers and mathematics with applications，61（12）：3549-3563.

CROSSLEY A，LAMB R，WALLER S，2010. Fast solution of the Shallow Water Equations using GPU technology[C]//British Hydrological Society Third International Symposium. Newcastle：Managing Consequences of a Changing Global Environment.

DAVID A，HAM，JULIE PIETRZAK，et al.，2006. A streamline tracking algorithm for semi-Lagrangian advection schemes based on the analytic integration of the velocity field[J]. Journal of computational and applied mathematics，192：168-174.

DE VRIES I，DUIN R，PEETERS J，et al.，1998. Patterns and trends in nutrients and phytoplankton in Dutch coastal waters：comparison of time-series analysis，ecological model simulation，and mesocosm experiments[J]. ICES Journal of marine science，55（4）：620-634.

DEMUREN A O，RODI W，1986. Calculation of flow and pollutant dispersion in meandering channels[J]. Journal of Fluid Mechanics，172（1）：63-92.

DHI，2014. MIKE 21 Flow Model FM Parallelisation using GPU benchmarking report[R].

DITTRICH M，WEHRLI B，REICHERTP，2009. Lake sediments during the transient eutrophication period：Reactive-transport model and identifiability study[J]. Ecological modeling，220：2751-2769.

DOWNING J A，WATSON S B，MCCAULEY E，2001 Predicting Cyanobacteria dominance in lakes[J]. Canadian journal of fisheries and aquatic sciences，58：1905-1908.

DRAGOM，CESCON B，IOVENITTI L，2001. A three-dimensional numerical model for eutrophication and pollutant transport[J]. Ecological modelling，145（1）：17-34.

DUBRAVKO J，WANG L X，2014. Assessing temporal and spatial vayiability of hypoxia over the inner Louisiana-upper Texas shelf：Application of an unstructured-grid thee-dimensional coupled hydrodynamic-water quality model[J]. Continental shelf research，72：163-179.

ESPEN G B，2013. High-Order Schemes for the Shallow Water Equations on GPUs[D]. Norway：Norway University of Science and Technology.

FERZIGER J H，PERIC M，2002. Computational methods for fluid Dynamics[M]. Berlin：Springer Press.

FRINGER B，GERRITSEN M，STREET R L，2006. An unstructured-grid，finite-volume，non-hydrostatic，parallel coastal ocean simulator[J]. Ocean modelling，14：139-173.

FUJIMOTO N，SUGIURA N，SUGIURA Y，1997. Nutrient-limited growth of Microcystis aeruginosa and Phormidium tenue and competition under various N：P supply ratios and temperature[J]. Limnology and oceanography，42：250-256.

GILBERTO C P，ALEXANDRE E，NELSON F E，2009. Fuzzy modelling of chlorophyll production in a Brazilian upwelling system[J]. Ecological modelling，220：1506-1512.

GILES M B，MUDALIGE G R，SHARIF Z，et al.，2011. Performance analysis and optimization of the OP2 framework on many-core architectures[J]. Computation journal，55（2）：168-180.

GIRALDO F，RESTELLI M，LÄUTER M，2010. Semi-implicit formulations of the Navier-Stokes equations：application to nonhydrostatic atmospheric modeling[J]. SIAM journal of science computation，32（6）：3394-3425.

GONG W P，SHEN J，CHO K H，et al.，2009. A numerical model study of barotropic subtidal water exchange between estuary and subestuaries（tributaries）in the Chesapeake Bay during northeaster events[J]. Ocean modelling，26（3）：170-189.

GUO Y，LI R X，DUAN Y L，et al.，2009. A Characteristic-based finite volume scheme for shallow water equations[J]. Journal of hydrodynamics，21（4）：531-540.

HAKANSON L，BRYHN A C，HYTTEBORN J，2007. On the issue of limiting nutrient and predictions of cyanobacteria in acquatic systems[J]. Science of total environment，379：89-108.

HAN D，FANG H W，BAI J，et al.，2011. A coupled 1D and 2D channel network mathematical model used for flow calculations in the middle reaches of the Yangtze River[J]. Journal of hydrodynamics，23（4）：521-526.

HANSEN G A，DOUGLASS R W，ZARDECKI A，2005. Mesh enhancement：selected elliptic methods，foundations and applications[M]. London：Imperial College Press.

HERVOUET J M，2000. A high resolution 2-d dam-break model using parallelization[J]. Hydrological processes，14（13）：2211-2230.

HIRSCH C，1988. Numerical computation of internal and external flows[M]. New York：Wiley.

HOFMEISTER R，BURCHARD H，BECKERS J M，2010. Non-uniform adaptive vertical grids for 3D numerical ocean models[J]. Ocean modelling，33（1）：70-86.

HORI C，GOTOH H，IKARI H，et al.，2011. GPU-acceleration for moving particle semi-implicit method[J]. Computers & fluids，51（1）：174-183.

HORMANN G，KOPLIN N，CAI Q，et al. 2009. Using a simple model as a tool to parameterise the SWAT model of the Xiangxi River in China[J]. Quaternary international，25：1-5.

HU D C，ZHANG H W，ZHONG D Y，2009. Properties of the Eulerian Lagrangian method using linear interpolators in three-dimensional shallow water model using z-level coordinates[J]. International journal of computational fluid dynamics，23（3）：271-284.

HU K，MINGHAM C G，CAUSON D M，1998. A bore-capturing finite volume method for open-channel flows[J]. International journal for numerical methods in fluids，28（8）：1241-1261.

HU W P，JøRGENSEN S E，ZHANG F B，2006. A vertical-compressed three-dimensional ecological model in Lake Taihu，China[J]. Ecological modelling，190（3/4）：367-398.

HUBBARD M E，GARCIA-NAVARRO P，2000. Flux difference splitting and the balancing of source terms and flux gradients[J]. Journal of computational physics，165（1）：89-125.

HUESEMANN M H，SKILLMAN A D，CRECLIUS E A，2002. The inhibition of marine nitrification by ocean disposal of carbon dioxide[J]. Marine pollution bulletin，44（2）：142-148.

HUNT B，1999. Dispersion model for mountain streams[J]. Journal of hydraulic engineering，125（2）：99-105.

HUNTER N M，BATESP D，HORRIT M S，et al.，2007. Simple spatially-distributed models for predicting flood inundation：a review[J]. Geomorphology，90：208-225.

HYDRONIA，2019. RiverFlow2D-GPU[OL]. [2019-10-10] http://www.hydronia.com/riverflow2d-gpu.

INOUE M，WISEMAN W J，2000. Transport，mixing and stirring processes in a Louisiana estuary：a model study[J]. Estuarine coastal and shelf science，50（4），449-466.

JASON S，EDWARD K，2011. GPU 高性能编程 CUDA 实战[M]. 北京：机械工业出版社.

JØRGENSEN S E，1979. Handbook of environmental data and ecological parameters[M]. London：Pergamon Press.

JØRGENSEN S E，1999. State-of-the-art of ecological modelling with emphasis on development of structural dynamic models[J]. Ecological modelling，120（2/3）：0-96.

JØRGENSEN S E，BENDORICCHIO G，2008. 生态模型基础（第 3 版）[M]. 北京：高等教育出版社.

JØRGENSEN S E，MEJER H，FRIIS M，1978. Examination of a lake model[J]. Ecological modelling，4（2）：253-278.

JUDI D R，2009. Advances to fast-response two-dimensional flood modeling[D]. Utah：University of Utah.

JUDI D R，BURIAN S J，MCPHERSON T N，2011. Two-dimensional fast-response flood modeling：Desktop parallel computing and domain tracking[J]. Journal of computing in civil engineering，25（3）：184-191.

JUSTIC D，RABALAISN N，TURNERR E，2002. Modeling the impacts of decadal changes in riverine nutrient fluxes on coastal eutrophication near the Mississippi River Delta[J]. Ecological modelling，152（1）：33-46.

KALRO V，TEZDUYAR T，1997. Parallel 3D computation of unsteady flows around circular cylinders[J]. Parallel computing，23（9）：1235-1248.

KILLOUGH J E，1995. The application of parallel computing to the flow of fluids in porous media[J]. Computers & chemical engineering，19（6/7）：775-786.

KUMA B V R，YAMAGUCHI T，LIU H，et al.，2001. A parallel 3D unsteady incompressible flow solver on VPP700[J]. Parallel computing，27（13）：1687-1713.

KUO J T，LUNG W S，YANG C P，et al.，2006. Eutrophication modelling of reservoirs in Taiwan[J]. Environmental modelling & software，21：829-844.

LAI Y G，1997. An unstructured grid method for a pressure-based Flow and heat transfer solver[J]. Numerical heat transfer，32（3）：267-281

LAMB R，CROSSLEY A，WALLER S，2009. A fast two-dimensional flood inundation model[J]. Proceedings of the institution of civil engineers（water management），162（6）：363-370.

LEE H，HAN S，2010. Solving the Shallow Water equations using 2D SPH particles for interactive applications[J]. The visual computer，26（6/7/8）：865-872.

LEVEQUE R，1990. Numerical methods for conservation laws[M]. Washington：University of Washington.

LI J Y，TANG G Y，HU T Y，2010. Optimization of a precise integration method for seismic modeling based on graphic processing unit[J]. Earthquake science，23：387-393.

LIANG Q H，MARCHE F，2009. Numerical resolution of well-balanced shallow water equations with complex source terms[J]. Advances in water resources，32（6）：873-884.

LIAO C B，WU M S，LIANG S J，2007. Numerical simulation of a dam break for an actual river terrain environment[J]. Hydrological processes，21：447-460.

LIEN F S，2000. A pressure-based unstructured grid method for all-speed flows[J]. International journal of numerical mathematic fluids，33（3）：355-374.

LINO J，ALVAREZ-VAZQUEZ，FRANCISCO J，et al.，2009. Mathematical analysis of a three-dimensional eutrophication model[J]. Journal of mathematical analysis & applications，349（1）：135-155.

LIU G R，LIU M B，2003. Smoothed Particle Hydrodynamics：A Mesh-Free Particle Method[M]. London：World Scientific.

LIU W C，CHEN W B，CHENG R T，et al.，2007. Modeling the influence of river discharge on salt intrusion and residual circulation in Danshuei River estuary，Taiwan[J]. Continental shelf research，27（7）：919-921.

LIU W C，CHEN W B，HSU M H，2011. Using a three-dimensional particle-tracking model to estimate the residence time and age of water in a tidal estuary[J]. Computers & geosciences，37（8）：1148-1161.

LIU X B，PENG W Q，HE G j，et al.，2008. A coupled model of hydrodynamics and water quality for YuQiao reservoir in Haihe River basin[J]. Journal of hydrodynamics，Ser. B，20（5）：574-582.

LIU Y L，WEI W L，SHEN Y M，2003. Mathematical model for 2-D tidal flow and water quality with orthogonal curvilinear coordinates[J]. Journal of hydrodynamics，15（5）：103-108.

LONIN S A，TUCHKOVENKO Y S，2001. Water quality modelling for the ecosystem of the Cienaga de Tesca coastal lagoon[J]. Ecological modelling，144（2）：279-293.

LU N，1994. A semianalytical method of path-line computation for transient finite difference groundwater flow models[J]. Water resources research，30（8）：2449-2459.

LUFF R，MOLL A，2004. Annual variation of phosphate fluxes at the water-sediment interfaceof the North Sea using a three-dimensional model[J]. Continental shelf research，24：1099-1127.

LUFF R，WALLMANN K，GRANDEL S，et al.，2000. Numerical modelling of benthicprocesses in the deep Arabian Sea[J]. Deep-sea research part II，47：3039-3072.

LV B，JIN S，AI C F，2010. A conservative unstructured staggered grid scheme for incompressible Navier-Stokes equations[J]. Journal of hydrodynamics，22（2）：173-184.

MALMAEUS J M，HAKANSON L，2004. Development of a lake eutrophication model[J]. Ecological modelling，171：35-63.

MAO J Q，CHEN Q W，CHEN Y C，2008. Three-dimensional eutrophication model and application to Taihu Lake，China[J]. Journal of environmental sciences，20：278-284.

MARC DE L A，MANTAS J M，CASTRO M J，2011. Simulation of one-layer shallow water systems on multicore and CUDA architectures[J]. The journal of supercomputing，58（2）：206-214.

MARC DE L A，MANTAS J M，CASTRO M J，et al.，2012. An MPI-CUDA implementation of an improved

Roe method for two-layer shallow water systems[J]. Journal of parallel and distributed computing, 72（9）: 1065-1072.

MARC DE LA ASUNCION，MANUEL J M，CASTRO E D，et al.，2013. Efficient GPU implementation of a two waves TVD-WAF method for thetwo-dimensional one layer shallow water system on structured meshes[J]. Computers & fluids，80：441-452.

MARINONE S G, ULLOA M J, PARÉS-SIERRAA, et al., 2007. Connectivity in the northern Gulf ofCalifornia from particle tracking in a three-dimensional numerical model[J]. Journal of marine systems，71（1）: 149-158.

MARKUS U，2007. Shallow water equations tutorial[OL]. [2019-10-07] http://www.ciemat.es/sweb/comfos/personal/uhlmann/ reports_comp/shallow/report. html.

MEIER W K，Reichert P，2005. Mountain streams：modeling hydraulics and substance transport[J]. Journal of environmental engineering，131（2）：252-261.

MELLOR G L，YAMADA T，1982. Development of a turbulence closure model for geophysical fluid problems[J]. Reviews in geophysics，20：851-875.

MERWADE V，COOK A，COONROD J，2008. GIS techniques for creating river terrainmodels for hydrodynamic modelling and flood inundation mapping[J]. Environmental modelling and software，23：1300-1311.

MOHAMMAD Z K，SAEED-REZA S Y，2010. Coupling of two-and three-dimensional hydrodynamic numerical models for simulating wind-induced currents in deep basins[J]. Computers & fluids，39：994-1011.

MUDALIGE G R，GILES M B，REGULY I，et al.，2012. OP2：An active library framework for solving unstructured mesh-based applications on multi-core and many-core architectures[C]//Innovative Parallel Computing（InPar），2012. IEEE.

NAIFAR F，2006. A finite volume solver for the simulation of transport processes[M]. Delft：International Institute for infrastructural，Hydraulic and Environmental Engineering.

NALEWAJKO C，MURPHY T P，2001 Effects of temperature and availability of nitrogen and phosphorus on the abundance of Anabaena and Microcysis in Lake Biwa，Japan：an experimental approach[J]. Limnology，2：45-48.

NEAL J C，FEWTRELL T J，BATES P D，et al.，2010. A comparison of three parallelization methods for 2D flood inundation models[J]. Environmental modelling & software，25：398-411.

NEAL J C，FEWTRELLT J，TRIGG M A，2009. Parallelisation of storage cell flood modelsusing OpenMP[J]. Environmental modelling & software，24：872-877.

NEAL J，VILLANUEVA I，WRIGH N，et al.，2012. How much physical complexity is needed to model flood inundation? [J] Hydrological processes，26（15）：2264-2282.

NICk M，STEVEN M G，2005. MOD_FreeSurf2D：a MATLAB surface fluid flowmodel for rivers and streams[J]. Computers & geosciences，31：929-946.

OLIVEIRA A，BAPTISTA A M，1995. A comparison of integrationand interpolation Eulerian Lagrangian methods[J]. International journal of numerical methods in fluids，21：183-204.

OLIVEIRA A，BAPTISTA A M，1998. On the role of tracking on Eulerian-Lagrangian solutions of the transport equation[J]. Advances in water resources，21（7）：539-554.

OLIVEIRA A，FORTUNATO A，BAPTISTA A M，2000. Mass Balance in EulerianLagrangian Transport Simulations in Estuaries[J]. Journal of hydraulic engineering，126（8）：605-614.

PACANOWSKI R C，PHILANDER S G，1981. Parameterization of vertical mixing in numerical models of tropical oceans[J]. Journal of physical oceanography，11：1443-1451.

PALMER T S，2001. Discretizing the diffusion equation on unstructured polygonal meshes in two dimensions[J]. Annals of nuclear energy，28：1851-1880.

PAPADRAKAKIS M，STAVROULAKIS G，KARATARAKIS A，2011. A new era in scientific computing: Domain decomposition methods in hybrid CPU-GPU architectures[J]. Computer methods in applied mechanics and engineering，200（13/14/15/16）：1490-1508.

PAU J C，SANDERS B F，2006. Performance of parallel implementation of an explicit finite-volume shallow-water model. [J] Journal of computing civil engineering，20（2）：99-110.

PINTO L，FORTUNATO A B，ZHANG Y. et al，2012. Corrigendumto "Development and validation of a three-dimensional morphodynamic modelling system for non-cohesīve sediments" [Ocean Modell，57-58（2012）1-14][J]. Ocean modelling，61：81.

POLLOCK D W，1988. Semi-analytical computation of pathlines for finite-difference models[J]. Ground water，26（6）：743-750.

PROEHLJ A，LYNCHD R，MCGILLICUDDYD J，et al.，2005. Modeling turbulent dispersion on the North Flank of Georges Bank using Lagrangian Particle Methods[J]. Continental shelf research，25（7/8）：875-900.

QI D M，MA G F，GU F f，et al. 2010. An unstructured grid hydrodynamic and sediment transport model for Changjiang Estuary[J]. Journal of hydrodynamics，22（5）：1015-1021.

RAO P，2005. A parallel RMA2 model for Simulating large-scale free surface flows. [J] Environmental modelling&software，20（1）：47-53.

REGULYI Z，DANIEL G，DEVARAJ G，et al.，2018. The VOLNA-OP2 tsunami code（version 1. 5）[J]. Geoscientific model development，11：4621-4635.

RIDDLE A M，2001. Investigation of model and parameter uncertainty in water quality models using a random walk method[J]. Journal of marine systems，28：269-279.

ROSATTI G，CESARI D，BONAVENTURA L，2005. Semi-implicit，semi-Lagrangian modelling for environmental problems on staggered Cartesian grids with cut Cells[J]. Journal of computational physics，204：353-377.

ROSTRUP S，STERCK H D，2010. Parallel hyperbolic PDE simulation on clusters：Cell versus GPU[J]. Computer physics communications，181（12）：2164-2179.

SANDERS B F，SCHUBERT J E，DETWLER R L，2010. ParBreZo：a parallel，unstructured grid，Godunov-type，shallow-water code for high-resolution flood inundation modeling at the regional scale[J]. Advances in water resources，33（12）：1456-1467.

SCHAFER-PERINI A L，WILSON J L，1991. Efficient and accurate front tracking for two-dimensional groundwater flow models[J]. Water resources research，27（7）：1471-1485.

SCHINDLER D W，1977. Evolution of phosphorus limitation in lakes[J]. Science，195（4275）：260-262.

SLEIGH P A，GASKELL P H，BERZINS M，et al.，1998. An unstructured finite-volume algorithm for predicting flow in rivers and estuaries[J]. Computers & fluids，27（4）：479-508.

SMITH V H，1983. Low nitrogen to phosphorus ratios favor dominance by blue-green algae in lake phytoplankton[J]. Science，221（4611）：669-671.

SONG Y，HAIDVOGEL D，1994. A Semi-implicit Ocean circulation model using a generalized topography-following coordinate system[J]. Journal of computational physics，115（1）：228-244.

SOYUPAK S，MUKHALLALATI L，YEMI D，et al.，1997. Evaluation of eutrophication control strategies for the Keban Dam reservoir[J]. Ecological modelling，97（1/2）：108-110.

STEWART M D，BATES P D，ANDERSON M G，et al.，1999. Modelling floods in hydrologically complex lowlandriverreaches[J]. Journal of hydrology，223（1/2）：85-106.

STRAKRABA M，1993. Eco-technology as a new means for environmental management[J]. Ecological engineering，2（4）：311-331.

SUK H，YEH G T，2009. Multidimensional finite-element particle tracking method for solving complex transient flow problems[J]. Journal of hydrologic engineering，14（7）：759-766.

SUK H，YEH G T，2010. Development of particle tracking algorithms for various types of finite elements in multi-dimensions[J]. Computers & geosciences，36（4）：564-568.

TAKAMURA N，OTSKI A，AIZAKI M，et al.，1992. Phytoplankton species shift accompanied by transition from nitrogen dependence to phosphorus dependence of primary production in lake Kasumigaura，Japan[J]. Archiv for hydrobiology，124：129-148.

TAM A，AIT-ALI-YAHIA D，ROBICHAUD M P，et al.，2000. Anisotropic mesh adaptation for 3D flows on structured and unstructured grids[J]. Computer methods in applied mechanics and engineering，189（4）：1205-1230.

TETRA TECH，2009. Implementation of a Lagrangian Particle Tracking Sub-Model for the Environmental Fluid Dynamics Code[Z]//User Manual，US EPA Version 1. 01. Fairfax，VA.

THOMPSON JF，1982. Body-fitted coordinate system for numerical solution of partial differential equations[J]. Journal of computational physics，47（2）：1-10.

THOMPSON K R，DOWD M，SHEN Y，et al.，2002. Probabilistic characterization of tidal mixing in a coastal embayment：a Markov Chain approach[J]. Continental shelf research，22（11/12/13）：1603-1614.

TUBBS K R，TSAI F T C，2011. GPU accelerated lattice Boltzmann model for shallow water flow and mass transport[J]. International journal for numerical methods in engineering，86：316-334.

ULF GRÄWE，2011. Implementation of high-order particle-tracking schemes in a water column model[J]. Ocean modelling，36（1）：80-89.

UMLAUF L，BURCHARD H，2003. A generic length-scale equation for geophysical turbulence models[J]. Journal of marine research，6（12）：235-265.

VALIAN I A，CALEFFI V，ZANNI A，2002. Case study：Malpasset dam-break simulation using a two-dimensional finite volume method[J]. Journal of hydraulic engineering，128（5）：460-472.

VAN LEER B. 1979. Towards the ultimate conservation difference scheme：a second order sequel to Godunov's method[J]. Journal of computational physics：32-101.

VANINA E，ELISA R，PARODI M，et al.，2009. Addressing the control problem of algae growth in water reservoirs with advanced dynamic optimization approaches[J]. Computers and chemical engineering，33：2063-2074.

VINCENZO C，PAOLA Z，2005. High resolution methods for multidimensional advection-diffusion problems in free-surface hydrodynamics[J]. Ocean modelling，10（1/2）：137-151.

VISSER A J，1997. Using random walk models to simulate the vertical distribution of particles in a turbulent water column[J]. Marine ecology progress series，158：275-281.

VISSER A W，2008. Lagrangian modelling of plankton motion：from deceptively simple random walks to Fokker-Planck and back again[J]. Journal of marine systems，70（3/4）：287-299.

WALTERS R A，Lane E M，Henry R F，2007. Semi-Lagrangian methods for a finite element coastal ocean model[J]. Ocean modelling，19（3）：112-124.

WANG B L，LIU H，2010. Application of SPH method on free surface flows on GPU[J]. Journal of hydrodynamics，22（5）：912-914.

WANG J S，NI H G，HE Y S，2000a. Finite-difference TVD scheme for computation of dam-break problems[J]. Journal of hydraulic engineering，126（4）：253-262.

WANG P F，WANG X R，WANG C，2007. Experiment of impact of river hydraulic characteristic on nutrients purification coefficient[J]. Journal of hydrodynamics，19（3）：387-393.

WARNER J C，SHERWOOD C R，ARANGO H G，et al.，2005. Performance of four turbulence closure models implemented using a generic length scale method[J]. Ocean modeling，8（1/2）：81-113.

WHITE L，DELEERSNIJDER E，LEGATV，2008. A three-dimensional unstructured mesh shallow-water model，with application to the flows around an island and in a wind driven，elongated basin[J]. Ocean modeling，22：26-47.

WOHL E，2006. Human impacts to mountain streams[J]. Geomorphology，79（3/4）：217-248.

WOOL T M，AMBROSE R B，MARTIN J L，et al.，2001. Water Quality Analysis Simulation Program（WASP）Version 6 User's Manual[Z]. US Environmental Protection Agency，Atlanta，GA.

WU T F，LUO L C，QIN B Q，et al.，2009. A vertically integrated eutrophication model and its application to a river-style reservoir - Fuchunjiang，China[J]. Journal of environmental sciences，21：319-327.

XIA Y J，KUANG L，LI X M，2011. Accelerating geospatial analysis on GPUs using CUDA[J]. Journal of zhejiang university-science c（computers& electronics），12（12）：990-999.

XU H，PAERL H W，QIN B，2010 Nitrogen and phosphorus inputs control phytoplankton growth in eutrophic Lake Taihu，China[J]. Limnology and oceanography，55：420-432.

YAMAGUCHI M，OGAWA T，MURAMOTO K，et al.，2000. Effects of culture conditions on the expression level of lectin in Microcysis aeruginosa（freshwater cyanobacterium）[J]. Fish science，66：665-669.

YANG Z J，LIU D F，JI D B，et al.，2010. Influence of the impounding process of the Three Gorges Reservoir up to water level 172. 5 m on water eutrophication in the Xiangxi Bay[J]. Science China（technological sciences），53：1114-1125.

YE J，MCCORQUODALE J A. 1997. Depth-averagedhydrodynamic model in curvilinear collocated grid[J]. Journal of hydraulic engineering，123（5）：380-388

YIN H L，XU Z X，YAO Y J，2007. Eco-hydraulics techniques for control eutrophication of small scenery lake case study of Ludao Lake in Shanghai[J]. Journal of hydrodynamics，19（6）：776-783.

YOUNES A，ACKERERP，LEHMANN F，2006. A new efficient EulerianLagrangian localized adjoint method for solving the advection-dispersion equation on unstructured meshes[J]. Advances in water resources，29：1056-1074.

YOUSSEF L，AZZEDDINE S，2007. Numerical tracking of shallow water waves by the unstructured finite volume WAF approximation[J]. International Journal for Computational Methods in engineering science and mechanics，8：1-14.

YU D，LANE S N，2006a. Urban fluvial flood modelling using a two-dimensional diffusion-wave treatment，part 1：mesh resolution effects[J]. Hydrological processes，20：1541-1565.

YU D，LANE S N，2006b. Urban fluvial flood modelling using a two-dimensional diffusion-wave treatment，part 2：development of a sub-grid-scale treatment[J]. Hydrological processes，20：1567-1583.

YUD，2010. Parallelization of a two-dimensional flood inundation model based ondomain decomposition[J]. Environmental modelling & software，25：935-945.

ZENG X，ZHAO M，DICKINSONR E，1998. Intercomparison of Bulk Aerodynamic Algorithms for the Computationof Sea Surface Fluxes Using TOGA COARE and TAO Data[J]. Journal of climate，11：2628-2644.

ZHANG JJ，JØRGENSEN S E，MAHLERH，2004a. Examination of structurally dynamic eutrophication model[J]. Ecological modelling，173：313-333.

ZHANG X B，HU D C，WANG M，2010. A 2-D hydrodynamic model for the river，lake and network system in the Jingjiang reach on the unstructured quadrangles[J]. Journal of hydrodynamics，22（3）：419-429.

ZHANG Y L，BAPTISTA A M，2008. SELFE：a semi-implicit EulerianLagrangian finite-element model for cross-scale ocean circulation，with hybrid vertical coordinates[J]. Ocean modelling，21，71-96.

ZHANG Y L，BAPTISTA A M，MYERS E P，2004b. A cross-scale model for 3D baroclinic circulation in estuary-plume-shelf systems：I. Formulation and skill assessment[J]. Continental shelf research，24：2187-2214.

ZHAO D H，SHEN H W，TABIOS G Q，et al.，1994. Finite-Volume two-dimensional unsteady-flow model for river basins[J]. Journal of hydraulic engineering，120（7）：863-883.

ZHENG T G，MAO J Q，DAI H C，et al.，2011. Impacts of water release operations on algal blooms in a tributary bay of Three Gorges Reservoir[J]. Science China（technological sciences），54：1588-1598.

ZHOU J G，CAUSOND M，MINGHAM C G，et al.，2001. The surface gradient method for the treatment of source terms in the shallowwater equations[J]. Journal of computational physics，168（11）：1-25.

ZHU X S，CHENG L，LU L，et al.，2011. Implementation of the moving particle semi-implicitmethod on GPU[J]. Science China（physics，mechanics & astronomy），54（3）：523-532.